控 制 测 量 学

李玉宝　沈学标　吴向阳　编著

东南大学出版社
SOUTHEAST UNIVERSITY PRESS
·南京·

内容提要

本书所叙述和讨论的内容是针对测绘类高级人才培养以及相关工程技术人员必须掌握的基础性控制测量学的理论和方法。内容包括：绪论、地球椭球面上的测量计算、高斯投影及常用坐标系、精密角度测量、电磁波测距、平面控制测量、高程控制测量、GPS定位技术等。是具有一定特色的高等教育教材，也可作为相关科技工作者的业务参考书。

图书在版编目(CIP)数据

控制测量学/李玉宝，沈学标，吴向阳编著. —南京：东南大学出版社，2013.1 (2022.2 重印)

ISBN 978-7-5641-4078-6

Ⅰ.①控… Ⅱ.①李…②沈…③吴… Ⅲ.①控制测量 Ⅳ.①P221

中国版本图书馆 CIP 数据核字(2013)第 005915 号

控制测量学

编　　著	李玉宝　沈学标　吴向阳
出版发行	东南大学出版社
地　　址	南京市四牌楼 2 号　(邮编 210096)
出 版 人	江建中
责任编辑	叶　娟
网　　址	http://www.seupress.com
电子邮箱	press@seupress.com
经　　销	全国各地新华书店
印　　刷	广东虎彩云印刷有限公司
开　　本	787mm×1092mm　1/16
印　　张	21
字　　数	510 千
版　　次	2013 年 1 月第 1 版　　2022 年 2 月第 7 次印刷
书　　号	ISBN 978-7-5641-4078-6
定　　价	45.00 元

本社图书若有印装质量问题，请直接与营销部联系。电话：025－83791830

前 言

测量是一门悠久的学科文化，在考古和历史档案中无不烙下深刻印记，它像灯塔引导和伴随着人类的文明由低级向高级发展，直到科学技术飞跃发展的今天，测量的重要地位牢固不可撼动。测量是一个大的综合概念，细分后又会衍生出许多下一级的学科。

控制测量学是其中之一的基础性学科，相对于某一定义的坐标系统或基准，大地控制就是体现坐标系统、提供配套空间数据坐标框架的工作，而为局部区域工程服务的控制测量，则是在较高级别的控制点基础上进一步地加密点位，为后续的生产和科研服务。

控制测量在相关的科学研究领域中，在国民经济建设和社会发展中，在防灾、减灾、救灾、环境监测及保护中，在基础地理信息建设中，在发展空间技术及国防建设中，有着重要的地位和作用，展现了广阔的发展远景和服务领域。“控制测量学”以科技含量高、涉及范围广等为特点，进入了新的发展时期。控制测量是基础性测量工作，是测绘工程类专业主干课程之一，也是其他测绘类专业教学的重要课程。随着科学技术的不断发展和进步，控制测量学的理论、仪器、应用等也经历了一个不断提高和完善的过程，同时也促进了控制测量的教学方法和内容不断充实和创新。

教材建设是学科建设的重要任务之一，是提高教学质量、培养合格的高级专业人才的重要环节。为了进一步提高教学质量，加强教材建设，根据现行本科测绘工程专业“控制测量学”教学计划和教学大纲，本次作为学校的规划教材而编写。

本着注重基础、考虑传统、强调当前、着眼未来的原则，在认真研究同类教材以及国内外有关信息的基础上，结合学生的培养目标以及长期的教学实践，本书对过于陈旧的知识点进行了删除和精简，例如，为使学生对国家控制网的建立或历史性的知识结构有一个较完整的认识，保持知识的系统性，本书对此仅做了综合介绍。同时也相应地引进了控制测量的新理论、新技术、新仪器和新方法，使得本教材更加具有现势性并与时俱进。整个教材内容的采用和编排，都紧密结合现行作业规范，理论联系实际，由浅入深，充分考虑到了知识的系统性、实用性、先进性、科学性、可读性以及测绘类高等教育知识体系结构的适宜性，符合学生的认知规律，同时也贯穿了“求是创新”的思想观念，有利于学生综合素质的培养和发展；对于土木、交通、勘察、规划、城建、土管、矿山等工程建设有关的控制测量工作，针对性更强，并具有显明的特色。本书可作为测绘工程专业或相关专业的教科书，也可作为工程技术人员的业务参考书。

考虑到该课程一般是在学生整个学习过程的中后期开设，前面已经学习过“测绘学概论”、“测量学基础”等专业基础课程，对专业已经有了较深的认识。所以我们将“地球椭球面上的测量计算”及“高斯投影及常用坐标系”两章编排在书的前面部分，为后续授课内容中的有关概算、验算，技术设计等内容做了很好的铺垫，使得后面的授课内容顺理成章展开，形成系统的知识链条。

全书共分 8 章。第 1 章“绪论”，介绍了控制测量的定义、任务、内容、测量的发展等；第 2 章“地球椭球面上的测量计算”；第 3 章“高斯投影及常用坐标系”；第 4 章“精密角度测量”；第 5 章“电磁波测距”；第 6 章“平面控制测量”；第 7 章“高程控制测量”；第 8 章“GPS 卫星定位技术基础”。为了加强学生对所学知识的理解、巩固及学习效果，在每章后面，都有针对重点内容的思考题和习题，并附有习题参考答案。

本书第1、5、6章由李玉宝副教授编著；第4、7章由沈学标副教授编著；第2、3、8章由吴向阳副教授编著。全书由李玉宝负责统稿。

本书由博士生导师胡伍生教授主审，他对本书提出了许多指导性意见和建议；感谢东南大学交通学院领导程建川教授对本书编著和出版给予的关心和指导；感谢东南大学教务处对本书出版给予的支持；感谢博士生导师高成发教授、戚浩平副教授对本书编著给予的帮助、关心和指导；感谢沈井开、沈春、姚兵兵、许立苑、沈志敏工程师所提供的典型资料和建议；感谢罗钰峰、严钰、高旺同学对本书所做的计算检核整理等工作。编者在编写本书的过程中，参考了有关院校、单位和个人的某些文献资料，在参考文献中基本按照引用参考的顺序列出，但在网络上易查找和收集的、调研收集的参考资料等就没有列出。谨在此一并表示衷心的感谢！

由于业务水平所限，会有不足之处，希望能收获读者提出的宝贵意见和建议。

编　者

2012年10月于南京东南大学进香河

目 录

第1章 绪 论

1.1 控制测量的任务和基本内容

控制测量学是研究精确测定地面点空间位置的学科。它是介于大地测量学、卫星大地测量学、测量平差等学科之间的交叉学科，在测绘科学技术中占有重要的地位。控制测量是直接为国家经济建设服务的基础性测量工作。

1.1.1 控制测量的任务

在工程建设区域内，以必要的精度测定一系列控制点的水平位置和高程，建立起工程控制网，作为地形测量和工程测量的依据，这项测量工作称为控制测量。

根据不同的目的和用途，工程控制网可分为测图控制网、施工控制网和变形观测控制网。对于后两种用于专门用途的工程控制网，有时也称为专用控制网。

工程控制网分为平面控制网和高程控制网两部分，前者是测定控制点的平面直角坐标，后者则是测定控制点的高程。

控制测量的服务对象主要是地形测量、各种工程建设、建立地理信息系统等。

控制测量在工程建设3个阶段中的具体任务是：在工程建设勘测设计阶段建立测图控制网，作为各种大比例尺测图的依据；在工程建设施工阶段建立施工专用控制网，作为施工放样测量的依据；在工程建设竣工后的运营阶段建立变形观测专用控制网，作为工程建筑物变形观测的依据和基准数据。

控制测量在建立地理信息系统方面的具体任务是：为数据采集、数据处理、系统的运行管理和变更提供统一坐标系中的基础控制数据，并保证系统内各要素必要的精度。

控制测量对测绘地形图的控制作用如下：当在测区内建立了统一的平面控制网、精密地测定网中各控制点的高斯平面直角坐标后，就可以在实地上准确地确定各个图幅的具体位置。因而当分幅独立测图时，各相邻图幅之间就不会出现漏洞、重叠和扭曲。在控制测量的基础上再进行图根控制测量后，就可根据需要在不同的时间和地点安排测图工作。同时，因测定的控制点能保证一定的点位精度，故各幅地形图平面位置的测量误差，将受到控制点的限制，不会积累得很大，从而保证各幅图的平面位置具有相同的测图精度。因此，各相邻地形图的平面位置，可以在测图精度之内互相拼接和利用。

同样的道理，如果在测区内建立了统一的高程控制网，精密地测定网中各控制点的高程，则分幅独立测图时，各相邻图幅的同名等高线，可以在测图精度之内互相接合。

1.1.2 控制测量的基本内容

控制测量作为一项工程同样也分为3个阶段：即在控制网的设计阶段，其主要的内容是可行性论证，确定网的等级、性质、网形，估计网的技术和经济指标，编写技术设计等；在施测阶段，主要是根据技术设计进行选点、造标、埋石、观测、数据处理等；在使用阶段，主要是对控制点的成果进行有效的管理，以便能够迅速、准确地为各项工程建设提供必需的资料，另外还包括对控制网点的保管、维护和补测等。

1.2 控制测量的特点

控制测量与大地测量关系极为密切，一般来讲控制测量是依附于大地测量的，从布网原理、技术要求、观测方法，到数据处理的基本思想都大体一致。因此，对于读者在学习本课程时，有必要先了解一些有关大地测量方面的知识。

1.2.1 大地测量及其任务

建立国家或地区大地控制网，所进行的精密控制测量工作，称为大地测量。它所测定的控制点，称为大地控制点，简称大地点。

国家大地控制网由国家水平控制网和国家高程控制网两部分组成，前者是测定网中各大地点的大地坐标（大地经度L和大地纬度B）或高斯平面直角坐标(纵坐标x和横坐标y)，后者是测定高程控制网中各高程控制点相应于一定高程系统的高程。

大地测量的任务是：为测绘基本地形图和大型工程测量提供基本控制；为空间科学技术和军事用途提供有关数据；为研究地球形状、大小的确定以及其他有关地球物理科学方面问题的研究提供重要资料。

1.2.2 控制测量的特点

大地测量具有全局性、基础性的特点；而控制测量相对于大地测量来说，则具有局部性和对于某项(些)工程的服务针对性较强的特点。

由于控制测量服务对象的多样化、测量仪器科技含量的加大、布网技术的提高以及数据处理学术气氛不断活跃等因素，使得所布测的工程控制网的形式和数据处理的方法也不拘于一种形式，而比较灵活。

除较小面积(一般小于25 km^2)的控制测量外，控制测量和大地测量，在建立水平控制网中，都必须考虑地球曲率的影响。为此，要选择一个合适的参考椭球面，作为处理地面观测成果和进行测量计算的基准面。也就是说，在地面上观测得到的水平方向观测值和边长观测值，须归化到这个基准面上，然后在该面上依据相应的起始数据计算出大地点或控制点的大地坐标。如果需要确定这些点相应的高斯平面直角坐标，则可进行两种坐标之间的转换计算，或将参考椭球面上的观测成果投影归算到高斯平面上，然后再在该面上把它们计算出来。这是控制测量和大地测量又一相同之处。

控制测量建立工程控制网的原理和方法，与大地测量建立国家大地控制网的原理和方法基本相同，并且工程控制网有时需与国家高等大地点相联系。因此在后续课程中的学习中了解建立国家大地控制网的基本方法，也是控制测量学要研究的重要内容之一。

1.3 控制测量的基本方法

1.3.1 水平控制网的布设方法

1.3.1.1 三角测量法

三角测量的方法和基本原理是：在地面上按一定的要求选定一系列的点，每一个点都设置测量标志，并以三角形的图形把它们连接成地面上的三角网。精确地观测所有三角形的内角以及至少一条三角边的长度，用一定的数学模型，把这些地面观测成果最终归算到高斯投影平面上，使地面上的三角网转化为高斯平面上的三角网，见图1-1。

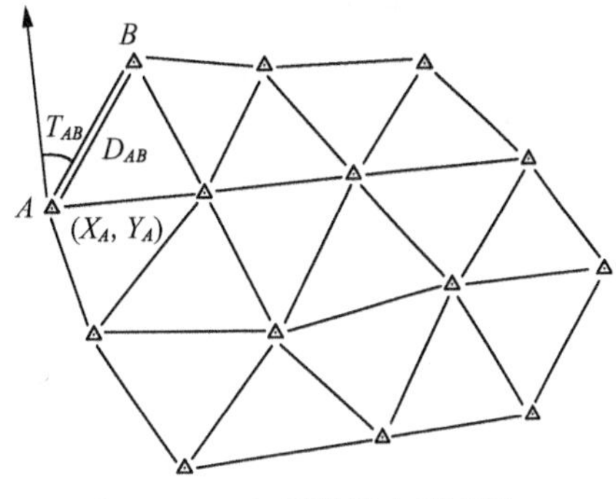

图1-1　三角测量基本原理图

依据归算后的平面边长 D_{AB} 为起始边，应用平面三角学的正弦定理依次解算各个三角形，算出各平面边长 D_{ij}。以已知的 AB 边平面坐标方位角 T_{AB} 为起始方位角，用归算后的水平角依次算出各边的平面坐标方位角 T_{ij}。利用三角学公式算出各相邻点间的坐标增量 ΔX_{ij} 和 ΔY_{ij}：

$$\left.\begin{aligned}\Delta X_{ij} &= D_{ij} \cdot \cos T_{ij} \\ \Delta Y_{ij} &= D_{ij} \cdot \sin T_{ij}\end{aligned}\right\} \tag{1-1}$$

最后，以已知起始点 A 的平面直角坐标（X_A，Y_A）和各坐标增量 ΔX_{ij}、ΔY_{ij}，逐个推算出各点的平面直角坐标。

三角测量的优点是：布设的图形毗连呈网形，控制面积大；测角精度高，几何条件数多；相邻点的相对点位误差较小。缺点是：除起始边和起始方位角外，其余各边及其方位角都是用水平角推算出来的，由于测角误差的传播，各边长及其方位角的精度不均匀，并且距起始边和起始方位角越远，它们的精度就越低。另外，三角测量在布测过程中难度较大，效率也较低。

因此，在过去一般用三角测量方法建立国家水平控制网，现在已很少使用。

1.3.1.2　导线测量法

导线测量的方法和基本原理是：在地面上按一定的要求选定一系列的点，每一个点都设置测量标志，将相邻点连接后构成地面上的导线。精密地测量各导线边的长度和各导线点的转折角，再将这些地面观测成果最终归算到高斯平面上，见图1-2。

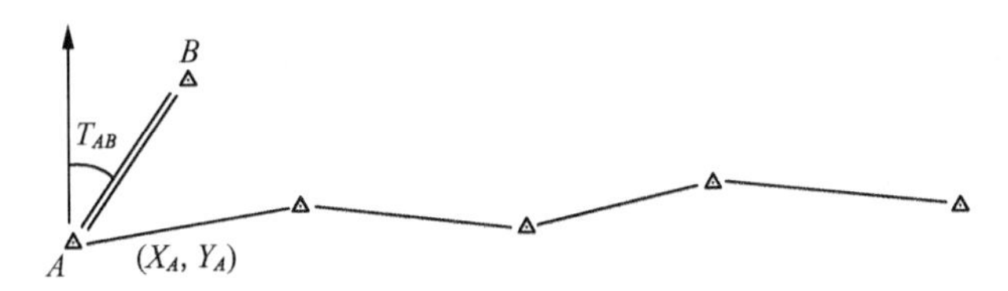

图1-2　导线测量基本原理图

以已知的 AB 边平面坐标方位角 T_{AB} 为起始方位角，用归算后的折角依次推算出各导线边的坐标方位角。根据起始点 A 的已知平面直角坐标（X_A，Y_A）和平面导线上各导线边的长度及坐标方位角，逐个推算出各导线点的平面直角坐标。

导线测量的优点是：布设的图形呈单折线，除节点外，每个点只需前后两个相邻点通视，故布设比较灵活，容易越过地形和地物障碍；各导线边长均直接测定，精度高而均匀，导线的纵向误差小。缺点是：控制面积狭窄，几何条件数少，导线的横向误差大。

因此，在隐蔽和特殊困难的地区，一般宜用导线测量方法建立水平控制网。

另外，还有三边测量法和边角同测法，它们虽然有时用来建立工程控制网，但不宜用于建立国家水平控制网。

以上几种方法也称为常规方法或经典方法。

1.3.1.3　天文定位测量方法

天文定位测量方法是在地面测站上，用天文测量仪器观测天体的瞬时位置，并记录相应的时刻，然后依一定的计算公式，算出测站点的天文经度 λ、天文纬度 φ 以及测站点至某一照准点方向的天文方位角 α。测定了天文经、纬度的地面点，称为天文点；测定了天文经、纬度和至某一照准点方向天文方位角的大地点，称为拉普拉斯点。

天文测量的优点是：各点均独立测定，组织工作简单，受地形条件影响小。缺点是：测定点的精度不高。如目前野外测量天文经、纬度的中误差为 $\pm0.2''\sim\pm0.4''$，表现在地面上的点位误差约为 ±6～±12 m；另外一般在夜间测量，工作难度大、不方便。

因此，这种方法不能大规模地用来建立国家水平控制网。但是，它在建立国家水平控制网中有着一定的重要作用。具体地说，确定大地原点（又称大地基准点）的起始数据、控制水平角观测误差的积累、对地球的形状和大小等方面的研究等，都必须有天文定位测量以及与重力测量相配合的工作。

1.3.1.4　GPS 定位测量

现代大地测量方法有卫星大地测量、甚长基线干涉测量和惯性测量等，其中用卫星定位测量建立控制网、以测定地面测站点位置的方法应用得最为广泛。

现在卫星定位测量普遍采用 GPS 全球定位系统，用该法建立的控制网，也称为 GPS 控制网。其中载波相位测量方法的静态相对定位精度可达 $(5+1\text{ppm}\times D_{\text{km}})$ mm 或更高。在建立或加强国家水平控制网中，它可取代常规的大地测量方法。由于 GPS 定位具有方便、经济、快速、准确以及科技含量高的优势，目前已得到了广泛的普及。同时它也标志着大地测量或控制测量已进入了一个全新的时代。

1.3.2　建立国家高程控制网的方法

1.3.2.1　几何水准测量方法

几何水准测量的方法和基本原理是：在地面上按一定的要求，选定一系列的水准点并设置标志，然后把它们连接成水准路线，进而构成水准网。在水准路线上连续设站，利用水准仪提供的水平视线，在垂直立于地面点的水准标尺上读取后、前两转点的分划值，根据路线的情况连续设站测量，以求得相邻水准点间的高差。根据水准网中一个起算点的已知高程，依次推算出各水准点的高程。

几何水准测量的优点是：测定的高程精度高，例如用精密水准测量，可将水准原点的高程传递到 4 000～5 000 km 远的水准点上，它的高程中误差将不超过 ±1 m；国家高程网采用的高程基准面是很接近于大地水准面的似大地水准面，测得的高程基本上具有物理意义，能很好地为生产服务。因此，几何水准测量是建立国家高程控制网和工程高程控制网的主要方法。

1.3.2.2　三角高程测量方法

三角高程测量的方法和基本原理是：在水平控制网上，用测量仪器测量相邻两点间的垂直角，根据它和两点间的已知水平距离，利用三角学公式算出相邻两点间的高差。以网中一个已知高程点作为起算点，逐个推算出各控制点的高程。

三角高程测量的优点是：作业简单，布设灵活，不受地形条件的限制。缺点是：因大气垂直折光影响，使得垂直角观测误差较大，测定的高差和高程精度较低；测得的高程以参考椭球面为基准面，没有明显的物理意义。因此三角高程测量是建立国家高程控制网和工程高程控制网的辅助方法。

1.3.2.3 光电测距高程导线测量方法

光电测距高程导线测量的基本原理与三角高程测量相类似。它是在布设的高程导线上,用测量仪器测量相邻两点间的垂直角,用电磁波测距仪测量相邻两点间的倾斜距离,根据三角学公式算出两点间的高差,加入一些必要的改正后,进而推算出各高程导线点的高程。光电测距高程导线测量的精度,可以代替国家一定等级的水准测量。

1.3.2.4 GPS高程测量方法

GPS相对定位可以高精度地测定两点间的大地高高差。GPS向量网经三维无约束平差后可求得各点的大地高平差值。如网中联测了一定数量的已知正常高高程的点位,则可求出与这些点相应的高程异常值,利用现代大地数据处理的方法、以高程异常值和点的大地经纬度为统计量、重力场模型参量、DEM参数等进行所谓"似大地水准面的精化处理",求出一拟合多项式中的待定系数。在这个基础上,可依据任一点的大地经纬度为变量,以点的高程异常值为函数求解,然后将该点的大地高减去相应的高程异常值后,则可得出相应点位的正常高高程。

用该种方法确定的GPS点的高程,其精度在比较理想的情况下可达到普通几何水准测量的精度。当进行与其精度相匹配的点位高程测量和困难地区的高程联测时,这种方法具有明显的实用价值和经济效益。GPS高程测量的精度,与GPS测量本身的精度有关,还与须联合的重力测量等方面的数据的分辨率及选用适配的数据处理方法有关系。这方面的课题也是目前正在进一步研究和完善中的前瞻性的课题。

综上所述,目前建立国家高程控制网或工程高程控制网,主要采用几何水准测量的方法,而三角高程测量方法、光电测距高程导线测量以及GPS高程测量的方法,都作为辅助和补充的方法。当GPS高程测量方面"似大地水准面的精化处理"获得进一步成功并加以推广,则相当于普通几何水准精度的高程测量工作的效率将大大提高。

1.4 控制测量的发展与展望

随着科学技术的发展,测绘科学技术也经历了一个从低级到高级、不断深化、不断创新和不断完善的发展过程,从而导致了测绘学科内容进一步丰富和新学科的形成。

控制测量的起源可以追溯到两千多年以前。因为受到当时社会条件以及科技水平等因素的限制,只是为适应当时人们生活和生产的需要而进行一些简单的测量工作,测量仪器和测量方法都比较原始、落后,测量的精度也很低。

直到18世纪,由于大工业的出现,生产和技术水平得到提高,使得测量仪器和测量方法也不断地改进。法国等一些国家先后开展了弧度测量,第一次在近代地球形状理论基础上导出了地球椭球模型,并取其子午圈弧长的四千万分之一作为长度单位,即国际长度单位(metre)记为1 m,这是世界上通用米制的起源。从18世纪末开始,英、德、法、俄、美、印度和一些北非国家,先后完成了大量的三角测量工作,并进行了许多联测。

19世纪和20世纪,是测绘理论和技术空前发展的时期。

1806年法国学者勒让德(Legendre)提出了最小二乘法理论后,德国学者高斯(Gauss)应用这一原理处理天文大地测量成果,并由此产生了测量平差法,一直应用至今。1882年高斯还提出了由椭球面上的测量元素投影到平面上去的正形投影法,该种方法目前仍在广泛应用，具有很强的实用性。1846 年德国创建了卡尔·蔡司(Carl Zeiss)光学仪器厂，逐步开始了光学经纬仪、水准仪等测量仪器的生产。1897 年法国国际度量衡局用膨胀系数极小的镍铁钴合金制成因瓦基线尺，使得丈量距离的精度和速度大为提高。1920 年威特(Wild)等人研制了第一台以精密机械结构为特色的光学经纬仪；1936 年威特又发明了对径重合读数法，开始生产现今仍在精密角度测量中还经常使用的精密光学经纬仪。第二次世界大战结束后，瑞典物理学家贝尔格斯川(E. Bergstrand)与该国 AGA 公司合作，于 1948 年首次制造出大地测距仪(Geodimeter)，从根本上改变了精密距离测量的方法，开创了电磁波测距的先河。

我国近代控制测量工作实际上是从新中国成立后才系统地开始的。1956 年我国成立国家测绘总局，随即颁发了大地测量法式和相应的规范细则。在全国范围内布测了总长度近 8 万 km 包括 120 多个锁环的一等三角锁。在锁环中间布测了二等全面三角网，青藏高原布测电磁波测距导线。1982 年我国完成了一、二等锁网及部分三等网的整体平差，建立了 1980 西安坐标系(又称 1980 年国家大地坐标系)，网中共 48 433 个大地控制点，共约 30 万个观测值参与平差。

此外，93 360 km 的一等水准网、2 万多个水准点；二等水准网 136 368 km、33 000 多个水准点，在 1991 年 8 月通过了新测、复测或重测后的整体平差的数据处理工作，建立了 1985 国家高程基准。

目前可提供应用服务的国家各等级平面控制点包括三角点、导线点，共 154 348 个；1985 国家高程基准系统的水准点成果 114 041 个。

进入 20 世纪 50 年代以来，控制测量的手段和技术日新月异，主要表现在以下几个方面。

随着电磁波技术、电子测角技术、计算机技术的迅速发展，常规的测量技术正在向自动化、智能化、一体化、数字化、网络化、可视化的方向发展和完善。其测量成果的精度越来越高，功能越来越强，适用性越来越广。

GPS 全球定位系统以其特有的自动化、全天候、高效益的优势，广泛地应用于控制测量以及其他的测量工作；集卫星定位、计算机、数字通讯、互联网等高新技术为一体的 CORS 多基站连续运行的 GPSRTK 系统，已在我国许多地区开启，使常规的测量工作产生了根本性的变革。自 20 世纪 80 年代我国引进 GPS 技术以来，陆续建成了国家高精度 GPS A、B 级网，全国 GPS 一、二级网，全国 GPS 地壳运动监测网和中国地壳运动观测网，取得了大量宝贵的观测资料。国家测绘局、总参测绘局和中国地震局自 2000 年开始，联合进行"全国天文大地网与 2000 国家 GPS 大地控制网联合平差"，建成了统一的、覆盖比较均匀的、高精度的国家 GPS 大地控制网。获得了我国 48 919 个天文大地网点高精度的地心坐标和各项精度评定，平均点位精度达到±0.11 m，解决了现阶段空间技术发展对地心坐标的迫切需求，对我国基础测绘具有重要意义。

我国正在研制和构建的北斗导航系统，计划到 2020 年全部建成由 5 颗空间定点卫星和 30 颗在轨运动卫星和多类型用户终端组成的，定位、导航以及时间等多功能的科研和其他应用服务的系统。该系统将在世界高科技领域发挥重要的作用。

另外为了空间技术和经济建设的实际需要，国家业已完成了可靠程度更大、实用性更强、精度更高、理论更加严密的"2000 国家大地坐标系"的定义和框架构建工作，进一步奠定了测绘生产以及地球科学研究的基础。

在工程控制测量和其他的测量方面，测量新仪器、新技术的应用也愈加完善和普及。无论从精度方面，还是从经济方面，都收到了很好的效果。

测绘事业的明天会更加辉煌和精彩。

思考题与习题

1S·1. 试述控制测量的任务和内容。

1S·2. 工程控制网分为哪几种？

1S·3. 为什么控制测量能够控制测绘地形图？

1S·4. 控制测量在工程建设3个阶段的具体任务是什么？

1S·5. 控制测量和图根控制测量有什么区别？

1S·6. 大地测量的任务是什么？

1S·7. 大地测量和控制测量的特点是什么？

1S·8. 简述建立水平控制网的基本方法。

1S·9. 简述建立高程控制网的基本方法。

1S·10. GPS定位和高程测量有哪些特点和优势？

1S·11. “似大地水准面的精化处理”解决什么问题？

1S·12. 试述控制测量的发展概况。

1S·13. 简述我国在测量学科方面的主要成就。

1X·1. 控制网分为哪两部分？

1X·2. 目前主流的平面控制测量的方法是什么？

1X·3. 建立国家高程控制网的主要方法是什么？

第 2 章　地球椭球面上的测量计算

控制测量的外业工作是在复杂的非数学曲面——地球自然表面上进行的，在这样的表面上进行测量数据的处理是困难的。为了测量计算的需要，选取近似于地球表面的规则数学曲面——椭球面作为测量计算的基准面。为此，首先要了解椭球的基本情况，掌握椭球面上诸要素(点、线、面等)的几何特征及其数学表示方式，它们是研究椭球面上一切测量计算问题的基础。

另外，由于椭球面的数学性质比平面要复杂得多，所以椭球面上的大地坐标计算比平面上的坐标计算也复杂得多。所以首先要了解和认识地球椭球本身有关的知识，然后再研究地面观测元素换算至椭球面的有关原理和方法，以及椭球面上的三角形解算和大地坐标计算等方面的问题。

本章的具体内容包括：椭球面上的常用坐标系、参考椭球面的几何特征、地面观测值归算至椭球面、大地主题解算、椭球面上的坐标系相互关系与转换等。

2.1　椭球面上的常用坐标系

为了表示椭球面上的位置，必须建立相应的坐标系。下面将要介绍几种常用的坐标系，它们在实际的应用以及理论研究中具有重要的意义。

2.1.1　大地测量参考系统与参考框架

(1) 大地测量参考系统

大地测量参考系统包括坐标系统、高程系统、重力系统和深度基准。坐标的参考系统分为天球坐标系和地球坐标系。

天球坐标系是指在空间固定不动或做匀速直线运动的坐标系，也称为惯性坐标系。用于研究天体、人造卫星以及太空飞行器的定位与运动。

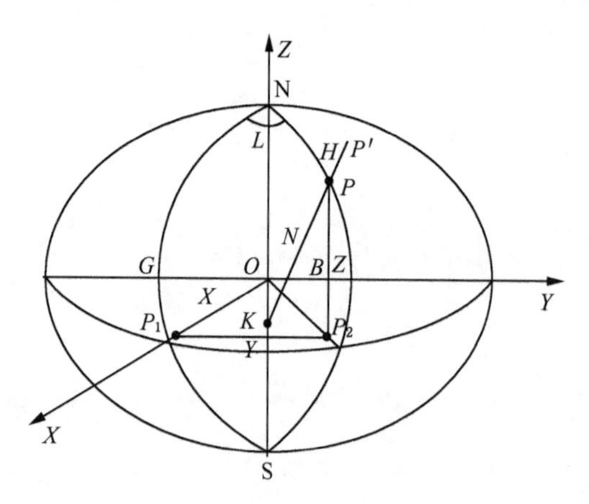

图 2-1　地球坐标系

地球坐标系是指在与地球固连在一起，也称为地固坐标系。是以旋转椭球为参照体而建立的坐标系统，分为大地坐标系和空间直角坐标系，用于研究地球上物体的定位与运动。在控制测量学中只研究和应用地球坐标系。如图2-1所示，P 点的子午面 NPS 与起始子午面 NGS 所构成的二面角 L，叫做 P 点的大地经度，由起始子午面起算，向东为正(0° ～ 180°)，称为东经，向西为负(0° ～ 180°)，称为西经；P 点的法线 PK 与赤道面的夹角 B，称为 P 点的大地纬度，由赤道面起算，向北为正(0° ～ 90°)，称为北纬，向南为负(0° ～ 90°)，称为南纬。在该坐标系中，当 P

点在椭球面上时，P 点的位置用(L,B)表示；当 P' 点不在椭球面上时，P' 点的位置用(L,B,H)表示，H 为 P' 点沿法线 $P'K$ 到椭球面的距离。

空间直角坐标系也如图 2-1 所示，P 点的坐标用(X,Y,Z)表示。空间任意点的坐标也有三维数据与其相对应。这种坐标的实际应用意义不大，一般都要将其转换成别的坐标系的坐标。

(2) 大地测量参考框架

大地测量参考框架是大地测量参考系统的具体实现，是通过大地测量手段确定的固定在地面上的控制网(点)所构建的，分为坐标参考框架、高程参考框架、重力参考框架。国家平面控制网是全国进行测量工作的平面位置参考框架，分为一、二、三、四等网即四个等级。国家高程控制网是全国进行测量工作的高程参考框架，也分为一、二、三、四等网即四个等级。为适应精确处理大地测量数据、地球科学研究、空间技术等的需要，国家也建立了重力基本网的参考框架。

(3) 惯性坐标系

惯性坐标系是指在空间固定不动或做匀速直线运动的坐标系。这种理想的坐标系在实际应用中是难以建立的，通常根据统一的约定建立近似的惯性坐标系，称为协议惯性坐标系。通常约定某一时刻 t_0 作为参考历元，定义坐标轴的指向以及坐标系的原点等。

(4) 地固坐标系

地固坐标系也称为地球坐标系，是固定在地球上与地球同步运动(自转和公转)的坐标系。如果忽略地球潮汐和板块运动，地面上点的坐标值在地固坐标系中是固定不变的；对于天球坐标系，地面上点的坐标值受地球自转的影响一直处于变化运动之中。用地固坐标系描述地球表面点的空间位置更为方便，而天球坐标系主要是用于描述卫星和地球的运行位置和状态。

(5) 参心坐标系

参心坐标系即是以参考椭球的几何中心作为空间直角坐标系的原点的坐标系。建立地球参心坐标系，需进行如下几个方面的工作：

① 选择或求定椭球的几何参数；

② 确定椭球中心的位置(椭球定位)；

③ 确定椭球短轴的指向(椭球定向)；

④ 建立大地原点。

对于经典的参心大地坐标系的建立而言，参考椭球的定位和定向是通过大地原点的大地起算数据来实现的，而确定起算数据又是椭球定位和定向的结果。不论采取何种定位和定向的方法来建立国家大地坐标系，总得有一个而且只能有一个大地原点，否则定位和定向的结果就会产生多值性，从而无法明确地将其表示出来。

(6) 地心坐标系

地心大地坐标系的定义是：地球椭球的中心与地球的质心(包括海洋和大气的整个地球的质量中心)重合，椭球面与大地水准面在全球范围内最佳符合，椭球的短轴与地球自转轴重合(过地球质心并指向北极)，大地纬度为过地面点的椭球法线与椭球赤道面的夹角，大地经度为过地面点的椭球子午面与格林尼治的初始大地子午面之间的夹角，大地高为地面点沿椭球面的法线至椭球面的距离。地球北极是地心坐标系的基准指向点，它的变动将引起坐标轴方向的变化。通常由国际组织(国际大地测量联合会 IAG、国际天文联合会 IAU、国际大地测量与地球物理联合会 IUGG、国际时间局 BIH 等)协商确定，故称为国际协议原点 CIO。

地心空间直角坐标系的定义是：原点与地球质心重合，Z 轴指向地球北极，X 轴指向格林尼治平均子午面与地球赤道的交点，Y 轴与 XOZ 平面构成右手坐标系。

2.1.2 椭球体的选择

测量工作主要是在地球自然表面进行的，但其表面不是一个规则的曲面，无法实施统一的数学计算。这就需要寻求一个大小和形状最接近于地球形体的椭球体，在其表面上来完成有关的测量计算。用椭球取代地球必须解决两个问题：一是椭球参数的选择；二是将椭球与地球的相关位置确定下来，即椭球的定位。

由于接近地球真正形状的地球椭球参数的推算所采用的数据不同，以及由于应用目的不同而对地球椭球提出不同的要求等原因，从而导致出现多种不同定义的地球椭球。

(1) 旋转椭球

它是由一个椭圆绕其短轴旋转而成的几何形体，地球的形状最接近于一个旋转椭圆体。它的表面称为"旋转椭球面"。以后所讲的地球椭球，一般都是指旋转椭球。

(2) 参考椭球

一个国家为处理其大地测量成果而采用与地球大小形状接近的地球椭球，并确定它和大地原点的关系，所有有关的地面测量成果都依法线归化到这个椭球面上，我们把这样的椭球叫做参考椭球。其表面称为参考椭球面，处理大地测量结果均以参考椭球面作为基准面。由于各自国家或地区在测量方面的情况不一样，因此适合于不同国家或地区的参考椭球的大小、定位定向也都不一样，每个参考椭球都有自己的参数和参考系。所以在世界范围内，可出现多个参考椭球。

(3) 正常椭球

表面的重力位等于常数的旋转椭球，用于代表地球的理想形体。正常椭球面是大地水准面的规则形状，所以也称为水准椭球。因此，在一般情况下，对这两个名词不加以区别，有的文献中把它们统称为等位椭球。在物理大地测量中需要引进所谓的正常椭球，将其真正的地球重力位分成正常重力位和扰动位两部分，实际的重力分成了正常重力和重力异常两部分，以便于实际工作的应用和研究。

由司托克斯(Stokes)定理可知，如果已知 1 个水准面的形状 S 和它内部所包含的物质总质量 M，以及整个物体绕固定轴旋转的角速度 ω，则这个水准面上所有的点和其外部空间中任一点的重力位与重力都可以唯一地确定。因此，当我们选定这个正常椭球时，既要考虑确定椭球正常重力位所必须的物理参数使用方便，又要顾及几何大地测量中采用旋转椭球所需的几何参数的实际情况，所以当其所代表的参数确定后，则椭球上任一点位或已知高度空间处的正常重力值即可按一定的公式求出。

(4) 总地球椭球

为了全球性的问题，要求椭球面与全球的大地水准面(大地体)最为密合的总的地球椭球(简称总地球椭球)。总地球椭球按几何大地测量定义：总地球椭球中心和地球的质心重合，总地球椭球的短轴与地球的短轴重合，起始大地子午面和起始子午面重合，同时还要求总地球椭球和大地体最为密合，也就是说，在确定参数时，要满足全球范围的大地水准面差距的平方和最小。

如果从几何和物理两个方面来研究全球性的问题，我们可把总地球椭球定义为最密合于大地体的正常椭球。正常椭球参数是根据天文、重力以及人卫观测资料一起处理得到的，并由国际组织发布。

总地球椭球对于研究地球形状是必要的。但对于几何测量、国家及区域性的测图来说，往往采用其大小及定向最接近于本国或本地区的地球椭球。这种接近，指表现在椭球面和大地水准面最接近、法线和铅垂线最接近。就一个国家或一个局部地区来说，总地球椭球未必与大地水准面密合得最好，而参考椭球或许更适合本地区的现实情况。

(5) 椭球的几何参数及其关系

地球椭球的形状和大小是由其相应的几何参数所确定的。

如图 2-2，椭球的半径为 a，短半径 b。$NRSN$ 和 CC' 分别表示椭球面上的子午圈和平行圈。子午圈本身是一个椭圆，而平行圈本身是一个圆。

设子午椭圆 $NESW$ 的两个焦点为 F_1 或 F_2，则椭圆中心 O 到任一焦点 F_1 或 F_2 的距离等于 $\sqrt{a^2-b^2}$，称为偏心距。偏心距与长半径和短半径的比值，分别称为子午椭圆的第一偏心率 e 和第二偏心率 e'，即

$$\left.\begin{aligned} e &= \frac{\sqrt{a^2-b^2}}{a} \\ e' &= \frac{\sqrt{a^2-b^2}}{b} \end{aligned}\right\} \tag{2-1}$$

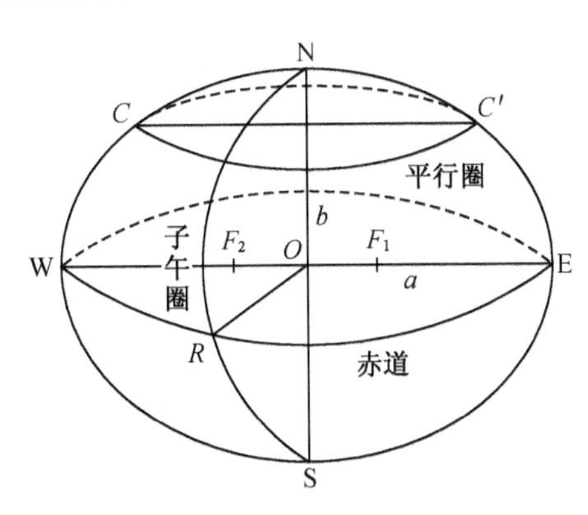

图 2-2　地球椭球主要的几何参数

椭球的大小由长半径 a 和短半径 b 体现，而偏心率则表示椭球的形状。偏心率等于零时，椭球成为圆球。a 和 b 的差异愈大，偏心率亦愈大。对于任意椭球来说，偏心率恒大于 0 小于 1。为简化书写或推导公式方便，常引入 $c=a^2/b, t=\tan B$ 等。

椭球的形状还可以由另一个相对值扁率来确定，即

$$f=\frac{a-b}{a} \tag{2-2}$$

克拉索夫斯基椭球和 IUGG/IAG-75 椭球的参数值列于表 2-1。

表 2-1　常用地球椭球几何参数

参数	克拉索夫斯基椭球	IUGG/IAG-75 椭球
a	6 378 245.000 000 00 m	6 378 140.000 000 00 m
b	6 356 863.018 773 05 m	6 356 755.288 157 53 m
c	6 399 698.901 782 71 m	6 399 596.651 988 01 m
e^2	0.006 693 421 62 30	0.006 694 384 999 6
e'^2	0.006 738 525 414 7	0.006 739 501 819 5
f	0.003 352 329 990	0.003 352 813 203

上述各椭球的 a、b、f、e、e' 几何参数之间有着确定关系。如果将式(2-1)写成：

$$e^2=1-\frac{b^2}{a^2}, \quad e'^2=\frac{a^2}{b^2}-1$$

则不难得出：

$$\left.\begin{aligned} b &= a\sqrt{1-e^2} \\ a &= b\sqrt{1+e'^2} \\ c &= a\sqrt{1+e'^2} \end{aligned}\right\} \tag{2-3}$$

由上式，$(1-e^2)(1+e'^2)=1$，于是又得：

$$\left.\begin{aligned} e &= e'\sqrt{1-e^2} \\ e' &= e\sqrt{1+e'^2} \end{aligned}\right\} \tag{2-4}$$

由式(2-2)，$f=1-\dfrac{b}{a}=1-\sqrt{1-e^2}$，所以

$$e^2=2f-f^2 \tag{2-5}$$

式(2-2)至式(2-5)就是椭球各参数之间的相互关系式。在研究椭球面的数学性质时，经常用到它们。由于各参数之间有上列的关系，所以对旋转椭球而言，习惯上常用长半径 a 和扁率 f 两个几何参数表示，其他各几何参数可以由它们计算出来。

自 1967 年开始，国际上明确了采用 4 个参数值来表示正常椭球，它们是：椭球长半径 a，引力常数与地球质量的乘积 GM，地球重力场二阶带球谐系数 J_2 和地球自转角速度 ω。利用这 4 个参数，可以导出一系列其他参数，如椭球扁率 f 和赤道重力 γ_e 等。

正常重力位的球函数展开式为：

$$U=\frac{GM}{\rho}\left[1-\sum_{n=1}^{\infty}J_{2n}\left(\frac{a}{\rho}\right)^{2n}P_{2n}(\cos\theta)\right]+\frac{\omega^2}{2}\rho^2\sin^2\theta \tag{2-6}$$

式中：ρ 为地心向径，θ 为由重力方向决定的余纬度，它们都是点的球坐标；$P_{2n}(\cos\theta)$ 为勒让德多项式；a、J_2、GM、ω 为正常椭球的 4 个参数，其他偶阶带球谐系数 J_4、J_6 等，可根据这 4 个参数按一定公式算得。

我国 1980 国家大地坐标系，采用国际大地测量与地球物理联合会第 16 届大会(1975 年法国格勒诺布尔，即 IUGG/IAG-75)推荐的椭球常数值，即

$$\begin{aligned} a &= (6\ 378\ 140 \pm 5)\text{m} \\ GM &= (3\ 986\ 005 \pm 3)\times 10^8\ \text{m}^3/\text{s}^2 \\ J_2 &= (108\ 263 \pm 1)\times 10^{-8} \\ \omega &= 7.292\ 115\times 10^{-5}\ \text{rad/s} \end{aligned}$$

根据以上 4 个参数可求出：

$$\begin{aligned} 1/f &= 1/[(298\ 257 \pm 1.5)\times 10^{-3}] \\ \gamma_e &= (978\ 032 \pm 1)\times 10^{-5}\text{m/s}^2 \end{aligned}$$

2000 国家大地坐标系是全球地心坐标系在我国的具体体现，其原点为包括海洋和大气的整个地球的质量中心。2000 坐标系采用的地球椭球参数如下：

$$\begin{aligned} a &= 6\ 378\ 137\ \text{m} \\ J_2 &= 1\ 082.629\ 832\ 258\times 10^{-6} \\ GM &= 3.986\ 004\ 418\times 10^{14}\ \text{m}^3/\text{s}^2 \\ f &= 1/298.257\ 222\ 101 \\ \omega &= 7.292\ 115\times 10^{-5}\ \text{rad/s} \end{aligned}$$

WGS-84 世界大地坐标系是全球地心坐标系，其原点为包括海洋和大气的整个地球的质量中心。该坐标系从 1987 年 7 月开始采用的地球椭球参数如下：

$$a = 6\ 378\ 137\ \text{m}$$

$$GM = 3.986\ 005 \times 10^{14}\ \mathrm{m^3/s^2}$$
$$1/f = 0.003\ 352\ 810\ 664\ 74$$
$$\omega = 7.292\ 115 \times 10^{-5}\ \mathrm{rad/s}$$

国际组织不断地对椭球进行精化维持，故参数后来又不断改变，以保持必要的现势性和精度。

2.1.3　椭球定位

椭球定位就是将具有一定参数的地球椭球与大地体的相关位置确定下来，从而确定测量计算基准面的具体位置和大地测量起算的具体数据。定位后的椭球称为参考椭球。

椭球定位一般都是通过大地原点的天文观测来实现的。如果测得大地原点的天文经度 λ_0、天文纬度 φ_0 和某一方向的天文方位角 α_0，以及大地原点的正常高 $H_{0常}$，由式(2-8)至式(2-17)就可以写出：

$$\left.\begin{aligned} B_0 &= \varphi_0 - \xi_0 \\ L_0 &= \lambda_0 - \eta_0 \sec\varphi_0 \\ A_0 &= a_0 - \eta_0 \tan\varphi_0 \\ H_0 &= H_{0常} + \zeta_0 \end{aligned}\right\} \tag{2-7}$$

式中：ξ_0、η_0 和 ζ_0 为大地原点的垂线偏差分量和高程异常。这些椭球定位参数若能确定，那么大地测量的起算数据也就随之确定。

但是，在一个国家的天文大地测量初期，缺乏确定 ξ_0、η_0 和 ζ_0 的必要资料，只能简单地取：

$$\left.\begin{aligned} \xi_0 &= 0 \\ \eta_0 &= 0 \\ \zeta_0 &= 0 \end{aligned}\right\}$$

于是由式(2-7)确定的大地测量起算数据即为：

$$\left.\begin{aligned} B_0 &= \varphi_0 \\ L_0 &= \lambda_0 \\ A_0 &= a_0 \\ H_0 &= H_{0常} \end{aligned}\right\} \tag{2-8}$$

式(2-8)表明，在大地原点处，铅垂线与椭球面法线重合；似大地水准面与椭球面相切；天文子午面与大地子午面重合，且两个起始子午面平行；椭球的短轴平行于地球的旋转轴。这样，椭球在大地体内既不能平移，也不能旋转，其位置完全被固定下来，达到了椭球定位之目的。这种定位方法叫做一点定位。

可想而知，在大地原点上一点定位能使椭球面与似大地水准面完全密合。但是在广大的范围内，一点定位难以保证椭球面与大地水准面达到最佳密合。为此，当一个国家的天文大地测量工作基本完成后，可以按

$$\sum_{i=1}^{n} \zeta_i^2 = \min \text{或} \sum_{i=1}^{n} (\xi_i^2 + \eta_i^2) = \min$$

为条件，经过弧度测量计算，求出原点的 ξ_0、η_0 和 ζ_0 值，再按式(2-7)确定出大地测量起算数据。这样，可利用新的大地原点数据进行新的定位和定向，建立新的参心坐标系，在弧度测

量计算中，包含了许多天文观测点，故通常称这种定位为多点定位。

由于求得了大地原点的 ξ_0 、η_0 和 ζ_0 值，所以在大地原点上法线不再与铅垂线重合，椭球面也不再与似大地水准面相切。然而，在布设的天文大地网整个区域内，椭球面却与似大地水准面达到了最佳的密合。

关于我国椭球定位的具体情况以及坐标系选择等问题，将在第 3 章中再作叙述。

2.1.4 垂线偏差

(1) 垂线偏差的概念

在地面一点上，铅垂线方向和相应的椭球面法线方向之间的夹角，称为该点的垂线偏差。垂线同总地球椭球(或参考椭球)法线构成的角度称为绝对(或相对)垂线偏差，它们统称为天文大地垂线偏差；而实际重力 g 同正常重力 γ 之间的夹角称为重力垂线偏差。在精度要求不高的有关计算时，两者可视为相同。外业测量是以测站点的铅垂线作为基准线的，而测量计算则以椭球面上相应点的法线作为基准线。铅垂线方向实际就是重力方向，由于地壳内部的质量分布不均匀，引起了重力方向的变化，故在地面上，各点的铅垂线同法线存在着偏差，而且偏差的大小和方向随点位不同出现不规则的变化。

地面上一点的天文经纬度是通过天文观测经计算后得到的，其观测时的依据是铅垂线；椭球上一点的大地经纬度是通过计算得到的，其依据是椭球面上的法线。故通过比较一点的天文经纬度和大地经纬度，就可推求出垂线偏差公式以及天文方位角和大地方位角的关系式，还可以求取点的垂线偏差和大地方位角，同时也便于讨论椭球的定位。

如图 2-3 所示，P_1P_2 为椭球的短轴，Q_1Q_2 为赤道面，在椭球面上有一测站点 O，其大地纬度为 B，大地经度为 L。将 O 点法线 O_1O 向上延长得大地天顶 Z，令 OP 平行于 O_1P_1，则 $ZP = 90° - B$。

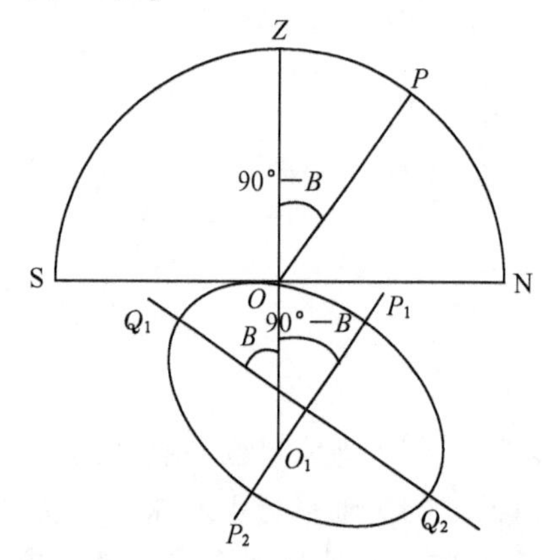

图 2-3 以测站点为基础的辅助半圆图形

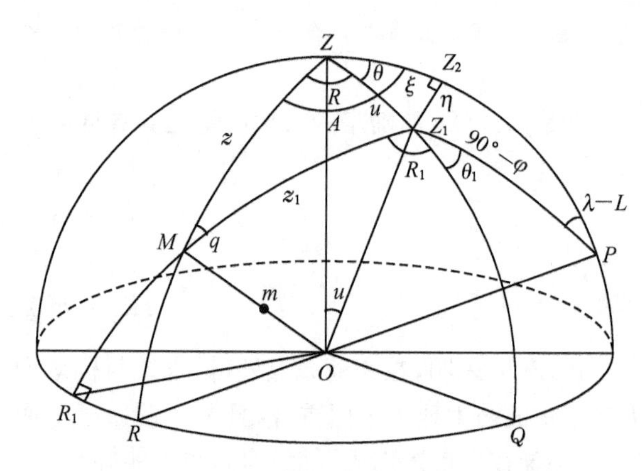

图 2-4 单位半径半圆球上分析垂线偏差

以图 2-3 中的半圆为基础作一单位半径的半圆球如图 2-4 所示。图中 OZ_1 为过 O 点的铅垂线，Z_1 为天文天顶，$\angle ZOZ_1 = u$，此即 O 点处的垂线偏差。若在 O 点进行天文观测，测得该点的天文纬度 φ 和天文经度 λ 以及至另一点 M 的天文方位角 α，由图可以看出，$Z_1P = 90° - \varphi$。球面角 ZPZ_1 为大地子午面和天文子午面之间的夹角，因为天文经度 λ 和大地经度 L 是从同一子午面起算的，所以此夹角等于 $\lambda - L$。

(2) 垂线偏差基本公式

垂线偏差 u 一般是以分量形式出现的，包括南北分量即子午圈分量 $\xi = ZZ_2$，和东西分

量即卯酉圈分量 $\eta = Z_1 Z_2$。

在球面直角三角形 $Z_1 Z_2 P$ 中按公式可以写出：

$$\cos(\lambda - L) = \tan(90° - B - \xi)\cot(90° - \varphi) = \cot(B + \xi)\tan\varphi$$

$$\sin(\lambda - L) = \frac{\sin\eta}{\sin(90° - \varphi)} = \frac{\sin\eta}{\cos\varphi}$$

因为 $\lambda - L$ 和 η 都较小，可将以上两式中相应的三角函数展开成级数，并略去二次项及其以上的微小量，即

$$\cos(\lambda - L) = 1, \sin(\lambda - L) = (\lambda - L), \sin\eta = \eta$$

于是得：

$$\left.\begin{aligned} \xi &= \varphi - B \\ \eta &= (\lambda - L)\cos\varphi \end{aligned}\right\} \tag{2-9}$$

或者

$$\left.\begin{aligned} B &= \varphi - \xi \\ L &= \lambda - \eta\sec\varphi \end{aligned}\right\} \tag{2-10}$$

(2-9)和(2-10)两式就是天文经纬度和大地经纬度关系式，即垂线偏差基本公式。

(3) 天文方位角与大地方位角

下面推导天文方位角与大地方位角的关系式。

由图 2-4 可知，OM 方向的天文方位角 $\alpha = \theta_1 + R_1$，大地方位角 $A = \theta + R$，将它们相减：

$$\alpha - A = (\theta_1 - \theta) + (R_1 - R) \tag{2-11}$$

可见，欲求 α 与 A 的关系式，必须知道 $\theta_1 - \theta$ 和 $R_1 - R$ 两个量。首先推求 $\theta_1 - \theta$ 的表示式。

在图 2-4 的球面三角形 ZZ_1P 中，$\angle ZZ_1P = 180° - \theta_1$。根据球面三角形余弦的半角和公式：

$$\cos\frac{1}{2}(\theta + 180° - \theta_1) = \frac{\cos\frac{1}{2}(90° - \varphi + 90° - B)}{\cos\frac{1}{2}u}\sin\frac{1}{2}(\lambda - L)$$

化简得：

$$\sin\frac{1}{2}(\theta_1 - \theta) = \frac{\sin\frac{1}{2}(\varphi + B)}{\cos\frac{1}{2}u}\sin\frac{1}{2}(\lambda - L)$$

因为$(\theta_1 - \theta)$、u、$(\lambda - L)$ 数值较小，将上式中相应的三角函数展开成级数，略去二次项及其以上微小量，并视 $B = \varphi$，于是得：

$$\theta_1 - \theta = (\lambda - L)\sin\varphi \tag{2-12}$$

其次推求式(2-11)中的 $R_1 - R$。在观测站 O 观测 M 点时以铅垂线 OZ_1 为基准，测得天顶距为 z_1，视准面 OZ_1M 与水平面交于 R_1；当不存在垂线偏差观测 M 点时，视准面 OZM 与水平面交于 R，可见 $R_1 - R$ 就是垂线偏差对方向观测值的影响。

在球面直角三角形 MR_1R 中按公式写出：

$$\sin(R_1 - R) = \sin(90° - z_1)\sin q$$

而球面三角形 MZZ_1 中按正弦公式有：

$$\sin q = \frac{\sin(A-\theta)}{\sin z_1}\sin u$$

代入前式，得：

$$\sin(R_1 - R) = \sin u\sin(A-\theta)\cot z_1$$

展开上式，略去高次项，并且考虑

$$\left.\begin{aligned}\xi &= u\cos\theta \\ \eta &= u\sin\theta\end{aligned}\right\} \tag{2-13}$$

可得：

$$R_1 - R = (\xi\sin A - \eta\cos A)\cot z_1 \tag{2-14}$$

代入式(2-11)得天文方位角与大地方位角的关系式：

$$A = \alpha - (\lambda - L)\sin\varphi - (\xi\sin A - \eta\cos A)\cot z_1 \tag{2-15}$$

考虑到垂线偏差通常小于 $10''$，$z_1 \approx 90°$，$R_1 - R$ 值只有百分之几秒，远小于天文方位角的观测误差，所以上式可写成：

$$A = \alpha - (\lambda - L)\sin\varphi \tag{2-16}$$

上式称为拉普拉斯方程式。将式(2-9)第二式代入式(2-16)得：

$$A = \alpha - \eta\tan\varphi \tag{2-17}$$

这是拉普拉斯方程式的又一形式。

2.2 参考椭球面的几何特征

我们知道，过曲面上任一点都存在一个切平面，垂直于切平面的直线叫做曲面在该点的法线。包含曲面一点法线的平面叫法截面，法截面与曲面的截线叫法截线。

如果上述曲面为椭球面，我们在椭球面上进行测量时，在不考虑垂线偏差的情况下，仪器的垂直轴方向就是椭球面的法线，度盘平面就是过仪器点的椭球面的切平面，此时视准面本身就是一个法截面。由度盘读数相减得到的水平角等于两法截面之间的二面角，也就是相应两法截线之间的角度。由此可知，为了解决椭球面上的测量计算问题，必须了解法截线的数学性质，其中曲率半径就是其中的一个重要内容。

通过椭球面上一点的法线，可以有无穷多个法截面，相应就有无穷多条法截线，随着它们的方向不同，每条法截线在该点的曲率半径也是不同的。以下先来讨论两个特殊方向上的法截线曲率半径，然后再讨论任一方向的法截线曲率半径和一点处的平均曲率半径，最后还将给出它们的数值计算式。

2.2.1 卯酉圈曲率半径

与椭球面上一点的子午圈相垂直的法截线，称为该点的卯酉圈。例如在图 2-5 中，垂直于子午圈 NPE 的法截线 GPQ 就是过椭球面 P 点的卯酉圈。应该注意，卯酉圈与平行圈是有严格区别的。因为平行圈 UPV 不是一条法截线，其平面并不包含法线 PK。不包含法线的平面与椭球面的截线，称为斜截线，平行圈就是一条重要的斜截线。

虽然卯酉圈是一条法截线，而平行圈是一条斜截线，但它们却有着公共的切线。这是因为二者的切线皆位于椭球面且过 P 点的切平面上，皆垂直于子午线在 P 点的切线。

根据微分几何中的梅尼埃定理：假若通过曲面上一点引两条截线，一为法截线，一为斜截线，且在该点上这两条截线具有同一公共切线，则斜截线的曲率半径等于法截线曲率半径乘以两截线平面间夹角的余弦。如图 2-5 中，平行圈平面与卯酉圈平面间的夹角等于 P 点的大地纬度 B，因此，过 P 点的平行圈半径 r 与卯酉圈曲率半径 N 的关系为：

$$r = N\cos B \tag{2-18}$$

由图 2-5 可见：

$$r = PK\cos B$$

所以 $N = PK$，这表明卯酉圈的曲率半径 N 恰好等于法线介于椭球面和短轴之间的长度。为了导出 N 的计算式，尚需将 r 表示为大地纬度 B 的函数。

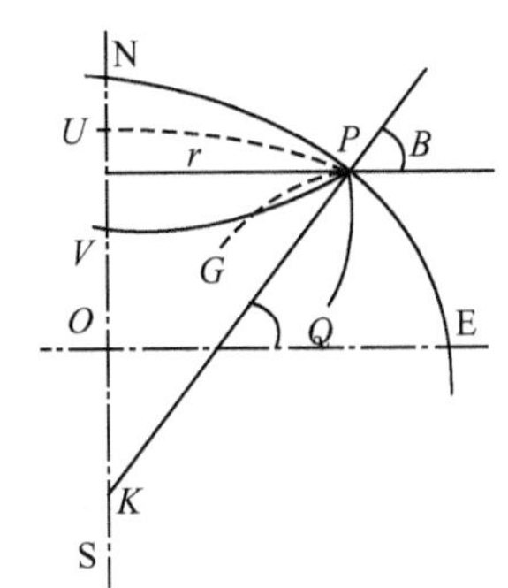

图 2-5　斜截线与法截线

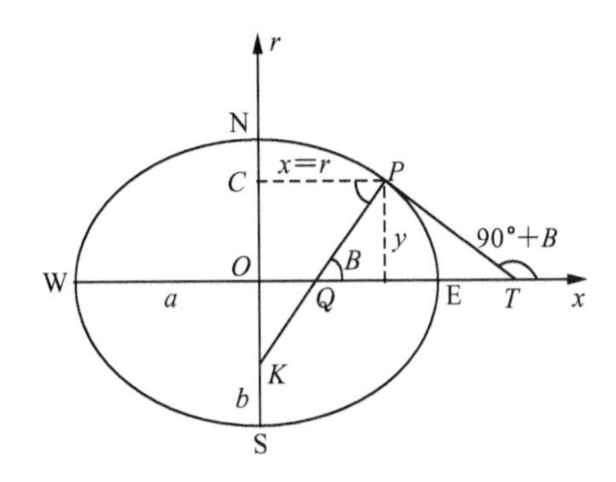

图 2-6　子午椭圆

图 2-6 中 $NESW$ 为一子午椭圆，其方程式为：

$$\frac{x^2}{a^2} + \frac{y^2}{b^2} = 1 \tag{2-19}$$

上式对 x 求导数：

$$\frac{2x}{a^2} + \frac{2y}{b^2} \cdot \frac{\mathrm{d}y}{\mathrm{d}x} = 0$$

根据导数的性质，在某一点上曲线的切线与横轴正方向所夹角的正切叫做曲线在该点的斜率，它等于曲线在该点上的一阶导数，即

$$\frac{\mathrm{d}y}{\mathrm{d}x} = \tan(90^\circ + B) = -\cot B$$

代入前式，并考虑式(2-3)得：

$$y = x(1 - e^2)\tan B \tag{2-20}$$

将式(2-20)代入式(2-19)得：

$$\frac{x^2}{a^2} + \frac{x^2(1-e^2)^2\tan^2 B}{a^2(1-e^2)} = 1$$

于是得：

$$x = \frac{a}{\sqrt{1 - e^2\sin^2 B}}\cos B \tag{2-21}$$

为了简化公式的书写，引入 2 个大地纬度 B 的函数符号，即

$$\left.\begin{aligned} W &= \sqrt{1-e^2\sin^2 B} \\ V &= \sqrt{1+e'^2\cos^2 B} = \sqrt{1+\eta^2} \end{aligned}\right\} \tag{2-22}$$

W 和 V 之间的关系应用式(2-4)很容易得到证明：

$$W^2 = 1-e^2(1-\cos^2 B) = 1-e^2+e^2\cos^2 B = (1-e^2)V^2$$

或者

$$W = \sqrt{1-e^2}V = \frac{b}{a}V = \frac{a}{c}V \tag{2-23}$$

式中

$$c = \frac{a^2}{b} \tag{2-24}$$

由图 2-6 可知，纬度为 B 的平行圈半径 r 等于式(2-21)中的 x，引入 W 符号后即可得到：

$$r = \frac{a}{W}\cos B \tag{2-25}$$

式(2-25)与式(2-18)进行比较得：

$$N = \frac{a}{W} = \frac{c}{V} \tag{2-26}$$

由于 W、V 均为 B 的函数，所以 N 与 B 有关，且随 B 之增大而增大，其变化规律如表2-2所示。式(2-24)中的 c 是极点处的法截线曲率半径，称为极曲率半径。

2.2.2 子午圈曲率半径

参考椭球上通过某点和南北极的椭圆称为大地子午圈(亦称“子午椭圆”)，简称为子午圈，其中的一部分或全部有时也称为子午线。图 2-7 中 DK 为子午圈上等于 $\mathrm{d}x$ 的一段弧素，与之相应的纬度无穷小增量是 $\mathrm{d}B$。若弧素 $\mathrm{d}x$ 的曲率中心为 C，此时线段 CD 或 CK 可以认为等于子午圈曲率半径 M。

根据求任意曲线曲率的公式可以写出：

$$M = \frac{\mathrm{d}x}{\mathrm{d}B} \tag{2-27}$$

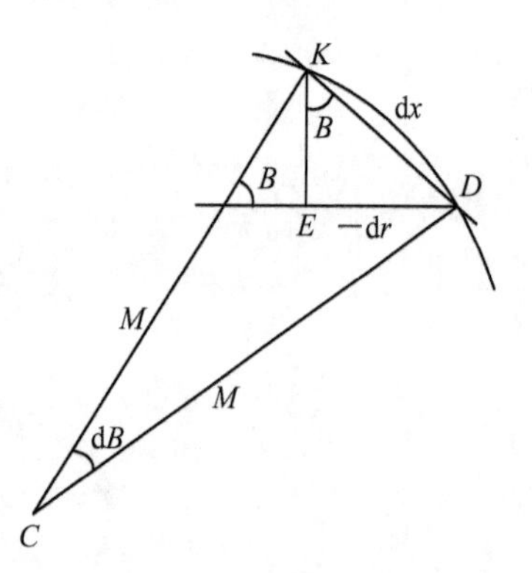

图 2-7　子午圈弧素与曲率半径半系

图 2-7 中 DE 为 D 点平行圈的一段半径，KE 与其垂直。在直角三角形 KED 中，$\angle K$ 等于纬度 B，边 DE 是纬度增量 $\mathrm{d}B$ 时平行圈半径的变化量 $\mathrm{d}r$，且 $\mathrm{d}B$ 增大 $\mathrm{d}r$ 减小，故：

$$\mathrm{d}x = -\frac{\mathrm{d}r}{\sin B} \tag{2-28}$$

代入式(2-27)，得：

$$M = -\frac{\mathrm{d}r}{\mathrm{d}B}\frac{1}{\sin B} \tag{2-29}$$

按式(2-25) 求 r 对于 B 的导数：

$$\begin{aligned}\frac{\mathrm{d}r}{\mathrm{d}B} &= -a\sin B\,(1-e^2\sin^2 B)^{-\frac{1}{2}} + ae^2\sin B\cos^2 B\,(1-e^2\sin^2 B)^{-\frac{3}{2}} \\ &= -a\sin B\,(1-e^2\sin^2 B)^{-\frac{3}{2}}\{(1-e^2\sin^2 B) - e^2\cos^2 B\} \\ &= -a\sin B\,(1-e^2\sin^2 B)^{-\frac{3}{2}}(1-e^2) \\ &= -\frac{a(1-e^2)}{W^3}\sin B \\ &= -\frac{c}{V^3}\sin B\end{aligned}$$

将上式代入式(2-29)，得子午圈曲率半径：

$$M = \frac{a(1-e^2)}{W^3} = \frac{c}{V^3} \tag{2-30}$$

可见，M 亦可与 B 有关，且随 B 增大而增大。N、M 随 B 的变化规律列于表 2-2。

表 2-2　N、M 随 B 变化的规律

B	N	M	说　明
$B=0°$	$N_0=a$	$M_0=a(1-e^2)$	在赤道上，N 为赤道半径 a，M 小于赤道半径 a
$0°<B<90°$	$a<N<c$	$a(1-e^2)<M<c$	此间 N、M 均随 B 的增加而增大
$B=90°$	$N_{90}=\frac{a}{\sqrt{1-e^2}}=c$	$M_{90}=\frac{a}{\sqrt{1-e^2}}=c$	在极点，卯酉圈变为子午圈，N、M 均等于极点曲率半径 c

从微分几何中得知，在曲面上每一点的切平面上，存在着 2 个互相垂直的特殊方向，这两个方向上法截线的曲率 $1/R_A$ 达 到最大值和最小值。这两个方向称为主方向，主方向上的法截线曲率半径称为主曲率半径。

对于椭球面而言，两个主方向中最大法截线曲率半径就是卯酉圈曲率半径 N；主方向中最小法截线曲率半径就是子午圈曲率 M。所以，M 和 N 是椭球面上一点处的两个主曲率半径。

2.2.3　任意方向的法截线曲率半径

通常在椭球面上进行测量工作的方向是任意的，为了准确地对测量成果进行换算，就必须知道测量方向上的椭球面法截线曲率半径。

任意方向(设其大地方位角为 A)上的法截线曲率半径 R_A 与主曲率半径 M 和 N 之间的关系，可以由微分几何中的欧拉公式确定，即

$$\frac{1}{R_A} = \frac{1}{M}\cos^2 A + \frac{1}{N}\sin^2 A \tag{2-31}$$

现在我们用几何方法对欧拉公式证明如下：

设图 2-8 为过椭球面 D 点沿卯酉圈所作的剖面，EE' 为过 D 点的椭球面切平面。另有一平面 FF' 平行于 EE'，与椭球相割，两平面距离为 z。平面与椭球相割的曲线，可以用解析几何的方法证明是一个小椭圆(如图 2-8 的下部所示)，并且小椭圆的短半轴 m 位于子午圈方向，长半轴 n 位于卯酉圈方向。

因为 z 值很小，所以可将椭球面的剖面线 HDI 视为半径等于卯酉圈曲率半径 N 的圆

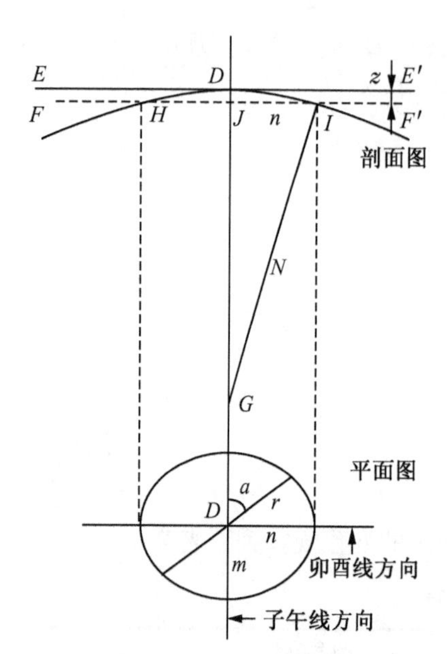

图 2-8　欧拉公式证明辅助图

弧，于是：

$$z = N - \sqrt{N^2 - n^2} = N - N\left(1 - \frac{n^2}{N^2}\right)^{\frac{1}{2}}$$

$$= N - N\left(1 - \frac{n^2}{2N^2} - \frac{n^4}{8N^4} - \cdots\right)$$

上式取级数前二项得：

$$z = \frac{n^2}{2N}$$

保持 z 值不变，再沿 D 点的子午圈作一剖面，椭球面的剖面线又可视为半径等于子午圈曲率半径 M 的圆弧，同理可得：

$$z = \frac{m^2}{2M}$$

如果沿 D 点任意方向（大地方位角为 A）的法截线再作剖面，则椭球面的剖面线还可视为半径等于该方向法截线曲率半径 R_A 的圆弧，此时 FF' 平面相割产生的小椭圆半径为 r，同理又得：

$$z = \frac{r^2}{2R_A}$$

以上三式均相等，于是有：

$$\frac{r^2}{m^2} = \frac{R_A}{M}, \frac{r^2}{n^2} = \frac{R_A}{N} \tag{2-32}$$

根据椭圆方程(2-19)可以写出：

$$\frac{r^2 \cos^2 A}{m^2} + \frac{r^2 \sin^2 A}{n^2} = 1$$

或者：

$$R_A \frac{\cos^2 A}{M} + R_A \frac{\sin^2 A}{N} = 1$$

上式即为公式(2-31)，于是欧拉公式得证。

由欧拉公式可以得出法截线的下列特性：

① 相对于主方向对称位置的法截线具有相同的曲率半径。因为在公式(2-31)中，A 和 $(360° - A)$、$(90° + A)$ 和 $(90° - A)$、$(180° + A)$ 和 $(180° - A)$、$(270° + A)$ 和 $(270° - A)$ 所得曲率两两相等。

② 椭球面任一点相互垂直的两个法截线曲率之和是固定值，且等于两个主方向曲率之和。这是因为：

公式(2-31)中的大地方位角 A，用 $(A + 90°)$ 代替得：

$$\frac{1}{R_{A+90°}} = \frac{1}{M}\sin^2 A + \frac{1}{N}\cos^2 A$$

取上式与式(2-31)之和得：

$$\frac{1}{R_A}+\frac{1}{R_{A+90°}}=\left(\frac{1}{M}+\frac{1}{N}\right)(\cos^2 A+\sin^2 A)=\frac{1}{M}+\frac{1}{N}$$

由式(2-26)和式(2-30)得：

$$\frac{N}{M}=V^2=1+e'^2\cos^2 B$$

代入欧拉公式，并略加变换得：

$$R_A=\frac{N}{1+e'^2\cos^2 A\cos^2 B} \tag{2-33}$$

由上式可以看出，任意方向法截线曲率半径 R_A 不仅与点的纬度 B 有关，还与方位角 A 有关。该式适用于椭球面上任何点、任何方向的法截线解算曲率半径。

2.2.4　平均曲率半径

由于 R_A 随方向不同其数值不同，这就给测量计算带来了不便。不过在实际计算工作中，常常根据一定的精度要求，将某一范围内的椭球面视为圆球面，此时就需要对圆球面的半径作出最佳选择。因为同一点处不同方向的 R_A 值均不相同，所以取该点处所有方向 R_A 的平均值来作为这个球的半径最为适宜，这个 R_A 的平均值就叫该点处的平均曲率半径，若以 R 表示即

$$R=\frac{1}{n}\sum_{i=1}^{n}R_{Ai}\qquad(n\rightarrow\infty)$$

上式 R_A 是 A 的连续函数，根据积分中求连续函数平均值的公式得：

$$R=\frac{1}{2\pi}\int_0^{2\pi}R_A\mathrm{d}A$$

由式(2-32)可知：

$$\frac{R_A}{r^2}=\frac{M}{m^2}=\frac{N}{n^2} \tag{2-34}$$

代入前式即：

$$R=\frac{1}{2\pi}\frac{M}{m^2}\int_0^{2\pi}r^2\mathrm{d}A=\frac{1}{\pi}\frac{M}{m^2}\pi mn=M\frac{n}{m}$$

式中：$\frac{1}{2}\int_0^{2\pi}r^2\mathrm{d}A=\pi mn$ 为图 2-8 中的小椭圆面积。

由式(2-34)，可得到 $\frac{n}{m}=\sqrt{\frac{N}{M}}$，再代入上式即得：

$$R=\sqrt{MN} \tag{2-35}$$

该式表明：椭球面上某一点处的平均曲率半径等于该点处子午圈和卯酉圈曲率半径的几何平均值。

将式(2-30)和式(2-26)中的 M 和 N 代入上式，即得：

$$R=\frac{a\sqrt{1-e^2}}{W^2}=\frac{c}{V^2} \tag{2-36}$$

椭球面上某一点 N、M、R 均自该点起沿法线向内量取，它们的长度通常各不相等。

比较式(2-26)、式(2-30)、式(2-36)可知其间的关系为

$$N > R > M$$

只有在北极和南极,它们才相等,均等于极曲率半径 c。

2.3 地面观测值归算至椭球面

前面讲过,如果认为测站点的铅垂线和法线重合,那么视准面就是法截面,它和椭球面的截线就是法截线。可是事实上,测站点的铅垂线一般不与法线重合,不同测站点的法线也不相交,使得 2 个对向测站点之间出现 2 条法截线。在本节中,我们首先进一步研究法截线的有关性质,选择出两点间的单一曲线,而后再讨论地面观测值归算至椭球面的方法问题。

2.3.1 相对法截线

从前面的图 2-6 中可以看出,椭球面法线在椭球短轴上的投影长度为 $N\sin B$。而将式(2-21)代入式(2-20),又得法线在椭球短半轴上的投影为 $N(1-e^2)\sin B$。二者相减,即为椭球中心到法线与短轴交点之间的距离,即

$$On = N\sin B - N(1-e^2)\sin B = e^2 N\sin B \tag{2-37}$$

上式表明,纬度不同,椭球中心到法线与短轴交点之间的距离是不相等的。

如图 2-9 所示,Q_1 和 Q_2 两点既不位于同一平行圈,也不位于同一子午圈上,它们的法线 Q_1n_1 和 Q_2n_2 并不相交,所以各自包含这 2 条法线的法截面 $Q_1n_1Q_2$ 和 $Q_2n_2Q_1$ 也不会重合,二者和椭球面的交线分别是 $Q_1m_1Q_2$ 和 $Q_2m_2Q_1$。这样,椭球面两点之间就出现了两条法截线,称之为两点间的相对法截线。

当 $A = B_m = 45°$,对不同的距离 s 按式 (2-38)算得的两法截线间的夹角如表 2-3 所列。

表 2-3　两法截线间夹角 Δ 计算

s(km)	$\Delta('')$
100	0.042
60	0.015
30	0.004

可见,Δ 数值很小,在有限范围的控制测量中,完全可以忽略其影响。然而在长距离的大地测量中,就给测量计算带来不便。图 2-10 所示,在椭球面上的 $\triangle ABC$ 中,观测角为 β_A、β_B、β_C,由于相对法截线的不重合性,由对向观测所得的 3 个内角就不能组成闭合三角形。要解决这个问题,就需要在两点间另外选出一条单一的曲线,这就是大地线,以使其组成闭合的图形。

由公式(2-37)还得知,当 $B_2 > B_1$ 时,$On_2 > On_1$,此时法截线 $Q_1m_1Q_2$ 偏南,法截线 $Q_2m_2Q_1$ 偏北,称 $Q_1m_1Q_2$ 为 Q_1 点的正法截线,$Q_2m_2Q_1$ 为 Q_1 点的反法截线。对 Q_2 点来说,$Q_2m_2Q_1$ 为正法截线,$Q_1m_1Q_2$ 为反法截线。只有当 Q_1 点和 Q_2 点位于同一平行圈或同一子午圈上时,正反法截线才合二为一,这是一种特殊情况。

正反法截线之间的夹角 Δ,可以近似地用下式表示:

$$\Delta'' = \frac{\rho''}{4}\frac{e^2}{N_m^2}s^2\cos^2 B_m \sin 2A_1 \tag{2-38}$$

式中：s 为两点之间的法截线长度；

B_m 为两端点的平均纬度；

N_m 为 B_m 处的卯酉圈曲率半径；

A_1 为正法截线的大地方位角。

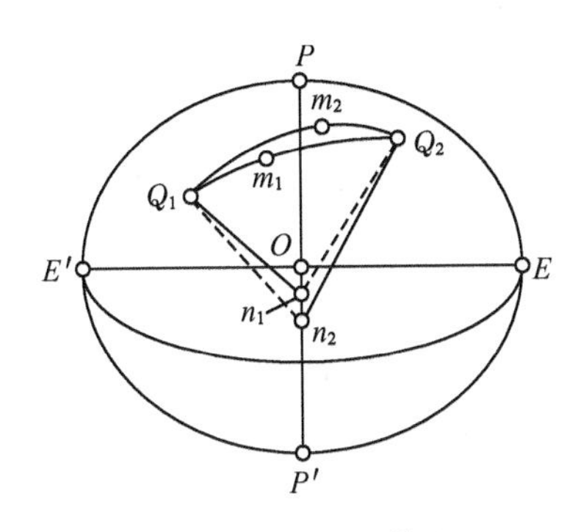

图 2-9　相对法截线

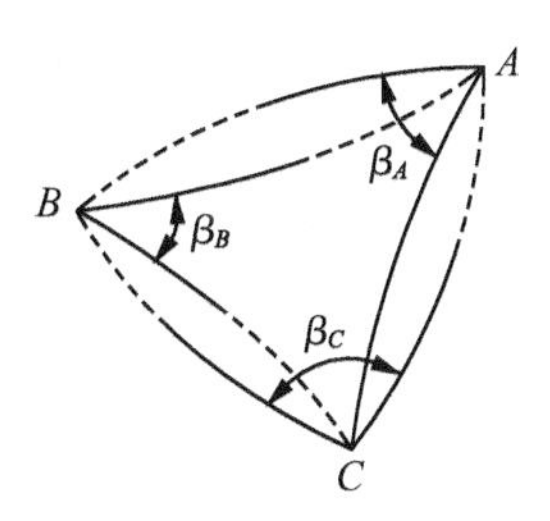

图 2-10　椭球面上相对法截线组成的图形

2.3.2　大地线及其几何特征

为了说明大地线的含义，先解释密切平面的概念。如图 2-11 所示，AB 为曲面上的一条曲线，ds_1、ds_2 为曲线上 P 点的相邻两弧素。当 P_1 点无限趋近 P 点时，割线 P_1P 的极限位置就是曲线在 P 点的切线。曲面上通过 P 点的一切曲线的切线均在同一平面上，该平面称为曲面在 P 点的切平面。通过点 P 而垂直于切平面的直线 PK 就是曲面在该点的法线。当 ds_1、ds_2 无限小时，由 P_1、P、P_2 三点所确定的平面之极限位置，就是曲线在 P 点的密切平面。

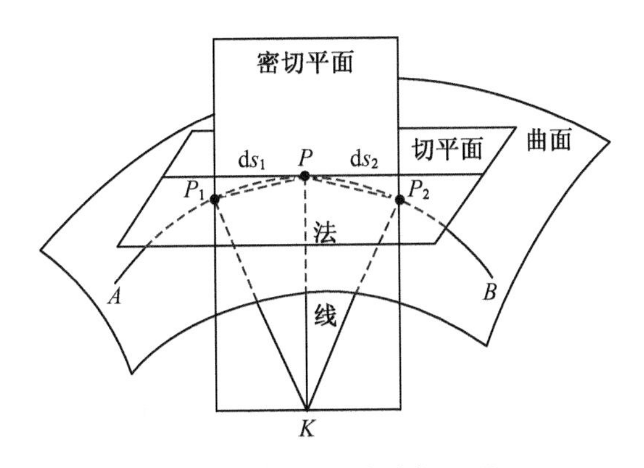

图 2-11　大地线与密切平面

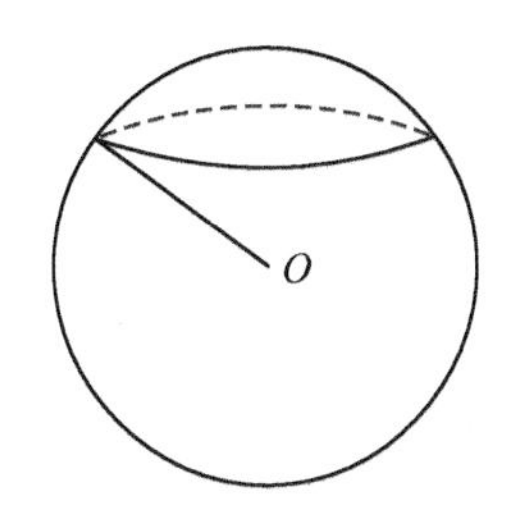

图 2-12　球面法线与密切平面

对于图 2-11 来说，曲线 AB 上任一点 P 的密切平面都包含着曲线在该点的法线，该曲线就是曲面上的一条大地线。因此说，大地线是曲面上的一条曲线，该曲线上每一点处的密切平面都包含曲面在该点的法线。一般情况下，曲面上的曲线并不是大地线。例如图 2-12 中球面上的小圆，其上任一点的密切平面为小圆平面，它并不包含球面在该点的法线，所以小圆就不是大地线。

上面是用一般曲面来说明问题的。如果曲面是个球面，则大地线就是大圆弧，它相当于平面上的直线。对于椭球面，可以假想在其上拉紧一条既无重力又是无摩擦力的细绳，细绳的平衡位置就是一条大地线。因为此时细绳上每点弹性力的合力必然位于密切平面内，而椭球面的反作用力的方向与椭球面法线方向一致，两个力互相抵消，即密切平面包含了椭球面的法线。因此可以说，大地线是曲面上两点间的最短曲线。

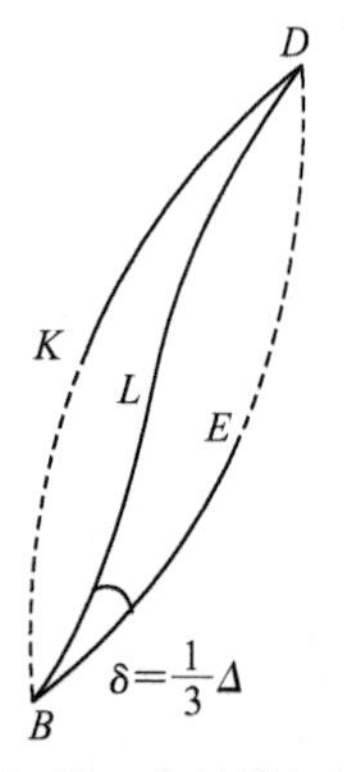

图 2-13　大地线与正反法截线

大地线和法截线的方向差异如图 2-13 所示。椭球面上 B、D 两点既不在同一子午圈也不在同一平行圈上，两点之间的大地线居于相对法截线之间，成为一条双曲率的曲线。大地线 BLD 和正法截线 BED 之间的角度 δ，等于正反法截线之间角度 Δ 的三分之一。由式(2-38)可以看出，当大地线两端点位于同一子午圈上时，方位角 A 等于 0° 或 180°，大地线与法截线重合，角度 δ 等于零；当两端点位于同一平行圈上时，方位角近于 90° 或 270°，正反法截线合二为一，大地线位置比法截线稍微偏北，这时大地线和法截线在端点处相切，δ 等于零。

大地线和法截线的长度差异甚微，当长度达 600 km 时，二者差异仅0.007 mm，所以在实际一般的各种测量计算中，二者的长度均可不加区分。

2.3.3　大地线微分方程和克莱劳方程

前面介绍了大地线的几何特征，这里来介绍大地线的解析特征，它将表现在各种微分关系式上，这些关系式对于下面所要讲述的大地主题解算，是很重要的。

图 2-14，设 P_1 为大地线上任一点，其纬度为 B，经度为 L。取 P_1P 为大地线上的弧素 $\mathrm{d}s$，其大地方位角为 A。当 P_1 点变化至 P 点时，其纬度增量为 $\mathrm{d}B$，经度增量为 $\mathrm{d}L$，方位角增量为 $\mathrm{d}A$。所谓大地线微分方程，也就是 $\mathrm{d}B$、$\mathrm{d}L$、$\mathrm{d}A$ 分别与 $\mathrm{d}S$ 的关系式。

由图 2-14 可知，$P'P = M\mathrm{d}B$，$P_1P' = r\mathrm{d}L = N\cos B\mathrm{d}L$，图中 $P_1P'P$ 为一无限小的球面直角三角形，视其为平面直角三角形，则：

$$M\mathrm{d}B = \mathrm{d}S\cos A$$
$$r\mathrm{d}L = \mathrm{d}S\sin A$$

由上两式分别得：

$$\mathrm{d}B = \frac{\cos A}{M}\mathrm{d}S \tag{2-39}$$

$$\mathrm{d}L = \frac{\sin A}{r}\mathrm{d}S = \frac{\sin A}{N\cos B}\mathrm{d}S \tag{2-40}$$

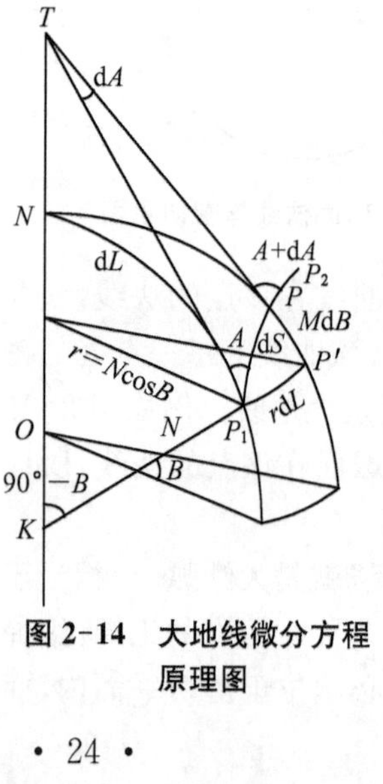

图 2-14　大地线微分方程原理图

在图 2-14 中，设 PP_1 和 PP_2 为大地线 P 点相邻的两弧素，根据大地线的含义，PP_1 和 PP_2 应该位于 P 点的同一密切平面中。P_1 和 P_2 无限接近 P 点，它们的极限位置即为大地线过 P 点的切线。如果分别过 P 和 P_1 作子午线的切线，由于 P 和 P_1 无限接近，故可视二者切线同交于椭球短轴延长线 T 点，这时 PT 和 P_1T 所成的平面就是过 P 点的切平面，而 P_1PP_2 就可视为切平面上的直线。在平面三角形 TPP_1 中一外角等于两内角之和，所以 $\angle PTP_1 = \mathrm{d}A$。如果将无限接近 P' 点也视作切平面上的点，则在平面三角形 P_1TP' 中可以写出：

$$\mathrm{d}A = \frac{r\mathrm{d}L}{P_1T} = \frac{N\cos B\mathrm{d}L}{P_1T}$$

式中的 P_1T 可由 $\mathrm{Rt}\triangle KP_1T$ 得出，即

$$P_1T = N\tan(90° - B) = N\cot B$$

代入上式得：

$$\mathrm{d}A = \sin B\mathrm{d}L$$

引入式(2-40)得：

$$\mathrm{d}A = \frac{\sin A}{N}\tan B\mathrm{d}S \tag{2-41}$$

式(2-39)、式(2-40)、式(2-41)就是大地线的 3 个微分方程。下面来推导大地线的克莱劳方程。

在式(2-41)中引入式(2-39)得：

$$\mathrm{d}A = \frac{\sin A}{\cos A}\frac{M\sin B}{N\cos B}\mathrm{d}B$$

根据公式(2-29)又得：

$$M\sin B\mathrm{d}B = -\mathrm{d}r$$

所以

$$\mathrm{d}A = -\frac{\sin A\mathrm{d}r}{\cos Ar}$$

$$\cot A\mathrm{d}A = -\frac{\mathrm{d}r}{r}$$

对上式进行积分得：

$$\ln\sin A + \ln r = \ln C(C\text{ 为常数})$$

亦即

$$r\sin A = \text{常数} \tag{2-42}$$

式(2-42)就是大地线的克莱劳方程。该式表明，对于椭球面上一条大地线而言，每点处的平行圈半径与该点处大地线方位角正弦的乘积是一个常数。

如图 2-15 所示，按克莱劳方程所经过的椭球面上很长大地线轨迹的形状。出发点为赤道上 E 点，该点处 r 最大，A 为最小；而后向北 r 逐渐减小，A 逐渐增大。K 点处，$A = 90°$，大地线与平行圈 $K'K$ 相切，r 等于式(2-42)中的常数，为最小值；而后大地线向南，穿过赤道，在 C 点，其纬度与 K 点纬度相等，r 又达最小值；大地线再返回赤道时，一般不再回至原出发点。

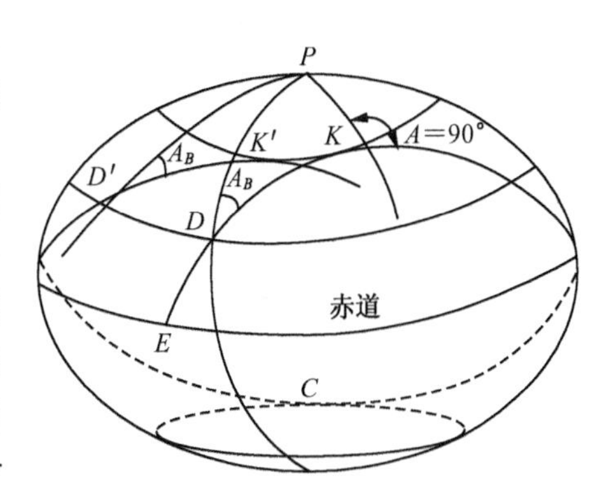

图 2-15　克莱劳方程轨迹

2.3.4　地面观测方向值归算至椭球面

地面观测方向值归算至椭球面上，有 3 个基本内容：一是将测站点铅垂线为基准的地面观测方向值换算成椭球面上以法线为准的观测方向值；二是将照准点沿法线投影至椭球面，换算成椭球面上两点间的法截线方向值；三是将椭球面上的法截线方向换算成大地线方向值。

2.3.4.1　垂线偏差改正 δ_1

测量计算的基准面和基准线是椭球面及其法线，而观测方向的基准线是测站点的铅垂

线。为了求得椭球面上以法线为基准的方向观测值，必须在观测结果中加入相应的改正数，即垂线偏差改正，以 δ_1 表示之。

本章第一节已经讨论过垂线偏差对方向观测值的影响，并且推导出公式(2-12)。根据该式可导出垂线偏差改正：

$$\delta_1 = -(\xi \sin A - \eta \cos A) \tan \alpha \tag{2-43}$$

式中：A 和 α 分别为观测方向的大地方位角和垂直角。

由上式可知，垂线偏差改正数的大小主要取决于测站点的垂线偏差分量、观测方向以及观测方向的垂直角。

例如在 $A = 0°$、$\tan \alpha = 0.01$ 的情况下，当 $\xi = \eta = 5''$ 时，得 $\delta_1 = 0.05''$；当 $\xi = \eta = 10''$ 时，得 $\delta_1 = 0.1''$。可见这项改正数是很小的，只有在国家一、二等三角测量计算中，才加入该项改正。

2.3.4.2　标高差改正 δ_2

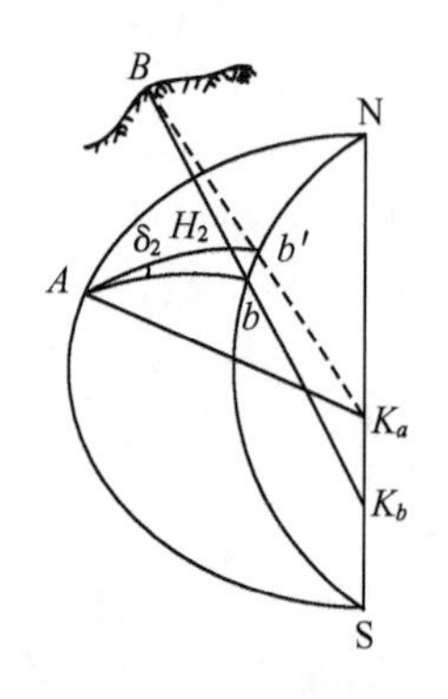

图 2-16　标高差图解

在图 2-16 中，设 A 为测站点。在其观测方向中加入了垂线偏差改正后，就可认为铅垂线与法线一致。这时测站点在椭球面上或高出椭球面某一高度，对水平方向是没有影响的。为简单起见，设 A 就在椭球面上。如果照准点 B 高出椭球面某一高度 H_2，则在 A 点照准 B 点时得出的法截线为 Ab'。

然而，B 点沿法线至椭球面的抽影点为 b，观测方向归算至椭球面上应该是 Ab 方向。这样，将 Ab' 方向换算为 Ab 方向所加入的改正，称为标高差改正，以 δ_2 表示之。

由上所述，标高差改正实际上是由于测站点和照准点的两条法线不在同一平面，且照准点高出椭球面一定高度所产生的。我们不加推导给出它的计算公式：

$$\delta_2 = \frac{\rho e^2}{2M_1} H_2 \cos^2 B_2 \sin 2A_1 \tag{2-44}$$

式中：B_2 为照准点的大地纬度；

A_1 为测站点至照准点的大地方位角；

H_2 为照准点高出椭球面的高程；

M_1 为测站点子午圈曲率半径。

假设 $A_1 = 45°$、$B_2 = 45°$，当 $H_2 = 200$ m 时，$\delta_2 = 0.01''$；当 $H_2 = 2\,000$ m 时，$\delta_2 = 0.1''$。可见 δ_2 数值微小，在进行局部地区的控制测量时，可不必考虑此项改正。

2.3.4.3　截面差改正 δ_3

经过前面两项改正，已将地面观测的水平方向换算为椭球面上的相应法截线方向。这时还需要将法截线方向换算为大地线方向，这项换算叫截面差改正，以 δ_3 表示之。

图 2-17 中，AaB 和 AsB 分别是 A 至 B 的法截线和大地线，它们在 A 点的大地方位角分别是 A'_1 和 A_1。A'_1 与 A_1 之差，就是截面差改正，以 δ_3 表示之。

截面差改正的计算公式可由前面的公式(2-38)得出。因为大地线和正法截线之间的角度，等于正反法截线之间角度 Δ 的三分之一，所以

$$\delta_3 = -\frac{\rho e^2}{12N_m^2}s^2\cos^2 B_m\sin 2A_1 \tag{2-45}$$

式中符号意义同前。

假若 $A_1 = 45°$，$B_m = 45°$，当 $s = 30$ km，δ_3 只有 0.001″。所以只有在一等三角测量中，才进行截面差改正。

地面的方向观测值，经过了上述三项改正后，就得出了椭球面上以法线为基准的各大地线的方向值，也就意味着在地球自然表面上的观测值归算到了参考椭球面上了。

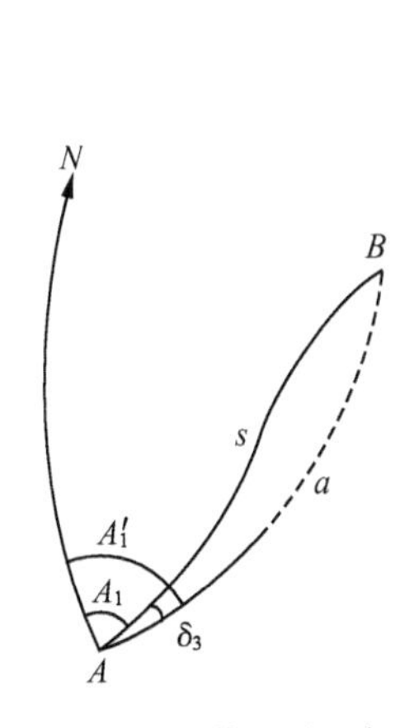

图 2-17　截面差图解

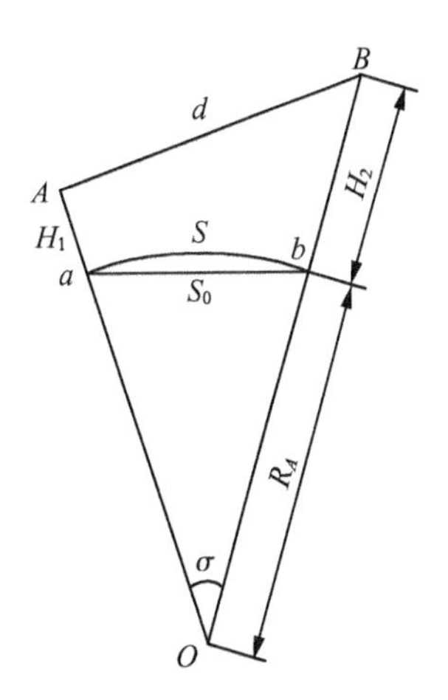

图 2-18　地面观测距离与椭球面距离关系

2.3.5　地面观测距离归算至椭球面

地面电磁波测距的结果，是两端点之间的直线长。空间直线长与端点的铅垂线没有关系，可以直接沿端点的法线归算到椭球面上。

为了导出空间直线归算至椭球面的计算公式，用图 2-18 表示沿空间直线 AB 方向的椭球剖面。图中 d 为连接 AB 的空间直线长；S 为 AB 在椭球面上的投影点 ab 之间的弧长。

用 s 表示 AB 间地面的水平距离，H_1 和 H_2 分别表示 A、B 点的大地高，H_m 表示大地高的平均值。

图中用球面弧长代替了椭球面上的法截线弧长。因为当法截线弧长达 600 km 时，用适宜半径的球面弧长代替法截线弧长，其相对误差只有 1∶2 500 000，此时球面半径按式(2-33)计算时应取：

$$R_A = \frac{N_m}{1+e'^2\cos^2 A\cos^2 B_m}$$

式中：N_m 为两端点平均纬度 $B_m = \frac{1}{2}(B_1 + B_2)$ 处的卯酉圈曲率半径。

若 A、B 两点的大地高分别为 H_1 和 H_2，则由△AOB 按余弦公式可以写出：

$$d^2 = (R_A + H_1)^2 + (R_A + H_2)^2 - 2(R_A + H_1)(R_A + H_2)\cos\sigma$$

根据半角的三角函数得：

$$\cos\sigma = 1 - 2\sin^2\frac{\sigma}{2}$$

上式继而写为：

$$d^2 = (H_2 - H_1)^2 + 4R_A^2\left(1+\frac{H_1}{R_A}\right)\left(1+\frac{H_2}{R_A}\right)\sin^2\frac{\sigma}{2}$$

图中 ab 弦长 $S_0 = 2R_A\sin\frac{\sigma}{2}$，并设高差 $h = H_2 - H_1$，代入上式得：

$$d^2 = h^2 + \left(1+\frac{H_1}{R_A}\right)\left(1+\frac{H_2}{R_A}\right)S_0^2$$

由此可得 ab 间弦长

$$S_0 = \sqrt{\frac{d^2 - h^2}{\left(1+\frac{H_1}{R_A}\right)\left(1+\frac{H_2}{R_A}\right)}} \tag{2-46}$$

上式即为空间直线 d 换算为椭球面弦长的计算公式。为了直观起见，上式还可展开成下列形式：

$$\begin{aligned} S_0 &= \sqrt{d^2 - h^2}\left[\left(1+\frac{H_1}{R_A}\right)\left(1+\frac{H_2}{R_A}\right)\right]^{-\frac{1}{2}} \\ &= \sqrt{d^2 - h^2}\left[1+\frac{2H_m}{R_A}+\frac{H_m^2}{R_A^2}\right]^{-\frac{1}{2}} \\ &= \sqrt{d^2 - h^2}\left(1+\frac{H_m}{R_A}\right)^{-1} \end{aligned} \tag{2-47}$$

实际应用中大地高 $H_m = \frac{(H_{常1} + H_{常2}) + (\zeta_1 + \zeta_2) + (i + t)}{2} = H_{常m} + \zeta_m + i_m$，并取 $\frac{H_1 H_2}{R_A^2} \approx \frac{H_m^2}{R_A^2}$；其中 $H_{常}$ 为正常高高程，ζ 为高程异常，i 为仪器高，t 为照准目标高。

其次，再将弦长 S_0 换算弧长 S，由图 2-18 可知：

$$S = R_A\sigma = 2R_A\arcsin\left(\frac{S_0}{2R_A}\right)$$

将上式右端的函数展开成幂级数得：

$$S = S_0 + \frac{S_0^3}{24R_A^2} + \cdots \tag{2-48}$$

如果将式(2-47)和式(2-48)写成一个式子，取地面的水平距离为 s，则：

$$s = \sqrt{d^2 - h^2} \tag{2-49}$$

由式(2-47)，再取 $\frac{S_0^3}{24R_A^2} \approx \frac{s^3}{24R_A^2}$，则得：

$$S = s - s\left(\frac{H_m}{R_A} - \frac{H_m^2}{R_A^2}\right) + \frac{s^3}{24R_A^2} \tag{2-50}$$

上式右端第一项实际是测距仪与反射镜平均高程面上的水平距离；第二项是水平距离换算成椭球面上相应弦长的改正数；第三项是弦长换算成椭球面上弧长的改正数，当 s 为 10 km 时，该数值约为 1 mm，在不影响精度的情况下，可不考虑该项改正。

因为椭球面上的法截弧与大地线长度相差甚微，在一般的测量计算中两者可不加区别，故经上列换算后的长度，可以视为椭球面上的大地线长度。

2.3.6 椭球面上的三角形解算

前面已经将地面观测的方向值和距离值全部归算到椭球面，得到了椭球面上以大地线组成的三角锁网。这些三角锁网中的未知边长度，还需要通过三角形解算才会得到。

鉴于地球椭球的扁率不大，三角锁网中的三角形比较小，所以椭球面三角形的解算也可以在圆球面上进行。这样，直接采用球面三角学中的现成公式，就可以进行球面三角形的解算，例如正弦公式(参照图2-19)为：

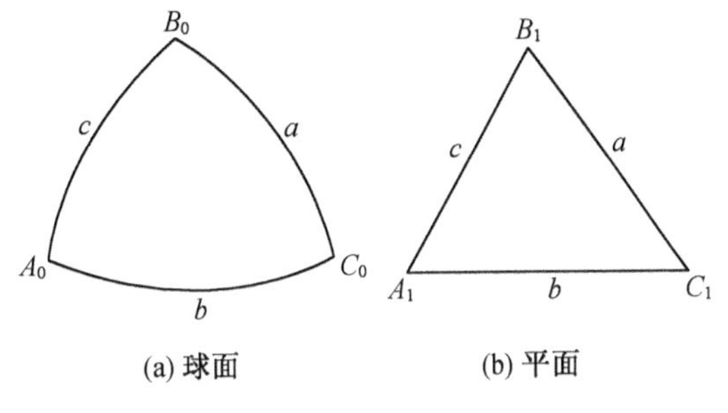

图 2-19 球面三角形与平面三角形

$$\frac{\sin\dfrac{a}{R}}{\sin A_0}=\frac{\sin\dfrac{b}{R}}{\sin B_0}=\frac{\sin\dfrac{c}{R}}{\sin C_0}$$

式中：a/R、b/R、c/R 是球面边长与球半径的比值即球心角，是用弧度来表示的。所以解算前需要将已知边除以球半径化为球心角，解算后再将球心角化为长度，显然是很方便的。另外，三角边所对应的球心角很小，小角度的正弦函数值变化很快，难以保证解算精度。因此，直接采用球面三角学公式解算大地测量中的三角形是不适宜的。这就需要寻求一种更为简便可行的方法。下面介绍的勒让德定理就是这样的方法之一，其实质是将球面三角形改化为与对应边相等的平面三角形，以便应用平面三角公式解算求得球面边长。

在图2-19中若以 R 代表球半径，根据球面三角形边的余弦定理，对于 $\triangle A_0B_0C_0$ 有：

$$\cos\frac{a}{R}=\cos\frac{b}{R}\cos\frac{c}{R}+\sin\frac{b}{R}\sin\frac{c}{R}\cos A_0$$

式中：a/R、b/R、c/R 都是微小量，引入其正弦、余弦函数的幂级数展开式，则

$$\cos A_0=\frac{\left(1-\dfrac{a^2}{2R^2}+\dfrac{a^4}{24R^4}\right)-\left(1-\dfrac{b^2}{2R^2}+\dfrac{b^4}{24R^4}\right)\left(1-\dfrac{c^2}{2R^2}+\dfrac{c^4}{24R^4}\right)}{\left(\dfrac{b}{R}-\dfrac{b^3}{6R^3}\right)\left(\dfrac{c}{R}-\dfrac{c^3}{6R^3}\right)}$$

$$=\frac{b^2+c^2-a^2}{2bc}+\frac{a^4+b^4+c^4-2a^2b^2-2a^2c^2-2b^2c^2}{24R^2bc}$$

其次再根据平面三角形边的余弦定理，对于 $\triangle A_1B_1C_1$ 有：

$$a^2=b^2+c^2-2bc\cos A_1$$

$$\cos A_1=\frac{b^2+c^2-a^2}{2bc}$$

前面两式相减得：

$$\cos A_1-\cos A_0=-\frac{a^4+b^4+c^4-2a^2b^2-2a^2c^2-2b^2c^2}{24R^2bc}$$

$$=\frac{bc}{6R^2}\left(-\frac{a^4+b^4+c^4-2a^2b^2-2a^2c^2-2b^2c^2}{4b^2c^2}\right)$$

$$=\frac{bc}{6R^2}(1-\cos^2A_1)=\frac{bc}{6R^2}\sin^2A_1$$

或者 $$-2\sin\frac{A_1-A_0}{2}\sin\frac{A_1+A_0}{2}=\frac{bc}{6R^2}\sin^2 A_1$$

由于 A_1-A_0 为微小量，所以上式引入以下关系：

$$\sin\frac{A_1-A_0}{2}=\frac{A_1-A_0}{2},\sin\frac{A_1-A_0}{2}=\sin A_1$$

则得：

$$A_1-A_0=-\frac{bc}{6R^2}\sin A_1=-\frac{\Delta}{3R^2}$$

式中：$\Delta=\frac{1}{2}bc\sin A_1$ 为平面三角形 $A_1B_1C_1$ 的面积。

令 $$\varepsilon''=\frac{\Delta}{R^2}\rho'' \tag{2-51}$$

将式(2-51)代入前式，依次可得：

$$\left.\begin{aligned}A_1&=A_0-\frac{\varepsilon''}{3}\\B_1&=B_0-\frac{\varepsilon''}{3}\\C_1&=C_0-\frac{\varepsilon''}{3}\end{aligned}\right\} \tag{2-52}$$

若将(2-52)中的3个式子相加后，又得：

$$\varepsilon''=(A_0+B_0+C_0)-180° \tag{2-53}$$

式中：ε'' 称为球面角超，是球面三角形3个内角之和与180°之差；任意球面多边形内角和与其对应的平面多边形的理论内角和之差，也是球面角超。

公式(2-52)就是解算球面三角形的勒让德定理。该定理表明：如果将球面三角形的每个角度减去其球面角超的三分之一，就得到对应边相等的平面三角形。按平面三角形的正弦公式解算，即可得出球面边长，继而方便地进行三角形的面积、点的概略坐标等计算工作。

2.3.7 椭球面上闭合图形球面角超的计算

球面闭合图形的内角和超过相应平面直边闭合图形内角和的值，亦称为球面角超。如球面三角形的内角和超过180°的值，则是该球面三角形的球面角超(如图2-19所示)。又例如当圆球面三角形为整个球面的1/8时，其内角和为270°，则球面角超的数值为90°。球面角超以 ε 表示。球面角超与闭合图形的面积成正比。由圆球面三角形为整个球面的1/8时、球面角超的数值为90°的特殊情况，以及任意面积的球面闭合图形得球面角超的关系为：

$$\frac{\pi/2}{4\pi R^2/8}=\frac{\varepsilon}{p} \tag{2-54}$$

式中：R 为球面闭合图形区域的平均曲率半径，p 为相应区域的面积；将上式整理，并将以弧度为单位的 ε 改为以角秒表示，则推导出 ε 的计算公式与式(2-51)式相同，只是该处的面积 p 可以是任意的多边形面积，即

$$\varepsilon''=\frac{p\rho''}{R^2} \tag{2-55}$$

球面闭合图形的面积的计算，当图形为球面三角形时，可按上面所讨论的勒让德定理去解决；但当球面控制网的闭合图形（如导线网）为任意的多边形时，为了计算条件闭合差以及质量检核、高斯投影方向值的方向改正等，同样也需要球面角超的计算。在这种情况下，应先计算出各点位的概略坐标，然后按解析公式计算面积，即

$$p = \frac{1}{2}\sum_{i=1}^{n} x_i(y_{i+1} - y_{i-1}) \tag{2-56}$$

式中：n 为闭合图形的角点个数；i 为图形按顺时针排列的序号；当 $i=1$ 时，$i-1$ 取 n；当 $i=n$ 时，$i+1$ 取 1；x_i、y_i 为相应点的概略坐标（精确到 1m）。

然后，将 p 代入式(2-55)，即可算出相应多边形的球面角超。

计算球面角超的目的，一是为了解算球面三角形，二是为了计算三角形或闭合多边形的角度闭合差，三是为了检核方向（曲率）改正的正确性。在目前常规的控制测量中，一般都采用导线测量的形式和方法，故计算球面角超主要是为了后面的两个目的。在后续的课程中将会讨论有关的应用问题。

2.4　大地主题解算

根据大地测量观测成果（角度、距离），计算点在椭球面上的大地坐标，或者根据两点的大地坐标，计算它们之间的大地线长和大地方位角，这类问题通常叫做大地主题解算或大地位置计算等。

2.4.1　概述

大地主题解算视推算的大地元素不同，分为大地主题正解和大地主题反解。如图 2-20 所示，已知 P_1 点大地坐标(B_1, L_1)，P_1P_2 的大地线长 S 和大地方位角 A_1，推算 P_2 点的大地坐标(B_2, L_2)和大地线在 P_2 点的大地方位角 A_2，称为大地主题的正解；已知 P_1、P_2 两点的大地坐标(B_1, L_1)、(B_2, L_2)，反算 P_1P_2 的大地线长 S 和大地方位角 A_1、A_2，称为大地主题的反解。

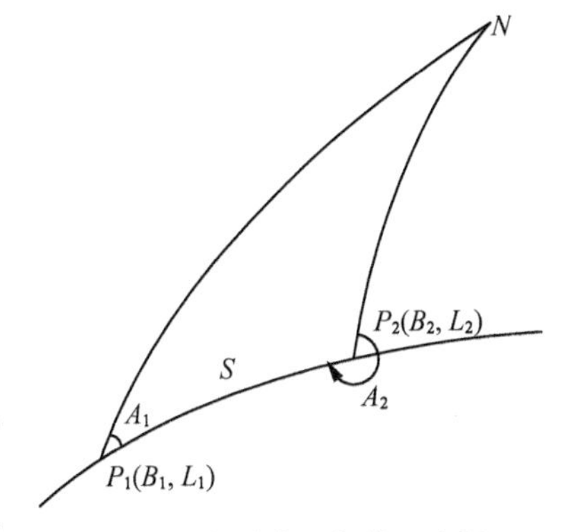

图 2-20　大地主题解算示意图

椭球面上的大地坐标解算，远比平面坐标计算复杂。所以百余年来，许多数学家和测量学家致力于大地主题解算方面的研究，得出了数十种解算的方法。

在众多的解算方法中若按解算的距离加以分类，一般可分为短距离（小于 400 km）、中距离（400～1 000 km）和长距离（1 000～2 000 km）3 种。短距离的大地问题解算，应用于传统的一等三角形测量计算。中、长距离大地问题解算主要用于科学研究、洲际联测、导弹与火箭发射、导航和宇航等。

若按所求量的形式来分类，可分为直接解法和间接解法。直接解法的所求量直接就是点的大地纬度、大地方位角和相邻起算点的大地经差。间接解法则是先求出大地经差、大地纬差和大地方位角差（相当于计算增量），再将它们加入到已知点的相应大地数据中。一般来说，直接解法用于长距离大地主题解算，间接解法用于短距离大地主题

解算。

鉴于大地主题解算公式较多，本节将选择其中一种典型公式进行推证，即高斯平均引数大地主题解算公式。它是按间接解法进行的适用于短距离的大地主题解算公式。

推证高斯平均引数公式的基本思路是：按照平均引数展开的泰勒级数把大地线两端点的经度差、纬度差和方位角差各表示为大地线长 S 的幂级数。再利用大地线在大地坐标系中的微分方程式(2-39)、式(2-40)和式(2-41)推求出幂级数中的各阶导数，最终得到大地主题解算公式。

2.4.2 按平均引数展开的泰勒级数

已知的泰勒级数为

$$f(x)=f(x_0+h)=f(x_0)+hf'(x_0)+\frac{1}{2}h^2f''(x_0)+\frac{1}{6}h^3f'''(x_0)+\cdots$$

式中：各阶导数均按 x_0 计算。

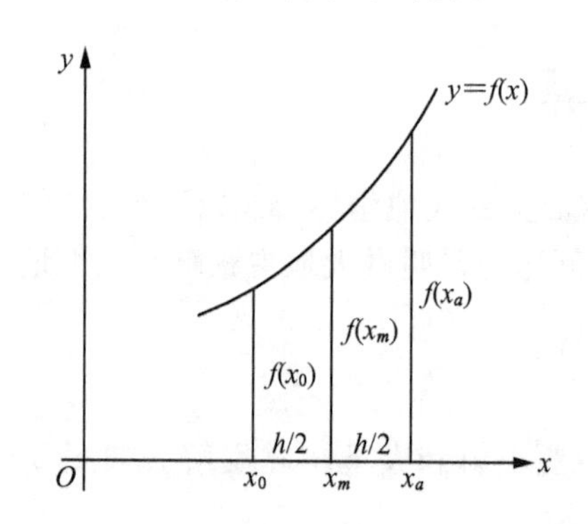

图 2-21 平均引数展开泰勒级数原理图

如图 2-21 所示，设 x_0、x_a 的中点为 x_m，将 $f(x_a)$、$f(x_0)$ 都以 x_m 为出发点按泰勒级数展开，即

$$f(x_a)=f(x_m)+\frac{h}{2}f'(x_m)+\frac{1}{2}\left(\frac{h}{2}\right)^2f''(x_m)+\frac{1}{6}\left(\frac{h}{2}\right)^3f'''(x_m)+\cdots$$

$$f(x_0)=f(x_m)-\frac{h}{2}f'(x_m)+\frac{1}{2}\left(\frac{h}{2}\right)^2f''(x_m)-\frac{1}{6}\left(\frac{h}{2}\right)^3f'''(x_m)+\cdots$$

两式相减得到：

$$f(x_a)-f(x_0)=hf'(x_m)+\frac{1}{24}h^3f'''(x_m)+\frac{1}{1\,920}h^5f^{(5)}(x_m)+\cdots \tag{2-57}$$

上式就是按平均引数 x_m 展开的泰勒级数。式中各阶导数均按平均引数 x_m 计算。在展开式中，所有 h 的偶次项都消失了，h 的奇次项的系数也明显减小了，所以级数收敛很快。

2.4.3 高斯平均引数正解公式

由图 2-20 可知，当 B_1、L_1、A_1 已知时，若 S 变化，则经差、纬差、方位角差为

$$\left.\begin{aligned}l&=L_2-L_1\\b&=B_2-B_1\\a&=A_2\pm180°-A_1\end{aligned}\right\} \tag{2-58}$$

将随之变化，即 l、b、a 都是 S 的连续函数。

依据平均引数泰勒级数式(2-57)，将 l、b、a 在大地线的中点 $\frac{S}{2}$ 处展开为 S 的幂级数：

$$\left.\begin{aligned} l &= \left(\frac{\mathrm{d}L}{\mathrm{d}S}\right)_{\frac{S}{2}} S + \frac{1}{24}\left(\frac{\mathrm{d}^3 L}{\mathrm{d}S^3}\right)_{\frac{S}{2}} S^3 + \cdots \\ b &= \left(\frac{\mathrm{d}B}{\mathrm{d}S}\right)_{\frac{S}{2}} S + \frac{1}{24}\left(\frac{\mathrm{d}^3 B}{\mathrm{d}S^3}\right)_{\frac{S}{2}} S^3 + \cdots \\ a &= \left(\frac{\mathrm{d}A}{\mathrm{d}S}\right)_{\frac{S}{2}} S + \frac{1}{24}\left(\frac{\mathrm{d}^3 B}{\mathrm{d}S^3}\right)_{\frac{S}{2}} S^3 + \cdots \end{aligned}\right\} \tag{2-59}$$

上式虽然只写出两项，实际上已有 4 次项的精度。式中各阶导数都是 B 和 A 的函数，它们按大地线中点处的纬度 $B_{\frac{S}{2}}$ 和方位角 $A_{\frac{S}{2}}$ 计算。问题在于如何求出 $B_{\frac{S}{2}}$ 和 $A_{\frac{S}{2}}$。为了解决这个问题，引入大地线两端点的平均纬度和平均方位角：

$$B_m = \frac{1}{2}(B_1 + B_2)$$

$$A_m = \frac{1}{2}(A_1 + A_2 \pm 180^\circ)$$

由于椭球存在着扁率，所以 $B_m \neq B_{\frac{S}{2}}$，$A_m \neq A_{\frac{S}{2}}$，可是椭球的扁率很小，故 $B_m - B_{\frac{S}{2}}$ 和 $A_m - A_{\frac{S}{2}}$ 极其微小。我们设法用 B_m 和 A_m 来表示 $B_{\frac{S}{2}}$ 和 $A_{\frac{S}{2}}$，将式(2-59)中以 $B_{\frac{S}{2}}$ 和 $A_{\frac{S}{2}}$ 为依据的导数改化为以 B_m 和 A_m 为依据的导数，使问题得到解决。

由于 $\frac{\mathrm{d}L}{\mathrm{d}S}$ 是 B 和 A 的函数，可以写出：

$$\left(\frac{\mathrm{d}L}{\mathrm{d}S}\right)_{\frac{S}{2}} = f(B_m + B_{\frac{S}{2}} - B_m, A_m + A_{\frac{S}{2}} - A_m)$$

上式以 B_m、A_m 为依据按泰勒级数展开：

$$\left(\frac{\mathrm{d}L}{\mathrm{d}S}\right)_{\frac{S}{2}} = f(B_m, A_m) + \left(\frac{\partial f}{\partial A}\right)_m (B_{\frac{S}{2}} - B_m) + \left(\frac{\partial f}{\partial A}\right)_m (A_{\frac{S}{2}} - A_m) + \cdots$$

即
$$\left(\frac{\mathrm{d}L}{\mathrm{d}S}\right)_{\frac{S}{2}} = \left(\frac{\mathrm{d}L}{\mathrm{d}S}\right)_m + \left[\left(\frac{\partial\left(\frac{\mathrm{d}L}{\mathrm{d}S}\right)}{\partial B}\right)\right]_m (B_{\frac{S}{2}} - B_m) + \left[\left(\frac{\partial\left(\frac{\mathrm{d}L}{\mathrm{d}S}\right)}{\partial A}\right)\right]_m (A_{\frac{S}{2}} - A_m) + \cdots \tag{2-60}$$

根据大地线微分方程(2-40)，上式中：

$$\frac{\partial\left(\frac{\mathrm{d}L}{\mathrm{d}S}\right)}{\partial B} = \sin A \left(\frac{1}{\cos B}\frac{\mathrm{d}\left(\frac{1}{N}\right)}{\mathrm{d}B} + \frac{1}{N}\frac{\tan B}{\cos B}\right)$$

以下为简化公式书写，引入符号

$$t = \tan B, \eta^2 = e'^2 \cos^2 B \tag{2-61}$$

并考虑到
$$\frac{\mathrm{d}\left(\frac{1}{N}\right)}{\mathrm{d}B} = -\frac{\eta^2 t}{NV^2}$$

上两式代入前式化简，以及再进行同样的推导后，得：

$$\left.\begin{aligned}\frac{\partial\left(\frac{\mathrm{d}L}{\mathrm{d}S}\right)}{\partial B}&=\frac{t\sin A}{NV^2\cos B}\\ \frac{\partial\left(\frac{\mathrm{d}L}{\mathrm{d}S}\right)}{\partial A}&=\frac{\cos A}{N\cos B}\end{aligned}\right\}\tag{2-62}$$

另外，由泰勒级数

$$B_1=B_{\frac{S}{2}}-\frac{S}{2}\left(\frac{\mathrm{d}B}{\mathrm{d}S}\right)_{\frac{S}{2}}+\frac{1}{2}\left(\frac{S}{2}\right)^2\left(\frac{\mathrm{d}^2B}{\mathrm{d}S^2}\right)_{\frac{S}{2}}-\cdots$$

$$B_2=B_{\frac{S}{2}}+\frac{S}{2}\left(\frac{\mathrm{d}B}{\mathrm{d}S}\right)_{\frac{S}{2}}+\frac{1}{2}\left(\frac{S}{2}\right)^2\left(\frac{\mathrm{d}^2B}{\mathrm{d}S^2}\right)_{\frac{S}{2}}+\cdots$$

上两式相加除以 2，以及同样的推导过程研究大地方位角平均引数的导数，得：

$$\left.\begin{aligned}B_m-B_{\frac{S}{2}}&=\frac{1}{8}\left(\frac{\mathrm{d}^2B}{\mathrm{d}S^2}\right)_{\frac{S}{2}}S^2+S^4\text{ 项}\\ A_m-A_{\frac{S}{2}}&=\frac{1}{8}\left(\frac{\mathrm{d}^2A}{\mathrm{d}S^2}\right)_{\frac{S}{2}}S^2+S^4\text{ 项}\end{aligned}\right\}\tag{2-63}$$

根据大地线微分方程式(2-39)、式(2-41)，上两式中的二阶导数为：

$$\frac{\mathrm{d}^2B}{\mathrm{d}S^2}=\frac{3}{c}V^2\frac{\mathrm{d}V}{\mathrm{d}S}\cos A-\frac{V^3}{c}\sin A\frac{\mathrm{d}A}{\mathrm{d}S}$$

式中 $$\frac{\mathrm{d}V}{\mathrm{d}S}=\frac{\mathrm{d}V}{\mathrm{d}B}\frac{\mathrm{d}B}{\mathrm{d}S}=-\frac{\eta^2}{V}t\frac{V^3}{c}\cos A$$

所以 $$\frac{\mathrm{d}^2B}{\mathrm{d}S^2}=-\frac{V^2}{N^2}t(3\eta^2\cos^2A+\sin^2A)$$

同样还得：

$$\frac{\mathrm{d}^2A}{\mathrm{d}S^2}=\frac{1}{N^2}\sin A\cos A(1+2t^2+\eta^2)$$

上式仍然是 B 和 A 的 函数，按泰勒级数展开为：

$$\left[\frac{\mathrm{d}^2B}{\mathrm{d}S^2}\right]_{\frac{S}{2}}=\left[\frac{\mathrm{d}^2B}{\mathrm{d}S^2}\right]_m+\left[\frac{\partial\left(\frac{\mathrm{d}^2B}{\mathrm{d}S^2}\right)}{\partial B}\right]_m(B_{\frac{S}{2}}-B_m)+\left[\frac{\partial\left(\frac{\mathrm{d}^2A}{\mathrm{d}S^2}\right)}{\partial A}\right]_m(A_{\frac{S}{2}}-A_m)+\cdots$$

上式右端第二、第三两项，代入式(2-63)后为 $\frac{S}{N}$ 的 4 次项，再代入式(2-60)，最后代入式(2-59)，则为 $\frac{S}{N}$ 的 5 次项，可以忽略不计，所以可取

$$\left(\frac{\mathrm{d}^2B}{\mathrm{d}S^2}\right)_{\frac{S}{2}}=\left(\frac{\mathrm{d}^2B}{\mathrm{d}S^2}\right)_m,\left(\frac{\mathrm{d}^2A}{\mathrm{d}S^2}\right)_{\frac{S}{2}}=\left(\frac{\mathrm{d}^2A}{\mathrm{d}S^2}\right)_m$$

于是式(2-63)可以写为：

$$\left.\begin{aligned} B_m - B_{\frac{S}{2}} &= -\frac{S^2V_m^2}{8N_m^2}t_m(3\eta_m{}^2\cos^2 A_m + \sin^2 A_m) \\ A_m - A_{\frac{S}{2}} &= \frac{S^2}{8N_m^2}\sin A_m \cos A_m(1+2t_m^2+\eta_m^2) \end{aligned}\right\} \tag{2-64}$$

将式(2-62)和式(2-64)代入式(2-60)，附上相应的下标，经整理可得：

$$\left(\frac{\mathrm{d}L}{\mathrm{d}S}\right)_{\frac{S}{2}} = \frac{\sin A_m}{N_m\cos B_m} + \frac{S^2\sin A_m}{8N_m^2\cos B_m}t_m^2(\sin^2 A_m - 3\eta_m^2\cos^2 A_m) - \frac{S^2}{8N_m^2\cos B_m}\sin A_m\cos^2 A_m(1+2t_m+\eta_m^2) \tag{2-65}$$

根据上面的分析，还可以直接取：

$$\left(\frac{\mathrm{d}^3L}{\mathrm{d}S^3}\right)_m = \left(\frac{\mathrm{d}^3L}{\mathrm{d}S^3}\right)_{\frac{S}{2}}$$

进一步推导出：

$$\left(\frac{\mathrm{d}^3L}{\mathrm{d}S^3}\right)_{\frac{S}{2}} = \frac{2}{N_m^3\cos B_m}[\sin A_m\cos^2 A_m(1+3t_m^2+\eta_m^2) - t_m^2\sin^3 A_m] \tag{2-66}$$

至此解决了 $\left(\frac{\mathrm{d}L}{\mathrm{d}S}\right)_{\frac{S}{2}}$、$\left(\frac{\mathrm{d}^3L}{\mathrm{d}S^3}\right)_{\frac{S}{2}}$ 的计算问题。遂将式(2-65)、式(2-66)代入式(2-59)，经过整理得：

$$\left.\begin{aligned} l'' &= \frac{\rho''}{N_m\cos B_m}S\sin A_m\left\{1+\frac{S^2}{24N_m^2}[t_m^2\sin^2 A_m - \cos^2 A_m(1+\eta_m^2-9\eta_m^2t_m^2)]\right\} \\ b'' &= \frac{\rho''}{M_m}S\cos A_m\{1+\frac{S^2}{24N_m^2}[\sin^2 A_m(2+3t_m^2+2\eta_m^2)+ \\ &\quad 3\eta_m^2\cos^2 A_m(t_m^2-1-\eta_m^2-4\eta_m^2t_m^2)]\} \\ a'' &= \frac{\rho''}{N_m}St_m\sin A_m\{1+\frac{S^2}{24N_m^2}[\cos^2 A_m(2+7\eta_m^2+9\eta_m^2t_m^2+5\eta_m^4)+ \\ &\quad \sin^2 A_m(2+t_m^2+2\eta_m^2)]\} \end{aligned}\right\} \tag{2-67}$$

由上式求出 l''、b''、a'' 后，就可以根据式(2-58)，由已知的 L_1、B_1、A_1 求出 L_2、B_2、A_2。

公式(2-67)叫做高斯平均引数大地主题正解公式。公式推演中保持了 4 次项的精度，可用于 225 km 以下大地主题精密解算。

高斯平均引数公式是在 B_m 和 A_m 已知的基础上导出的。实际上正解时由于 B_2 和 A_2 尚属未知，所以 B_m 和 A_m 的精确值也属未知，必须通过逐次趋近的方法求出。不过各改正项很小，用 B_m 和 A_m 的近似值计算一次已足，只有各主项才需趋近几次，一般趋近三次就可以了。

2.4.4　高斯平均引数反解公式

大地主题反解时，由于已知两点间的纬差 b、经差 l 和平均纬度 B_m，故依据高斯平均引数正解公式，可以容易地导出反解公式。

由公式(2-67)的前两式可以写出：

$$S\sin A_m = \frac{l''}{\rho''}N_m\cos B_m - \frac{S\sin A_m}{24N_m^2}[S^2t_m^2\sin A_m + S^2\cos^2 A_m(1+\eta_m^2-9\eta_m^2t_m^2)]$$

$$S \cdot \cos A_m = \frac{b''}{\rho''}\frac{N_m}{V_m^2} - \frac{S \cdot \cos A_m}{24N_m^2}[S^2 \sin^2 A_m(2+3t_m^2+2\eta_m^2) - 3\eta_m^2 S^2 \cos^2 A_m(t_m^2 - 1 - \eta_m^2 - 4\eta_m^2 t_m^2)]$$

上两式右端第 2 项中含有 $S\sin A_m$ 、$S\cos A_m$，可用

$$S \cdot \sin A_m = \frac{l''}{\rho''}N_m \cdot \cos B_m, S \cdot \cos A_m = \frac{b''N_m}{\rho''V_m^2}$$

代入，并按 l、b 集项得：

$$\left.\begin{aligned} S \cdot \sin A_m &= r_{01}l'' + r_{21}b''l''^2 + r_{03}l''^3 \\ S \cdot \cos A_m &= S_{10}b'' + S_{12}b''l''^2 + S_{30}b''^3 \end{aligned}\right\}$$

式中：$r_{01} = \frac{N_m}{\rho''}\cos B_m, r_{21} = \frac{N_m \cdot \cos B_m}{24\rho''^3}(1-\eta_m^2-9\eta_m^2t_m^2), r_{03} = \frac{N_m}{24\rho''^3}\cos^3 B_m t_m^2$，

$$S_{10} = \frac{N_m K}{\rho'' V_m^2}, S_{12} = \frac{N_m}{24\rho''^3}\cos^2 B_m(-2-3t_m^2+3t_m^2\eta_m^2), S_{30} = \frac{N_m}{8\rho''^3}(\eta_m^2 - t_m^2\eta_m^2)$$

将上式代入式(2-67)第三式，整理后得：

$$a'' = t_{01}l'' + t_{21}b''^2 l'' + t_{03}l''^3$$

式中：

$$t_{01} = t_m \cos B_m, t_{21} = \frac{1}{24\rho''^2}\cos B_m t_m(3+2\eta_m^2-2\eta_m^4), t_{03} = \frac{1}{12\rho''^2}\cos^3 B_m t_m(1+\eta_m^2)$$

求出 $S\sin A_m$ 、$S\cos A_m$ 和 a 后，按下式计算大地线长 S 和正反方位角 A_1 和 A_2，即

$$\left.\begin{aligned} A_m &= \arctan\frac{S \cdot \sin A_m}{S \cdot \cos A_m} \\ S &= \frac{S \cdot \sin A_m}{\sin A_m} = \frac{S \cdot \cos A_m}{\cos A_m} \\ A_1 &= A_m - \frac{a}{2} \\ A_2 &= A_m + \frac{a}{2} \pm 180^\circ \end{aligned}\right\} \tag{2-68}$$

上述反解公式同相应的正解公式一样，保持了 4 次项的精度，可用于 120 km 以下大地主题精密反解。

2.4.5 高斯平均引数公式的实用形式

为适应在计算机上作迭代计算，再对高斯平均引数公式作适当变换。

2.4.5.1 正解公式

将式(2-67)中前两式的改正项分别用相应的主项来代替，则得(为书写方便略去右下标)：

$$\left.\begin{aligned} l &= \frac{S}{N \cdot \cos B} \cdot \sin A + 3\text{ 次项} \\ b &= \frac{S}{N}V^2 \cdot \cos A + 3\text{ 次项} \end{aligned}\right\}$$

不考虑 3 次项，即为

$$\left.\begin{aligned} l\cdot\cos B &= \frac{S}{N}\cdot\sin A \\ \frac{b}{V^2} &= \frac{S}{N}\cdot\cos A \end{aligned}\right\}$$

将上式代入式(2-67)的各改正项，且令 $m = l\cos B$，分别得

$$\Delta l = \frac{m^2}{24}t^2 - \frac{b^2}{24V^4}(1+\eta^2-9\eta^2t^2)$$

$$\Delta b = \frac{m^2}{24}(2+3t^2+2\eta^2) + \frac{b^2}{8V^4}\eta^2(t^2-1-\eta^2-4\eta^2t^2)$$

$$\begin{aligned} \Delta a &= \frac{1}{24}\frac{b^2}{V^4}(2+7\eta^2+9\eta^2t^2+5\eta^2) + \frac{m^2}{24}(2+t^2+2\eta^2) \\ &= \left[\frac{m^2}{24}t^2 - \frac{b^2}{24V^4}(1+\eta^2-9\eta^2t^2)\right] + \left[\frac{m^2}{12}V^2 + \frac{b^2}{24V^4}(3+8\eta^2+5\eta^4)\right] \\ &= \Delta l + \Delta c \end{aligned}$$

综合以上各式可得正解的迭代公式为：

$$\left.\begin{aligned} b_0 &= \frac{S}{N_1}\cdot\cos A_1V_1^2, l_0 = \frac{S}{N_1}\cdot\frac{\sin A_1}{\cos B_1}, m = l\cos B \\ \Delta l &= \frac{m^2}{24}t^2 - \frac{b^2}{24V^4}(1+\eta^2-9\eta^2t^2) \\ \Delta b &= \frac{m^2}{24}(2+3t^2+2\eta^2) + \frac{b^2}{8V^4}\eta^2(t^2-1-\eta^2-4\eta^2t^2) \\ \Delta c &= \frac{m^2}{12}V^2 + \frac{b^2}{24V^4}(3+8\eta^2+5\eta^4) \end{aligned}\right\} \quad (2\text{-}69)$$

$$\left.\begin{aligned} l &= \frac{S}{N}\cdot\sin A_m\frac{1}{\cos B_m}(1+\Delta l) \\ b &= \frac{S}{N}\cdot\cos A_mV^2(1+\Delta b) \\ a &= \frac{S}{N}\cdot\sin A_mt(1+\Delta l+\Delta c) \end{aligned}\right\} \quad (2\text{-}70)$$

式中的有关参数 V、t、η、m 均应以 $B_m = \frac{1}{2}(B_1+B_2)$ 为引数进行计算，趋近计算时第一次以 B_1 代替 B_m。$\sin A_m$ 和 $\cos A_m$ 中 $A_m = \frac{1}{2}(A_1+A_2\pm180°)$；趋近计算时第一次以 A_1 代替 A_m。以后 B_m 和 A_m 按下式作趋近计算，直到 2 次趋近值的变化小于要求时为止，即

$$\begin{aligned} B_{m(1)} &= B_1 & A_{m(1)} &= A_1 \\ B_{2(i)} &= B_{m(i)} + \frac{b_i}{2} & A_{2(i)} &= A_{m(i)} + \frac{a_i}{2} \pm 180° \\ B_{m(i+1)} &= \frac{1}{2}(B_1+B_{2(i)}) & A_{m(i+1)} &= \frac{1}{2}(A_1+A_{2(i)}\pm180°) \end{aligned}$$

最后按下式求出：

$$\left.\begin{aligned}L_2 &= L_1 + l\\ B_2 &= B_1 + b\\ A_2 &= A_1 + a \pm 180^\circ\end{aligned}\right\}\tag{2-71}$$

2.4.5.2 反解公式

由公式(2-70)可得：

$$S \cdot \sin A_m = Nl \cdot \cos B_m (1 - \Delta l)$$

$$S \cdot \cos A_m = \frac{N}{V^2} b (1 - \Delta b)$$

由此反解得大地线长：

$$S^2 = (S \cdot \sin A_m)^2 + (S \cdot \cos A_m)^2$$

大地方位角按下式计算：

$$A_1 = A_m - \frac{1}{2}a$$

$$A_2 = A_m + \frac{1}{2}a \pm 180^\circ$$

为此必须先解算式中 a 和 A_m。将式(2-67) 第 3 式乘以 l 再除以 l 的级数式可得：

$$\begin{aligned}a &= l \cdot \sin B_m \left(1 + \frac{1+\eta^2}{12N^2} S^2 \sin^2 A_m + \frac{3 + 8\eta^2 + 5\eta^4}{24N^2} S^2 \cos^2 A_m\right)\\ &= mt\left[1 + \frac{V^2}{12} m^2 + \frac{b^2}{24V^4}(3 + 8\eta^2 + 5\eta^4)\right]\\ &= mt(1 + \Delta c)\end{aligned}$$

注意此时 $\Delta l = 0$，Δc 按式(2-69)计算。其次，为求出 A_m，需要区别其所在象限，为此先按下式求出 T，即：

$$T = \begin{cases}\arctan\left|\dfrac{S \cdot \sin A_m}{S \cdot \cos A_m}\right|, 当|b| \geqslant |l|时\\ \dfrac{\pi}{4} + \arctan\left|\dfrac{1-C}{1+C}\right|, 当 b \leqslant |l|时\end{cases}\tag{2-72}$$

式中：$C = \dfrac{S \cdot \cos A_m}{S \cdot \sin A_m}$，再按下式确定 A_m，即

$$A_m = \begin{cases}T, & 当 b > 0, l \geqslant 0 时\\ \pi - T, & 当 b < 0, l \geqslant 0 时\\ \pi + T, & 当 b \leqslant 0, l < 0 时\\ 2\pi - T, & 当 b > 0, l < 0 时\\ \dfrac{\pi}{2}, & 当 b = 0, l > 0 时\end{cases}\tag{2-73}$$

2.5　椭球面上的坐标系相互关系与转换

为了表示椭球面上点的位置,必须建立相应的坐标系。大地测量常用的基本坐标系包括大地坐标系和空间大地直角坐标系。本节中,我们将重点讨论大地坐标系和空间大地直角坐标系之间的关系,以及这些坐标系统之间的相互转换问题。关于大地坐标系和平面直角坐标系之间的关系以及平面坐标系统之间的转换,将在第 3 章中再做进一步的讨论。

2.5.1　大地坐标系和空间大地直角坐标系及其关系

大地坐标系用大地纬度 B、大地经度 L 和大地高 H 来表示点的位置。这种坐标系是经典大地测量的一种通用坐标系。根据地图投影的理论,大地坐标系可以通过一定的投影转化为投影平面上的直角坐标系,为地形测图和工程测量提供控制基础,方便使用。同时,这种坐标系还是研究地球形状和大小以及一些其他领域的一种很有用的坐标系。所以大地坐标系在大地测量中始终起着重要的作用。

空间大地直角坐标系是一种参考椭球中心为坐标原点或以地球质心为原点的右手直角坐标系,一般用 X、Y、Z 表示点的位置。由于人造地球卫星及其他太空飞行器围绕地球运转时,其轨道平面通过地球质心,对它们的跟踪观测以地球质心为坐标原点,所以空间大地直角坐标系是卫星大地测量中一种常用的基本坐标系。现今,利用卫星大地测量的手段,可以迅速地测定点的空间大地直角坐标,广泛应用于导航定位等技术工作中。同时经过数学变换,还可求出点的大地坐标,用以加强和扩展地面大地网,进行岛屿和洲际联测,与地方坐标系实施转换等,使传统的大地测量方法发生了深刻的变化。所以空间大地直角坐标系对于大地测量的应用发展,具有重要的意义。

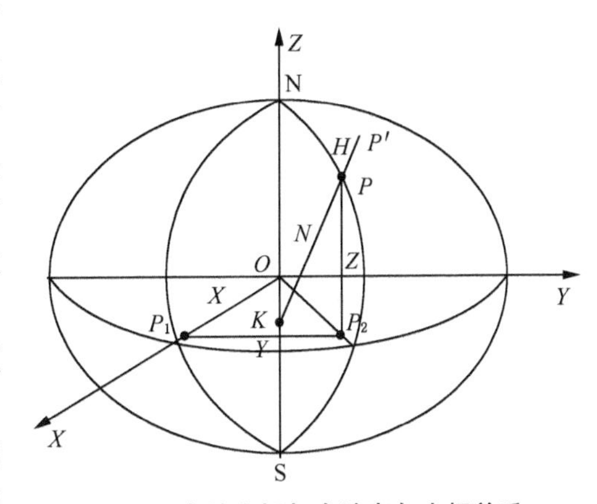

图 2-22　大地坐标与大地直角坐标关系

如图 2-22 所示,P 点的位置用空间大地直角坐标(X,Y,Z)表示,其相应的大地坐标为(B,L)。由梅尼埃定理以及将该图与图 2-5、图 2-6 加以比较可见,图 2-6 中的子午椭圆平面相当于图 2-22 中的 ONP 平面,其中 $PP_2 = Z$,相当于图 2-6 中 y;OP_2 相当于图 2-6 中的 x。两平面的经度 L 可视为相同,等于 $\angle P_1OP_2$,于是可以直接写出:

$$X = x \cdot \cos L, Y = x \cdot \sin L, Z = y$$

将式(2-21)、式(2-20)分别代入上式,并考虑式(2-26)得:

$$\left.\begin{aligned} X &= N \cdot \cos B \cdot \cos L \\ Y &= N \cdot \cos B \cdot \sin L \\ Z &= N(1-e^2) \cdot \sin B \end{aligned}\right\} \tag{2-74}$$

上式表明了同一点位在两种基本坐标系之间的换算关系。

2.5.2 大地坐标和空间大地直角坐标的转换

2.5.2.1 由大地坐标求空间大地直角坐标

当已知椭球面上任一点 P 的大地坐标(B,L)时，可以按式(2-74)直接求该点的空间大地直角坐标(X,Y,Z)。

如果 P 点不恰好位于椭球面，例如位于大地高为 H 的P'点处(B,L,H)，此时由大地坐标求空间大地直角坐标的公式则为：

$$\left.\begin{aligned} X &= (N+H)\cdot\cos B\cdot\cos L \\ Y &= (N+H)\cdot\cos B\cdot\sin L \\ Z &= [N(1-e^2)+H]\cdot\sin B \end{aligned}\right\} \tag{2-75}$$

2.5.2.2 由空间大地直角坐标求大地坐标

当已知 X、Y、Z 反求 B、L、H 时，可以采用直接解法或迭代解法。

由公式(2-75)第一、二两式得：

$$L = \arctan\frac{Y}{X} \tag{2-76}$$

利用式(2-76)可直接由空间大地直角坐标 X、Y 求出大地经度 L。

为了求出 B 和 H，还应对公式作些变化，以适应迭代计算的需要。

由公式(2-75)第一、三两式得：

$$\tan B = \frac{(N+H)\cdot Z\cdot\cos L}{[N(1-e^2)+H]X}$$

式中：$\cos L$ 仍由式(2-75)得出，即

$$\cos L = \frac{X}{(N+H)\cos B} = \frac{X}{\sqrt{X^2+Y^2}}$$

代入前式，则有：

$$B = \arctan\left[\frac{Z}{\sqrt{X^2+Y^2}}\left(1-\frac{e^2N}{N+H}\right)^{-1}\right] \tag{2-77}$$

又由式(2-75)得：

$$H = \frac{\sqrt{X^2+Y^2}}{\cos B} - N \tag{2-78}$$

式(2-77)、式(2-78)就是求 B、H 的迭代公式。迭代开始时设：

$$N_0 = a$$

$$H_0 = \sqrt{X^2+Y^2+Z^2} - \sqrt{ab}$$

$$B_0 = \arctan\left[\frac{Z}{\sqrt{X^2+Y^2}}\left(1-\frac{e^2N_0}{N_0+H_0}\right)^{-1}\right]$$

随后，每次迭代按下列公式进行：

$$N_i = \frac{a}{\sqrt{1-e^2\sin^2 B_{i-1}}}$$

$$H_i = \frac{\sqrt{X^2+Y^2}}{\cos B_{i-1}} - N_i$$

$$B_i = \arctan\left[\frac{Z}{\sqrt{X^2+Y^2}}\left(1-\frac{e^2 N_i}{N_i+H_i}\right)^{-1}\right]$$

直至 $B_i - B_{i-1}$ 和 $H_i - H_{i-1}$ 小于要求的限值为止。一般,在要求 H 精确至 0.001 m、B 精确至 0.000 01″时,需要迭代 4 次。

2.5.3 不同空间大地直角坐标系的换算

利用 GPS 定位所获取的点位属空间大地直角坐标系。可是由于各国所采用的参考椭球及其定位不同,参考椭球中心也不和地球质心重合,所以世界上存在着各不相同的空间大地直角坐标系。为了将 GPS 定位成果转换成各自需用的成果,就出现了不同空间大地直角坐标系的换算。这在 GPS 定位的数据处理中,应用十分广泛。

在高等数学的解析几何里,曾经讨论了二维直角坐标系中,当坐标轴旋转角度 α 时,由图 2-23,新系坐标和旧系坐标的关系公式为:

$$\left.\begin{aligned} x_{新} &= x_{旧}\cos\alpha + y_{旧}\sin\alpha \\ y_{新} &= -x_{旧}\sin\alpha + y_{旧}\cos\alpha \end{aligned}\right\} \tag{2-79}$$

在三维空间直角坐标系中,新、旧两坐标系的变换需要在 3 个坐标平面上,分别通过 3 次转轴才能完成。

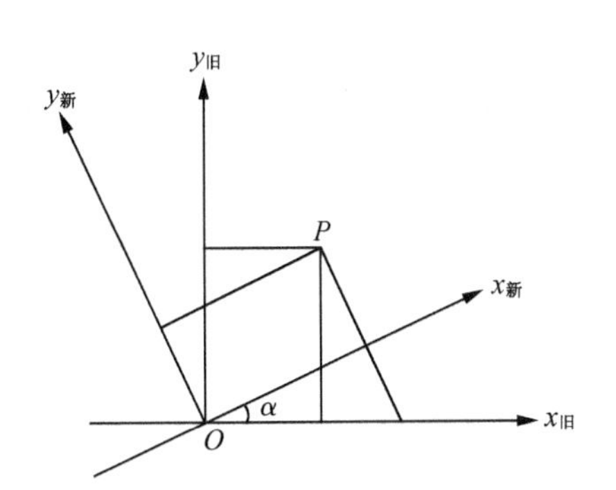

图 2-23 二维直角坐标旋转变换

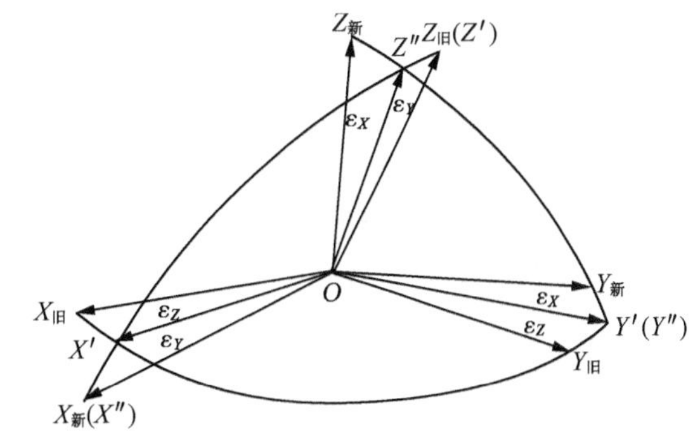

图 2-24 三维空间直角坐标旋转变换

如图 2-24 所示,2 个空间大地直角坐标系 $O-X_{新}Y_{新}Z_{新}$ 和 $O-X_{旧}Y_{旧}Z_{旧}$,它们的原点一致,但相应的坐标轴互不平行,存在微小差异。按以下步骤进行转轴可以将 $O-X_{旧}Y_{旧}Z_{旧}$ 转换成 $O-X_{新}Y_{新}Z_{新}$。

第一,保持 $OZ_{旧}$ 轴不动。绕其将 $OX_{旧}$、$OY_{旧}$ 轴旋转微小角度 ε_Z,旋转后的坐标轴设为 OX'、OY'、OZ',则有:

$$\left.\begin{aligned} X' &= X_{旧}\cos\varepsilon_Z + Y_{旧}\sin\varepsilon_Z \\ Y' &= -X_{旧}\sin\varepsilon_Z + Y_{旧}\cos\varepsilon_Z \\ Z' &= Z_{旧} \end{aligned}\right\} \tag{2-80}$$

第二,保持 OY' 轴不动,绕其将 OZ'、OX' 轴旋转微小角度 ε_Y,旋转后的坐标轴设为 OX''、OY''、OZ'',则有:

$$\left.\begin{aligned} X'' &= X'\cos\varepsilon_Y - Z'\sin\varepsilon_Y \\ Y'' &= Y' \\ Z' &= X'\sin\varepsilon_X + Z'\cos\varepsilon_X \end{aligned}\right\} \tag{2-81}$$

第三，保持 OX'' 轴不动，绕其将 OY''、OZ'' 轴旋转微小角度 ε_X，旋转后的坐标轴设为 $OX_{新}$、$OY_{新}$、$OZ_{新}$，则有：

$$\left.\begin{aligned} X_{新} &= X'' \\ Y_{新} &= Y''\cos\varepsilon_X + Z''\sin\varepsilon_X \\ Z_{新} &= -Y''\sin\varepsilon_X + Z''\cos\varepsilon_X \end{aligned}\right\} \tag{2-82}$$

这样，将 $O-X_{旧}Y_{旧}Z_{旧}$ 分别绕 3 个坐标轴旋转了 3 个微小角度 ε_Z、ε_Y、ε_X，使其和 $O-X_{新}Y_{新}Z_{新}$ 重合。ε_Z、ε_Y、ε_X 称为欧勒角。

将式(2-80)代入式(2-81)，再代入式(2-82)，由于 ε_Z、ε_Y、ε_X 是秒级微小量，略去其正弦、余弦函数展开式中 2 次及以上各项，得：

$$\left.\begin{aligned} X_{新} &= X_{旧} + \varepsilon_Z Y_{旧} - \varepsilon_Z Z_{旧} \\ Y_{新} &= Y_{旧} - \varepsilon_Z X_{旧} + \varepsilon_Z Z_{旧} \\ Z_{新} &= Z_{旧} + \varepsilon_Y X_{旧} - \varepsilon_X Y_{旧} \end{aligned}\right\} \tag{2-83}$$

当新、旧 2 个坐标系的原点不相一致时，即还需根据坐标轴的平移原理，将旧系原点移至新系原点，其变化公式为：

$$\left.\begin{aligned} X_{新} &= X_0 + X_{旧} + \varepsilon_Z Y_{旧} - \varepsilon_Y Z_{旧} \\ Y_{新} &= Y_0 + Y_{旧} - \varepsilon_Z X_{旧} + \varepsilon_X Z_{旧} \\ Z_{新} &= Z_0 + Z_{旧} + \varepsilon_Y X_{旧} - \varepsilon_X Y_{旧} \end{aligned}\right\} \tag{2-84}$$

式中：X_0、Y_0、Z_0 称为 3 个平移参数，是旧坐标系原点在新坐标系中的 3 个坐标分量。

若再考虑两个坐标系的尺度比例也不一致，即存在有尺度变化的参数，设为 k，则有：

$$\left.\begin{aligned} X_{新} &= X_0 + (1+k)X_{旧} + \varepsilon_Z Y_{旧} - \varepsilon_Y Z_{旧} \\ Y_{新} &= Y_0 + (1+k)Y_{旧} - \varepsilon_Z X_{旧} + \varepsilon_X Z_{旧} \\ Z_{新} &= Z_0 + (1+k)Z_{旧} + \varepsilon_Y X_{旧} - \varepsilon_X Y_{旧} \end{aligned}\right\} \tag{2-85}$$

上式即为广泛采用的布尔莎公式。公式中存在 7 个参数，习惯上也称这种换算法为七参数法。即 3 个平移参数 X_0、Y_0、Z_0；3 个旋转参数(欧勒角)ε_X、ε_Y、ε_Z；1 个尺度变化参数 k。七参数法除布尔莎公式外，还有莫洛琴斯基公式和范士公式等。

由公式(2-85)可知，由一个坐标系换算成另一个坐标系，必须知道其转换参数。转换参数可以通过联测一些公共点获得，因为通过公共点联测，可以得到这些公共点在新、旧 2 个坐标系中的坐标值，于是就可以利用公式(2-85)就可反求出转换参数。当公共点数较多时，观测方程式个数就大于所求参数个数，这时应根据测量平差原理列立观测值的误差方程式，组成并解算法方程，求得转换参数。

2.5.4 不同大地坐标系的换算

地面点在椭球面上的位置，是由一定的元素和在定位的椭球面上所确定的。如果选择的椭球元素和定位发生变化，地面点在椭球面上的大地坐标必将随之变化。根据椭球元素和定位的变化推求点的大地经纬度和大地高变化的公式，叫做大地坐标微分公式，它是不同大地坐标换算的基础。下面首先推导大地坐标微分公式。

由公式(2-75)可以看出，点的空间大地直角坐标是椭球几何元素(用长半径 a 和扁率 f 表示)和椭球定位元素(B、L、H)的函数。当椭球元素和定位结果发生了变化时，点的空间大地直角坐标必然发生变化。

取式(2-75)的全微分，即

$$\left.\begin{aligned} dX &= \frac{\partial X}{\partial a}da + \frac{\partial X}{\partial f}df + \frac{\partial X}{\partial B}dB + \frac{\partial X}{\partial L}dL + \frac{\partial X}{\partial H}dH \\ dY &= \frac{\partial Y}{\partial a}da + \frac{\partial Y}{\partial f}df + \frac{\partial Y}{\partial B}dB + \frac{\partial Y}{\partial L}dL + \frac{\partial Y}{\partial H}dH \\ dZ &= \frac{\partial Z}{\partial a}da + \frac{\partial Z}{\partial f}df + \frac{\partial Z}{\partial B}dB + \frac{\partial Z}{\partial L}dL + \frac{\partial Z}{\partial H}dH \end{aligned}\right\} \tag{2-86}$$

考虑到

$$\begin{aligned} \frac{dN}{da} &= \frac{d}{da}\left[a\,(1-e^2\sin^2 B)^{-\frac{1}{2}}\right] = \frac{N}{a} \\ \frac{dN}{df} &= \frac{\partial N}{\partial e}\frac{de}{df} = \frac{\partial}{\partial e}\left[a\,(1-e^2\sin^2 B)^{-\frac{1}{2}}\right]\frac{d}{df}(2f-f^2)^{\frac{1}{2}} = \frac{M}{1-f}\sin^2 B \\ \frac{dN}{dB} &= \frac{d}{dB}\left[a\,(1-e^2\sin^2 B)^{-\frac{1}{2}}\right] = \frac{ae^2}{W^3}\sin B\cos B \end{aligned}$$

则根据式(2-74)可以求出：

$$\begin{aligned} \frac{\partial X}{\partial a} &= \frac{\partial N}{\partial a}\cos B\cos L = \frac{N}{a}\cos B\cos L \\ \frac{\partial X}{\partial f} &= \frac{\partial N}{\partial f}\cos B\cos L = \frac{M}{1-f}\cos B\cos L\sin^2 B \\ \frac{\partial X}{\partial B} &= \frac{\partial N}{\partial B}\cos B\cos L - (N+H)\sin B\cos L = -(M+H)\sin B\cos L \\ \frac{\partial X}{\partial L} &= -(N+H)\cos B\sin L \\ \frac{\partial X}{\partial H} &= \cos B\cos L \end{aligned}$$

将以上五式代入式(2-86)得：

$$\left.\begin{aligned} dX &= N\cos B\cos L\frac{da}{a} + M\cos B\cos L\sin^2 B\frac{df}{1-f} - (M+H)\sin B\cos L dB - \\ &\quad (N+H)\cos B\sin L dL + \cos B\cos L dH \\ dY &= N\cos B\sin L\frac{da}{a} + M\cos B\sin L\sin^2 B\frac{df}{1-f} - (M+H)\sin B\sin L dB + \\ &\quad (M+H)\cos B\cos L dL + \cos B\sin L dH \\ dZ &= N(1-e^2)\sin B\frac{da}{a} - M(1+\cos^2 B - e^2\sin^2 B)\sin B\frac{df}{1-f} + \\ &\quad (M+H)\cos B dB + \sin B dH \end{aligned}\right\} \tag{2-87}$$

若以 dH、dB、dL 为未知数解算以上三式，则得：

$$\left.\begin{aligned}
\mathrm{d}H &= \cos B\cos L\mathrm{d}X + \cos B\sin L\mathrm{d}Y + \sin B\mathrm{d}Z - N(1-e^2\sin^2 B)\frac{\mathrm{d}a}{a} + \\
&\quad M(1-e^2\sin^2 B)\sin^2 B\frac{\mathrm{d}f}{1-f} \\
\mathrm{d}B &= \frac{1}{M+H}\left[\begin{aligned}&-\sin B\cos L\mathrm{d}X - \sin B\sin L\mathrm{d}Y + \cos B\mathrm{d}Z + Ne^2\sin B\cos B\frac{\mathrm{d}a}{a} + \\ &M(2-e^2\sin^2 B)\sin B\cos B\frac{\mathrm{d}f}{1-f}\end{aligned}\right] \\
\mathrm{d}L &= \frac{1}{N+H}(-\sec B\sin L\mathrm{d}X + \sec B\cos L\mathrm{d}Y)
\end{aligned}\right\} \tag{2-88}$$

式中：$\mathrm{d}a$、$\mathrm{d}f$ 表示椭球元素(长半径、扁率)的变化；$\mathrm{d}X$、$\mathrm{d}Y$、$\mathrm{d}Z$ 表示椭球中心的变化，即椭球定位的变化。因此，式(2-88)就是由于椭球元素和定位变化引起点的大地坐标变化的公式，亦即大地坐标微分公式。

将式(2-88)代入式(2-89)，即得不同大地坐标系的换算公式：

$$\left.\begin{aligned}
L_{新} &= L_{旧} + \mathrm{d}L \\
B_{新} &= B_{旧} + \mathrm{d}B \\
H_{新} &= H_{旧} + \mathrm{d}H
\end{aligned}\right\} \tag{2-89}$$

当考虑欧勒角和尺度变化参数时，可将式(2-85)写成如下形式：

$$\left.\begin{aligned}
\mathrm{d}X &= X_{新} - X_{旧} = X_0 + kX_{旧} + \varepsilon_Z Y_{旧} - \varepsilon_Y Z_{旧} \\
\mathrm{d}Y &= Y_{新} - Y_{旧} = Y_0 + kY_{旧} - \varepsilon_Z X_{旧} + \varepsilon_X Z_{旧} \\
\mathrm{d}Z &= Z_{新} - Z_{旧} = Z_0 + kZ_{旧} + \varepsilon_Y X_{旧} - \varepsilon_X Y_{旧}
\end{aligned}\right\}$$

上式等号右端的 $X_{旧}$、$Y_{旧}$、$Z_{旧}$ 用式(2-75)等号右端的函数代入后，再将上式代入式(2-88)，经过整理可得广义大地坐标的微分公式，即

$$\left.\begin{aligned}
\mathrm{d}H &= \cos B\cos LX_0 + \cos B\sin LY_0 + \sin BZ_0 - Ne^2\sin B\cos B\sin L\varepsilon_X + \\
&\quad Ne^2\sin B\cos B\cos L\varepsilon_Y + N(1-e^2\sin^2 B)k - N(1-e^2\sin^2 B)\frac{\mathrm{d}a}{a} + \\
&\quad M(1-e^2\sin^2 B)\sin^2 B\frac{\mathrm{d}f}{1-f} \\
\mathrm{d}B &= \frac{1}{M+H}(-\sin B\cos LX_0 - \sin B\sin LY_0 + \cos BZ_0) - \sin L\varepsilon_X + \\
&\quad \cos L\varepsilon_Y - \frac{N}{M}e^2\sin B\cos Bk + \frac{1}{M+N}\left[Ne^2\sin B\cos B\frac{\mathrm{d}a}{a} + \right. \\
&\quad \left. M(2-e^2\sin^2 B)\sin B\cos B\frac{\mathrm{d}f}{1-f}\right] \\
\mathrm{d}L &= \frac{1}{N+H}(-\sec B\sin LX_0 + \sec B\cos LY_0) + \tan B\cos L\varepsilon_X + \\
&\quad \tan B\sin L\varepsilon_Y - \varepsilon_Z
\end{aligned}\right\} \tag{2-90}$$

上式即为布尔莎形式的广义大地坐标微分公式。式中 X_0、Y_0、Z_0 是当存在欧勒角和尺度变化参数时的椭球中心位置的变化，其他符号意义同公式(2-88)。

如果已知一些公共点在两个不同坐标系中的大地坐标，利用大地坐标微分公式就可以

求得不同坐标系间的转换参数；反之，如果已知两坐标系之间的转换参数，就可以将点的大地坐标由一个坐标系换算到另一个坐标系。

思考题与习题

2S・1. 为什么大地水准面不能作为测量计算的基准面？

2S・2. IAG、IUGG、BIH、CIO 是什么组织或参数的简称？

2S・3. 什么叫旋转椭球、参考椭球、正常椭球、总地球椭球？

2S・4. 怎样进行椭球定位？

2S・5. 什么是大地测量系统？什么是大地测量参考框架？什么是地心坐标系？什么是参心坐标系？

2S・6. 什么叫大地基准点和大地基准数据？

2S・7. 什么是勒让德定理？它主要用来解决什么问题？

2S・8. 将地面方向观测值归化到参考椭球面上需进行哪些改正？为什么会产生这些改正？

2S・9. 地面距离观测值如何归算到参考椭球面上和任意高程面上？

2S・10. 椭球面上各种坐标系之间是如何进行换算的？

2X・1. 证明 $a \cdot b \cdot c = a^3 = (W \cdot V \cdot R)^3$。

2X・2. 已知 1980 年国家大地坐标系中大地点 P_1 的大地坐标 $L_{P_1} = 118°10'05''$，$B_{P_1} = 32°00'00''$，P_1 至 P_2 的大地方位角为 $45°00'00''$；P_1 至 P_2 的大地线为 40 000.000 m。试用高斯平均引数法求大地点 P_2 的大地坐标，并进行相应的反解检核（使用一般的计算器）。

2X・3. 已知我国境内地面上 P 点在 1980 西安大地坐标系的大地坐标（$L = 120°$，$B = 30°$，$H_{大} = 100$ m），并已知 P 点相应的参数 $N = 6\ 378\ 300$ m，$e^2 = 0.006\ 7$。试求 P 点体现该坐标系统坐标框架的三维直角坐标。

第3章　高斯投影及常用坐标系

在这一章里，我们将解决由地表面归算至椭球面上的测量元素(例如点的坐标、大地线方向和长度等)再转化计算至投影平面上的问题，以便满足测量计算、工程测量和地形测图对平面坐标的需要。而这种转化计算，必须通过某种投影的方法来实现。

本章将介绍正形投影的特性和建立高斯平面直角坐标系的原理和方法，以便解决高斯投影坐标计算以及大地线方向和长度的投影计算问题。另外，还要研究平面坐标系统的选择以及不同坐标带或坐标系统之间的换算等问题。

本章所讨论的内容，既有重要的理论意义，又有很大的实用价值。

3.1　高斯投影与国家平面直角坐标系

我们已经知道，椭球面上的大地坐标系是按相应于大地测量系统的规定模式构建的参考框架，是大地测量的基本坐标系，它对于研究地球形状大小、大地主题解算、编制地图等都很有用。可是在椭球面上进行测量计算仍然相当复杂，在测绘生产实践中，人们总是期望将椭球面上的测量元素归算到平面上，以便在平面上进行计算。同时，地图也是平面的，为了控制地形测图所建立的控制点，也必须具有平面坐标。因此，为了简化测量计算和实际的需要，就必须选择一种合适的投影方法，来解决测量元素由椭球面至平面的转化问题。

地图投影有多种方式，比较适用于控制测量的是正形投影。而正形投影又可根据不同投影本身的特定条件区分为多种类型。高斯投影则是正形投影中的一种。多年来，我国一直采用高斯投影的方法建立国家平面直角坐标系，它是继大地坐标系或空间直角坐标系后的又一种坐标的表现形式。

3.1.1　地图投影与投影变形

所谓地图投影，简略来说就是将椭球面各元素(包括坐标、方向和长度)按一定的数学法则投影到平面上。研究这个问题的专门学科叫地图投影学。这里所说的一定的数学法则，可用下面两个方程式表示：

$$\left.\begin{aligned} x &= F_1(L,B) \\ y &= F_2(L,B) \end{aligned}\right\} \tag{3-1}$$

式中：L,B 是椭球面上某点的大地坐标，而 x,y 是该点投影后的平面直角坐标，这里所说的平面，通常也叫投影面。

式(3-1)表示了椭球面上一点同投影面上对应点之间坐标的解析关系，它也叫坐标投影公式，根据它可以求出相应的方向和长度的投影方式。由此可见，投影问题也就是建立椭球面元素与投影面相对应元素之间的解析关系式。在地图投影中，投影的种类和方法有很多，每种方法的本质特征都是由坐标投影公式 F 的具体形式体现的。

我们知道，椭球面是一个凸起的、不可展平的曲面。如果将这个曲面上的元素，比如一段距离、一个角度、一个图形投影到平面上，就会和原来的距离、角度、图形呈现差异，这一差异被称为投影变形。

地图投影必然产生变形，这是一个不以人的意志为转移的客观事实。投影变形一般分为角度变形、长度变形和面积变形三种。在地图投影时，尽管变形是不可避免的，但是人们可以根据需要来掌握和控制它，可以使某一种变形为零，也可以使全部变形都减小到某一适当程度。因此，在地图投影中产生了所谓等角投影（投影前后的角度相等，但长度和面积有变形）、等距投影（投影前后的长度相等，但角度和面积有变形）以及等积投影（投影前后的面积相等，但角度和长度有变形）等。

为了分析投影变形的性质，需要引入投影长度比的重要概念。所谓投影长度比，就是投影面上的无限小线段 $\mathrm{d}s$ 与椭球面上对应线段实际长度 $\mathrm{d}S$ 之比，以 m 表示，即

$$m = \frac{\mathrm{d}s}{\mathrm{d}S} \tag{3-2}$$

3.1.2 正形投影的特性及一般条件

从上面地图投影的介绍中知道，等角投影若在极小区域内，使椭球面上的图形投影至平面后形状不变，就必须满足两个基本要求：

一是在投影的任一点上，投影长度比 m 为一常数，不随方向而变化。

二是在该点上，任何两条微分线段的交角，投影至平面后仍然等于椭球面上的相应角度，也就是说投影后角度不产生变形。

上述 2 个要求是一致的，能满足其一，就能满足其二，反之亦然。可见，等角投影得到的图形是正形的，所以我们常将等角投影称作正形投影。正形投影在复变函数和微分几何中称为保角映射。

综上所述，可以归纳出正形投影的一个重要特性：投影长度比 m 仅与点的位置有关，而与方向无关。

当然，正形投影的正形特性是有条件的，只有在微小范围内才能成立。在广大面积上保持地图与实地相似是做不到的，因为这就意味着椭球面可以不变形地铺展在平面上，这是不可能的。所以不同点处的长度比 m 是不一样的。

根据正形投影的特性可以推求正形投影的一般条件。

图 3-1 表示椭球面，图 3-2 表示投影平面。$\mathrm{d}S$ 为椭球面上的大地线弧素，其端点为 P_1 和 P_2，方位角为 A。投影在平面上为无穷小线段 $\mathrm{d}s$。过椭球面的 P_1 和 P_2 分别作子午圈和平行圈，根据它们的弧长微分公式可以写出：

$$\mathrm{d}S^2 = (M\mathrm{d}B)^2 + (N\cos B\mathrm{d}L)^2$$

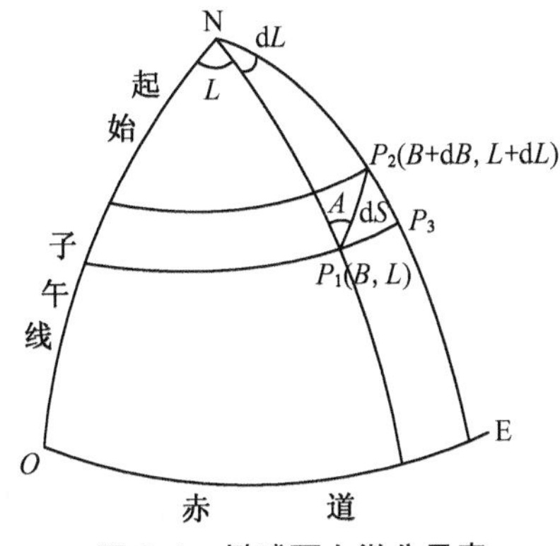

图 3-1 椭球面上微分元素

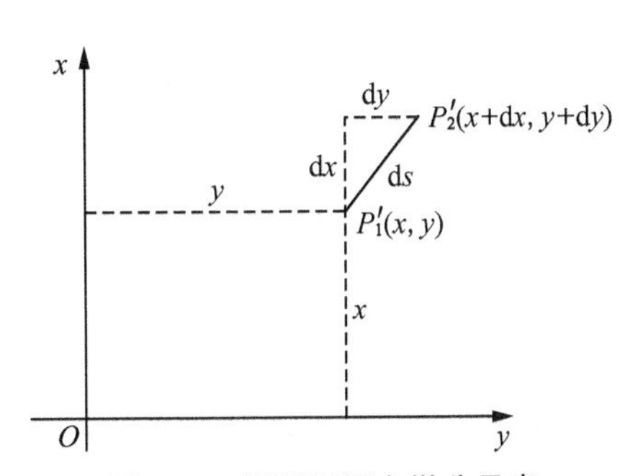

图 3-2 投影平面上微分元素

根据高等数学中平面曲线的弧素公式又可写出：

$$ds^2 = dx^2 + dy^2$$

此时投影长度比为：

$$m^2 = \frac{ds^2}{dS^2} = \frac{dx^2 + dy^2}{(MdB)^2 + (N\cos BdL)^2} = \frac{dx^2 + dy^2}{(N\cos B)^2\left[\left(\frac{MdB}{N\cos B}\right)^2 + dL^2\right]}$$

引入符号：

$$\left.\begin{aligned} dq &= \frac{MdB}{N\cos B} \\ q &= \int_0^B \frac{M}{N\cos B}dB \end{aligned}\right. \tag{3-3}$$

式中：q 称为等量纬度。它仅仅是大地纬度 B 的函数，所以 dq 和 dL 可以看作是独立变量的微分，这对以后有关公式的推导是很重要的。

将式(3-3)代入前式，并将式中 L 视为由中央子午线起算，此时 L 应写成经差 l，dL 相应写成 dl，则：

$$m^2 = \frac{dx^2 + dy^2}{N^2\cos^2 B(dq^2 + dl^2)} \tag{3-4}$$

由投影函数式(3-1)知，平面坐标 x 及 y 是大地坐标 B 及 L 的函数。既然等量纬度 q 仅仅是大地纬度 B 的函数，而经差 $l = L - L_0$ 又仅仅是经度 L 的函数(L_0 为某一定值)。所以，平面上的坐标 x 及 y 也可以说是 q 和 l 的函数，于是也可表示为：

$$\left.\begin{aligned} x &= f_1(q,l) \\ y &= f_2(q,l) \end{aligned}\right\}$$

取上式的全微分

$$dx = \frac{\partial x}{\partial q}dq + \frac{\partial x}{\partial l}dl$$

$$dy = \frac{\partial y}{\partial q}dq + \frac{\partial y}{\partial l}dl$$

将以上两式平方后求和，并令：

$$\left.\begin{aligned} E &= \left(\frac{\partial x}{\partial q}\right)^2 + \left(\frac{\partial y}{\partial q}\right)^2 \\ F &= \frac{\partial x}{\partial q}\frac{\partial x}{\partial l} + \frac{\partial y}{\partial q}\frac{\partial y}{\partial l} \\ G &= \left(\frac{\partial x}{\partial l}\right)^2 + \left(\frac{\partial y}{\partial l}\right)^2 \end{aligned}\right\} \tag{3-5}$$

代入式(3-4)得：

$$m^2 = \frac{Edq^2 + 2Fdqdl + Gdl}{N^2\cos^2 B(dq + dl)} \tag{3-6}$$

现在来分析一对主方向，即子午圈($dl = 0$)和平行圈($dq = 0$)方向上的投影长度比。当 $dl = 0$ 和 $dq = 0$ 时，式(3-6)分别成为：

$$a^2 = \frac{E}{N^2 \cos^2 B} \tag{3-7}$$

$$b^2 = \frac{G}{N^2 \cos^2 B} \tag{3-8}$$

根据正形投影特性，某点的投影长度比与方向无关，要求 $a = b$，所以上两式中 $E = G$，即

$$\left(\frac{\partial x}{\partial q}\right)^2 + \left(\frac{\partial y}{\partial q}\right)^2 = \left(\frac{\partial x}{\partial l}\right)^2 + \left(\frac{\partial y}{\partial l}\right)^2 \tag{3-9}$$

并且在一般情况下，$\mathrm{d}l \neq 0$ 和 $\mathrm{d}q \neq 0$ 时，其 m^2 也必须和式(3-7)、(3-8)相等。所以式(3-6)分子中的第二项应恒等于零，即

$$F = \frac{\partial x}{\partial q}\frac{\partial x}{\partial l} + \frac{\partial y}{\partial q}\frac{\partial y}{\partial l} = 0 \tag{3-10}$$

由式(3-10)得：

$$\frac{\partial x}{\partial l} = -\frac{\frac{\partial y}{\partial q}\frac{\partial y}{\partial l}}{\frac{\partial x}{\partial q}}$$

代入式(3-9)化简后，得：

$$\left(\frac{\partial x}{\partial q}\right)^2 = \left(\frac{\partial y}{\partial l}\right)^2$$

将上式开方取正值，并代入式(3-10)，分别得：

$$\left.\begin{aligned} \frac{\partial x}{\partial q} &= \frac{\partial y}{\partial l} \\ \frac{\partial x}{\partial l} &= -\frac{\partial y}{\partial q} \end{aligned}\right\} \tag{3-11}$$

上式就是正形投影的必要和充分的条件。在由椭球面投影至平面时，凡满足上式的投影即为正形投影。式(3-11)在复变函数中称为柯西—黎曼条件。

根据复变函数理论，下列的复变函数可以满足柯西-黎曼条件，即

$$x + iy = f(q + il) \tag{3-12}$$

式中：f 代表任意解析函数(所谓解析函数是指其导数存在)，$i = \sqrt{-1}$。也就是说，凡是能满足式(3-12)的函数 f，皆能满足正形投影条件。式(3-12)就是正形投影的一般公式。根据该式可以推导出高斯投影坐标计算公式。

3.1.3　高斯投影的概念

高斯投影是一种横轴椭圆柱面正形投影，是地球椭球面与平面间正形投影的一种。它是德国数学家、大地测量学家高斯于 19 世纪 20 年代提出的，后经德国大地测量学家克吕格于 1912 年对投影公式加以补充和完善，所以有时也称高斯-克吕格投影。我国于 1952 年正式决定采用这种投影，主要应用在控制测量、工程测量以及一些较大比例尺的地图测绘和制图方面。

对于高斯投影的形成可作如下几何解释：

设想有一个椭圆柱面横套在地球椭球的外面，椭圆柱的中心轴通过椭球中心与椭球长轴相一致，此时椭圆柱面恰与地球椭球的某一子午线相切，该子午线称作中央子午线。将中央子午线东西各一定范围内的地区按正形投影条件投影到椭圆柱面上，如图 3-3 所示。然后将椭圆柱面沿着通过南极和北极的母线展开，即成高斯投影平面，如图 3-4 所示。图3-3、3-4 是形象的图示几何解释，实际应用时都是按照严格的数学模型计算求得各点的投影位置。

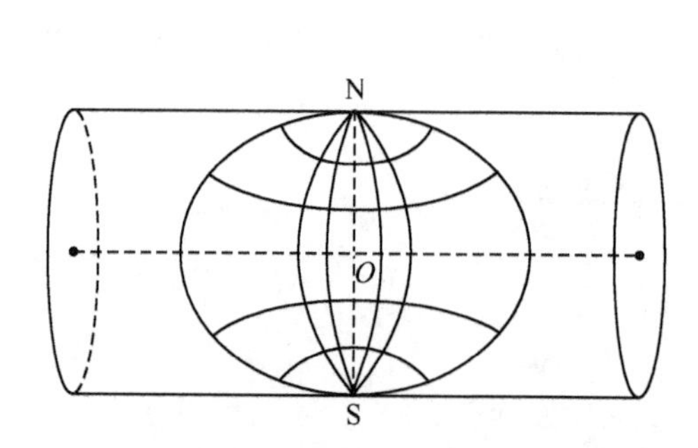

图 3-3　横轴椭圆柱面正形投影图解

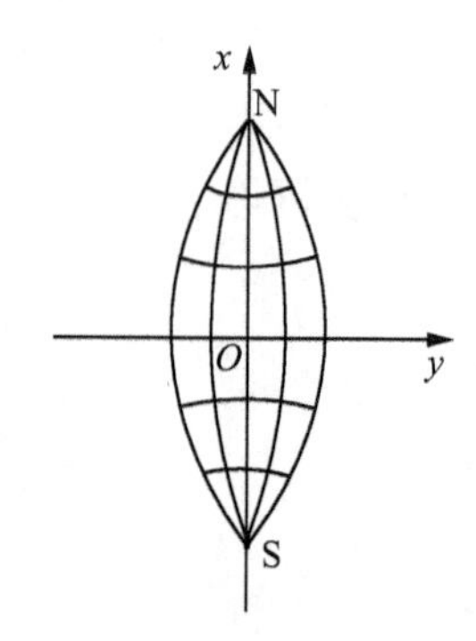

图 3-4　高斯投影平面坐标系

在高斯投影平面上，中央子午线和赤道的投影都是直线。若以中央子午线与赤道的交点 O 为坐标原点，以中央子午线的投影为纵坐标轴，即 x 轴，以赤道的投影为横坐标轴，即 y 轴，这就形成了高斯平面直角坐标系。

由上所述可知，形成高斯投影的条件是：

(1) 投影后角度不产生变形，满足正形投影要求；

(2) 中央子午线投影后是一条直线；

(3) 中央子午线投影后长度不变，其投影长度比恒等于 1。

这 3 个条件是推求投影函数 F_1 和 F_2 的基础。

3.1.4　高斯投影的长度比和长度变形

高斯投影尽管保持了投影后角度不变，但不能保持长度不变，有些长度变形还会达到很大的程度，这种变形对于实际的生产是不利的，因而严重制约着高斯投影的应用范围。所以有必要对高斯投影的长度比和长度变形作进一步研究。

欲推求高斯投影的长度比，显然可以选择任意的方向。式(3-7)和式(3-8)就给出了两个主方向上的长度比，其中式(3-8)仅含有对经差 l 的偏导数，说明该式中 B 为常数，所以它是平行圈方向的长度比。若仍以 m 表示，则可写成：

$$m^2 = \frac{\left(\frac{\partial x}{\partial l}\right)^2}{N^2 \cos^2 B} + \frac{\left(\frac{\partial y}{\partial l}\right)^2}{N^2 \cos^2 B} \tag{3-13}$$

为了求出 x 及 y 对于 l 的偏导数，我们利用下列公式：

$$\left.\begin{aligned} x &= X + \frac{l^2}{2} N \sin B \cos B + \frac{l^4}{24} N \sin B \cos^3 B (5 - t^2 + 9\eta^2) \\ y &= l N \cos B + \frac{l^3}{6} N \cos^3 B (1 - t^2 + \eta^2) + \frac{l^5}{120} N \cos^5 B (5 - 18t^2 + t^4) \end{aligned}\right\} \tag{3-14}$$

上式即为公式(3-25)，只是略去了 l^5 以上有关项。该式将在下一节进行推证。求上式对 l 的偏导数，得：

$$
\left.
\begin{aligned}
\frac{\partial x}{\partial l} &= lN\sin B\cos B + \frac{l^3}{6}N\sin B\cos^3 B(5-t^2+9\eta^2) \\
\frac{\partial y}{\partial l} &= N\cos B + \frac{l^2}{2}N\cos^3 B(1-t^2+\eta^2) + \frac{l^4}{24}N\cos^5 B(5-18t^2+t^4)
\end{aligned}
\right\} \quad (3-15)
$$

将上列两式代入式(3-13)，略去 l^5 和 $l^3\eta^2$ 及其以上诸项，经过整理得：

$$
m^2 = \left[l^2\sin^2 B + \frac{l^4}{3}\sin^2 B\cos^2 B(5-t^2)\right] + \left[1 + l^2\cos^2 B(1-t^2+\eta^2) + \frac{l^4}{3}\cos^4 B(2-6t^2+t^4)\right]
$$

式中：$t=\tan B$，将同类项予以合并，于是上式可写为：

$$
m = \left[1 + \frac{l^2}{2}\cos^2 B(1+\eta^2) + \frac{l^4}{3}\cos^4 B(2-t^2)\right]^{\frac{1}{2}}
$$

按 $(1+x)^{\frac{1}{2}} = 1 + \frac{1}{2}x - \frac{1}{8}x^2 + \cdots$ 展开上式得：

$$
m = 1 + \frac{1}{2}\left[l^2\cos^2 B(1+\eta^2) + \frac{l^4}{3}\cos^4 B(2-t^2)\right] - \frac{1}{8}\left[l^2\cos^2 B(1+\eta^2)\right]^2
$$

$$
m = 1 + \frac{l^2}{2}\cos^2 B(1+\eta^2) + \frac{l^4}{24}\cos^4 B(5-4t^2) \quad (3-16)
$$

上式就是用大地坐标表示的高斯投影长度比公式。为便于实用，下面进一步推求用平面坐标表示的高斯投影长度比公式。

在式(3-14)第二式中略去 l^5 项，得：

$$
y = lN\cos B\left[1 + \frac{l^2}{6}\cos^2 B(1-t^2+\eta^2)\right]
$$

或者

$$
l\cos B = \frac{y}{N}\left[1 - \frac{l^2}{6}\cos^2 B(1-t^2+\eta^2)\right]
$$

上式等号右端第二项中的 $l\cos B$ 以其主项 $\frac{y}{N}$ 代之，得：

$$
l\cos B = \frac{y}{N} - \frac{y^3}{6N^3}(1-t^2+\eta^2)
$$

将上式代入式(3-16)，则：

$$
\begin{aligned}
m &= 1 + \frac{1}{2}\left[\frac{y^2}{N^2} - \frac{y^4}{3N^4}(1-t^2+\eta^2)\right](1+\eta^2) + \frac{y^4}{24N^4}(5-4t^2) \\
&= 1 + \frac{y^2}{2N^2}(1+\eta^2) + \frac{y^4}{24N^4}
\end{aligned}
$$

上式推演中略去了 4 次以上项，末项中还舍去了 η^2 小项。式中：

$$\frac{1+\eta^2}{N^2}=\frac{V^2}{N^2}=\frac{V^3}{c}\frac{1}{N}=\frac{1}{MN}=\frac{1}{R^2}$$

代回前式，并以 R^4 代之 N^4，最后得到按高斯平面坐标计算投影长度比 m 的公式为：

$$m=1+\frac{y^2}{2R^2}+\frac{y^4}{24R^4} \tag{3-17}$$

式中：R 为投影点处的椭球平均曲率半径，y 为该点的横坐标。

公式(3-17)将有助于我们进一步认识和分析高斯投影长度变形的变化规律。首先看到，投影长度比 m 随点的位置不同而变化，而在一点处与方向无关，这和正形投影要求是一致的。当 $y=0$ 时，$m=1$，即中央子午线投影后长度不变，这和高斯投影本身条件是一致的。当 $y\neq 0$ 时，无论 y 值为正为负，m 恒大于1，即离开中央子午线的任何位置，投影到平面上的线段都变长了。

其次还可以看出，长度变形 $(m-1)$ 与 y^2 成比例地增大，随着离开中央子午线距离的增加，长度变形急剧增大。若取 $R=6\ 371$ km，根据式(3-17)可以算出不同 y 值时的长度变形情况，如表 3-1 所示。

表 3-1　长度变形和横坐标的关系

y/km	10	20	30	40	50	100	150	200	250	300
长度变形 $m-1$	$\frac{1}{810\ 000}$	$\frac{1}{202\ 000}$	$\frac{1}{90\ 000}$	$\frac{1}{50\ 000}$	$\frac{1}{32\ 000}$	$\frac{1}{8\ 000}$	$\frac{1}{3\ 500}$	$\frac{1}{2\ 000}$	$\frac{1}{1\ 300}$	$\frac{1}{900}$

3.1.5　高斯投影的分带

长度变形对测量成果是有害的，但是又不能完全避免。只能采取一定的措施对它加以限制，使它的有害影响减小到可允许的程度。限制长度变形的有效方法就是“分带”。

所谓“分带”，就是把投影区域限定在中央子午线为对称轴两旁的一定的狭窄范围之内。具体作法是，在椭球面上每隔一定的经差(例如 6° 或 3°)以子午线为界划分出不同的投影区域，形成大小相等彼此独立的投影带。位于各带中央的子午线即为该带的中央子午线，每一投影带边缘的子午线称为分带子午线。这样，各带就有自己的坐标原点和坐标轴，形成自己的独立坐标系，它是对应于一定的坐标系统、体现坐标参考框架的又一种坐标表示形式，在测绘生产实际中非常实用。如图 3-5 所示。

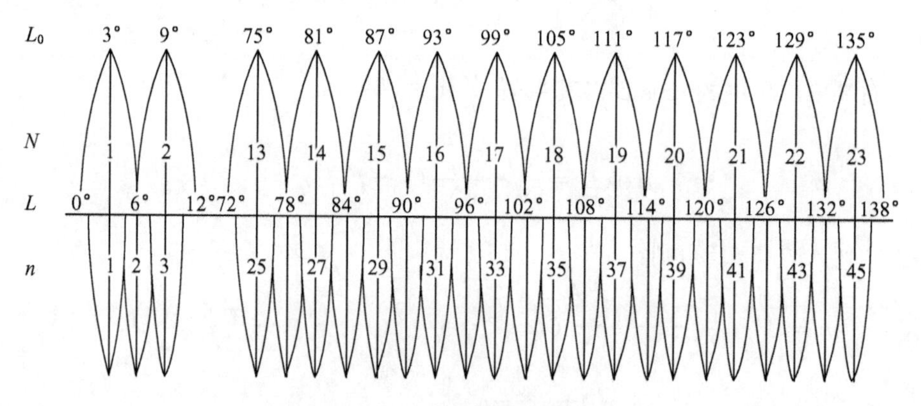

图 3-5　高斯投影分带

投影分带主要有 6°分带和 3°分带两种分法。我国有关规范规定：所有国家大地点均按高斯投影计算其在 6°带内的平面直角坐标……在 1∶10 000 和更大比例尺测图的地区，还应加算其在 3°带内的平面直角坐标。我们通常将控制点在 6°带或 3°带内的坐标称作国家统一坐标。

高斯投影 6°带自 0°子午线起，每隔经差 6°自西向东分带，为区别不同的投影带，依次编号为 1、2、3……其带号 N 和中央子午线的经度 L_N 之间的关系，以及点的经度和带号之间的关系按下式确定：

$$\left.\begin{aligned} L_N &= 6^\circ N - 3^\circ \\ N &= \mathrm{int}\left(\frac{L}{6^\circ}\right) + 1(0) \quad \text{（有余数加 1，整除加 0）} \end{aligned}\right\} \tag{3-18}$$

高斯投影 3°带自 1.5°子午线起，每隔经差 3°自西向东分带，其带号 n 和中央子午线经度 L_n 之间的关系，以及点的经度和带号之间的关系按下式确定：

$$\left.\begin{aligned} L_n &= 3^\circ n \\ n &= \mathrm{int}\left(\frac{L - 1.5^\circ}{3^\circ}\right) + 1(0) \quad \text{（有余数加 1，整除加 0）} \end{aligned}\right\} \tag{3-19}$$

6°带与 3°带的位置关系如图 3-5 所示。我国地域辽阔，西自东经 73°起，东至东经 135°止，6°带自第 13 带至第 23 带，3°带自第 24 带至第 45 带，跨度是很大的。

高斯投影分带有效地限制了长度变形，但是在投影带的边缘地区，其长度变形仍然达到了很大的数值，以至不能适合于城市和工程控制测量的需要。为妥善解决这个问题，本章第五节将作进一步介绍在这种情况下处理的方案和措施。现仅将 6°带、3°带边缘地区的长度变形值列于表 3-2，以供参考。

表 3-2　投影带边缘的长度变形

纬度 B(°)	6°带		3°带	
	边缘上的 y (m)	长度变形	边缘上的 y (m)	长度变形
20	314 057.2	1∶820	156 987.1	1∶3 300
25	302 944.9	1∶900	151 438.9	1∶3 500
30	289 530.3	1∶980	144 740.2	1∶3 900
35	273 912.3	1∶1 090	136 939.9	1∶4 300
40	256 206.4	1∶1 240	128 095.5	1∶5 000
45	236 544.6	1∶1 450	118 272.2	1∶5 800
50	215 073.8	1∶1 760	107 543.2	1∶7 000
55	191 955.6	1∶2 200	95 989.0	1∶8 800

3.1.6　高斯投影计算内容

地面观测值归算到椭球面上以后，可以通过两种途径获得各点的高斯平面直角坐标：

① 按第 2 章所述方法解算球面三角形，推算各边大地方位角，解算出各点大地坐标，然后按高斯投影坐标正算求解各点高斯平面直角坐标；

② 将椭球面上的起算元素和观测元素归算至高斯投影平面，然后解算平面三角形、推算各边坐标方位角，在平面上进行平差计算，然后求解各点的平面直角坐标。

上述两种途径所得结果是完全一样的。但第一种做法工作量太大。通常的做法是通过第二种途径，把控制网直接归算到高斯投影平面上，在平面上完成平差和各种计算工作。下面以三角网为例说明这种归算工作的基本概念和内容。

图 3-6(a)表示椭球面上的三角网，图 3-6(b)为该三角网在高斯平面上的投影。椭球面上的大地线 12、13 等在平面上的投影是曲率很小的曲线 $1'2'$、$1'3'$ 等。由于投影是等角的，所以椭球面上大地线之间的夹角等于平面上它们的投影曲线之间的夹角，例如 $\beta = \beta'$。但是，各大地线的长度并不等于它们在平面上的投影曲线的长度，因为产生了投影长度变形。

为了在平面上进行平差和计算，必须把椭球面上以大地线为边的三角网，换算成高斯投影平面上以直线为边的三角网。为此需要作下列计算工作：

(1) 将起算点(例如点 1)的大地坐标(B_1, L_1)换算成高斯投影平面上其投影点的平面直角坐标(x_1, y_1)。这项换算依据专门的公式进行，称为高斯投影坐标正算。

(2) 将起算边[例如图 3-6(a)中的 12]的大地方位角改换为平面坐标方位角。

图 3-6(b)中，$1't$ 是过起算点 $1'$ 平行于 x 轴的纵坐标线，该方向称为 $1'$ 点的坐标北方向。T_{12} 就是弦线 $1'2'$ 的坐标方位角；$1'n$ 是椭球面上子午线 $1N$ 的投影线方向，称为 $1'$ 点的真北方向。由于投影是等角的，所以由 $1'n$ 顺时针方向到投影曲线 $1'2'$ 的角度，就等于椭球面上大地线 12 的大地方位角 A_{12}。

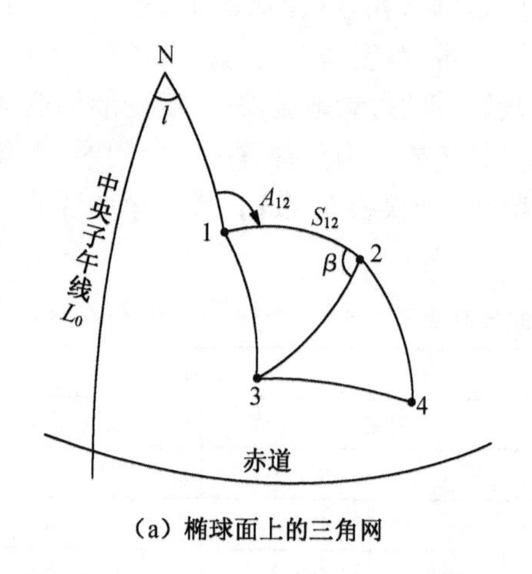

(a) 椭球面上的三角网

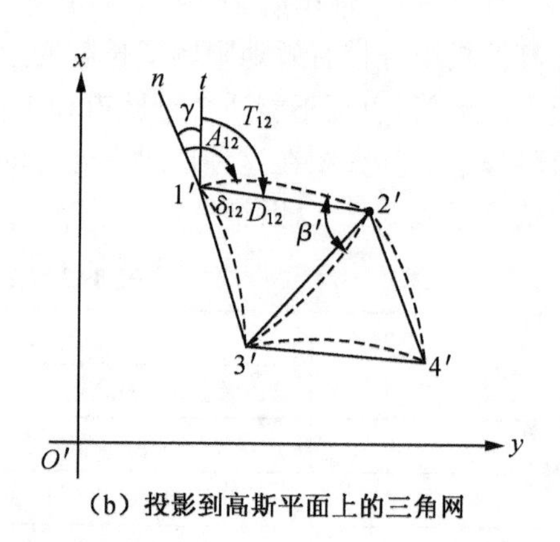

(b) 投影到高斯平面上的三角网

图 3-6 三角网高斯投影

我们用 γ 表示坐标北方向 $1't$ 相对于真北方向 $1'n$ 构成的夹角，称作 $1'$ 点的平面子午线收敛角。再用 δ_{12} 表示投影曲线的弦线与投影曲线构成的夹角，称为方向改正数。由图 3-6(b)可知，T_{12} 与 A_{12} 之间的关系为：

$$T_{12} = A_{12} - \gamma + \delta_{12} \tag{3-20}$$

可见，由大地方位角改换为平面坐标方位角时，需要计算出平面子午线收敛角和方向改正数。

(3) 将起算边的大地线长度 S_{12} 归算为高斯平面上的直线长度 D_{12}。为此，可以直接在大地线长 S_{12} 中加入一项改正数 ΔS，即

$$D_{12} = S_{12} + \Delta S \tag{3-21}$$

将椭球面上的大地线长度改化为高斯平面上直线长度的计算就叫做距离投影，其 ΔS 称为距离改正。

(4) 对于椭球面上三角网的各观测方向和观测边长分别进行方向改正和距离改正，归算为高斯投影平面上的直线方向和直线距离，组成由平面三角形构成的整体网形，进行平差计算，解算平面三角形，推求各控制点的平面直角坐标。

归纳上述的内容，包括高斯投影坐标计算、平面子午线收敛角的计算、方向改正计算、距离改正计算等，统称为高斯投影计算，它们的计算公式和计算方法，将在以下两节中分别进行研究。

3.2　高斯投影坐标计算

高斯投影坐标计算，包括由大地坐标 (B,L) 求高斯平面直角坐标 (x,y)，和由高斯平面直角坐标 (x,y) 求大地坐标 (B,L)。前者称为高斯投影坐标正算，后者称为高斯投影坐标反算。本节主要来推证它们的计算公式和这些公式的适用情况。

3.2.1　由大地坐标计算平面直角坐标的公式

由大地坐标计算平面直角坐标的一般函数式如式(3-1)，式中的大地经度 L 是从起始子午面起算的，所以这个投影函数是以起始子午线作为投影的中央子午线。而高斯投影分带的结果，则使得各投影带均以经度为 L_0 的子午线作为中央子午线，于是式(3-1)中 L 应改为：

$$l = \frac{L - L_0}{\rho} \tag{3-22}$$

式中：l 是以弧度作单位的经度差。于是高斯投影坐标正算的函数式则为：

$$\left.\begin{aligned} x &= F_1(B,l) \\ y &= F_2(B,l) \end{aligned}\right\} \tag{3-23}$$

下面根据正形投影的一般公式：

$$x + iy = f(q + il) \tag{3-24}$$

以及高斯投影的条件推导高斯投影坐标正算公式。

由复变函数知，任一复数 $x+iy$ 都可以用坐标为 (x,y) 的点来表示，x 轴称为实轴，y 轴称为虚轴，两轴所在的平面称为复平面或 z 平面。这样，复数与复平面上的点一一对应。设 z_0 为复平面上收敛区域内一点，z 为此区域内另一点，则解析函数 $f(z)$ 按泰勒级数展开后为：

$$f_{(z)} = f_{(z_0)} + f'_{(z_0)}(z - z_0) + \frac{f''_{(z_0)}}{2!}(z - z_0)^2 + \frac{f'''_{(z_0)}}{3!}(z - z_0)^3 + \cdots$$

现设 $z = q + il$，$z_0 = q$，其中经差 l 一般仅 3°或 1.5°，$\dfrac{l}{\rho}$ 为一微小量。此时上式可写为下列收敛较快的 l 的幂级数：

$$\begin{aligned} x + iy = {} & f(q) + il\frac{\mathrm{d}f(q)}{\mathrm{d}q} + \frac{(il)^2}{2!}\frac{\mathrm{d}^2 f(q)}{\mathrm{d}q^2} + \frac{(il)^3}{3!}\frac{\mathrm{d}^3 f(q)}{\mathrm{d}q^3} + \\ & \frac{(il)^4}{4!}\frac{\mathrm{d}^4 f(q)}{\mathrm{d}q^4} + \frac{(il)^5}{5!}\frac{\mathrm{d}^5 f(q)}{\mathrm{d}q^5} + \frac{(il)^6}{6!}\frac{\mathrm{d}^6 f(q)}{\mathrm{d}q^6} + \cdots \end{aligned}$$

注意到 $i^2 = -1, i^3 = -i, i^4 = 1, \cdots$，得：

$$x+iy=\left\{f(q)-\frac{l^2}{2}\frac{\mathrm{d}^2 f(q)}{\mathrm{d}q^2}+\frac{l^4}{24}\frac{\mathrm{d}^4 f(q)}{\mathrm{d}q^4}-\frac{l^6}{720}\frac{\mathrm{d}^6 f(q)}{\mathrm{d}q^6}\right\}+ i\left\{l\frac{\mathrm{d}f(q)}{\mathrm{d}q}-\frac{l^3}{6}\frac{\mathrm{d}^3 f(q)}{\mathrm{d}q^3}+\frac{l^5}{120}\frac{\mathrm{d}^5 f(q)}{\mathrm{d}q^5}\right\}$$

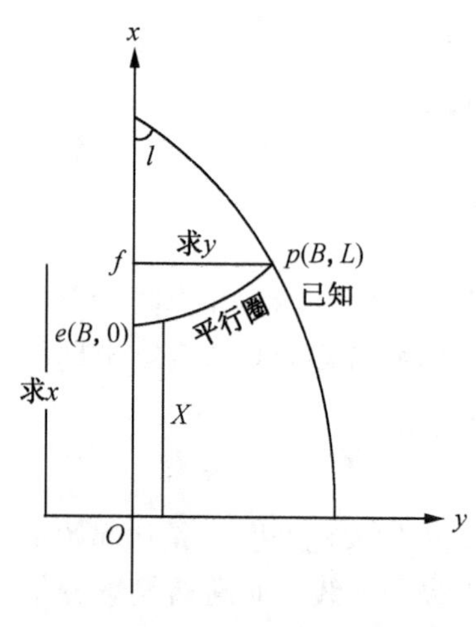

图 3-7　高斯投影点的直角坐标

如图 3-7 所示，椭球面上一点投影至平面为 p 点，椭球面上该点的平行圈(B 或 q 为一常数) 与中央子午线的交点投影后为 e 点，若将上式中的展开点 z_0 设于 e 处，则根据高斯投影本身的条件，中央子午线的长度比 $m=1$，且纵坐标 x 等于从赤道起至纬度 B 的子午线弧长 X。就是说，当 $l=0$ 时，$y=0$，$x=f(q)=X$。其次，在由解析函数求导时与方向无关，为方便起见可以沿中央子午线方向求导。此时再将上式等号两端的实部和虚部分开，就可以写成如下形式：

$$\left.\begin{aligned} x&=X-\frac{l^2}{2}\frac{\mathrm{d}^2X}{\mathrm{d}q^2}+\frac{l^4}{24}\frac{\mathrm{d}^4X}{\mathrm{d}q}-\frac{l^4}{720}\frac{\mathrm{d}^6X}{\mathrm{d}q^6}\\ y&=l\frac{\mathrm{d}X}{\mathrm{d}q}-\frac{l^3}{6}\frac{\mathrm{d}^3X}{\mathrm{d}q^3}+\frac{l^5}{120}\frac{\mathrm{d}^5X}{\mathrm{d}q^5}\end{aligned}\right\} \tag{3-25}$$

上式就是高斯投影坐标正算的基本公式。要推导出计算平面坐标 x 及 y 的实用公式，还必须求出式中各阶导数 $\frac{\mathrm{d}^nX}{\mathrm{d}q^n}$ 的数值。

由式(2-27)和式(3-3)可得：

$$\frac{\mathrm{d}X}{\mathrm{d}q}=N\cos B=\frac{c}{V}\cos B \tag{3-26}$$

上式再次求导可得二阶导数：

$$\frac{\mathrm{d}^2X}{\mathrm{d}q^2}=\frac{\mathrm{d}\frac{\mathrm{d}x}{\mathrm{d}q}}{\mathrm{d}q}=-c\left(\frac{\cos B}{V^2}\frac{\mathrm{d}V}{\mathrm{d}B}\frac{\mathrm{d}B}{\mathrm{d}q}+\frac{\sin B}{V}\frac{\mathrm{d}B}{\mathrm{d}q}\right)$$

式中 $\frac{\mathrm{d}V}{\mathrm{d}B}$ 可以对公式 $V^2=1+e'^2\cos^2B$ 进行微分求得，于是：

$$2V\mathrm{d}V=-2e'^2\cos B\sin B\mathrm{d}B \text{ 或 } V\mathrm{d}V=-e'^2\cos^2B\tan B\mathrm{d}B$$

由此得到

$$\frac{\mathrm{d}V}{\mathrm{d}B}=-\frac{\eta^2}{V}t$$

根据公式(3-3)，又有：

$$\frac{\mathrm{d}B}{\mathrm{d}q}=\frac{N}{M}\cos B=V^2\cos B=(1+\eta^2)\cos B$$

于是求得：

$$\frac{\mathrm{d}^2X}{\mathrm{d}q^2}=c\left(\frac{\cos^2B}{V^2}\eta^2\tan B-V\sin B\cos B\right)=\frac{C}{V}\sin B\cos B(\eta^2-V^2)=-N\sin B\cos B \tag{3-27}$$

考虑到式(3-26)和式(3-27)，可得式(3-25)的主项为

$$\left.\begin{aligned} x &= X + \frac{l^2}{2} N \sin B \cos B + \cdots \\ y &= l N \cos B + \cdots \end{aligned}\right\} \tag{3-28}$$

为了得到满足控制网计算需要的精确公式，还需要按公式(3-27)依次对 q 求导，分别得出 6 阶及其以内的各阶导数值。我们不再推导，仅写出结果：

$$\left.\begin{aligned} \frac{\mathrm{d}^3 X}{\mathrm{d}q^3} &= -N\cos^3 B(1+\eta^2-t^2) \\ \frac{\mathrm{d}^4 X}{\mathrm{d}q^4} &= N\sin B\cos^3 B(5-t^2+9\eta^2+4\eta^4) \\ \frac{\mathrm{d}^5 X}{\mathrm{d}q^5} &= N\cos^5 B(5-18t^2+t^4+14\eta^2-58\eta^2 t^2) \\ \frac{\mathrm{d}^6 X}{\mathrm{d}q^6} &= -N\sin B\cos^5 B(61-58t^2+t^4) \end{aligned}\right\} \tag{3-29}$$

上式 5 阶导数中略去 η^4 项，6 阶导数中略去了 η^2 和 η^4 项。将式(3-26)、式(3-27)和式(3-29)一并代入式(3-25)，得到高斯投影坐标正算公式为

$$\left.\begin{aligned} x &= X + \frac{l^2}{2} N\sin B\cos B + \frac{l^4}{24} N\sin B\cos^3 B(5-t^2+9\eta^2+4\eta^4) + \\ &\quad \frac{l^6}{720} N\sin B\cos^5 B(61-58t^2+t^4) \\ y &= lN\cos B + \frac{l^3}{6} N\cos^3 B(1-t^2+\eta^2) + \\ &\quad \frac{l^5}{120} N\cos^5 B(5-18t^2+t^4+14\eta^2-58\eta^2 t^2) \end{aligned}\right\} \tag{3-30}$$

式中：B 为 p 点的大地纬度；l 为 p 点与中央子午线的经差，可由已知的经度 L 按式(3-22)算出。p 点在中央子午线以东 l 为正，以西 l 为负；X 为由赤道至纬度 B 的子午线弧长，由以下式子计算，即

$$X = c[\beta_0 B + (\beta_2 \cos B + \beta_4 \cos^3 B + \beta_6 \cos^5 B + \beta_8 \cos^7 B)\sin B] \tag{3-31}$$

式中：

$$\beta_0 = 1 - \frac{3}{4}e'^2 + \frac{45}{64}e'^4 - \frac{175}{256}e'^6 + \frac{11\ 025}{16\ 384}e'^8$$

$$\beta_2 = \beta_0 - 1$$

$$\beta_4 = \frac{15}{32}e'^4 - \frac{175}{384}e'^6 + \frac{3\ 675}{8\ 192}e'^8$$

$$\beta_6 = -\frac{35}{96}e'^6 + \frac{735}{2\ 048}e'^8$$

$$\beta_8 = \frac{315}{1\ 024}e'^8$$

公式(3-30)确定了式(3-23)中 F_1 和 F_2 的具体形式。当 $l < 3.5°$ 时，使用该式由(B,L)

计算(x,y)的精度为0.001 m。

为了学习和工作的方便，有时采用简化后的公式，即

$$\left.\begin{aligned} x &= X + Nt\left[\frac{1}{2}m^2 + \frac{1}{24}(5 - t^2 + 9\eta^2 + 4\eta^4)m^4 + \frac{1}{720}(61 - 58t^2 + t^4)m^6\right] \\ y &= N\left[m + \frac{1}{6}(1 - t^2 + \eta^2)m^3 + \frac{1}{120}(5 - 18t^2 + t^4 + 14\eta^2 - 58\eta^2 t^2)m^5\right] \end{aligned}\right\} \tag{3-32}$$

对于克氏椭球：

$$X = 111\,134.861\,1B^\circ - (32\,005.779\,9\sin B + 133.923\,8\sin^3 B + 0.697\,3\sin^5 B + 0.003\,9\sin^7 B)\cos B$$

对于 IUGG/IAG-75 椭球：

$$X = 111\,133.004\,7B^\circ - (32\,009.857\,5\sin B + 133.960\,2\sin^3 B + 0.697\,6\sin^5 B + 0.003\,9\sin^7 B)\cos B$$

其余符号分别为：

$$t = \tan B$$
$$\eta^2 = e'^2\cos^2 B$$
$$N = c/\sqrt{1+\eta^2}$$
$$m = \cos B\frac{\pi}{180}(L - L_0)^\circ$$

以上公式能满足三、四等精度的要求。

按以上方法计算出的高斯平面直角坐标称为“自然值”，随着坐标象限的不同会有正有负。在我国只是横坐标值会出现负值的情况。为了避免出现负值的麻烦以及便于识别点所在的投影度带，规定对横坐标值加 500 km 常数值，再在前面冠以该点所在的投影带带号。经这样处理后的坐标称为“通用值”。

3.2.2 由平面直角坐标计算大地坐标的公式

将正形投影的一般公式(3-12)写成反函数的形式，即

$$q + il = F(x + iy) \tag{3-33}$$

上式也可以使投影成为正形投影。

首先将上式展开成泰勒级数。在复变函数中，将解析函数$f(z)$在z_0点附近展开时的公式形式为：

$$f_{(z)} = f_{(z_0)} + \left[\frac{\mathrm{d}f(z)}{\mathrm{d}z}\right]_0 (z - z_0) + \frac{1}{2!}\left[\frac{\mathrm{d}^2 f(z)}{\mathrm{d}z^2}\right]_0 (z - z_0)^2 + \cdots$$

式中：各阶导数的下标0，表明它们是z_0点展开的级数，鉴于高斯投影区域有限、y值与椭球半径相比是较小的数值，所以可以将式(3-33)按上式展开成y的幂级数。为此，仍将高斯投影平面视为复平面，其纵坐标轴为实轴，横坐标轴为虚轴。设已知坐标(x,y)的点为p(图3-8)，同时纵坐标轴上有一点f，其纵坐标与p点纵坐标相同，均为x，可见f点是从给定点p到x轴的垂直线的垂足。若令f点是上式中的z_0点，f点在复平面上的坐标为$(x + i_0) = x$；再令p点是上式中的z点，它在复平面上的坐标为$(x + iy)$；设$F(x + iy)$为

上式中的 $f(z)$，则 $z - z_0 = (x + iy) - x = iy$。

此外，复变函数中求解析函数的导数时，可以是任意方向，导数之值不会改变，为简单起见我们仍沿中央子午线方向来求点 f 处的导数，这时 $y = 0, l = 0$，而 $x = X$。所以上式中的一阶导数成为 $\left[\frac{\mathrm{d}F(x)}{\mathrm{d}X}\right]_f$，二阶导数成为 $\left[\frac{\mathrm{d}^2F(x)}{\mathrm{d}X^2}\right]_f$，下标说明各值属于点 f。

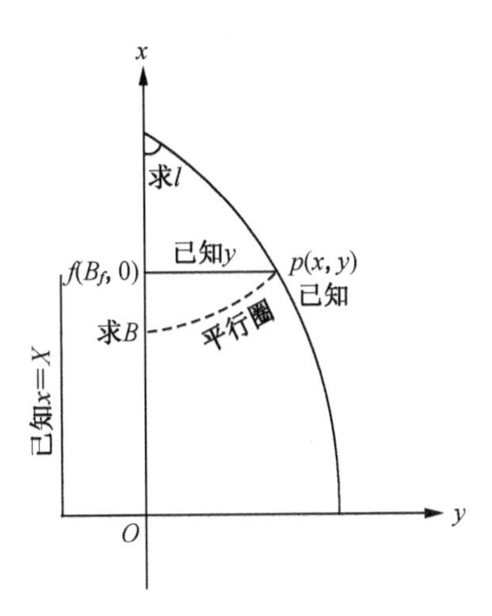

图 3-8　高斯投影点的大地坐标

根据以上所述，上式就可写为：

$$F(x + iy) = [F(x)]_f + iy\left[\frac{\mathrm{d}F(x)}{\mathrm{d}X}\right]_f + \frac{1}{2!}(iy)^2\left[\frac{\mathrm{d}^2F(x)}{\mathrm{d}X^2}\right]_f + \cdots$$

对于点 f 而言，式(3-29)成为 $F(X) = q$，$[F(X)]_f = q_f$，其中 q_f 是点 f 相应的等量纬度。于是上式又可以写为：

$$q + il = q_f + iy\left(\frac{\mathrm{d}q}{\mathrm{d}X}\right)_f + \frac{(iy)^2}{2!}\left(\frac{\mathrm{d}^2q}{\mathrm{d}X^2}\right)_f + \frac{(iy)^3}{3!}\left(\frac{\mathrm{d}^3q}{\mathrm{d}X^3}\right)_f + \frac{(iy)^4}{4!}\left(\frac{\mathrm{d}^4q}{\mathrm{d}X^4}\right)_f + \frac{(iy)^5}{5!}\left(\frac{\mathrm{d}^5q}{\mathrm{d}X^5}\right)_f + \frac{(iy)^6}{6!}\left(\frac{\mathrm{d}^6q}{\mathrm{d}X^6}\right)_f + \cdots$$

将实部和虚部分开，则得：

$$\left.\begin{aligned} q &= q_f - \frac{y^2}{2}\left(\frac{\mathrm{d}^2q}{\mathrm{d}X^2}\right)_f + \frac{y^4}{24}\left(\frac{\mathrm{d}^4q}{\mathrm{d}X^4}\right)_f - \frac{y^6}{720}\left(\frac{\mathrm{d}^6q}{\mathrm{d}X^6}\right)_f + \cdots \\ l &= y\left(\frac{\mathrm{d}q}{\mathrm{d}X}\right)_f - \frac{y^3}{6}\left(\frac{\mathrm{d}^3q}{\mathrm{d}X^3}\right)_f + \frac{y^5}{120}\left(\frac{\mathrm{d}^5q}{\mathrm{d}X^5}\right)_f - \cdots \end{aligned}\right\} \tag{3-34}$$

上式中的各阶导数，均可求出。

由式(3-26)，得：

$$\frac{\mathrm{d}q}{\mathrm{d}X} = \frac{1}{N\cos B} = \frac{1}{r} \tag{3-35}$$

上式求导，并考虑式(2-32)得：

$$\frac{\mathrm{d}^2q}{\mathrm{d}X^2} = -\frac{1}{r^2}\frac{\mathrm{d}r}{\mathrm{d}x} = \frac{\sin B}{r^2} = \frac{t}{N^2\cos B} \tag{3-36}$$

依次求导，还可得：

$$\left.\begin{aligned} \frac{\mathrm{d}^3q}{\mathrm{d}X^3} &= \frac{1}{N^3\cos B}(1 + 2t^2 + \eta^2) \\ \frac{\mathrm{d}^4q}{\mathrm{d}X^4} &= \frac{t}{N^4\cos B}(5 + 6t^2 + \eta^2 - 4\eta^4) \\ \frac{\mathrm{d}^5q}{\mathrm{d}X^5} &= \frac{1}{N^5\cos B}(5 + 28t^2 + 24t^4 + 6\eta^2 + 8\eta^2t^2) \\ \frac{\mathrm{d}^6q}{\mathrm{d}X^6} &= \frac{t}{N^6\cos B}(61 + 180t^2 + 120t^4 + 46\eta^2 + 48\eta^2t^2) \end{aligned}\right\} \tag{3-37}$$

将以上各阶导数代入式(3-34)时，应注意式中的导数是属于 f 点的数值，所以有关的 B、N、t、η 均应具有下标 f，以表示是相应于点 f 处纬度 B_f 的数值。B_f 常被称为垂足纬度或底点纬度。将式(3-36)和式(3-37)中的偶阶导数代入式(3-34)第一式，化简以后得：

$$
\begin{aligned}
q-q_f = & -\frac{y^2}{2N_f^2\cos B_f}t_f+\frac{y^4}{24N_f^4\cos B_f}(5+6t_f^2+\eta_f^2-4\eta_f^4)- \\
& \frac{y^6}{720N_f^6\cos B_f}t_f(61+180t_f^2+120t_f^4+46\eta_f^2+48\eta_f^2t_f^2)
\end{aligned} \tag{3-38}
$$

上式中的 $q-q_f$，还应变为 $B-B_f$，才能用来求解大地纬度 B。

由于等量纬度 q 仅仅是大地纬度 B 的函数，所以其反函数可为：

$$B=\varphi(q)$$

按泰勒级数 $\varphi(q)$ 在 q_f 附近展开，得：

$$B=B_f+\left(\frac{\mathrm{d}B}{\mathrm{d}q}\right)_f(q-q_f)+\frac{1}{2!}\left(\frac{\mathrm{d}^2B}{\mathrm{d}q^2}\right)_f(q-q_f)^2+\cdots \tag{3-39}$$

求式中导数的公式为：

$$
\begin{aligned}
\frac{\mathrm{d}B}{\mathrm{d}q} &= \frac{N}{M}\cos B=V^2\cos B \\
\frac{\mathrm{d}^2B}{\mathrm{d}q^2} &= -V^2\sin B\frac{\mathrm{d}B}{\mathrm{d}q}+2V\cos B\frac{\mathrm{d}V}{\mathrm{d}B}\frac{\mathrm{d}B}{\mathrm{d}q} \\
&= -V^4\sin B\cos B+2V^3\cos^2 B\left(-\frac{\eta^2t}{V}\right) \\
&= -\sin B\cos B[(1+\eta^2)^2+2(1+\eta^2)\eta^2] \\
&= -t\cos^2 B(1+4\eta^2+3\eta^4)
\end{aligned}
$$

将上列一阶导数、二阶导数和式(3-38)代入式(3-39)，即得大地纬度 B 的计算公式；再将式(3-35)和式(3-37)中奇阶导数代入式(3-34)第 2 式，又得经差 l 的计算公式。化简后的公式为：

$$
\left.
\begin{aligned}
B = & B_f-\frac{y^2}{2M_fN_f}t_f+\frac{y^4}{24M_fN_f^3}t_f(5+3t_f^2+\eta_f^2-9\eta_f^2t_f^2)- \\
& \frac{y^6}{720M_fN_f^5}t_f(61+90t_f^2+45t_f^4) \\
l = & \frac{y}{N_f\cos B_f}-\frac{y^3}{6N_f^3\cos B_f}(1+2t_f^2+\eta_f^2)+ \\
& \frac{y^5}{120N_f^5\cos B_f}(5+28t_f^2+24t_f^4+6\eta_f^2+8\eta_f^2t_f^2)
\end{aligned}
\right\} \tag{3-40}
$$

式中：凡脚注有“f”的，表明这些函数符号都是以垂足纬度 B_f 代入求得的。而垂足纬度 B_f 可以根据子午线弧长公式或由以下等式计算(下式结果以度为单位)。

$$B^\circ_f=\beta+\{50\ 221\ 746+[293\ 622+(2\ 350+22\cos^2\beta)\cos^2\beta]\cos^2\beta\}\times10^{-10}\rho\sin\beta\cos\beta$$

$$\beta=\frac{x\cdot180^\circ}{6\ 367\ 558.496\ 9\pi},\rho=57^\circ.295\ 779\ 513$$

根据式(3-40)就可以计算大地纬度 B 和经差 l，进而求出大地经度 L 。式(3-40)中 B、l 均以弧度为单位表示，如以度为单位，等号右端还应乘以 $\frac{180^\circ}{\pi}$。

当 $l<3.5^\circ$时，按式(3-40)进行坐标换算的精度为 0.001″，这与正算公式(3-30)的换算精度 0.001 m 是相适应的。

为了学习和工作的方便，有时也采用简化后的公式，即

$$\left.\begin{aligned}B^\circ &= B^\circ_f-\frac{1+\eta_f^2}{\pi}[90n^2-7.5(5+3t_f^2+\eta_f^2-9\eta_f^2t_f^2)n^4+\\&\quad 0.25(61+90t_f^2+45t_f^4)n^6]\\L^\circ &= L^\circ_0+\frac{1}{\pi\cos B_f}[180n-30(1+2t_f^2+\eta_f^2)n^3+\\&\quad 1.5(5+28t_f^2+24t_f^4)n^5]\end{aligned}\right\}\tag{3-41}$$

对于克氏椭球：

$$\begin{aligned}B^\circ_f &= 27.111\,153\,725\,95+9.024\,682\,570\,83(x-3)-0.005\,797\,404\,42\,(x-3)^2-\\&\quad 0.000\,435\,325\,72\,(x-3)^3+0.000\,048\,572\,85\,(x-3)^4+0.000\,002\,157\,27\\&\quad (x-3)^5-0.000\,000\,193\,99\,(x-3)^6\end{aligned}$$

对于 IUGG/IAG-75 椭球：

$$\begin{aligned}B^\circ_f &= 27.111\,622\,894\,65+9.024\,836\,577\,29(x-3)-0.005\,798\,506\,56\,(x-3)^2-\\&\quad 0.000\,435\,400\,29\,(x-3)^3+0.000\,048\,583\,57\,(x-3)^4+0.000\,002\,157\,69\\&\quad (x-3)^5-0.000\,000\,194\,04\,(x-3)^6\end{aligned}$$

式中：x 均以 Mm(兆米即 10^6 m)为单位；其余的符号则为：

$$t_f=\tan B_f$$
$$\eta_f^2=e'^2\cos^2 B_f$$
$$n=\frac{y\sqrt{1+\eta_f^2}}{c}$$

以上公式中的 B°、L°、B°_f、L°_0 均以度为单位；L°_0 表示中央子午线的经度。

以上公式能满足三、四等精度的要求。

在过去，高斯投影坐标计算一直是借助数表来实现的，常用的如《高斯克吕格投影计算表》，它是以公式(3-30)和公式(3-40)为基础编算的，在高斯投影计算中发挥了重要的作用。现在有关的测量计算表已不再适应需要，人们一般都采用计算机按程序进行高斯投影及有关的测量计算，或使用能保证计算精度的普通计算器实施计算。

3.3　椭球面上的方向值和长度化算至高斯平面

在章节 3.2 里曾经介绍了高斯投影计算以及大地坐标与平面直角坐标的相互换算问题。在本节将阐述大地线的大地方位角改化成平面坐标方位角和将大地线长度改化为高斯平面上直线长度两个问题。

将大地方位角改化为平面坐标方位角必须计算出平面子午线收敛角和方向改正数；将大地线长度改化为高斯平面上的直线长度，需要计算出距离改正数。

3.3.1 平面子午线收敛角的计算

一点处的平面子午线收敛角 γ 就是通过该点的子午线投影像与过该点的纵坐标线(与 x 轴重合或平行)之间的夹角,自子午线投影像量至纵坐标线方向,顺时针时为正,逆时针时为负。

平面子午线收敛角可以由大地坐标 (B,L) 算得,也可以由平面坐标 (x,y) 算得。下面分别推导它们的计算公式。

3.3.1.1 由大地坐标计算平面子午线收敛角的公式

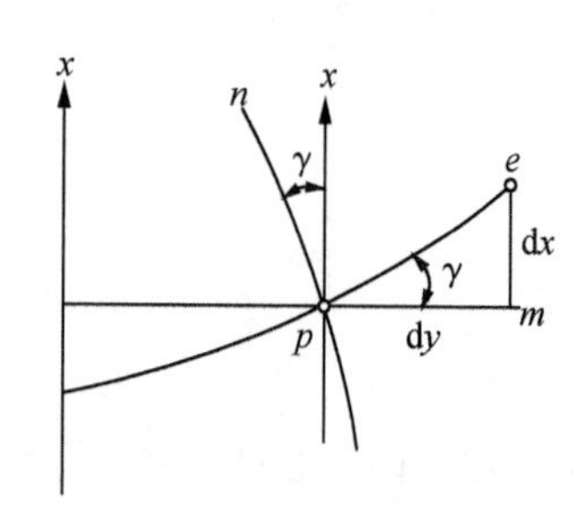

图 3-9 γ 与经纬线及坐标线的关系

在椭球面上子午线与平行圈成正交,由于投影具有等角性质,所以 p 点的子午线投影像 pn 也与平等圈的投影 pe 正交(图 3-9)。平面子午线收敛角 γ 也就等于平行圈投影像在 p 点处的切线对横坐标线(与 y 轴平行)正方向所成的夹角。若 $\mathrm{d}x$ 和 $\mathrm{d}y$ 为无限小的坐标增量,则可写出:

$$\tan\gamma=\frac{\mathrm{d}x}{\mathrm{d}y}$$

注意到,p 点和 e 点 纬度相等,所以又可写出:

$$\tan\gamma=\frac{\frac{\partial x}{\partial l}\mathrm{d}l}{\frac{\partial y}{\partial l}\mathrm{d}l}=\frac{\frac{\partial x}{\partial l}}{\frac{\partial y}{\partial l}}$$

式中:$\frac{\partial x}{\partial l}$、$\frac{\partial y}{\partial l}$ 在公式(3-15)中已有结果,代入上式可得:

$$\tan\gamma=l\sin B\left[1+\frac{l^2}{3}\cos^2B(1+t^2+3\eta^2)\right]\tag{3-42}$$

根据函数幂级数展开式:

$$\arctan x=x-\frac{x^3}{3}+\frac{x^5}{5}-\cdots$$

上式设 $x=\tan\gamma$,则:

$$\gamma=\tan\gamma-\frac{1}{3}\tan^3\gamma+\frac{1}{5}\tan^5\gamma-\cdots\tag{3-43}$$

将式(3-42)代入上式,并推至 l^5 项,得:

$$\gamma=l\sin B\left[1+\frac{l^2}{3}\cos^2B(1+3\eta^2+2\eta^4)+\frac{l^4}{15}\cos^4B(2-t^2)\right]\tag{3-44}$$

由上式可知,γ 为 l 的奇次函数。点在中央子午线以东时 γ 为正,以西时为负;点与中央子午线的经差愈大,γ 值亦愈大;当 l 不变时,γ 纬度愈大,γ 值亦愈大。

若以 $t=\tan B$,$\eta^2=e'^2\cos^2B$,$e'^2=0.006\ 738\ 525\ 4$(克氏椭球)代入上式,略加整理又可得出计算 γ 的数值公式为:

$$\gamma=\{1+[(0.333\ 33+0.006\ 74\cos^2B)-(0.066\ 7-0.2\cos^2B)l^2]l^2\cos^2B\}l\sin B\tag{3-45}$$

式中：$l=\dfrac{L-L_0}{\rho}$，γ 以弧度为单位。

3.3.1.2　由平面坐标计算平面子午线收敛角的公式

如图 3-10 所示，p 和 e 为同一平行圈无限接近两点在平面上的投影像，pn 和 ec 为过 p 点和 e 点的子午线投影像，fc 为垂直于纵坐标轴的直线。

设 $\mathrm{d}B$ 和 $\mathrm{d}l$ 为自 p 点过渡到 c 点时椭球面上的大地坐标增量，此时纬度减小，经度增加。根据子午圈和平行圈的弧长微分公式可以写出：

$$\tan\gamma=\frac{\overline{ec}}{de}=\frac{-M\mathrm{d}B}{N\cos B\mathrm{d}l}=-\frac{\mathrm{d}q}{\mathrm{d}l}\tag{3-46}$$

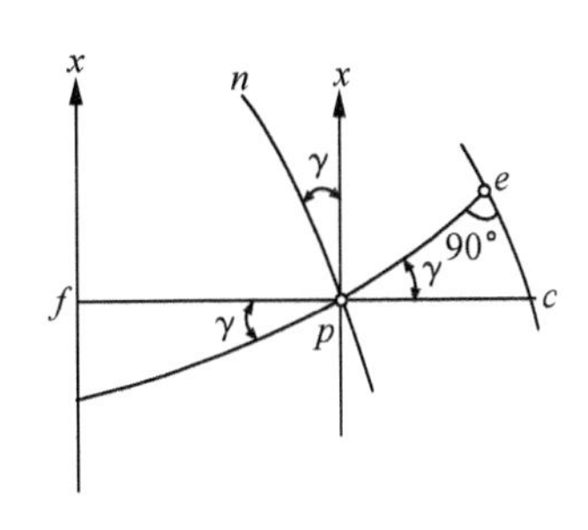

图 3-10　γ 与坐标线及经纬线关系

位于直线 dc 上各点垂足纬度 B_f 相等，于是：

$$\mathrm{d}q=\frac{\partial q}{\partial y}\mathrm{d}y,\mathrm{d}l=\frac{\partial l}{\partial y}\mathrm{d}y$$

则

$$\tan\gamma=-\frac{\dfrac{\partial q}{\partial y}}{\dfrac{\partial l}{\partial y}}$$

分别按式(3-38)和式(3-40)第 2 式对 y 求偏导数，将其值代入上式，经过变换得到：

$$\tan\gamma=\frac{y}{N_f}t_f-\frac{y^3}{3N_f^3}t_f(1-\eta_f^2-2\eta_f^4)$$

将上式代入式(3-43)，合并同类项后得：

$$\gamma=\frac{y}{N_f}t_f-\frac{y^3}{3N_f^3}t_f(1+t_f^2-\eta_f^2-2\eta_f^4)\tag{3-47}$$

若将公式推求至 y^5 项，则得：

$$\gamma=\frac{y}{N_f}-\frac{y^3}{3N_f^3}t_f(1+t_f^2-\eta_f^2-2\eta_f^4)+\frac{y^5}{15N_f^5}t_f(2+5t_f^2+3t_f^4)\tag{3-48}$$

式(3-47)计算的 γ 可精确至 $1''$，式(3-48)计算的 γ 可精确至 $0.001''$。

再以 $t_f=\tan B_f$，$\eta_f^2=e'^2\cos^2 B_f$，$e'^2=0.006\,738\,525\,4$（克氏椭球）代入上式，整理后得到：

$$\gamma=\left[\begin{array}{l}1-\dfrac{y^2}{N_f^2\cos^2 B_f}(0.333\,33-0.002\,5\cos^4 B_f)+\\ \dfrac{y^4}{N_f^4\cos^4 B_f}(0.2-0.066\,7\cos^2 B_f)\end{array}\right]\frac{y\sin B_f}{N_f\cos B_f}$$

引入公式 $z=\dfrac{y}{N_f\cos B_f}$ 则得：

$$\gamma=\{1-[(0.333\,33-0.002\,25\cos^4 B_f)-(0.2-0.066\,7\cos^2 B_f)z^2]z^2\}z\sin B_f\tag{3-49}$$

式中：N_f 和 B_f 的意义同式(3-40)，γ 以弧度为单位。

3.3.2　方向改正计算及检核

在传统的大地测量中，三角网是布设国家平面控制网的主要形式，故角度或者是方向值就成为最基本的观测量。因此，对于大地方位角和平面坐标方位角的换算、将实地观测方向归算至高斯投影平面方向值的方向改正，则是三角测量概算中的一项工作量很大的基本计算工作。现在导线测量是控制测量的主要方法之一，方向改正也仍然是数据处理中的一项基本计算工作。

3.3.2.1　方向改正计算

正形投影的保角性质，使椭球面上大地线间形成的角度与投影在平面上的相应投影曲线所形成的角度相等。在平面上解算曲边三角形是相当复杂的，为便于计算和考虑实用性，需要把平面上的这些曲线方向改化为两点间的弦线方向，达此目的所进行的改正就是方向改正。为此需要在椭球面的方向观测值中，加入一个因边长曲率而产生的方向改正数(也称曲率改正数)。

如图 3-11 所示，$1AB2$ 为大地线在椭球面上的投影像，其中 A、B 为无限接近的两点，其间长度为 $\mathrm{d}\sigma$，r 为弧素 $\mathrm{d}\sigma$ 的曲率半径，T 为弦长 12 的方位角。

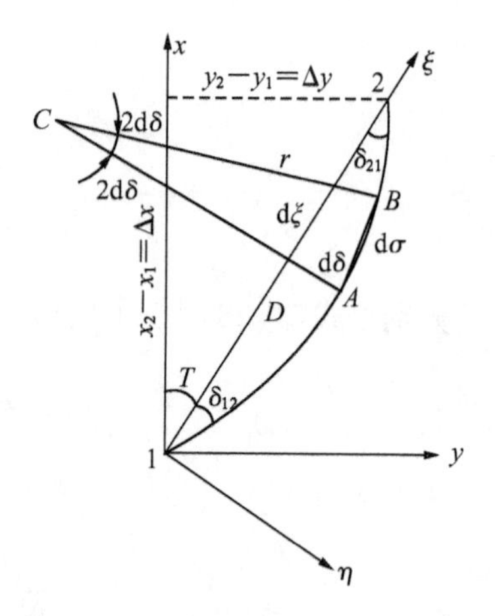

图 3-11　方向改正与 r、$\mathrm{d}\delta$、T 的关系

现建立以 1 为原点的 ξ、η 坐标系，其中 ξ 轴与弦线 12 重合。微分学中求曲率的公式为：

$$\frac{1}{r}=\frac{\dfrac{\mathrm{d}^2\eta}{\mathrm{d}\xi^2}}{\left[1+\left(\dfrac{\mathrm{d}\eta}{\mathrm{d}\xi}\right)^2\right]^{\frac{3}{2}}}$$

若设 $\mathrm{d}\sigma$ 和 ξ 轴的夹角为 δ，则根据导数的性质，

$$\frac{\mathrm{d}\eta}{\mathrm{d}\xi}=\tan\delta,$$

所以：
$$1+\left(\frac{\mathrm{d}\eta}{\mathrm{d}\xi}\right)^2=1+\tan^2\delta=\frac{1}{\cos^2\delta}$$

代入前式，考虑 δ 数值微小，可取 $\cos\delta\approx1$，于是：

$$\frac{1}{r}=\frac{\mathrm{d}^2\eta}{\mathrm{d}\xi^2}\cos^3\delta=\frac{\mathrm{d}^2\eta}{\mathrm{d}\xi^2}\tag{3-50}$$

其次，若弧素 $\mathrm{d}\sigma$ 与其弦线 AB 均成小角 $\mathrm{d}\delta$，则其所对应的圆心角为 $2\,\mathrm{d}\delta$。由 $\triangle ABC$ 可得：

$$\mathrm{d}\sigma=r\cdot2\mathrm{d}\delta$$

由于 δ 角很小，可以认为 $\mathrm{d}\sigma=\mathrm{d}\xi$，此时上式写成：

$$\frac{1}{r}=\frac{2\mathrm{d}\delta}{\mathrm{d}\xi}\tag{3-51}$$

如果自无限接近的两点 A、B 分别作 x 轴的垂直线，交 x 轴 A'、B' 两点，两点间坐标差为 $\mathrm{d}x$，如图 3-12 所示。由于高斯投影具有等角性质，图中四边形 $ABB'A'$ 的内角和公式为：

$$360° + 2\mathrm{d}\delta = 360° + \varepsilon$$

式中：ε 为四边形 $ABB'A'$ 在椭球面上的球面角超。因为 ε 的数值不大，故可用近似方法计算。将四边形视为梯形，y 为 A、B 点的横坐标平均值，则其面积可为 $P = y \cdot \mathrm{d}x$，取椭球的平均曲率半径为 R，根据球面角超计算公式(2-55)和上列关系，ε 仍以弧度为单位，则有：

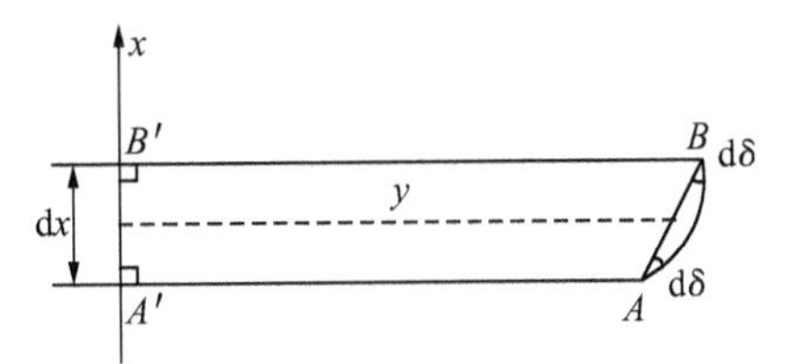

图 3-12　特殊四边形的 ε

$$\varepsilon = \frac{P}{R^2} = \frac{y \cdot \mathrm{d}x}{R^2} = 2\mathrm{d}\delta$$

式(3-50)和式(3-51)相等，并考虑上式，即得大地线投影像 $1AB2$ 的曲率微分方程式：

$$\frac{\mathrm{d}^2\eta}{\mathrm{d}\xi^2} = \frac{y \cdot \mathrm{d}x}{R^2 \mathrm{d}\xi} \tag{3-52}$$

若用 x_1 和 y_1 表示点 1 的坐标，可以写出弦 12 上的动点坐标为：

$$x = x_1 + \xi\cos T, y = y_1 + \xi\sin T$$

$$\mathrm{d}x = \mathrm{d}\xi\cos T$$

考虑上列公式，式(3-52)又有如下形式：

$$\frac{\mathrm{d}^2\eta}{\mathrm{d}\xi^2} = \frac{\cos T}{R_2}(y_1 + \xi\sin T) \tag{3-53}$$

式中：T 为边长的方位角，它和 y_1 都具有确定的值。

对式(3-53)两次积分，并将 R 视作常数，取其等于弦长 12 中点处椭球面平均曲率半径 R，依次得到：

$$\frac{\mathrm{d}\eta}{\mathrm{d}\xi} = \frac{\cos T}{R^2}\left(y_1\xi + \frac{1}{2}\xi^2\sin T\right) + c_1 \tag{3-54}$$

$$\eta = \frac{\cos T}{R^2}\left(\frac{1}{2}y_1\xi^2 + \frac{1}{6}\xi^3\sin T\right) + c_1\xi + c_2 \tag{3-55}$$

利用点 1 的如下特性，可确定式(3-55)中积分常数 c_1 和 c_2，即

$$\xi = 0, \eta = 0, \frac{\mathrm{d}\eta}{\mathrm{d}\xi} = \tan\delta_{12} = \delta_{12}$$

将它们代入式(3-54)和式(3-55)得：

$$c_1 = \delta_{12}, c_2 = 0$$

对于点 2 有：$\eta = 0, \xi = D$，代入式(3-52)，将方向改正数以角秒为单位，并考虑积分常数后得：

$$\delta''_{12} = -\frac{\rho''}{2R^2}D\cos T\left(y_1 + \frac{D\sin T}{3}\right)$$

注意到 $D\cos T = x_2 - x_1$，$D\sin T = y_2 - y_1$，最终得：

$$\delta''_{12} = \frac{\rho''}{2R^2}(x_1 - x_2)\left(y_m + \frac{y_1 - y_2}{6}\right) \tag{3-56}$$

式中：$y_m = \frac{1}{2}(y_1 + y_2)$。

对于 21 方向，同理得其改正数为：

$$\delta''_{21} = \frac{\rho''}{2R^2}(x_2 - x_1)\left(y_m + \frac{y_2 - y_1}{6}\right) \tag{3-57}$$

式(3-56)和式(3-57)是计算方向改正数的公式。由它们求出的 δ 加在相应的方向观测值上，即得高斯投影平面上的直线方向值。当点 2 的横坐标中数 $y_m < 250$ km 时，由以上两式计算的误差小于 0.01″，故它们常用于二等三角测量计算。

对于三、四等三角测量，边长在 10 km 范围内，如果只要求 δ 的计算精度达 0.01″，就可以采用下列简化公式：

$$\left.\begin{aligned} \delta''_{12} &= \frac{\rho''}{2R^2}(x_1 - x_2)y_m \\ \delta''_{21} &= \frac{\rho''}{2R^2}(x_2 - x_1)y_m \end{aligned}\right\} \tag{3-58}$$

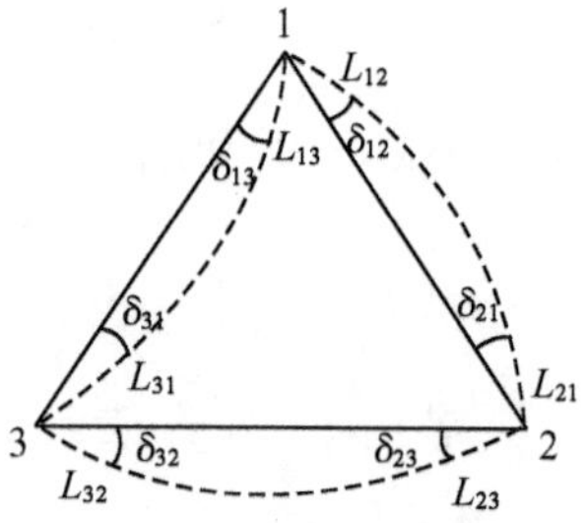

图 3-13　ε 检核元素图示

3.3.2.2　方向改正计算的检核

方向改正计算后，其正确性需要进行检核。参照图 3-6，作图 3-13。虚线组成的曲边三角形是高斯平面上的图形，其图形与相应的椭球面上的图形内角和是一致的，即为 $180° + \varepsilon$。而直边平面三角形的内角和则为：

$$\begin{aligned} & [(L_{13} + \delta_{13}) - (L_{12} + \delta_{12})] + [(L_{21} - \delta_{21}) - (L_{23} + \delta_{23})] + \\ & [(L_{32} + \delta_{32}) - (L_{31} - \delta_{31})] \\ = & [(L_{13} - L_{12}) + (\delta_{13} - \delta_{12})] + [(L_{21} - L_{23}) + (\delta_{21} - \delta_{23})] + \\ & [(L_{32} - L_{31}) + (\delta_{32} - \delta_{31})] \\ = & [(L_{13} - L_{12}) + \Delta\delta_1] + [(L_{21} - L_{23}) + \Delta\delta_1] + [(L_{32} - L_{31}) + \Delta\delta_1] \\ = & \text{曲边内角和} + \Sigma\Delta\delta \\ = & 180° + \varepsilon + \Sigma\Delta\delta \\ = & 180° \end{aligned}$$

则有：

$$\varepsilon = -\Sigma\Delta\delta$$

推广到 n 条多边形的一般情况，则有：

$$\varepsilon = -\sum_{i=1}^{n}\Delta\delta_i \tag{3-59}$$

以上的公式即为方向改正的检核公式。

3.3.3　距离改正计算

椭球面上的大地线长度 S 改换为平面上投影曲线两端点间的弦长 D，称为距离改正。D 与 S 的差异，就是距离改正数 ΔS。将地面测量的长度换算至高斯投影平面，或根据高斯平面直角坐标系中的长度换算为实地距离时，都需要考虑这个距离改正数。

图 3-14 中 s' 为大地线在平面上投影曲线的长度，由于这个曲线弧素 ds' 和弦线 D 之间的夹角 δ 在任何情况下均是微小值，以致可以忽略 s' 和 D 的长度差异。例如在图 3-14 中过

点 1 和点 2 作大地线投影像 $1T2$ 的切线 $1K$ 和 $2K$，此时

$$D < s' < \overline{1K} + \overline{2K} \approx 2 \times \overline{1K} = D\sec\delta$$

再结合级数展开的知识，因而可得：

$$\frac{s' - D}{D} < \sec\delta - 1 \approx \frac{\delta^2}{2}$$

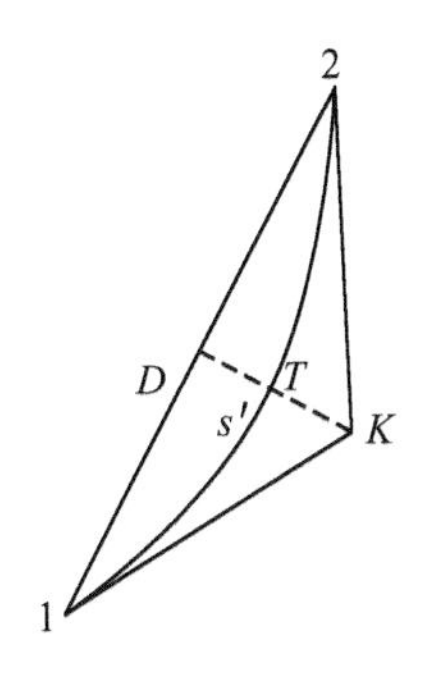

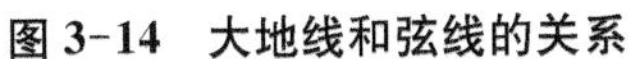

图 3-14　大地线和弦线的关系

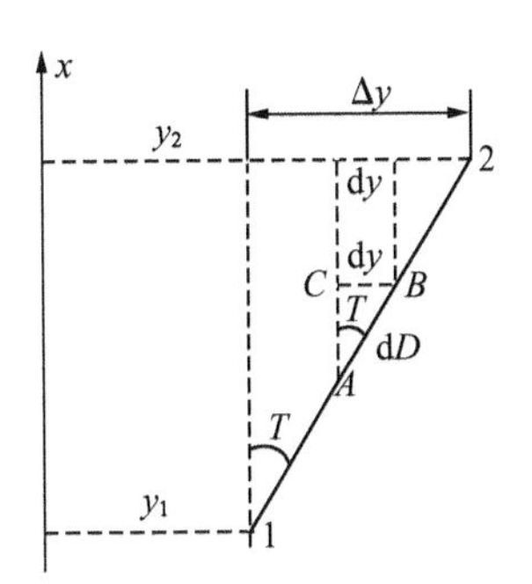

图 3-15　弦线与坐标的关系

在 6° 带边缘，长度 D 达 30 km 时 δ 值不超过 20″，此时：

$$\frac{s' - D}{D} < 1 : 200\ 000\ 000$$

对于最精密的距离测量，其中误差不过 1 : 1 000 000，当边长为 500 km 时，其差别约为 2.5 mm，所以在控制测量工作的任何情况下均可取 $s' = D$。这样投影长度比为：

$$m = \frac{\mathrm{d}s'}{\mathrm{d}S} = \frac{\mathrm{d}D}{\mathrm{d}S}$$

$$\mathrm{d}S = \frac{\mathrm{d}D}{m} \tag{3-60}$$

$$S = \int_0^D \frac{\mathrm{d}D}{m}$$

式中：$\mathrm{d}D$ 可根据图 3-15 解算 $\triangle ABC$ 得出：

$$\mathrm{d}D = \frac{\mathrm{d}y}{\sin T}$$

取公式(3-17)中 m 的前 2 项以及上式代入公式(3-60)得：

$$S = \frac{1}{\sin T}\int_{y_1}^{y_2}\left(1 - \frac{y^2}{2R^2}\right)\mathrm{d}y$$

上式中 R 值随纬度 B 的不同而变化。不过椭球扁率较小，这种变化亦较小，以致可以视其为固定值，且取其等于大地线中点处平均曲率半径 R。这时上式积分结果如下：

$$S = \frac{1}{\sin T}\left[y - \frac{y^3}{6R^2}\right]_{y_1}^{y_2} = \frac{1}{\sin T}\left\{(y_2 - y_1) - \frac{y_2^3 - y_1^3}{6R^2}\right\}$$

式中：

$$y_2^3 - y_1^3 = (y_2 - y_1)(y_1^2 + y_1 y_2 + y_2^2),\ \frac{y_2 - y_1}{\sin T} = D$$

于是得：

$$S = D\left\{1 - \frac{y_1^2 + y_1 y_2 + y_2^2}{6R^2}\right\}$$

$$D = S\left\{1 + \frac{y_1^2 + y_1 y_2 + y_2^2}{6R^2}\right\}$$

式中：

$$\begin{aligned} y_1^2 + y_1 y_2 + y_2^2 &= (y_1 + y_2)^2 - y_1 y_2 \\ &= \frac{1}{4}\{3\,(y_1 + y_2)^2 + (y_2 - y_1)^2\} \\ &= 3\left(\frac{y_1 + y_2}{2}\right)^2 + \frac{1}{4}\,(y_2 - y_1)^2 \\ &= 3y_m^2 + \frac{1}{4}\Delta y^2 \end{aligned}$$

所以上式可以写为：

$$D = S\left(1 + \frac{y_m^2}{2R^2} + \frac{\Delta y^2}{24R^2}\right) \tag{3-61}$$

上式即为大地线长 S 换算成高斯平面上直线距离 D 的公式。对于三、四等测距结果的换算，有时采用下式精度亦足够：

$$D = S + \Delta S = S + \frac{y_m^2}{2R^2}S \tag{3-62}$$

式中：R 为测区中点的平均曲率半径；y_m 为距离的两端点横坐标自然值的平均值。

从上述公式可以看出，无论是计算方向改正还是距离改正，都需要预先知道点的平面坐标。不过，由于这些改正数的数值不大，需用到的有效数字不多，所以只要预先算出点的近似坐标(取到米)就可以了。

3.4 我国的测量坐标系统及其换算

如前所述，大地测量系统的坐标框架分为参心坐标框架和地心坐标框架，不管哪种形式，只要一旦确定，就有相应于它的规定模式构建的、通过网(点)具体体现该系统的坐标参考框架。根据所用目的不同以及使用方便程度的不同，每种坐标框架又有大地坐标参考框架、空间直角坐标参考框架两种形式(坐标的表现形式为大地坐标系统、空间直角坐标系统以及由数学演变而派生出的高斯平面直角坐标系统等三种形式)。我国测绘生产实践中广泛采用高斯平面直角坐标系统。但是，由于所采用的参考椭球不同，所依据的基准不同，椭球的定位方法不同，又会出现不同的平面直角坐标系统。由于应用上的需要，常将这些不同坐标系统之间的坐标数据相互转换，以及同一坐标系不同投影带之间的坐标换算。这些问题就是本节所要讨论的主要内容。

3.4.1 我国采用的坐标系统

测量中所应用的某种坐标系统，是借助一定的观测手段，按照一定的理论，采用一定的数学方法，在一个实在的运动和变化的物理空间中建立起来的。因此，关于一个坐标系的定义及其描述并不像数学中的坐标系那样简单明确，而是要通过几组基准数据来描述和体现的:即① 基本常数系统,包括地球椭球的 4 个基本参数,采用的天文和物理常数,如基本星表、光行差常数、真空光速等;② 地极及经度零点系统,其定义值通常是由若干个天文台的天文观测和一定时间系统共同体现和维持的;③ 位置和方位基准,是通过大地原点的精密天文观测数据(φ_0 , λ_0 , α_0)和大地坐标(B_0 , L_0 , H_0)来确定的;④ 长度基准,是由天文大地网中所有起始边的共同尺度来体现和维持的;⑤高程基准,是根据国家验潮站的平均海水面确定的。

一个坐标系的定义就是依据上述 5 个方面基准来描述的,这些基准的取向和取值不同,就会出现不同的坐标系统。例如,我国现行的坐标系统就有:1954 年北京坐标系、1980 年国家大地坐标系、新 1954 年北京坐标系、2000 年国家大地坐标系等。

3.4.1.1　1954 年北京坐标系

该坐标系为地固坐标系、参心坐标系。在该坐标系中,其坐标的形式有大地坐标 (L, B)、空间三维直角坐标(x, y, z) 以及高斯平面直角坐标(x, y) 等三种形式。采用克拉索夫斯基椭球体元素。

20 世纪 50 年代,在我国天文大地网建立初期,为了加速社会主义建设和国防建设,全面开展测图工作,迫切需要建立一个参心大地坐标系。

鉴于当时的历史条件,首先将我国东北地区的一等三角锁与原苏联远东一等三角锁相连接,然后以连接处的呼玛、吉拉林、东宁基线网扩大边端点的苏联 1942 年普尔科沃坐标系的坐标为起算数据,平差我国东北及东部地区一等三角锁,这样传算来的坐标系,定名为 1954 年北京坐标系。1954 年北京坐标系可以认为是苏联 1942 年坐标系的延伸,但又不完全属于该坐标系。因为高程异常是以苏联 1955 年大地水准面重新平差结果为起算值,按我国天文水准路线推算出来的;大地点高程是以 1956 年青岛验潮站求出的黄海平均海水面为基准的。

1954 年北京坐标系在我国近 50 年的测绘生产实践中发挥了巨大的作用。15 万个国家大地点和数百万加密控制点均在该系统内完成了计算工作。以该系统为基础测制完成了全国 1∶5 万及 1∶10 万比例尺地形图,1∶1 万比例尺地形图也已基本完成。可以说,以 1954 年北京坐标系为基础的测绘成果和文档资料,已经渗透到国民经济建设和国防建设的各个领域。

随着科学技术的发展,1954 年北京坐标系已经难以适应现代化建设的需要,突出的问题是:

(1) 所采用的克拉索夫斯基椭球,其参数与国际大地测量与地球物理联合会(IUGG) 1983 年第 18 届大会大地测量常数推荐值相比较,长半径约大 109 m,这不仅对研究地球几何形状有影响,而且还涉及 2 个几何性质的椭球参数 (a、f),满足不了当今理论研究和实际工作中需要用 4 个基本参数(长半径 a、地球重力场二阶带球谐系数 J_2 、地心引力常数 GM、地球自转角速度 ω)描述地球椭球的要求。

(2) 椭球定向不明确。椭球短轴的指向既不是国际上普遍采用的国际协议原点 CIO,也不是我国对地极运动长期研究结果所确定的地极原点 JYD1968.0,起始大地子午面也不是国际时间局(BIH)所定义的格林尼治平均天文台子午面,从而给坐标换算带来较大误差和不便。椭球定位时大地原点位于苏联最西部列宁格勒(圣彼得堡)附近的普尔科沃天文台。这一定位结果使椭球面与我国大地水准面呈西高东低的系统性倾斜,东部地区高程异常最大接近+70 m,全国范围平均达+29 m,如图 3-16 所示。

(3) 该坐标系统的大地点坐标是经局部平差逐次得到的,全国所有大地控制点的坐

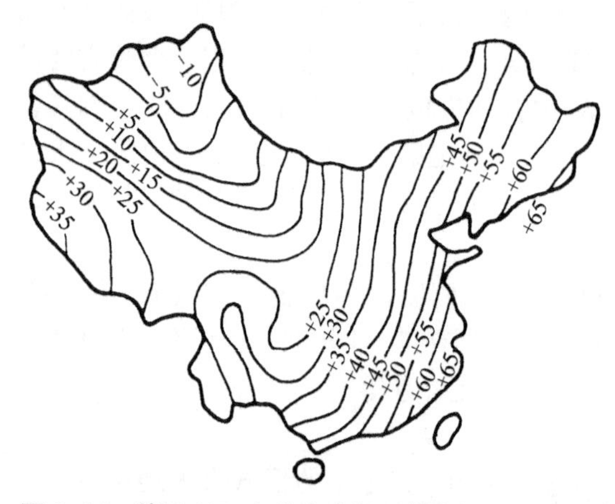

图 3-16　基于 1954 年北京坐标系的高程异常等值线

标值没能连成统一整体进行数据处理，致使区与区的接合部存在较大裂隙距离，同一点在不同区的坐标之差可达 1～2 m。而且自东北至西南，误差愈积累愈大。这种情况对于发展我国的空间技术、科学研究和大规模经济建设都是很不利的。

3.4.1.2　1980 西安坐标系

1980 西安坐标系也称 1980 年国家大地坐标系。该坐标系为地固坐标系、参心坐标系。在该坐标系中，其坐标的形式有大地坐标 $(L, B, H_{大})$、空间三维直角坐标 (x, y, z) 以及高斯平面直角坐标 (x, y) 的形式。采用 IAG-75 国际椭球体元素。

1978 年，我国决定对全国天文大地网施行整体平差，这项工作要在新坐标系的参考椭球面上进行。新的大地坐标系统，命名为 1980 西安坐标系。

1980 西安坐标系的含义可以描述如下：

(1) 采用了既含几何参数又含物理参数的 4 个椭球基本参数，其数值采用 1975 年国际大地测量与地球物理联合会(IUGG)第 16 届大会期间国际大地测量学协会(IAG)决议推荐的数值，即 IAG-75 椭球参数。

(2) 大地原点位于我国中部的西安市以北 60 km 处的陕西省泾阳县永乐镇，简称西安原点(也称“中华人民共和国大地原点”)。

(3) 大地原点的高程属于以 1956 年青岛验潮站求出的黄海平均海水面为基准的正常高系统。

(4) 椭球定位满足 3 个条件：① 椭球短轴平行于由地球质心指向我国确定的地极原点 JYD1968.0 方向；② 起始大地子午面平行于我国定义的起始天文子午面；③ 椭球面与似大地水准面在我国地域最为密合。

为此，在全国按 $1°\times1°$ 间隔，均匀选取了 922 点，组成弧度测量方程式

$$\begin{aligned}\zeta_{80} = &\cos B_{54}\cos L_{54}X_0 + \cos B_{54}\sin L_{54}Y_0 + \sin B_{54}Z_0 - W_{54}\,\mathrm{d}a + \\ &\frac{1}{2}N_{54}\sin^2 B_{54}\,\mathrm{d}e^2 + \zeta_{54}\end{aligned} \tag{3-63}$$

该式是由公式(2-90)第一式略去 ε_X，ε_Y 和 k 项，由于采用正常高系统，故用 $\zeta_{80}-\zeta_{54}$ 代替 $\mathrm{d}H$，并用 $\dfrac{\mathrm{d}e^2}{2(1-e^2)}$ 代替 $\dfrac{\mathrm{d}f}{1-f}$ 而得到的。因为 IAG-75 椭球参数和克拉索夫斯基椭球参数均为已知值，故式中：

$$\mathrm{d}a = a_{75} - a_{克},\mathrm{d}e^2 = e_{75}^2 - e_{克}^2$$

亦为已知值。式中 ζ_{54} 的求解方法是：用 1 167 个天文点和约 15 万个重力点成果，在全国由天文重力水准路线、短边天文水准路线和天文水准加均衡改正的路线构成 21 个环，进行不等权平差，求得各路线高程异常差，再以原点的 ζ 为起算值逐一推求，最后绘制成全国高程异常 ζ 图，如图 3-17 所示。

根据上述 922 点的弧度测量方程式(3-63),按

$$\sum_{1}^{922}\zeta_{80}^{2}=\min$$

求解定位元素 X_0、Y_0、Z_0,再进而求出大地原点上的 ζ_0、η_0 和 ξ_0,再联系大地原点上测得的天文经纬度、天文方位角和正常高,按式(2-7)求得大地原点上的 B_0、L_0、A_0 和 H_0,作为 1980 西安坐标系的大地起算数据。

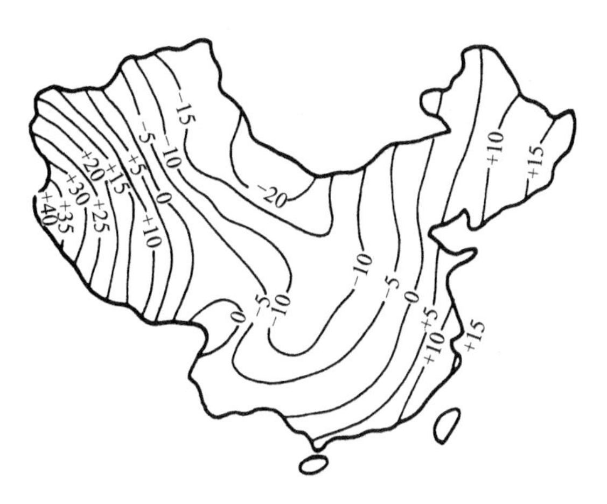

图 3-17　基于西安坐标系的高程异常等值线

由上所述,1980 西安坐标系完全符合建立经典参心大地坐标系的原理。椭球参数的个数合理、数值准确,椭球面与大地水准面获得了较好密合,全国范围的高程异常平均差值由 1954 年北京坐标系的 29 m 减小至 10 m,全国多数地区在 15 m 以内(见图 3-17)。

3.4.1.3　新 1954 年北京坐标系

该坐标系为地固坐标系、参心坐标系。在该坐标系中,其坐标的形式有大地坐标(L、B、$H_{大}$)、空间三维直角坐标(x,y,z)以及高斯平面直角坐标(x,y)的形式。采用克拉索夫斯基椭球体元素。

1980 西安坐标系建立后,各大地点的坐标与 1954 年北京坐标系的原坐标出现了较大差异。这种差异是由两种因素引起的:一种因素是由于椭球参数和定位不同导致的系统性差异;另一种因素是由于全网整体平差和只经局部平差所导致的偶然性差异。其中系统性差异按式(2-84)估算,大致如表 3-3 所示。

从表 3-3 看出,两种坐标系之间的系统性差异还是比较大的,这样大的差异势必造成成果换算的不便和地形图图廓线方里网位置的较大变化。一些部门认为,在变更我国坐标系统时,既要考虑其科学性和严密性,又要考虑其实用性和可行性,要照顾 40 多年来的测绘历史和现状,从我国国情出发,易于操作,便于被众多部门和单位接受。新 1954 年北京坐标系,就是在这种背景下产生的。

新 1954 年北京坐标系的形成,是将 1980 西安坐标系采用 IAG-75 椭球参数转换为克拉索夫斯基椭球参数,并且在空间进行平移,其平移量等于 1980 西安坐标系按式(3-63)解得的定位参数 X_0、Y_0、Z_0 的反号。

表 3-3　两种坐标系之间的系统性差异

属　区	属　地	dB(m)	dL(m)
东北区	哈尔滨	−44.62	33.59
华东区	上　海	−4.92	43.59
华南区	广　州	19.48	63.91
华中区	武　汉	0.80	61.60
西南区	拉　萨	17.01	103.20
西北区	喀　什	−5.85	115.03

因此说,新 1954 年北京坐标系是在 1980 西安坐标系的基础上,改变 IAG-75 椭球为克

拉索夫斯基椭球，同时沿空间3个坐标轴上进行平移而来的，其定位定向的依据依然与1980西安坐标系相同，只不过大地基准数据B_0、L_0、ξ_0与1980西安坐标系只相差了一个由弧度方程表示的常数。它的精度和1980西安坐标系的精度一样。同一点的新1954年北京坐标系与1980西安坐标系的坐标相比较，仅仅是两系统定义不同而导致的系统性差异。

新1954年北京坐标系与原1954年北京坐标系的椭球定位方式尽管不同，但由于X_0、Y_0、Z_0、da、de^2这5个转换参数对新坐标系和原坐标系都是一样的，所以新坐标系与原坐标系不存在椭球差异和定位差异，两系统的相同点坐标差异主要是由于全国统一平差和原来局部平差所造成的偶然性差异，这种差异远远小于前述的椭球参数和定位不同所产生的系统性差异。据统计，两者坐标差值在全国约80%地区在5 m以内，超过5 m的主要集中在东北地区，其中大于10 m的又仅在少数边沿地区，最大达12.9 m。纵坐标x差值在$-6.5\sim+7.8$ m之间，横坐标y差值在$-12.9\sim+9.0$ m之间。这样的差异实际并没有超过以往资用坐标与平差坐标的差值范围。反映在1∶5万比例尺地形图上，绝大部分不超过0.1 mm，将来新图与原来旧图拼接时不会产生明显裂隙。所以，测制的新图既达到了使用精度好的整体平差成果作为控制基础的目的，且原有旧图也不必作特殊处理就可以相互利用，具有明显的经济效益以及在某一范围内的利用价值。

3.4.1.4 WGS-84世界大地坐标系

该坐标系为地固坐标系、地心(质心)(包括海洋和大气的整个地球的质量中心)坐标系。在该坐标系中，其坐标的形式有大地坐标$(L,B,H_{大})$、空间三维直角坐标(x,y,z)以及高斯平面直角坐标(x,y)的形式。一般通过GPS定位的方法，测量合适的任一点在该系统的坐标。

WGS-84世界大地坐标系是一个1984年的协议地球参考系CTS。即该点的原点是地球的质心，Z轴指向BIH1984.0定义的协议地球极CTP方向；X轴指向BIH1984.0零度子午面与CTP对应的赤道的交点；Y轴和Z、X轴构成右手坐标系。

地心坐标系一般以高精度的参考框架来实现，参考框架由一组分布合理的地面站的地心坐标和速度组成。国际地球自转服务(IERS)由国际大地测量学和地球物理学联合会(IUGG)、国际大地测量学协会(IAG)共同建立，取代了以前由国际时间局(BIH)的地球自转服务和国际极移服务(IPMS)。IERS主要有以下的服务：

(1) 维持国际天球参考系统(ICRS)和框架(ICRF)；

(2) 维持国际地球参考系统(ITRS)和框架(ITRF)；

(3) 及时提供准确的地球自转参数(EOP)。

ITRS是目前国际上最精确、最稳定的全球性地心坐标系，它的定义遵循IERS定义协议地球坐标系的法则，即ITRS的原点位于地心，它的定向由BIH1984.0给出，ITRS通过国际地球参考框架ITRF来实现，ITRF是基于多种空间技术(GPS,SL R,VLBI,DORIS)得到的地面观测站的站坐标集和速度场，ITRF的参考框架点已达300多个，并且是全球分布的。在GPS技术强有力的支持下，美国不断更新地心坐标的精度，更新或精化地心坐标的时间以1980.0为GPG历元的始点，以后的时间以GPS周计算，采用“G＊＊＊…”标记。1984年建立了WGS-84(即所谓的1984年世界大地坐标系统)；后来取G730(对应1994年1月1日)进行了更新；取G873(对应1997年10月2日，采用的坐标参考历元为1997.0)进行了更新；2001年美国又对WGS-84进行了再次精化。以后还会继续进行这种类似的精化和维护，可以说WGS-84是一个与时俱进的不断改进和较为完善的世界大地坐标系。

美国已经建成GPS连续运行网(CORS),有300余个永久GPS跟踪站。其他许多国家和地区也都相继建立了适合自己的较为精确的地心坐标系统。所以采用地心坐标系是国际测量界的总趋势。

3.4.1.5 2000国家大地坐标系(CGCS2000)

该坐标系为地固坐标系、地心(质心)(包括海洋和大气的整个地球的质量中心)坐标系。在该坐标系中,其坐标的形式有大地坐标 $(L,B,H_{大})$、空间三维直角坐标(x,y,z)以及高斯平面直角坐标(x,y)的形式。

CGCS2000 Z轴指向BIH1984.0定义的CTP,X轴为IERS参考子午面与通过原点且同Z轴正交的赤道面的交线,Y轴与X、Z轴构成右手地心地固直角坐标系。CGCS2000的尺度为在引力相对论意义下的局部地球框架下的尺度。

CGCS2000由2000国家GPS大地网在历元2000.0的点位坐标和速度具体实现,其实质是使CGCS2000框架与ITRF97在2000.0参考历元相一致,因此已建立的GPS控制点可以采用它为参考框架重新解算处理,得到与CGCS2000相一致的坐标成果。

经国务院批准,我国自2008年7月1日启用2000国家大地坐标系。2000国家大地坐标系与现行国家大地坐标系转换、衔接的过渡期为8至10年。现有各类测绘成果,在过渡期内可沿用现行国家大地坐标系;2008年7月1日后新生产的各类测绘成果应采用2000国家大地坐标系。现有地理信息系统,在过渡期内应逐步转换到2000国家大地坐标系;2008年7月1日后新建设的地理信息系统应采用2000国家大地坐标系。2000国家大地坐标系是全球地心坐标系在我国的具体体现。

全球地心坐标系一般由三级构成。第一级为连续运行站构成的动态地心坐标框架,它是区域性地心坐标框架的主控制;第二级是与连续运行站定期联测的大地控制点构成的准动态地心坐标框架;第三级是加密大地控制点。

在实现我国的2000国家大地坐标系方面有3种方法:① 直接布测新的空间大地网,在全球最高精度地心坐标的大地点控制下直接解算新测点的地心坐标;② 通过公共点将原有控制点的参心坐标转换成地心坐标;③ 将原有地面网点与新测的空间网点进行整体平差,求得统一的该系统的地心坐标。

继全国GPS一、二级网后,国家测绘地理信息局还布测了国家GPSA、B级网,中国地震局与总参测绘局及国家测绘地理信息局一起又布测了地壳运动观测网络GPS网。这些网包括各类型的高精度GPS点2 600多个,经过与国际IGS(国际GPS大地测量和地球动力学服务)站的统一处理可以构成我国地心坐标系的基本框架。总参测绘局、国家测绘地理信息局、中国地震局通力合作已于2003年初步完成了我国三类GPS网的联合平差,取名为“2000国家GPS大地控制网”,历元为2000.0。通过对各GPS网的观测数据进行统一平差,消除了其间的不符值,建立了基于ITRF97坐标框架的全国范围的GPS控制网,解决了各个网的基准统一问题,增强了统一后各GPS网的精度和可靠性。

由国务院测绘行政主管部门和军事测绘行政主管部门分别实施完成的全国天文大地网与2000国家GPS大地控制网联合平差形成的近5万个点构成了2000国家大地坐标系框架的加密网点,三维点位误差约为±0.3 m。正在逐步替代旧的经典大地测量控制网。2000国家大地坐标系的科学性、先进性和实用性是显而易见的。

坐标系统的启用必然要涉及相应的参考椭球及相应的正常椭球。我国的参考椭球与正常椭球将采用同一椭球,给出了WGS-84椭球的正常重力数值常数。

目前2000国家大地坐标系的维持主要依靠连续运行的GPS参考站,其坐标精度为毫米级。2000国家大地坐标系框架由2000国家GPS大地控制网点构成,共有约2 600个三维大地控制点,其点位精度约为±0.03 m。我国采用2000国家大地坐标系,对满足国民经济建设、社会发展、国防建设和科学研究的需求以及与国际接轨等,都有着十分重要的意义。

3.4.1.6 小结

综上所述,对新1954年北京坐标系可以归纳为:① 采用了克拉索夫斯基椭球参数;② 采用了多点定位,参考椭球中心与原1954年北京坐标系的参心不相一致,但十分接近;③ 定向明确,椭球短轴平行于由地球质心指向JYD1968.0方向,起始大地子午面平行于我国定义的起始天文子午面;④ 大地原点亦是西安原点,但和1980西安坐标系大地原点的大地起算数据不同;⑤ 大地点高程是以1956年青岛验潮站求出的黄海平均海水面为基准;⑥ 该系统提供的坐标是1980西安坐标系整体平差转换值,两者的坐标精度完全一样。

WGS-84世界大地坐标系是国际通用的地心坐标系统,GPS定位技术是实现先进国际坐标系统与地方坐标系统结合和转换的桥梁和通道。

在一定的历史阶段中,我国现行的几个坐标系统可同时并存,但无论从哪个角度考虑,统一采用2000国家大地坐标系则是必然的趋势。

3.4.2 平面坐标系统之间的转换

新的坐标系统建立以后,对没有参与全国天文大地网整体平差的近8万个三、四等点的坐标换算,以及更多其他低等级点的坐标换算是一个庞大的计算任务,许多转换工作必须由不同部门不同单位自行完成。下面介绍由1954年北京坐标系转换成1980西安坐标系的方法。

根据前面的介绍,新1954年北京坐标系与原1954年北京坐标系的椭球参数与定位方式是一致的;新1954年北京坐标系与1980西安坐标系的坐标差异是由于椭球参数和定位不同所产生的系统性差异。根据这样两个特点,可以将新1954年北京坐标系视为一种过渡性坐标系,即先由原1954年北京坐标系转换成新1954年北京坐标系,再由新1954年北京坐标系转换成1980西安坐标系。具体实施步骤是:

(1) 以新1954年北京坐标系中高一级的已知坐标点作为固定点,对原1954年北京坐标系中的控制网(因椭球参数和定位相一致,无需再对观测数据进行改化)重新平差,得到原网在新1954年北京坐标系的严密平差结果。

(2) 将新1954年北京坐标系中的平面坐标成果,按照高斯投影坐标反算公式(3-41),换算成大地坐标 (B_{54}, L_{54})。

(3) 将各控制点的大地坐标 (B_{54}, L_{54}) 换算成1980西安坐标系中的大地坐标 (B_{80}, L_{80})。此项换算可利用式(2-88)和式(2-89)进行,若式中的 $\frac{\mathrm{d}f}{1-f}$ 用 $\frac{\mathrm{d}e^2}{2(1-e^2)}$ 代替,该式又可写成如下形式:

$$\left.\begin{aligned} \mathrm{d}B &= \frac{\rho}{M+H}[-\sin BL\,\mathrm{d}X - \sin B\sin L\mathrm{d}Y + \cos B\mathrm{d}Z]+ \\ &\quad Ne^2\sin B\cos B\frac{\mathrm{d}a}{a} + M(2-e^2\sin^2 B)\sin B\cos B\frac{\mathrm{d}e^2}{2(1-e^2)} \\ \mathrm{d}L &= \frac{\rho}{(N+H)\cos B}[-\sin L\mathrm{d}X + \cos L\mathrm{d}Y] \end{aligned}\right\} \tag{3-64}$$

由此

$$\left.\begin{aligned} B_{80} &= B_{54} + \mathrm{d}B \\ L_{80} &= L_{54} + \mathrm{d}L \end{aligned}\right\}$$

式(3-64)中：$\mathrm{d}a = -105\ \mathrm{m}$，$\mathrm{d}e^2 = 9.633\,766 \times 10^{-7}$；公式中计算系数用 B、L 均取新 1954 年北京坐标系中的数值；$\mathrm{d}X$、$\mathrm{d}Y$、$\mathrm{d}Z$ 由国家提供，也可以根据变换区内高级点的新 1954 年北京坐标系和 1980 西安坐标系的大地坐标反算求得。参考式(2-84)。

(4) 根据高斯投影坐标正算公式(3-30)，将全部控制点的大地坐标 (B_{80}, L_{80}) 换算成平面坐标 (x_{80}, y_{80})。

按上述方法进行坐标转换，由于从新 1954 年北京坐标系转换至 1980 西安坐标系时所用到的转换参数都是定义值，均为常数，不存在由转换参数误差引起的误差传播。所以新 1954 年北京坐标系与 1980 西安坐标系的有关点位、边长等精度信息是完全一致的，无须再作精度信息的转换。其次，按上述方法进行转换无须再对观测值进行改化，所考虑的转换因素比较简单。

3.4.3 平面坐标系统之间转换的近似方法

对于大量较低等级的控制点来说，按上述方法重新平差工作量太大，没有必要强求一定要用严密方法施行转换。相比之下，采用某些近似转换方法，在保持与高级网有较好符合的情况下，能够快速得到转换结果。以下，主要介绍其中的相似变换法。

研究表明，在每一局部范围内，例如在每十万分之一的图幅内，同一点 1980 西安坐标系和原 1954 年北京坐标系的高斯平面直角坐标，在米级精度上都只相差一个常数。对于米级以下的微小差异，可以看成是这个局部区域内的两个平面坐标系统之间存在着某种旋转和尺度伸缩造成的。这样，就可以用平面相似变换公式来模拟两个平面坐标系的变换关系。

假设在原 1954 年北京坐标系中有个控制网，已知其中少数点在 1980 西安坐标系中的坐标为 (X_i, Y_i)。它们的原 1954 年北京坐标系中的坐标是 (x_i, y_i)。根据相似变换的一般公式(3-17)得：

$$\left.\begin{aligned} X_i &= X_0 + x_i m\cos\alpha - y_i m\sin\alpha \\ Y_i &= Y_0 + x_i m\sin\alpha + y_i m\cos\alpha \end{aligned}\right\} \tag{3-65}$$

式中：X_0、Y_0 称为坐标变换的平移参数；m 称为尺度比参数；α 称为旋转角参数。

公共点在两个坐标系的坐标之差为：

$$\left.\begin{aligned} \Delta x_i &= X_i - x_i = X_0 + x_i m\cos a - y_i m\sin a - x_i \\ \Delta y_i &= Y_i - y_i = Y_0 + x_i m\sin a + y_i m\cos a - y_i \end{aligned}\right\}$$

或者

$$\left.\begin{aligned} \Delta x_i &= X_0 + x_i(m\cos a - 1) - y_i m\sin a \\ \Delta y_i &= Y_0 + x_i m\sin a + y_i(m\cos a - 1) \end{aligned}\right\}$$

若令 $m\cos\alpha - 1 = \mu$，$m\sin\alpha = \delta$，上式又可写为：

$$\left.\begin{aligned} \Delta x_i &= X_0 - y_i\delta + x_i\mu \\ \Delta y_i &= Y_0 - x_i\delta + y_i\mu \end{aligned}\right\} \tag{3-66}$$

在实施变换的局部区域内，均匀选取若干公共点。将这些公共点的坐标差 Δx_i 、Δy_i 视为“观测量”。在这些“观测量”中，除了用上述相似变换参数模拟的系统误差以外，还包含偶然误差。若设这些“观测量”的改正数为 v_{xi} 、v_{yi}，此时根据最小二乘原理，应该在

$$\sum (v_{xi}^2 + v_{yi}^2) = \min$$

的条件下，由观测值方程式(3-66)列出误差方程式，进而组成法方程式求解变换参数 X_0 、Y_0 、δ 和 μ。

由式(3-66)列出的误差方程式为：

$$\begin{bmatrix} v_{xi} \\ v_{yi} \end{bmatrix} = \begin{bmatrix} 1 & 0 & -y_i & +x_i \\ 0 & 1 & +x_i & y_i \end{bmatrix} \begin{bmatrix} X_0 \\ Y_0 \\ \delta \\ \mu \end{bmatrix} - \begin{bmatrix} \Delta x_i \\ \Delta y_i \end{bmatrix}$$

法方程式为：

$$\begin{bmatrix} n & 0 & -\sum_{i-1}^{n} y_i & \sum_{i-1}^{n} x_i \\ & n & \sum_{i-1}^{n} x_i & \sum_{i-1}^{n} y_i \\ & & \sum_{i-1}^{n} (x_i^2 + y_i^2) & 0 \\ & & & \sum_{i-1}^{n} (x_i^2 + y_i^2) \end{bmatrix} \begin{bmatrix} X_0 \\ Y_0 \\ \delta \\ \mu \end{bmatrix} - \begin{bmatrix} \sum_{i-1}^{n} \Delta x_i \\ \sum_{i-1}^{n} \Delta y_i \\ \sum_{i-1}^{n} (x_i \Delta y_i - y_i \Delta x_i) \\ \sum_{i-1}^{n} (x_i \Delta x_i - y_i \Delta y_i) \end{bmatrix} = 0$$

解上列方程组，求得变换参数。

最后按下式对所有控制点逐一施行坐标转换：

$$\left.\begin{aligned} X_k &= x_k + \Delta x_k = x_k + X_0 - y_k \delta + x_k \mu \\ Y_k &= y_k + \Delta y_k = y_k + Y_0 - x_k \delta + y_k \mu \end{aligned}\right\} \tag{3-67}$$

相似变换法的特点是将原网经过平移、旋转、缩放而符合到新的坐标系中。它的优点是不变更原有网的几何形状，避免原有网发生变形而改变控制点间相对位置关系。其缺点是公共点上已知的新系坐标不等于按式(3-65)计算的转换值，出现有隙距。此时最好采用坐标转换值，以保证整个控制网的几何形状不变。

3.4.4 同一坐标系统不同投影带之间的坐标换算

为了限制高斯投影长度变形，将椭球面按一定经度的子午线划分成不同的投影带；或者为了抵偿长度变形，选择某一经度的子午线作为测区的中央子午线。由于中央子午线的经度不同，使得椭球面上统一的大地坐标系变成了各自独立的平面直角坐标系。为了解决不同投影带之间测量成果的转换和联系，就需要将一个投影带的平面直角坐标换算成另外一个投影带的平面直角坐标。

不同投影带的坐标换算，常常应用于下列情况：① 6°带坐标换算成相邻 6°带坐标；② 6°带坐标换算成 3°带坐标；③ 3°带坐标换算成相邻 3°带坐标；④ 6°带(或 3°带) 坐标换算成任

意投影带内的坐标。

我们知道，3°带的中央子午线中，有半数与 6°带的中央子午线重合，另外半数与 6°带的分带子午线重合。所以，由 6°带到 3°带的换算区分为两种情况：

(1) 3°带与6°带的中央子午线重合如图 3-18 所示，3°带第 41 带与 6°带第 21 带的中央子午线重合。既然中央子午线一致，坐标系统也就一致。所以图中 P_1 点在 6°带第 21 带的坐标，在一定的范围内也就是该点在 3°带第 41 带的坐标。在这种情况下，6°带与 3°带之间，不存在实质性的换带计算问题，只是将带号换一下即可。

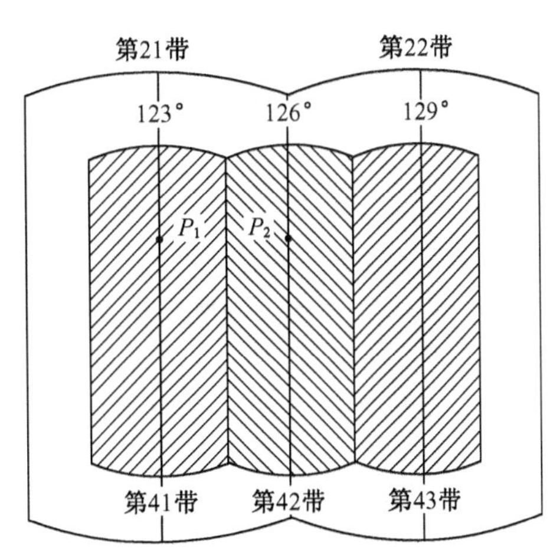

图 3-18　点在不同的投影带中

(2) 3°带中央子午线与 6°带分带子午线重合如图 3-18 所示，若已知 P_2 点在 6°带第 21 带的坐标，求它在 3°带第 42 带的坐标。由于这两个投影带的中央子午线不同，坐标系统不一致，必须进行换带计算。不过 P_2 点在 6°带第 21 带的坐标与它在 3°带第 41 带的坐标相同，所以 6°带到 3°带的坐标换带，也可以看作是 3°带到 3°带的邻带坐标换算。

理解上述基本概念，对于正确解决换算计算问题，是十分重要的。

在历史上，由于计算工具的问题，换带计算工作常常是借助数表来完成的。例如《高斯—克吕格坐标换带表》就是其中的一种。后来随着计算器具的变革，这些数表逐步被淘汰。目前广泛采用了高斯投影坐标正、反算的方法，它适用于任何情况下的换带计算工作。这种方法的计算程序是：首先将某投影带的已知平面坐标 (x_1, y_1)，按高斯投影坐标反算公式求得其大地坐标 (B, L)；然后根据纬度 B 和对于所选定的中央子午线的经差 $\left(l = \dfrac{L - L_0}{\rho}\right)$，按高斯投影坐标正算公式求其在所选定的投影带内的平面坐标(x_2, y_2)。

［例 3-1］　某点 P 在新 1954 年北京坐标系 6°带的平面坐标为

$$x_1 = 3\ 589\ 644.287$$
$$y_1 = 20\ 679\ 136.439$$

求 P 点在 3°带的平面直角坐标(x_2, y_2)。

［解］　(1) 确定 P 点所在投影带的中央子午线经度。由横坐标的通用值可以直观判定，A 点位于 6°带第 20 带，其中央子午线的经度 $L_0 = 117°$，横坐标的自然值为 $y_1 = 679\ 136.439 - 500\ 000 = +179\ 136.439$ m。该坐标等同于 3°带第 39 带的平面坐标(参看图 3-5)。

(2) 将已知的 6°带坐标反算为大地坐标。为此，可以应用式(3-40)或式(3-41)进行计算，其结果为：

$$B = 32°24'57.652\ 2''$$
$$L = 118°54'15.220\ 6''$$

由大地经度 L 可以判断，P 点位于 3°带第 40 带，中央子午线为 $L_0 = 120°$。

(3) 根据高斯投影坐标正算公式(3-30)或式(3-32)，由已知的纬度 B 和经差 l 计算 P 点在 3°带第 40 带的平面直角坐标，得：

$$x_2 = 3\ 588\ 576.591$$
$$y_2 = 40\ 396\ 922.874$$

其中横坐标 y_2 为通用值。

3.5 工程控制网适用的坐标系统

我国《国家三角测量规范》规定："所有大地测量的观测成果，都须归化到参考椭球面上，……所有国家大地点均按高斯正形投影计算其在 6°带内的平面直角坐标（一般称为高斯—克吕格平面坐标）。在 1∶1 万和更大比例尺测图的地区，还应加算其在 3°带内的平面直角坐标。"根据这种规定所采用的高斯投影 6°带或 3°带坐标系统，通常称作国家统一坐标系统，其坐标值称为通用坐标。

工程控制网采用国家通用坐标的结果，常常改变控制网各条边的真实长度，引起长度的变形，这对于大比例尺地形测图和工程测量，是十分不利的。为了有效地控制投影长度变形，就需要分析长度变形的来源和容许数值，研究国家通用坐标的适用程度和范围以及抵偿长度变形的坐标系统建立的方法等。

3.5.1 长度变形的产生和容许数值

我们知道，将实地测量的真实长度归化到国家统一的椭球面上时，一般应加如下改正数：

$$\Delta s = -\frac{H_{m大}}{R_A}S \tag{3-68}$$

式中：R_A 为长度所在方向的椭球曲率半径；$H_{m大}$ 为长度所在高程面对于椭球面的大地高平均值，S 为实地测量的水平距离。

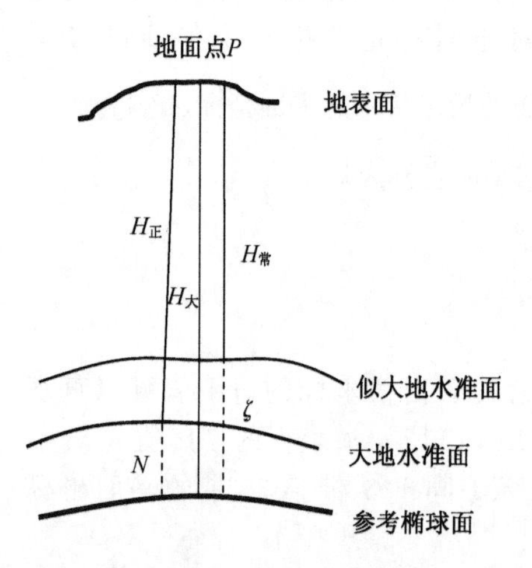

图 3-19 地面点在不同高程系统中的表示

由于工作中经常涉及不同系统的高程，但在边长的归化中需要的是大地高，因此需要了解各高程之间的关系，如图 3-19 及式(3-69)所示：

$$\left.\begin{aligned} H_{m大} &= H_{m常} + \zeta \\ H_{m大} &= H_{m正} + N \end{aligned}\right\} \tag{3-69}$$

式中：$H_{m大}$ 为大地高平均值；$H_{m常}$ 为正常高平均值；$H_{m正}$ 为正高平均值；ζ 为高程异常；N 为大地水准面差距。

然后再将椭球面上的长度投影至高斯平面，加入如下改正数：

$$\Delta S = +\frac{y_m^2}{2R^2}S \tag{3-70}$$

式中符号的意义同式(3-62)。

这样，地面上的一段距离，经过上列两次改正计算，被改变了真实长度。这种高斯投影平面上的长度与地面上的实际长度之差，我们称之为长度综合变形，其计算公式为：

$$\delta = + \frac{y_m^2}{2R^2} S - \frac{H_m}{R_A} s \tag{3-71}$$

为了方便计算，又不致损害必要精度，可以将椭球视为圆球，取圆球半径 $R \approx R_A \approx$ 6 371 km，又取不同投影面上的同一距离近似相等，即 $S \approx s$，将上式写成相对变形的形式，并将已知数据代入后，则为：

$$\frac{\delta}{s} = (0.001\,23 y^2 - 15.7H) \cdot 10^{-5} \tag{3-72}$$

式中：y 表示测区中心的横坐标（自然值），H 表示相对于椭球面的测区平均大地高程，y 与 H 均以 km 作单位。

上式表明，采用国家统一坐标系统所产生的长度综合变形，与测区所处投影带内的位置和测区的平均高程有关。利用公式(3-72)，可以便捷地计算出测区所用坐标系统的长度相对变形大小。

控制网是直接为国家建设测绘大比例尺图和工程测量服务的。因此，由控制网所提供的距离应尽可能保持其真实性。这样，地面测量的距离可以直接绘图，图纸上量取的距离也可直接测设于实地。所以就控制网的实用性而言，长度综合变形愈小愈好。

对此，我国《城市测量规范》、《公路勘测规范》等经济建设部门颁发的测量规范，均对控制网的长度综合变形的容许范围作了明确规定，一致确立了平面控制网的坐标系统应该保证长度综合变形不超过 2.5 cm/km（相对变形为 1/40 000）这一原则。这样的长度变形，与四等平面控制网边长的必需精度相适应，对于测量精度为 1/5 000～1/20 000 的施工放样，也能起到良好的控制作用。

3.5.2　国家统一坐标系统的局限性

将长度综合变形的容许数值 1∶40 000 代入式(3-72)，即可得到下列方程：

$$H = 0.78y^2(10^{-4}) \pm 0.16 \tag{3-73}$$

对于某已知高程面的测区，利用上式可以计算出相对变形不超过 1∶40 000 的统一 3°带内 y 坐标的取值范围；同理，对于 3°带内的不同投影区域（用 y 坐标表示最为直观简便），可以算出综合变形不超过容许数值时测区平均高程的取值范围。

如果取测区中心的 $\pm y$ 坐标为横轴，取测区平均高程 H 为纵轴，根据式(3-73)就可以画出相对变形恒为容许数值的两条曲线。这两条曲线就是适用于控制测量的投影带范围临界线，或者说两条曲线之间的区域就是适用于测图和工程测量的投影带范围，如图 3-20 所示。

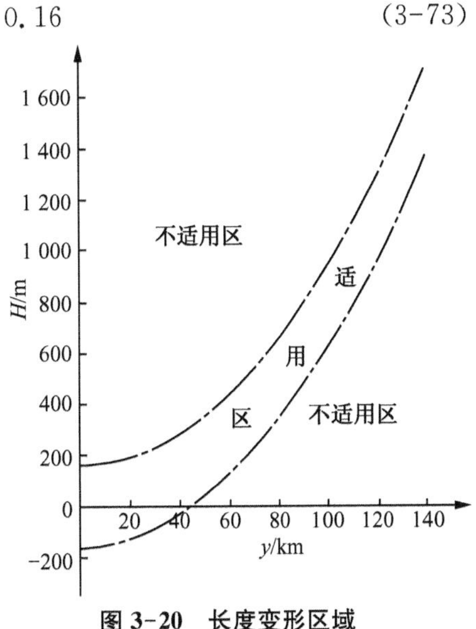

图 3-20　长度变形区域

由图 3-20 可以直观形象地判断 3°带国家统一坐标系统是否适合于本测区的需要。如果根据本测区的平均高程和3°带的 y 坐标所确定的位置，处于两曲线以外的"不适用区"，就应该考虑另行选择坐标系统。

为了保证投影的长度综合变形不超过2.5 cm/km(1/40 000)，必将极大降低3°带国家统一坐标系统的适用范围。从图3-20还可以看出，在3°投影带的大部分区域，长度综合变形均超出了上述规范中界定的范围，均不适宜大比例尺测图和工程测量的要求。所以如何选择能够抵偿长度综合变形的坐标系统，就是一个必须解决的问题。

3.5.3 工程控制网局部坐标系统的选择

如果说高斯投影分带是限制长度变形的有效措施，那么正确地选择工程控制网的坐标系统，则是抵偿或减少长度综合变形的有效途径。

由于以椭球面作为计算表面(基准面)、按正形投影3°带或6°带计算国家统一坐标系统，那么对投影面或投影带作出其他选择，计算出的坐标就不再属于国家统一坐标系统。我们称这种坐标系统为局部坐标系统，有时也称为地方坐标系统或独立坐标系统。下面讨论几种局部坐标系统的选择方案。

3.5.3.1 选择"抵偿高程面"作为投影面，按高斯正形投影计算平面直角坐标

公式(3-68)表明，将距离由较高的高程面化算至较低的椭球面时，长度总是减小的；公式(3-70)又表明，将椭球面上的距离化算至高斯平面时，长度总是增加的。所以两个投影过程对长度变形具有抵偿的性质。如果选择适当的椭球，使距离化算到这个椭球面上所减小的数值，恰好等于由这个椭球面化算至高斯平面所增加的数值，那么高斯平面上的距离同实地距离就一致了。这个适当半径的椭球面，就称为"抵偿高程面"。

欲使长度综合变形得以抵偿，必须使

$$\frac{H_{m大}-H_{抵}}{R_A}s=\frac{y_m^2}{2R^2}S \tag{3-74}$$

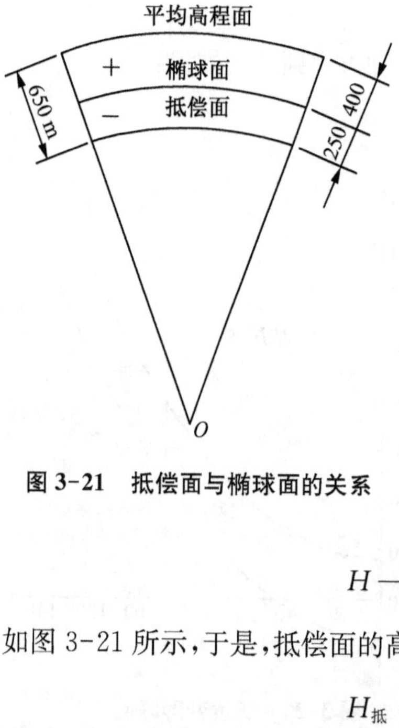

图3-21 抵偿面与椭球面的关系

式中：$H_{抵}$ 为所加入的抵偿高程，规定在参考椭球面以下时为负值，高于参考椭球面时为正值(如图3-21所示)；s 为地面上的平距，S 为椭球面上的长度，实际应用时可认为它们相等；y_m 为横坐标自然值平均值。将推证式(3-73)时所引用的关系和数据代入，则有：

$$H_{m大}-H_{抵}=\frac{y_m^2}{2\times 6\ 371\ 000}\ \text{m} \tag{3-75}$$

式中：若 y_m 以百公里作单位，H 以m作单位，则：

$$H_{m大}-H_{抵}=785{y_m}^2 \tag{3-76}$$

利用上式可以确定抵偿高程面的位置。例如，某测量区域的中心在高斯投影3°带的坐标 $y=91$ km，该测区的平均大地高程为400 m，按式(3-75)算得：

$$H-H_{抵}=785\times 0.91^2=650\ \text{m}$$

如图3-21所示，于是，抵偿面的高程为：

$$H_{抵}=400\ \text{m}-650\ \text{m}=-250\ \text{m}$$

可以看出抵偿面在椭球面以下 250 m。抵偿面位置确定后，就可以选择其中一个国家大地点作“原点”，保持它在 3°带的国家统一坐标系中的坐标值（x_0，y_0）不变，而将其他大地控制点坐标（x，y）换算到抵偿高程面相应的坐标系中去。换算公式为：

$$\left.\begin{aligned} x_{抵} &= x + (x - x_0)\frac{H_{抵}}{R_m} \\ y_{抵} &= y + (y - y_0)\frac{H_{抵}}{R_m} \end{aligned}\right\} \tag{3-77}$$

式中：R_m 为该地平均纬度处的椭球平均曲率半径。

这样，经过上式换算的大地控制点坐标就可以作为控制测量的起算数据，即形成了该测区的地方坐标。需要时，还可将在局部坐标系中点的坐标，按下式换算成国家统一坐标系中的坐标，即

$$\left.\begin{aligned} x &= x_{抵} - (x_{低} - x_0)\frac{H_{抵}}{R_m} \\ y &= y_{抵} - (y_{抵} - y_0)\frac{H_{抵}}{R_m} \end{aligned}\right\} \tag{3-78}$$

选择国家统一坐标系的点（x_0，y_0）为“原点”，也可选用测区的平均坐标值作为所谓的“原点”。该特殊的原点有时也称为“锚点”。

3.5.3.2　选择“任意投影带”

不同投影带的出现，是因为选择了不同经度的中央子午线的缘故。如果我们合理地选择中央子午线的位置，使长度投影到该投影带后所产生的变形，恰好抵偿相应长度投影到椭球面所产生的变形，此时高斯投影平面上的长度仍和实地长度保持一致。我们称这种抵偿长度变形的投影带为“任意投影带”。

确定任意投影带的中央子午线位置的方法，一是直接用高斯投影反算确定，或在测区已有的地图上查取确定任意投影带的中央子午线经度 L_0；二是在已知测区的 y 和 B 的情况下，可由式(3-76)和公式(3-28)，得：

$$y_m = \frac{l''}{\rho''} N\cos B$$

代入式(3-76)，略加变换即可以便捷地确定任意投影带的中央子午线经度 L_0：

$$\left.\begin{aligned} l'' &= 7\ 362'' \frac{\sqrt{H}}{N\cos B} \\ L_0 &= L - l \end{aligned}\right\} \tag{3-79}$$

式中：B、L 为测区中心位置的纬度和经度；

N 为椭球在纬度 B 处的卯酉圈曲率半径；

H 为测区的平面高程；

l 为经度 L 与任意带的中央子午线经度 L_0 之差。

任意带确定后，应用高斯投影坐标计算的方法，将有关已知高斯直角坐标的点位换算成大地坐标 (B,L)，再由大地坐标计算这些点在任意带内的平面直角坐标（x,y）。实际上这仅仅是一个换带计算问题。反之，已知某点在任意带内的坐标，也可以方便地求出它在国家

统一坐标系统内的坐标值。这些计算仍然是按高斯投影的理论进行的。

3.5.3.3 同时考虑任意带中央子午线和抵偿高程面的选择

同样为了限制长度综合投影变形对测量成果造成的影响，常选择将上述两种方法结合起来的做法。选择这种局部坐标系统的实质，在于保证测区中心处 $y\approx 0$，$H\approx 0$，使得按式(3-71)或式(3-72)计算的 $\delta\approx 0$，做到测区范围内的长度综合投影变形为最小。为此，应对作为控制测量起算数据的国家大地点坐标进行如下处理：

(1) 利用高斯投影坐标正反算的方法，将国家点的平面直角坐标换算成大地坐标 (B, L)；并由大地坐标再计算这些点在选定的中央子午线投影带内的平面直角坐标(x, y)。

(2) 当选择其中一个国家点作为抵偿坐标的"原点"，保持该点在选定的投影带内的坐标[设为(x_0, y_0)]不变，其他国家点按下式将坐标换算到选定的该坐标系统中去，即

$$\left.\begin{aligned} x' &= x + (x - x_0)\frac{H}{R_m} \\ y' &= y + (y - y_0)\frac{H}{R_m} \end{aligned}\right\} \tag{3-80}$$

式中符号的意义同前。按上式换算的坐标值 (x', y')，均可作为控制网的起算数据。

将上述 3 种选择局部坐标系统的方法加以比较可以看出：第一种方法是通过变更投影面来抵偿长度综合变形的，具有换算简便、概念直观等优点，而且换系后的新坐标与原国家统一坐标系坐标十分接近，有利于测区内外之间的联系。第二种方法是通过变更中央子午线、选择任意带来抵偿长度综合变形的，同样具有概念清晰、换算简便等优点，但是换系后的新坐标与在原国家统一坐标系的坐标差异较大。第三种方法是用既改变投影面又改变投影带来抵偿长度综合变形的，这种既换面又换带的方法不够简便、不易实施，这种改变后的新坐标与原国家统一坐标系的坐标差异较大，在实际的应用中不利于和国家统一坐标系之间的联系。

这些坐标系的选择，都要考虑到实际应用的方便，以及将来必要时与国家统一坐标的换算，以便于测量成果的共享、维护和更新。

凡是与国家统一坐标系有别的坐标系，现在一般都被称为"地方坐标系"。像以上讨论的"任意投影带坐标系"、"抵偿高程面坐标系"等，都可以被称为"地方坐标系"。

思考题与习题

3S·1. 为什么要进行高斯投影？高斯投影计算一般包括哪些内容？

3S·2. 参考椭球面上的方向值，投影到高斯平面上，应进行哪些改正？

3S·3. 什么叫坐标换带计算？为什么会产生坐标换带计算？

3S·4. 一个大地坐标系统都对应着几个坐标框架，几种坐标表示形式？

3S·5. 什么叫高斯投影正算？什么叫高斯投影反算？

3S·6. 我国各种坐标系统的建立有何特点？如何进行相互转换？

3S·7. 2000 国家大地坐标系有何特点？有哪些方面的要求？

3S·8. IERS、ICRS、ICRF、ITRS、ITRF 各是何组织或专业术语的简称？

3S·9. 综合长度变形 2.5 cm/km 是什么的限差规定？

3S·10. 怎样来选择城市或工程控制网的坐标系统？

3X・1. 已知某大比例尺测图区 $y_m=100$ km(自然值)，$\zeta_m=40$ m，$H_{常m}=10$ m，$R_m=$ 6 371 km。试求其综合长度变形及抵偿高程面的高程。

3X・2. 利用或自编坐标转换软件，将下列 1980 西安坐标系内的 6°带坐标：

$$x_1 = 3\ 491\ 825.045$$
$$y_1 = 20\ 721\ 446.660$$

换带为中央子午线为 120°的 3°带坐标(通用值)和中央子午线为 120°30′的任意带坐标。

3. 已知 P 点在高斯投影 6°带第 19 带和第 20 带的横坐标自然值绝对值相等，符号相反，又知该点在 3°带的纵坐标值为 1 592.5・π km，试计算 P 点的 L、B（假设地球为半径＝6 370 000 m 的圆球）。

第4章 精密角度测量

角度测量(包括水平角测量和垂直角测量)是控制测量中最基本的观测工作。通过角度观测值与边长观测值结合,可以计算或推求边长的方位角、控制点的坐标和高程。

4.1 精密经纬仪

经纬仪是控制测量中进行角度测量的仪器,控制测量中所采用的测角仪器有精密光学经纬仪、电子经纬仪、全站仪等。

按精度等级的高低,我国光学经纬仪的系列标准型号见表4-1。"DJ"是"大地经纬仪"汉语拼音的第一个字母,也可以将"D"去掉,其后面的数字表示仪器的精度指标,即水平方向观测一测回的观测中误差。

表4-1 光学经纬仪标准型号分类

仪器等级	DJ07级	DJ1级	DJ2级	DJ6级	DJ30级
测角标准偏差(″)	$m_\beta \leqslant 0.7$	$m_\beta \leqslant 1.0$	$m_\beta \leqslant 2.0$	$m_\beta \leqslant 6.0$	$m_\beta \leqslant 30$
主要用途	一等三角、天文测量	一、二等三角测量	三、四等三角测量	地形控制	普通测量

注:测角标准偏差 m_β 实为一测回水平方向的标准偏差。

电子经纬仪和电子测距仪是全站仪的核心组成部分,依国家计量检定规程的规定,它们的等级划分体现在全站仪的等级划分中,也就是说,全站仪的等级与电子经纬仪和电子测距仪的等级是一致的。对于单独的电子经纬仪或电子测距仪的等级的确认,只须对照下表中相应的参数即可。见表4-2所列。

表4-2 全站仪准确度分级

准确度等级	测角标准偏差(″)	测距标准偏差(mm)
Ⅰ	$\mid m_\beta \mid \leqslant 1$	$\mid m_D \mid \leqslant 5$
Ⅱ	$1 < \mid m_\beta \mid \leqslant 2$	$\mid m_D \mid \leqslant 5$
Ⅲ	$2 < \mid m_\beta \mid \leqslant 6$	$5 < \mid m_D \mid \leqslant 10$
Ⅳ	$6 < \mid m_\beta \mid \leqslant 10$	$\mid m_D \mid \leqslant 10$

注:测角标准偏差 m_β 实为一测回水平方向的标准偏差;m_D 为每千米测距标准偏差。

4.1.1 精密光学经纬仪的基本结构

精密光学经纬仪的基本结构分为望远镜、读数设备、水准器、轴系等,下面分别简述它们的构造特点和使用方法。

4.1.1.1 望远镜

望远镜是经纬仪照准和放大目标的部件。它是由物镜与调焦透镜组成的物镜组、十字丝分划板和目镜等三部分所组成。物镜、调焦透镜和目镜均为复合透镜。

在观测时，通过移动调焦透镜来改变物镜与调焦透镜间的距离，从而获得一个焦距为 f 的等效物镜，使照准目标恰好成像在十字丝平面上。如果调焦不完善，目标不能恰好成像在十字丝平面上，就会产生视差。

等效物镜的光心与十字丝中心的连线就是望远镜的视准轴。在望远镜调焦时，若调焦透镜运行的轨迹不是一条平行于光轴的直线，就将导致视准轴改变方向，从而给方向观测成果带来误差。所以水平方向观测时，通常规定在一个测回内的观测不得重新调焦。

4.1.1.2　读数设备

读数设备，包括度盘、光学测微器和读数显微镜三部分。我们以国产 JGJ2 经纬仪为例，对这三部分的联系作一整体说明。图 4-1 是这种仪器的光学系统图。

1. 度盘

度盘是量测角度的标准器件，其圆周刻着等间距的分划线，两相邻分划线间的角值称为格值，如图 4-2 所示。精密测角仪器的度盘直径一般为 75～160 mm，格值 4′～20′。

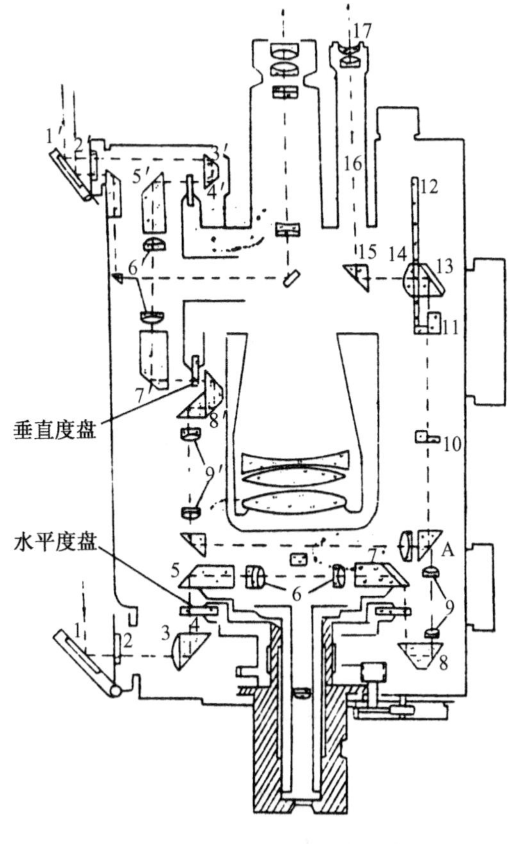

图 4-1　JGJ2 经纬仪光学系统

精密经纬仪有水平和垂直两个度盘。在水平度盘和垂直度盘上，相差 180°的度盘对径分划线，通过各自的光学系统后都成像在同一个读数目镜的焦面上，由度盘影像变换螺旋控制，各自单独出现。水平度盘或垂直度盘的对径分划像如图 4-2 所示。在大窗中，上面是度盘正像分划，下面是度盘倒像分划。

度盘成像的光学路线：

(1) 水平度盘成像的光学路线

JGJ2 光学经纬仪采用透射式度盘，水平度盘成像的光学路线见图 4-1。由反光镜 1 再经光学部件 2、3、4 转折 90°向上透过水平度盘，它带着度盘左端分划射入反射棱镜 5，转折 90°后，再经光学部件 6、7 转折 90°后，再带着度盘右端的对径分划射入反射棱镜 8，转折 180°后，度盘左、右端的对径分划光线经光学部件 9、10 和活动光楔 11，进入 13、14、15 转折 90°，进入读数显微镜内。于是在读数显微镜视场上出现了度盘分划以及测微尺的分划像。

(2) 垂直度盘成像的光学路线

垂直度盘成像的光路与水平度盘相类似。由垂直度盘反光镜 1′射入的光束，经过垂直度盘光学系统的各个棱镜和透镜后进入换像棱镜 A 后，沿着水平度盘成像的光路进入读数显微镜内。

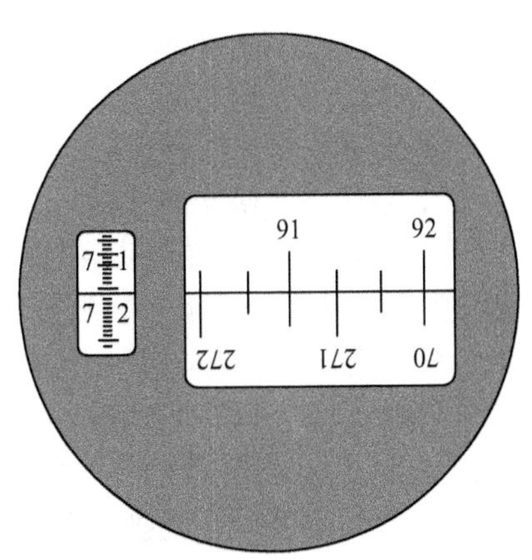

大窗读数　91°10′
小窗读数　7′16.0″

91°17′16.0″

图 4-2　JGJ2 读数窗口

2. 光学测微器

光学测微器是度盘读数的测微装置,它用来精密量取度盘上不足半格角距的微小读数。光学测微器的构造原理和使用方法在后面讨论。

3. 读数显微镜

由于度盘的圆周有限,相邻分划线的间距很小,为了增大最小格值相对于眼睛的视角,采用了读数显微镜装置。

4.1.1.3 水准器

精密经纬仪上的水准器通常有两种:一种是圆形水准器,另一种是管状水准器。水准器里面的液体一般为酒精或乙醚。

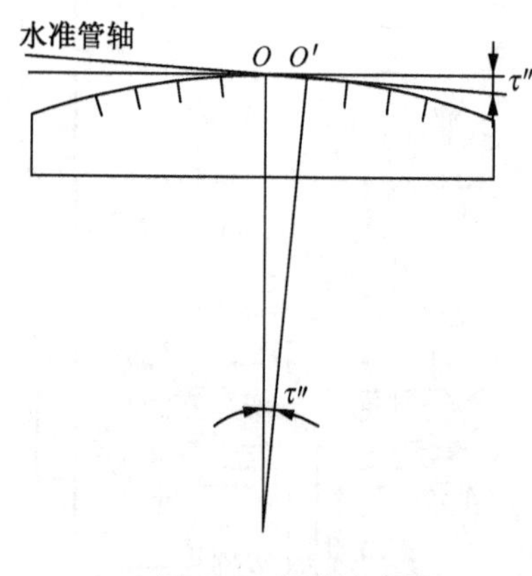

图 4-3 管状水准器

圆水准器的内部表面是一球面,其球面的半径较小,所以圆水准器的精度较低,只能用于概略整平仪器。

管状水准器又称水准管,它的内壁是一个半径很大圆弧面,精度较高,用于精确整平仪器。水准管外表面刻有间距为 2 mm 的分划线,其中间点 O 称为零点,过零点的圆弧的切线称为水准管轴(或管水准轴)。

水准管的一个分格所对的圆心角称为水准管的格值,以符号 τ'' 表示(图 4-3),即 $\tau''=2\times\rho''/R$。不同仪器水准管的格值大小亦不同。水准管的精度,主要取决于各 τ'' 值的大小。特别是格值较小、灵敏度较高的水准管,对温度影响的反应尤为敏感。所以在观测工作中,要防止太阳等热源的影响。

4.1.2 光学测微器与对径重合读数法

为了精确读取水平度盘上不足半格角距的微小角值,精密经纬仪专门设置了光学测微器。

目前,精密光学经纬仪中采用的光学测微器主要有两种:双光楔测微器和双平行玻璃板测微器。

4.1.2.1 双光楔测微器

苏州第一光学仪器厂的 JGJ2 型精密光学经纬仪、德国 Zeiss 厂生产的蔡司 010 精密光学经纬仪等都采用双光楔光学测微器。

1. 双光楔测微器的结构

如 JGJ2 光学经纬仪采用双光楔测微器测微,图 4-1 中的光学部件 10~14 便是双光楔测微器。它由测微螺旋、齿条、滑架、直线导轨、测微尺、两块固定光楔和两块活动光楔等部件组成。当转动测微轮时,小齿轮便旋转,与它啮合的齿条随之上下移动,使与齿条相连的测微尺和活动光楔同时作直线升降。

光楔是双光楔测微器的主要部件,在每组光楔中,下面一块是位置不动的固定光楔,上面一块是位置可升降的活动光楔。当活动光楔上下移动时,出射光线便平移一段距离 Δ,见图 4-4。

2. 双光楔测微器的测微原理

双光楔测微器有两组光楔。当测微器读数为零时,在每组光楔中,活动光楔与固定光楔重合,度盘上的对径分划光线如 0°和 180°分划光线通过各自的光楔组后,成像在读数目镜的焦平面上,如图 4-5。这时如用指标读数法读数,应为 0°加上度盘上不足半格的微小读数 Δ。为了测定 Δ 值,可转动测微轮使两块活动光楔和测微尺同步升高距离 l,因在两组光楔中同名光楔的形状、大小、材料相同以及安装方向相反，所以 0°和 180°分划像便反向等量平移，并且各位移角距 Δ 后与读数指标线重合，如图 4-6。

于是度盘上的微小读数 Δ 便从测微尺上表现出来，并可依距 l 相对应的那个分划注记数精确读出。

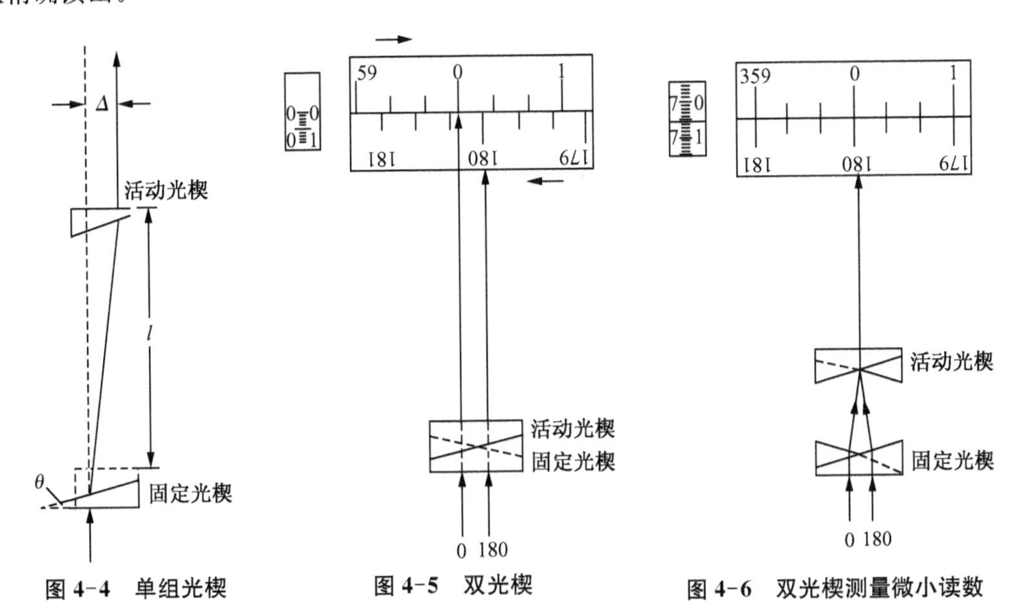

图 4-4　单组光楔　　图 4-5　双光楔　　图 4-6　双光楔测量微小读数

从上述可知，若要测量度盘上不足半格角距的微小读数，必须转动测微轮使正、倒分划像重合，然后由测微尺读取该微小读数。

4.1.2.2　双平行玻璃板测微器

瑞士威特厂生产的 Wild T3 和 Wild T2 精密光学经纬仪采用双平行玻璃板测微器。

1. 双平行玻璃板测微器的结构

它由测微螺旋、刻有阿基米德螺旋槽的圆盘、测微盘、两块平行玻璃板和杠杆等部件组成。其中测微螺旋与圆盘上的齿轮啮合，圆盘固定在测微盘的旋转轴上，与测微盘一起转动。如图 4-7 所示。

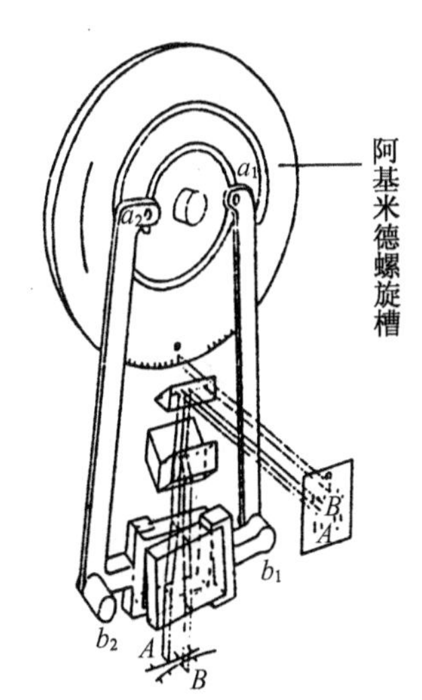

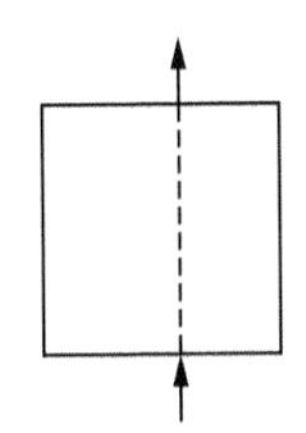

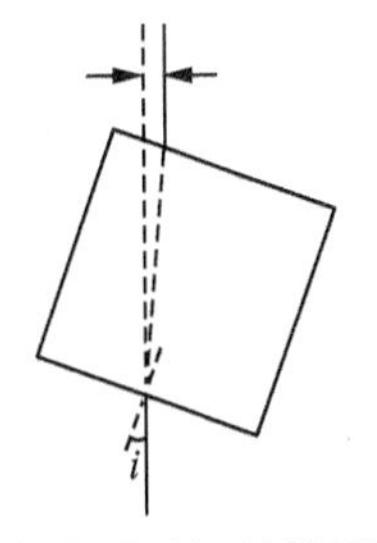

图 4-7　双平行玻璃板测微器　　图 4-8　光线垂直通过平行玻璃板　　图 4-9　光线通过倾斜的平行玻璃板

转动测微轮，使测微盘和圆盘同时旋转，这时球形轴 a_1 、a_2 在螺旋槽内滑动，它们到圆盘中心孔的距离将等量地增大或减小。与此同时杠杆相应地旋转，使两块平行板分别绕 b_1、b_2 反向等量转动，而它们的转角则由测微盘相应的转角可成像在显示窗口。

2. 双平行玻璃板测微器的测微原理

平行玻璃板是光学测微器的主要部件，由几何光学可知，当入射的度盘分划光线垂直于平行玻璃板通过时，出射光线既不改变原来方向，也不产生平移(见图 4-8)。当入射的度盘分划光线不垂直于平行玻璃板通过时，出射光线虽保持方向不变，但平移了一段距离 Δ (见图 4-9)。

如图 4-10 所示，设两块平行玻璃板处于垂直位置而与水平度盘对径分划光线正交时，测微盘读数为零(实际是 5′00″，但不影响讨论结果)，这时度盘对径分划光线通过平行玻璃板后，正、倒对径分划像一般不会重合。设正、倒像微小读数分别为 a、b，转动测微轮后(如图 4-11)，两块平行玻璃板反向旋转相同的一个小角度，使正、倒对径分划像各平移角距 $(a+b)/2$ 后重合，与此同时测微盘转动了对应于 $(a+b)/2$ 的若干个分划，因此度盘上的微小读数 $(a+b)/2$ 便从测微盘上表现出来，并可根据测微盘的分划注记数和读数指标精确读出。

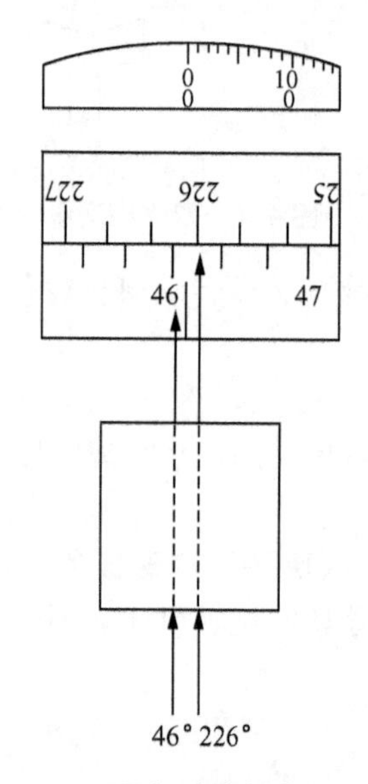

图 4-10　双平行玻璃板在初始状态

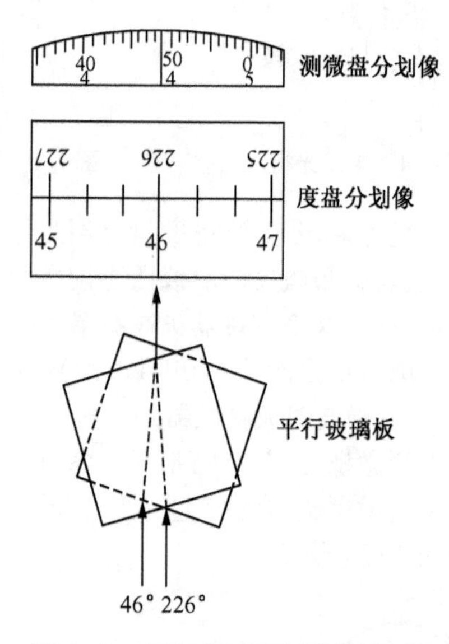

图 4-11　双平行玻璃板测微器测微

4.1.2.3　读数方法和步骤

精密光学经纬仪采用重合读数法读数，其步骤如下：

转动测微轮，使靠近视场中央的度盘正、倒分划像精密重合。

由靠近视场中央左侧的正像分划注记数读出度盘的读数。

根据被读定度数的正像分划与其倒像对径分划之间的格数乘以度盘半格之值。

再由测微器读取度盘上不足半格的分数和秒数。

将这三个读数相加，即得完整的度盘读数。

现在大多数的经纬仪都作了改进，采用光学数字化结构，垂直度盘指标采用自动归零补偿器，使得读数更加方便。

精密光学经纬仪垂直度盘的读数方法与水平度盘相同。

4.1.3　常用的 J1、J2 型光学经纬仪

4.1.3.1　J1 型光学经纬仪

在 J1 型光学经纬仪中，我国使用较为普遍的是 Wild T3 光学经纬仪，其仪器的外貌形状如图 4-12。该仪器除用于控制测量外，在精密工程中也普遍采用。

图 4-13(a)和(b)是 T3 光学经纬仪读数显微镜的视场，视场的上部是度盘读数窗，下部是光学测微器读数窗。

光学测微器读数窗中是测微盘的分划线，读数窗中央的竖线是测微器的读数指标线。测微盘共有 60 个大格，每一大格又分 10 小格，因此，测微盘上总共有 600 个小格。每一大格有数字注记，从 0 注记到 60。

观测时照准目标后，转动测微螺旋，使对径分划作相对移动直至接合，如图 4-13(a)和(b)中所示，这时就可以进行水平度盘的读数。T3 光学经纬仪水平度盘的最小分格值为 $4'$。

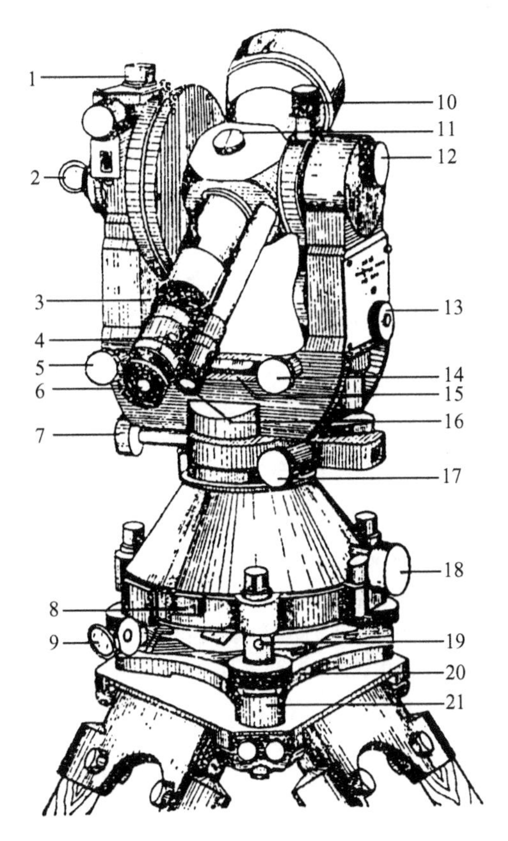

1—垂直水准器观测棱镜；
2—垂直度盘照明采光镜；
3—望远镜调焦螺旋；
4—十字丝校正螺旋；
5—垂直度盘水准器微动螺旋；
6—望远镜目镜；
7—照准部制动螺旋；
8—仪器装箱扣压垛；
9—水平度盘照明采光镜；
10—望远镜制动螺旋；
11—十字丝照明转轮；
12—测微螺旋；
13—换像螺旋；
14—望远镜微动螺旋；
15—照准部水准器；
16—测微器读数目镜；
17—照准部微动螺旋；
18—水平度盘变位螺旋的护盖；
19—脚螺旋调节螺旋；
20—脚螺旋；
21—底座底板

T3 光学经纬仪的主要技术规格如下：

望远镜：	
放大倍数	24,30,40
度盘：	
水平度盘最小分格值	$4'$
垂直度盘最小分格值	$8'$
水准器：	
照准部水准器格值	$7''$/2 mm

图 4-12　T3 光学经纬仪

测微盘上 600 小格相当于度盘的半个最小分格 $2'$，测微盘的最小格的格值为 $0.2''$，显然，按测微盘分划注记读得的数应乘以 2 才得到秒值。

在实际作业中，测微盘读数不需乘 2 来取得秒值，而是用对径分划接合两次的测微盘读数相加来得到平均秒值。原理是每个读数乘 2，取平均时又除 2，结果是两个原始秒读数相加就是最后的所需要的平均秒值。

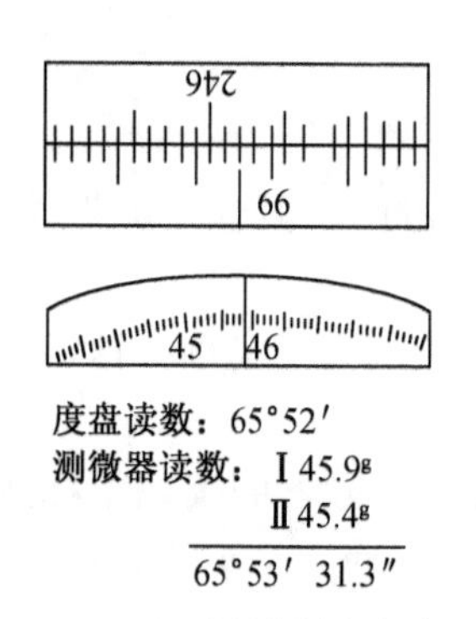

(a) 对径分划在左边

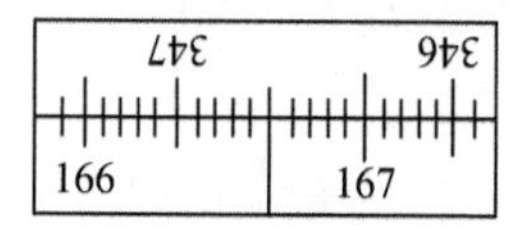

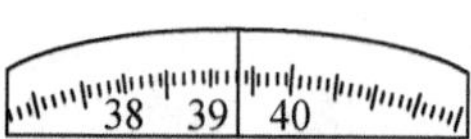

度盘读数：166°40′
测微器读数：Ⅰ39.3g
Ⅱ39.6g
166°41′ 18.9″

(b) 对径分划在右边

测微器读数：
Ⅰ 1′ 18.6″
Ⅱ 1′ 19.2″
166°41′ 18.9″

(c) 改进型T3读数

图 4-13 T3 在不同情况下的读数

图 4-13(c)为改进型的 T3 光学经纬仪测微盘的分划注记形式，相当于度盘半个最小分格值 2′的全部测微器分划(600 格)分成 120 大格，每两大格注记实际的分和秒。每一大格分 5 小格，所以每小格的格值仍为 0.2″，读数时直接读取真正的数值，取两次读数的中数。

4.1.3.2 J2 型光学经纬仪

1. Wild T2 光学经纬仪

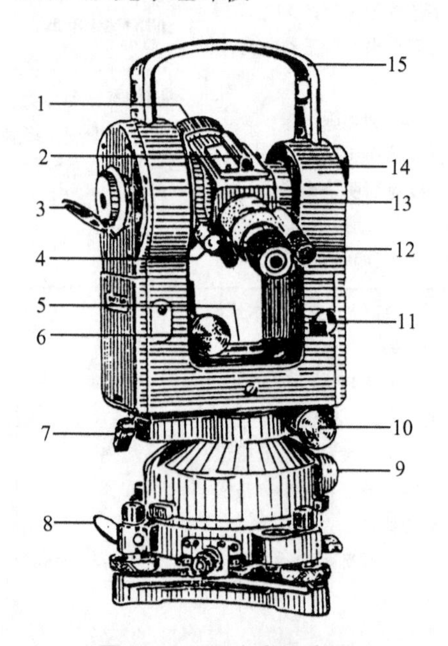

1—望远镜物镜；
2—光学照准器；
3—垂直盘反光镜；
4—垂直制动螺旋；
5—水准管；
6—垂直微动螺旋；
7—水平制动钮；
8—水平盘采光镜；
9—度盘变位轮；
10—水平微动螺旋；
11—水平度盘和垂直度盘影像变换轮；
12—读数显微镜目镜；
13—调焦螺旋；
14—测微轮；
15—提手

图 4-14 T2 光学经纬仪

瑞士威特厂设计制造的 Wild T2 型经纬仪经过多次改进，其外观如图 4-14 所示。采用了先进的交叉吊丝式电磁阻尼指标自动归零装置，改良了光学对点机构，改进了经纬仪的制动和微动设备等。特别是在读数设备中，把视场中角度的整分数全部用数字标示出来。如图 4-15 所示，该仪器测微器的最小格值为 1 秒，当用转动测微螺旋使对径分划重合后，即可直接读出大数为 94°10′，测微盘读数为 2′44″，综合后全部读数为 94°12′44″。

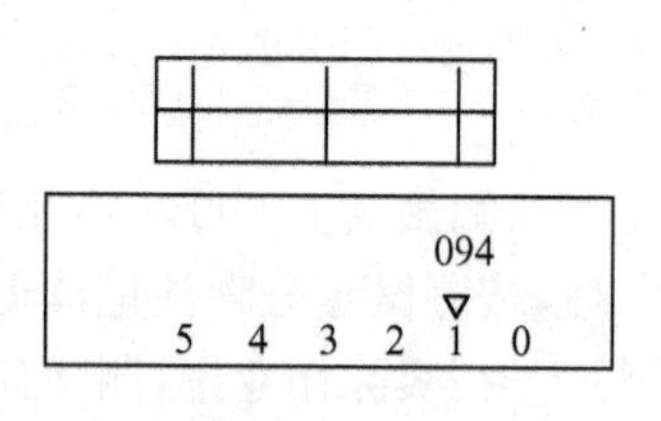

图 4-15 T2 测微器读数

2. 苏光 JGJ2 型经纬仪

我国苏州第一光学仪器厂生产的 JGJ2 型经纬仪的外形如图4-16 所示。改进后的读数窗成像情况如图 4-17 所示，全部读数为 73°51′54″。

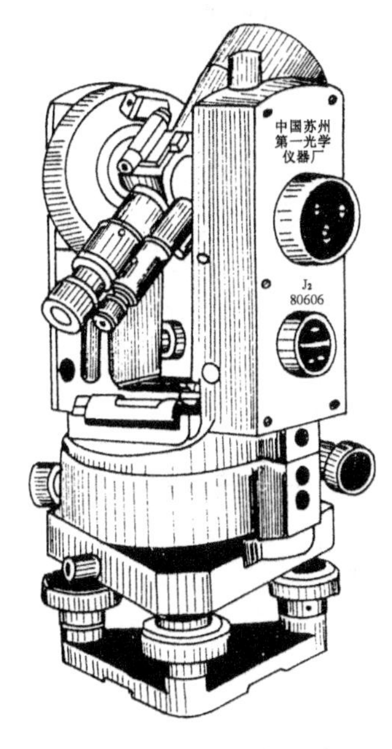

图 4-16　JGJ2 光学经纬仪

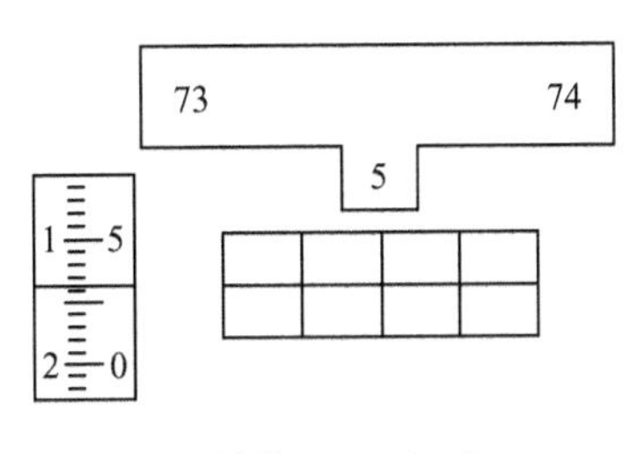

读数:73°51′54″

图 4-17　JGJ2 光学经纬仪读数

4.1.4　电子经纬仪

4.1.4.1　电子测角的基本概念

目前电子经纬仪及全站仪的测角部分，均采用了电子测角系统。他们的主要功能是自动地完成水平角和天顶距(或垂直角)的测量任务。与传统的测角方法相比，科技含量大幅提高，省去了大量的人工操作环节，工作效率和经济效益明显提高，同时也避免了人工操作、记录等过程中差错率较高的缺陷。

电子经纬仪是由精密光学器件、机械器件、电子扫描度盘、电子传感器和微处理机等构成。在微处理机的控制下，按度盘位置数据信息，自动以数字形式显示方向值。

根据电子测角的原理及方式的不同，电子测角可分为：增量法、编码法、探测法、电压感应法等。这些方法的共同特点是应用了物理、电子、光学、数学、无线电、计算机等方面的知识，通过物理量和模拟量的相互转换，最后达到自动测量几何角度的目的。

本节将结合光栅度盘、增量法电子测角系统，讲述电子测角系统的构成和基本原理。

4.1.4.2　电子测角系统的构成

电子经纬仪的测角系统分为水平角测量部分和垂直角测量部分。测角系统由一个光栅度盘(透光与不透光相间的刻划度盘)、与仪器基座固连在一起的固定红外发光管以及与其对应的红外光接收管，还有光电转换器、计数器、输入输出部件以及数据总线等，如图 4-18 所示。

另外就是与光学经纬仪一致的瞄准、调焦、操作制动和微动系统、光学系统、显示屏、操作键、通讯、存储等部件。电子经纬仪的支架、轴系与光学经纬仪类同，其主要的特点是具有一种新型的电子测角系统。

4.1.4.3　电子测角系统的基本原理

光栅度盘、增量法电子测角的基本原理构成的电子测角系统，是电子经纬仪和全站仪中常见的。

电子经纬仪的光学电子度盘是一个重要的部件，在上面径向刻有许多均匀分布的透明和不透明等宽度等间隔的栅线刻划，刻划成辐射直线，从而形成了光栅度盘。如图 4-18(a)所示。栅距所对应的圆心角即为栅距的分划值。

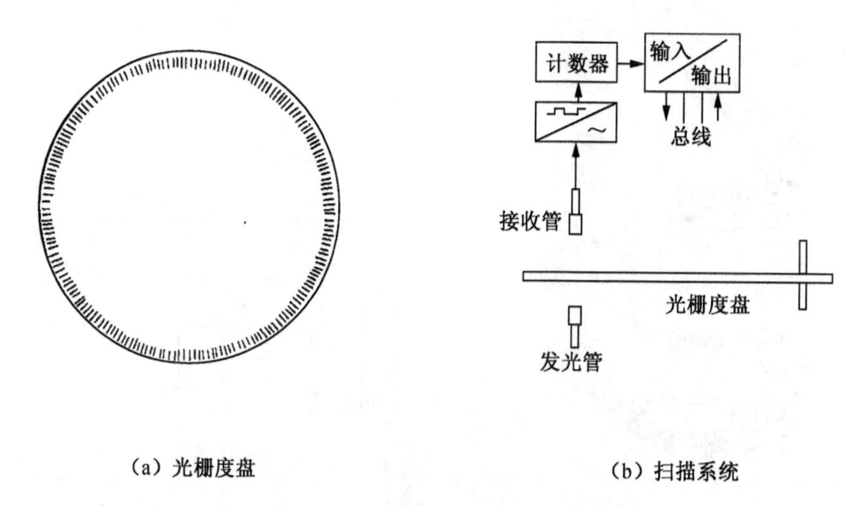

(a) 光栅度盘　　(b) 扫描系统

图 4-18　光栅度盘、电子测角系统原理

电子经纬仪采用圆光栅度盘，线条为不透光区，缝隙处为透光区。在光栅度盘上、下对应的位置上装有红外发光管和红外接收管，该装置可使光栅的透光和不透光信号转变为电信号。若将相对应的发光管和光电接收管与基座固定，则当光栅度盘随照准部旋转时，在光电接收管处就收到明暗交替成周期性变化的光信号。由于光电接收管的光电效应，将交变的光信号转换而来的电信号，经整形转变为矩形波，再经逻辑数字线路触发计数器，从而累计出与转动角度相对应的、扫描过的光栅度盘上的栅线数或格数。将格数与格值相乘，即为测量所求的角度值。因为它是累计计数，所以称这种系统的读数方法为增量法。如图 4-18(b)所示。

在扫描过程中所经过的格数并非正好是整数，对于不足一格的尾数，就无法真实分辨，只能是近似处理。因此这样测出的角度是一粗读数。为了提高测角的精度，必须解决不足一格即微小读数的测量问题，也就是电子测微这个关键的问题。

一般光栅的栅距都很小，但格值(分划值)却很大。如 GTS－301D 全站仪的度盘直径为 71 mm，若度盘刻有 1 024 个分划，则格值为：

$$g_0 = \frac{360^\circ}{1\ 024} = 21'05''.625 \tag{4-1}$$

而相应的栅距为 $d = 0.22$ mm。如果要提高测角精度，应对格值继续细分几百甚至上千等分。但细分栅距和扫描计数则是很难准确实施的。

因此，在光栅度盘增量法读数系统中采用了莫尔条纹技术，将栅距放大，然后再进行细分和读数。

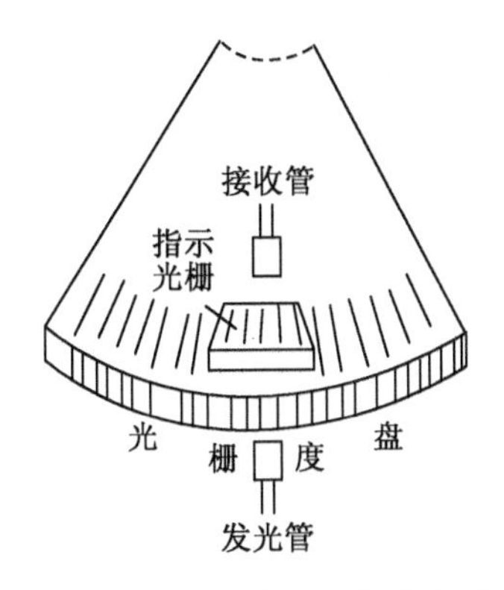

图 4-19　光栅度盘与指示光栅

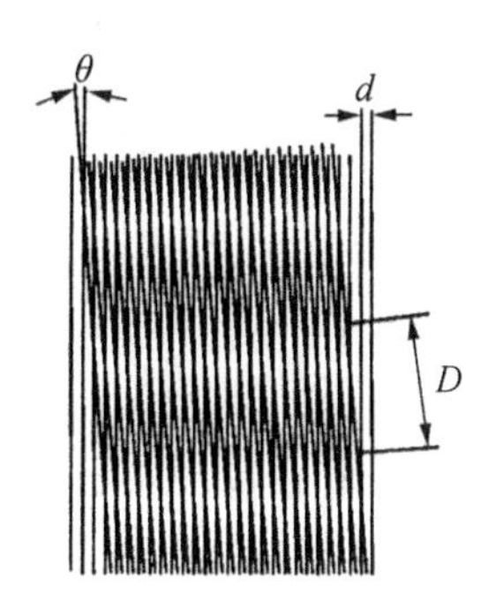

图 4-20　莫尔条纹

产生莫尔条纹的方法是：取一小块与光栅度盘具有相同密度和栅距的光栅，称为指示光栅，若将指示光栅与光栅度盘以微小的间距重合起来，并使其刻线互成一微小的夹角 θ，这时就会出现放大的明暗交替的条纹，这些条纹称为莫尔条纹，栅距由 d 放大到 D，如图 4-19、图 4-20 所示，$D=d\cdot\cot\theta$。莫尔条纹是一种干涉现象产生的光学放大，当一个光栅盘相对于另一个光栅盘转动时，莫尔条纹沿着夹角 θ 的平分线方向由里向外移动。光栅水平方向相对移动一个分划，莫尔条纹正好由里向外移动一个周期。

在图 4-19 中，下面为一光栅度盘，上面是一个与光栅度盘形成莫尔条纹的指示光栅。若发光二极管与指示光栅固定，当度盘随经纬仪照准部仪器转动时，度盘每移动一条光栅，莫尔条纹就移动一个周期，通过莫尔条纹的光信号强度也变化一个周期。故在测角时经过光电管光信号的周期数 N 就是两方向线之间的光栅数。由于两相邻光栅之间的夹角及格值 g_0 是已知的，所以经过处理显示就可以得到两方向线之间的夹角。如果在光电转换整形为矩形波的一个周期内再均匀内插 n_0 个脉冲，可确定每一个脉冲所代表的微小角度值为：

$$\delta_0=\frac{g_0}{n_0} \tag{4-2}$$

当 $n_0=1\ 266$ 时，$\delta_0=1''$。通过接收管及逻辑数字电路等部件可确定出不足整格值的尾数角值相对应的脉冲数 n，则不足整格值的尾数就测出来了，从而解决了精确测定角度的问题。其角度值为：

$$L=Ng_0+ng_0 \tag{4-3}$$

垂直度盘与水平度盘的结构及测角原理是一致的，只是垂直度盘的测量角度的精度要比水平度盘的测量角度精度要求宽松一些。

值得说明的是各个仪器生产厂家的产品，其测角的原理不尽相同。除了以上介绍的采用删格式增量法测量原理以外，还有像 T2000 系列电子经纬仪采用的绝对式光栅度盘扫描动态测角原理等，在这里就不一一赘述了。

将电子经纬仪、电子测距仪和电子记簿组合在一起，在同一微处理机控制下，在测站上能同时自动测定和显示距离、水平角和垂直角，并能计算地面点的三维空间坐标。这种多功能、高效率的电子测量仪器称为电子速测仪或全站仪。目前单纯的电子经纬仪一般很少采用，而普及使用的是具有多功能的全站仪。它们都采用电子测角。

4.2 角度观测误差分析

由于观测员的鉴别能力有限、仪器本身和操作不完善以及观测时受外界因素的影响等原因，致使观测成果存在误差。研究角度观测中各种误差的规律，目的是寻求减弱误差的方法和措施，以提高观测成果质量。以下讨论的内容适用于采用任何类型的仪器进行角度观测时的误差规律。

角度观测误差主要来自三个方面，即外界条件对测角精度的影响、仪器误差和观测本身的误差。

4.2.1 外界条件对测角精度的影响

4.2.1.1 照准目标成像质量对照准精度的影响

在水平角观测中，当照准目标成像清晰和稳定时，可以精确照准目标，照准精度较高；当成像模糊或跳动时，照准精度就较低。

1. 影响照准目标成像质量的原因

白天，远处的照准目标影像的清晰程度，主要决定于大气透明度和目标与其周围背景之间的亮度、颜色的反差。

照准目标的光线，在通过近地面大气层到达测站的光程中，将被干燥空气中的各种气体分子散射和吸收而削弱，使目标的视亮度变小；雨后天晴的天气，空气纯净和透明，远处目标影像将很清晰。

照准目标与其周围背景之间的亮度和颜色的反差越大，目标影像便越清楚；反之就越感模糊。例如在平地点测站上，观测高山上以天空为背景的黑(红)色照准圆筒时，目标影像通常是清晰的；在高山点测站上，观测平地上以灰暗物体为背景的黑色照准圆筒时，常感到目标影像有些模糊，这时白色的目标就显得清楚。

地面吸收太阳辐射的热能的情况较为复杂，随着地表吸热和散热的程度形成在局部区域的大气湍流现象(大气的活动表现为垂直或水平的影响跳动)影响目标成像的稳定，或在一定的区域内形成较为稳定梯度的气温分布，因而造成大气密度的稳定梯度分布。这些现象都以不同的形式影响照准目标的精度。

2. 水平角观测的有利时间

白天目标成像的质量是不断变化的。与太阳的照射、地面的植被反射和吸收热能的程度、湿度、空气中的杂质等有关系。一般的规律是上午在日出后 1 小时起的 1～2 小时内，下午在 3、4 时起至日落前 1 小时内，目标影像清晰而稳定，是白天水平角观测的最有利时间。

目标成像的质量，除随白天不同时刻而异外，与地区和天气也有密切关系。例如，在山区，视线离地面较高，大气层比较透明和稳定，目标影像质量保持良好的时间较长。又如在阴天，目标影像保持稳定的时间很长，几乎全天都可以观测。

3. 减弱照准误差的方法

(1) 选点时应保证视线高出地面或离开障碍物有足够的高度。

(2) 照准目标应涂以和背景相反的颜色。照准目标通常涂黑(红)白相间的颜色。

(3) 根据测区的地形类别和天气，选择最有利时间观测。此外，宜顺着阳光照射的方向观测，例如照准点多数位于测站的西面，宜在上午观测；照准点多数位于测站的东面，宜在下午观测。

(4) 应用垂直平分丝精确照准目标，目标要置于水平丝附近，并且照准各方向目标应在同样位置上。此外，照准目标要果断。

4.2.1.2　*旁折光差*

1. 产生旁折光差的原因

照准目标的光线，通过不同密度大气层时，将产生折射现象。其中，因大气层在垂直方向上密度分布不均匀而产生的折光差，称为垂直折光差。它只影响垂直角观测精度。因大气层在水平方向上密度分布不均匀而产生的折光差，称为旁折光差或水平折光差，它影响水平角观测精度。

由于观测视线两侧地面上的情况，如地形、土壤、植被和地表照度，一般都不会相同，当它上方的空气温度不同时，将导致水平方向上的对流。如图 4-21 所示，视线左侧为沙石地，右侧为湖泊。因为陆地表面增温与冷却的热传递过程具有急剧多变的特性，水面具有平缓调和的特性，在有阳光的白天，沙石地的增热和地面辐射比水面强烈得多，故其上方空气的温度很快上升，密度较小；湖泊上方空气的温度上升很慢，密度较大。于是空气发生水平方向对流，空气从右到左的水平密度分布将由密到稀分布变化。在这个过程中，当照准目标的光线在分界面附近通过时，因大气折光作用，光线便发生侧面弯曲，并偏向空气密度较小的沙石地一侧，从而产生旁折光差。上述情况，如图 4-22 所示在水平面上几何图形表示的情况。图中 A 为测站，B 为照准目标，直线 $\overline{AB'}$ 是实际的观测视线方向，它与 $\overline{AB}$ 的微小交角 $\delta = \angle BAB'$ 就是旁折光差。

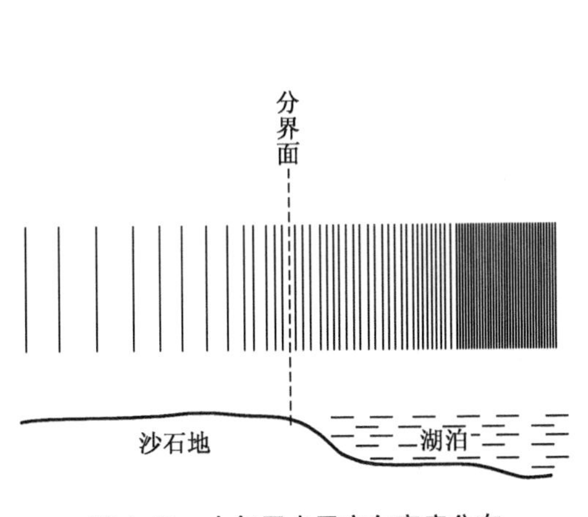

图 4-21　大气层水平方向密度分布

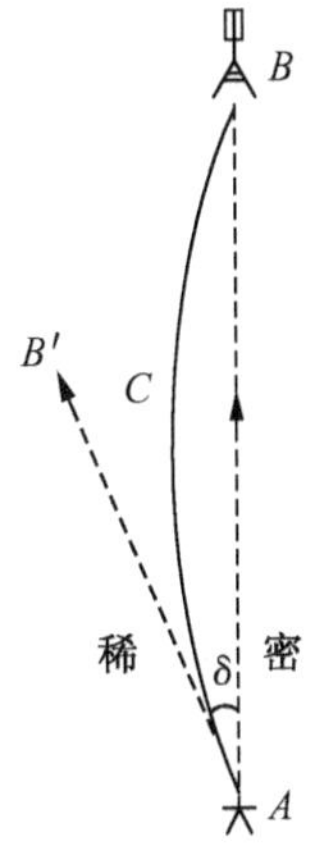

图 4-22　旁折光差

旁折光差的数值，一般为 $1''\sim2''$，大的可达 $6''\sim7''$，它是水平角观测的一项重要系统误差，并且在三角形闭合差中才能表现出来。

2. 旁折光差的规律

主要规律是：

(1) 旁折光对观测方向的影响。白天和夜间符号相反。如图 4-23，A 为测站，B 为照

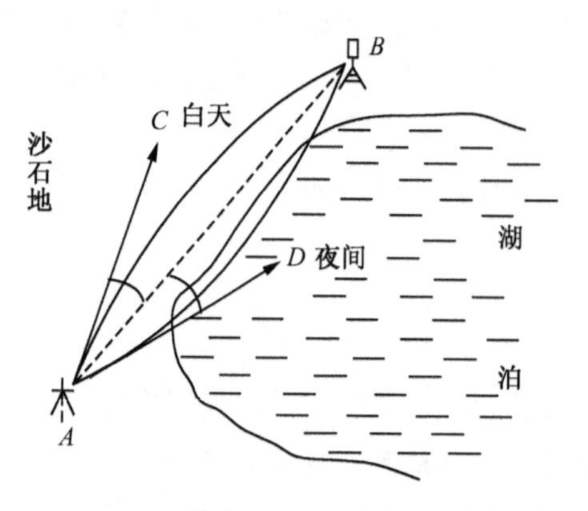

图 4-23 旁折光差与时间和地形的关系

准点目标，白天沙石地上方的空气密度比湖泊上方小，实际观测视线 $\overline{AC}$ 偏向沙石地一侧，使观测方向值偏小。夜间沙石地面的冷、上方的空气密度比湖泊上方大，实际观测视线 $\overline{AD}$ 偏向湖泊一侧，使观测方向值偏大。很明显，取日、夜观测成果的中数，可以部分地抵偿旁折光的影响。

(2) 夜间旁折光对观测方向的影响比白天大。白天近地面大气层的对流较强，视线上的空气水平密度分布还会有变化，旁折光影响也带有一定的偶然性。夜间空气的水平密度分布较稳定，旁折光影响具有系统误差的性质。

(3) 视线两侧的空气水平密度差别越大，旁折光影响也越大。因此，当视线越靠近容易产生空气水平密度明显差异的地形和地物时，旁折光的影响也就越大。

(4) 容易产生旁折光的地形、地物离测站越近、视线方向越长，则旁折光的影响就越大。如图 4-24 在 1、2 两个测站点方向线旁的山坡，离测站点 2 较近，离测站点 1 较远，则旁折光差 $\delta_2 > \delta_1$。

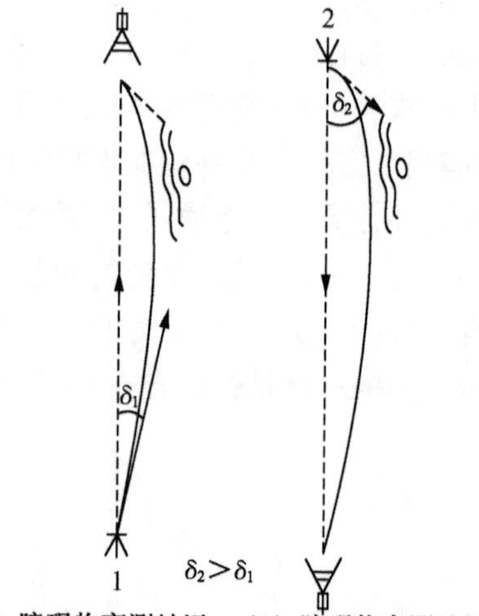

(a) 障碍物离测站远　(b) 障碍物离测站近

图 4-24 旁折光差与障碍物的关系

3. 减弱旁折光差的方法

主要方法有：

(1) 视线最好在同类型地区上空通过，超越或旁离障碍物要有足够的距离。

(2) 视线离觇标部件材料的距离，三、四等方向应不小于 10 cm。

(3) 选择有利的时间观测。

(4) 一份成果的全部测回，应分配在几个时间段上完成，最好是日夜各半。三、四等水平角可以只在白天观测，对时间段的分配也不作限制。

4.2.1.3 产生照准目标相位差的原因

1. 产生照准目标相位差的原因

水平角观测时，如果目标的几何中心轴线是正确的照准位置线，在阳光照射下，目标各部位的照度不同，将出现明亮与阴暗两部分，如图 4-25 所示。若目标的背景是地面、森林和其他阴暗物体，这时目标的较暗部分与背景的亮度反差较小，照准目标时，实际照准位置线将离开圆筒的几何中心轴线，并偏向圆筒明亮部分那一侧；若目标的背景是天空或明亮物体，实际照准位置线将偏向圆筒阴暗部分那一侧。这种因目标影像轮廓不完整而产生的照准误差，称为照准目标相位差。

2. 照准目标相位差的规律

照准目标的相位差，不仅随太阳的方向变化而变化，而且与目标的性质、形状、大小、距离、方位和颜色以及背景情况有关。

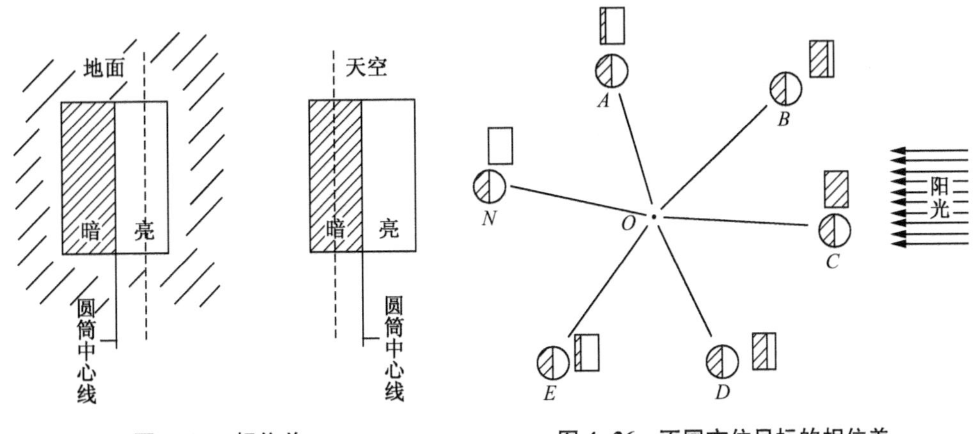

图 4-25　相位差　　　　图 4-26　不同方位目标的相位差

如图 4-26，若考虑太阳方位和目标方位的因素，在同一观测时间段内，同一方向的照准目标相位差基本相同，有系统误差的性质；在上午和下午，当太阳位置对称时，同一目标的明亮与阴暗部分正好相反，相位差有相反的符号。在上、下午有利的观测时间内，太阳位置分别在东方和西方，位于东、西方向上的目标，各部位亮度较均匀，相位差较小；位于南、北方向上的目标，明亮与阴暗部分接近各半，相位差较大。此外，目标垂直表面照度以朝北方向为最小，因此朝北方向目标的相位差将显著。

以目标的大小和距离来说，当边长 $S=4$ km，圆筒直径 $d=0.4$ m 时，相位差最大值可达 5″。

3. 减弱照准目标相位差的方法

主要方法有：

(1) 采用反射光线较小的微相位差照准圆筒作为照准目标，并漆上和背景相反的颜色。有时采用荧光觇牌或可发光的照准目标。

(2) 上、下午各测半数测回。

(3) 方向观测应尽量避免以测站南面或北面的照准点作为观测零方向；当照准点多数位于测站的西面时，宜在上午观测；当多数位于测站的东面时，则宜在下午观测。

4.2.1.4　*觇标和仪器脚架的扭转误差*

在外界温度、湿度等因素影响下，觇标内架(或目标支架)将产生位移和扭转变形，致使仪器底座连同水平度盘的方位转动了一个角度，带来观测方向误差，这种误差称为觇标扭转误差。

1. 觇标扭转误差产生的原因和规律

木质结构的觇标，其内架扭转的主要原因是木材湿度的变化，它使内架的纵向部件，在各个横断面的弦线和直径方向上产生不均匀胀缩，最后导致内架扭转。主要规律是以一昼夜为一个扭转周期，一般每分钟约为 0.1″～0.2″。仪器脚架扭转的情况，与木质觇标内架相类似。

钢质结构的内架扭转主要是温度变化引起的。内架各部件在阳光的照射下，由于各部位受热不同从而产生不均匀的胀缩。白天扭转剧烈，每分钟的扭转角可达 1″～2″，且扭转的方向也易迅速改变；夜间扭转几乎停止。

2. 减弱觇标扭转误差的方法

主要方法有：

(1) 提高造标质量。

(2) 上下半测回照准目标顺序相反，观测各目标时，速度要快，时间均匀。由表 4-3 看出，在短暂的一测回观测时间内，扭转速度大致相同，则归零后的观测方向值，可以消除与时间成比例变化的那部分扭转误差。三、四等水平角观测，主要用这种方法减弱觇标扭转误差。高等水平角观测，则用偏扭观察镜进行读数改正消除扭转误差。

(3) 选择扭转不剧烈的时间进行观测。

(4) 仪器脚架应存放在阴凉干燥的地方，不要受潮和淋雨，观测时脚架要安置稳固，并避免阳光直接照射。

表 4-3 觇标扭转或仪器脚架扭转误差的规律

方向号	盘左读数 L	盘右读数 R	$\frac{1}{2}(L+R-180°)$	归零后的方向值
1	l'_1	$l''_1+11\delta$	$l_1+5.5\delta$	0
2	$l_2'+\delta$	$l_2''+10\delta$	$l_2+5.5\delta$	l_2-l_1
3	$l_3'+2\delta$	$l_3''+9\delta$	$l_3+5.5\delta$	l_3-l_1
4	$l_4'+3\delta$	$l_4''+8\delta$	$l_4+5.5\delta$	l_4-l_1
1	$l_1'+5\delta$	$l_1''+6\delta$	$l_1+5.5\delta$	

4.2.2 仪器误差

仪器误差概括起来可分为两个方面：一方面是主要轴线的几何关系不正确所产生的几何结构误差，如视准轴误差、水平轴倾斜误差、垂直轴倾斜误差，统称为“三轴误差”。另一方面是仪器制造、校准、磨损等原因所产生的机械结构误差。机械结构误差又可分成三种：

① 制造误差，如度盘和测微尺的分划误差、各种螺旋和轴与轴套的机制误差；② 校准误差，如照准部和度盘偏心误差，光学测微器的行差；③ 传动误差，如照准部旋转时的误差、脚螺旋误差、微动螺旋作用不正确的误差、光学测微器的隙动差等。

上述仪器误差绝大部分是可以校正和消除的，这是和外界条件所引起误差的不同之处。相关规范中有关仪器操作的规定，就是为了消除或减弱仪器误差对观测的影响而制定，观测者应该很好地学习和掌握。

4.2.2.1 几何结构误差

由水平角测量原理可知，经纬仪的视准轴、水平轴和垂直轴的关系，应使视准轴照准观测目标后画出垂直照准面。可是，仪器部件在制造和安装上的不完善，以及外界因素的影响，仪器本身将存在误差而不会满足上述要求。

1. 视准轴误差

(1) 视准轴误差的概念

望远镜的物镜光心与十字丝中心的连线称为视准轴。视准轴不垂直于水平轴而产生的微小偏角称视准轴误差，以符号 c 表示。

如图 4-27 所示，实际的视准轴 OM_1 不与水平轴 HH_1 垂直，它与正确视准轴 OM 的夹角

c 就是视准轴误差。设垂直度盘在水平轴的 H_1 端，当实际视准轴偏向该端时，c 角为正，反之为负。

产生视准轴误差的原因是十字丝安装、校正和望远镜调焦透镜运行的不正确，以及外界温度变化的影响等。

(2) 视准轴误差对观测方向读数的影响

① 影响观测方向读数的原因

如图 4-28 所示，以水平轴中心为球心，以任意长度为半径作一半球。大圆 $H_1M'M_1MH\ H_1$ 表示水平度盘；ZO 表示测站铅垂线，HH_1 表示水平轴；它的位置水平，垂直度盘在 H_1 端；OM 表示垂直于水平轴的正确视准轴；OM_1 表示有误差 c 的实际视准轴，当在测站 O 上面向观测目标 T 时，盘左观测时的 c 角为正。

设水平度盘读数指标位于垂直照准面上。由图 4-28 看出，正确视准轴 OM 指向天顶的位置与测站铅垂线一致，它俯仰将画出垂直照准面。实际视准轴 OM_1 指向天顶的位置 Z_1O 偏离测站铅垂线 ZO 一个 c 角，当它照准垂直角为 α 的目标 T 后，所画出的照准面 OZ_1TM_1 是圆锥面而不是垂直照准面。这时相应的正确视准轴在 OT_1 位置，它画出的垂直照准面 OZT_1M 与水平度盘相交于 M，即水平度盘实际读数为 M。若用正确的视准轴照准目标 T，照准部须逆时针方向转动 Δc 角（$\angle MOM'$），这时垂直照准面 $OZTM'$ 与水平度盘相交于 M'，即水平度盘正确读数为 M'。因为水平度盘分划注记数依顺时针方向增加，故正确读数比实际读数小 Δc 角，显然 Δc 是视准轴误差对观测方向读数的影响。

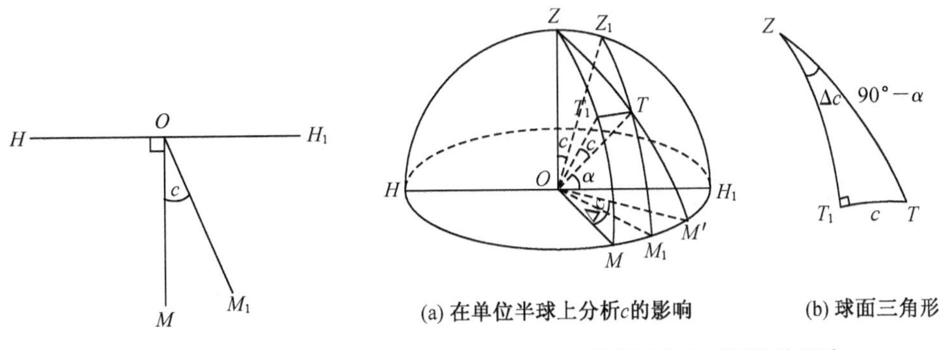

图 4-27　视准轴误差　　图 4-28　视准轴误差对读数的影响

②读数误差 Δc 的定量分析

过目标 T 作大圆弧 TT_1 垂直于大圆弧 ZM，相交于 T_1。在球面三角形 ZTT_1 中，$\angle ZT_1T=90°$，$\angle TZT_1=\Delta c$，$ZT=90°-\alpha$，$TT_1=c$，则依球面三角形正弦定理得：

$$\sin\Delta c=\frac{\sin\ 90°\cdot\sin c}{\sin\ (90°-\alpha)}=\frac{\sin c}{\cos\alpha}$$

因为 Δc 和 c 均为小角度，故有：

$$\sin\Delta c\approx\Delta c=\frac{\Delta c''}{\rho''};\sin c\approx c=\frac{c''}{\rho''}$$

于是得：

$$\Delta c''=\frac{C''}{\cos\alpha}\tag{4-4}$$

(3) Δc 的规律和消除方法

① $\Delta c''$ 不仅与 c'' 的大小成正比，且与观测目标的垂直角 α 有关。

当 α 越大时，$\Delta c''$ 也越大，反之就越小；当 $\alpha = 0$ 时，$\Delta c'' = c''$。因此在检校视准轴误差时，须用与视准轴同高的“平点”目标为好。

② 取同一方向盘左和盘右观测读数的中数，可以消除视准轴误差的影响。

盘左观测时，实际视准轴位于正确视准轴的左侧。此时，水平度盘的正确读数 $L_{正}$ 比实际读数 L 小 Δc 角，即 $L_{正} = L - \Delta c$；

盘右观测同一目标时，实际视准轴位于正确视准轴的右侧。水平度盘的正确读数 $R_{正}$ 比实际读数 R 大 Δc 角，即 $R_{正} = R + \Delta c$。

若取盘左和盘右读数的中数，可得：

$$M_T = \frac{1}{2}(L_{正} + R_{正} \pm 180^\circ) = \frac{1}{2}(L + R \pm 180^\circ) \tag{4-5}$$

式(4-5)表明：取同一方向盘左和盘右观测读数的中数，可以消除视准轴误差的影响。

(4) 两倍视准差及其作用

取同一方向盘左和盘右观测读数之差，可得：

$$L - R \pm 180^\circ = 2\Delta c \tag{4-6}$$

边长较长时，各观测方向垂直角的绝对值一般不超过 3°，这时 $\cos\alpha \approx 1$，$\Delta c \approx c$，则式(4-6)可写成：

$$L - R \pm 180^\circ = 2c \tag{4-7}$$

因此，通常将同一方向盘左和盘右观测读数之差，称为两倍视准差并以 $2c$ 表示之。

在短暂的一测回观测时间段内，温度变化引起视准轴的变动一般很小，可以认为 c 角基本不变。当各观测方向的垂直角绝对值不超过 3°且观测条件正常时，各方向的 $2c$ 值便接近相等。倘若一测回观测的条件欠佳，如仪器不稳定、照准部旋转不正确、温度突变、观测有大误差等，除降低观测成果质量外，还使 $2c$ 出现较大的绝对值。因此计算同一测回内各观测方向的 $2c$ 互差值，并与相应的限差相比较，可以判断一测回观测成果的质量和仪器的稳定性。

2. 水平轴倾斜误差

(1) 水平轴倾斜误差的概念

望远镜俯仰所围绕的几何轴线，称为水平轴。水平轴不垂直于垂直轴的误差。即水平轴不水平而产生的微小倾角，称水平轴倾斜误差，以符号 i 表示。

如图 4-29 所示，垂直轴与测站铅垂线一致，若水平轴与垂直轴正交，正确水平轴 HH_1 的位置为水平；若不正交，实际水平轴 $H'H_1'$ 的位置呈倾斜状，它与正确水平轴 HH_1 的交角 i 就是水平轴倾斜误差。设垂直度盘位于水平轴 H_1 端，并当实际水平轴 $H'H_1'$ 在该端向下倾斜时，i 为正；向上倾斜时，i 为负。

仪器制造、安装和校正的不完善，使望远镜两个支架高度不同，水平轴两端轴颈的直径不等，是产生水平轴倾斜误差的原因。

(2) 水平轴倾斜误差对观测方向读数的影响

① 影响观测方向读数的原因

如图 4-30 所示，是以水平轴中心 O 为球心，以任意长度为半径所作的半球。大圆 $H_1M'MHH_1$ 表示水平度盘；ZO 表示测站铅垂线；HH_1 表示正确水平轴；$H'H_1'$ 表示实际水平轴，盘左观测垂直角为 α 的目标 T 时，它的位置是左端低右端高，左端 H_1' 向下倾斜 i 角为正。

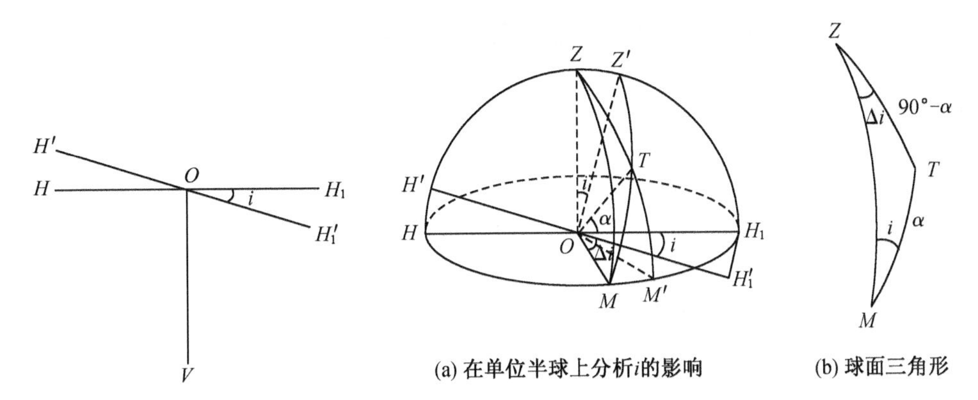

(a) 在单位半球上分析i的影响　　(b) 球面三角形

图 4-29　水平轴倾斜误差　　**图 4-30　水平轴倾斜误差对读数的影响**

由图 4-30 可看出：与正确水平轴 HH_1 正交的视准轴，指向天顶时的位置与测站铅垂线一致，它俯仰画出的垂直照准面 OZM 与水平度盘相交于 M。与实际水平轴 $H'H_1'$ 成正交的视准轴指向天顶的位置为 $Z'O$，它偏离测站铅垂线 ZO 一个 i 角，它照准垂直角为 α 的目标 T 时，所画出的 $OZ'TM$ 倾斜照准面，也与水平度盘相交于 M，即水平度盘实际读数为 M。若用与正确水平轴成正交的视准轴照准目标 T，照准部须逆时针方向转动 Δi 角（即 $\angle MOM'$），这时视准轴画出的垂直照准面 $OZTM'$ 与水平度盘相交于 M'，即水平度盘正确读数为 M'，它比实际读数 M 小 Δi 角，显然 Δi 是水平轴倾斜误差对观测方向读数的影响。

② 读数误差 Δi 的定量分析

在球面三角形 ZTM 中，$\angle ZMT = i$，$\angle MZT = \Delta i$，$ZT = 90° - \alpha$，$MT \approx \alpha$，则依正弦定理可得：

$$\sin \Delta i = \frac{\sin i \cdot \sin \alpha}{\sin(90° - \alpha)} = \sin i \cdot \tan \alpha$$

因为 Δi 和 i 均为小角度，故有：

$$\sin \Delta i \approx \Delta i = \frac{\Delta i''}{\rho''};\ \sin i \approx i = \frac{i''}{\rho''}$$

于是得：

$$\Delta i'' = i'' \cdot \tan \alpha \tag{4-8}$$

(3) Δi 的规律和消除方法

① $\Delta i''$ 不仅与 i'' 的大小成正比，而且与观测目标的垂直角有关。当 α 越大时，$\Delta i''$ 也越大，反之就越小，当 $\alpha = 0$ 时，$\Delta i'' = 0$。规范规定 J1、J2 型经纬仪的 i 角应不大于 10″、15″。

② 盘左观测，实际水平轴位置是左端低右端高，左端 H_1' 向下倾斜 i 角。此时，水平度盘正确读数 $L_{正}$ 比实际读数 L 小 $\Delta i''$ 角，即 $L_{正} = L - \Delta i$。

③ 盘右观测同一目标时，实际水平轴位置是左端高右端低，右端 H_1' 向上倾斜 i 角。此时，对观测方向读数的影响，正好与盘左观测的数值相同而符号相反。因此，水平度盘的正确读数 $R_{正}$ 比实际读数 R 大 Δi 角，即 $R_{正} = R + \Delta i$。

若取盘左和盘右读数的中数，则得：

$$M_{T} = \frac{1}{2}(L_{正} + R_{正} - 180^{\circ}) = \frac{1}{2}(L + R - 180^{\circ}) \tag{4-9}$$

式(4-9)表明：取同一方向盘左和盘右观测读数的中数，可以消除水平轴倾斜误差的影响。

如取同一方向盘左和盘右观测读数之差，则得：

$$L - R \pm 180^{\circ} = 2\Delta i \tag{4-10}$$

当经纬仪同时存在视准轴误差和水平轴倾斜误差时，则根据式(4-6)和式(4-10)，可得它们对同一方向盘左和盘右观测读数之差的联合影响为：

$$L - R \pm 180^{\circ} = 2(\Delta c + \Delta i) = 2c \tag{4-11}$$

规范上将 $2(\Delta i + \Delta c)$ 称为“$2c$”[这只是一个符号而已，它所代表的意义是式(4-11)的表达]，并规定其变化及同一测回各方向的互差的限差对 J1、J2 型经纬仪分别为 9″、13″，ZC 本身分别不大于 20″、30″。当各个观测方向垂直角绝对值不大于 3°时，各方向 $2(\Delta c + \Delta i)$ 的最大互差约为 1″.0～3″.1，这个数值在确定 $2c$ 互差的限值时，已综合考虑在内。因此，可用同一测回各个方向盘左和盘右观测读数之差的互差去判断观测成果质量的优劣。

在山区短边三角网的水平角观测中，个别方向的垂直角可能较大，当它的垂直角绝对值超过 3°时，其盘左和盘右观测读数之差将与其他方向有较大的差异。为了正确判断这些个别方向观测成果的质量，规范规定：当照准点方向的垂直角超过±3°时，该方向 $2c$ 互差可按同一观测时间段内的相邻测回进行比较。

3. 垂直轴倾斜误差

(1) 垂直轴倾斜误差的概念

照准部旋转所围绕的几何轴线称为垂直轴。在测站整置好的仪器的垂直轴不与测站铅垂线一致而产生的微小倾角，称垂直轴倾斜误差，以符号 v 表示。如图 4-31 所示，垂直轴 OV' 不与测站铅垂线 OV 一致，它相对 OV 的倾角 v 就是垂直轴倾斜误差。

产生垂直轴倾斜误差的原因是垂直轴校正和整置不正确；转动照准部时，垂直轴在轴套内晃动；以及外界因素影响，如温度、风力、震动和侧面压力等影响。

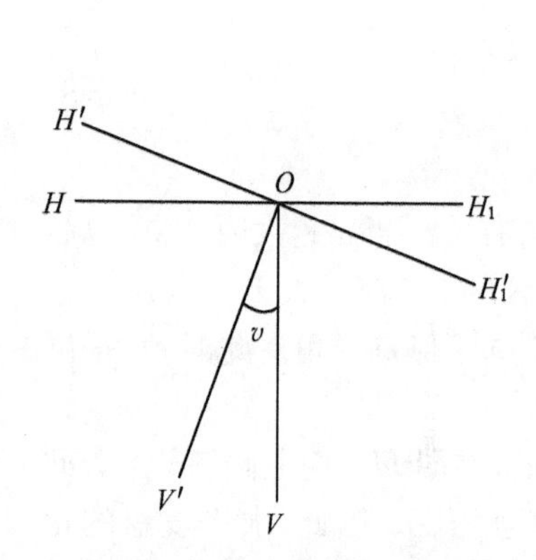

图 4-31 垂直轴倾斜误差

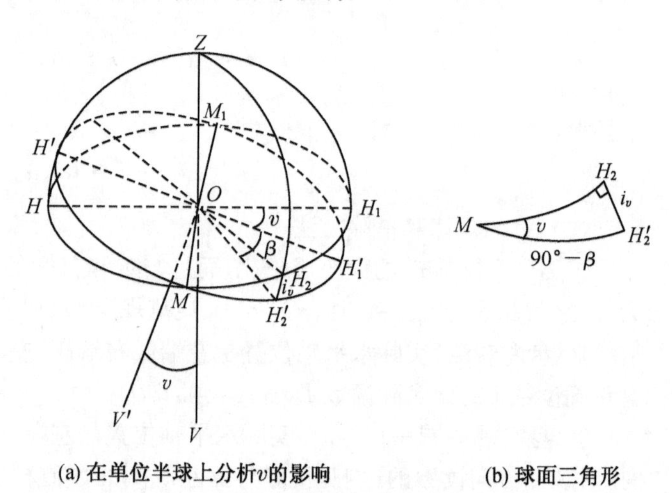

图 4-32 垂直轴倾斜误差对读数的影响

(2) 垂直轴倾斜误差对观测方向读数的影响

① 影响观测方向读数的原因

如图 4-32 所示，若垂直轴与测站铅垂线一致，水平轴 HH_1 的位置便水平，当照准部旋转一周时，正确的水平轴 HH_1 在水平面 $H_1MHM_1H_1$ 内转动。若垂直轴有倾角 v，与它正交的水平轴 $H'H_1'$ 位置随之倾斜，当照准部绕倾斜的垂直轴 OV' 旋转一周时，它将在倾斜面 $H_1'MH'M_1\,H_1'$ 内转动，从而影响各观测方向的读数。如果以垂直轴倾斜面上与垂直轴倾斜方向相反的一侧为基准，依顺时针方向转动照准部，这时，对倾斜的水平轴来说，当它靠垂直度盘的那一端位于 H_1' 时，倾斜角 $i_v=+v$；转动 β 角位于 H_2' 时，$0<i_v<+v$；转动 90° 位于 M 时，$i_v=0$；转动 180° 位于 H' 时，$i_v=-v$；转动 270° 位于 M_1 时，$i_v=0$；转动 360° 回到 H_1' 时，$i_v=+v$。由此可见，倾斜水平轴的倾角 i_v 随水平轴的倾角以及随观测方向方位的不同而变化。

综上所述，垂直轴有倾斜误差时，引起了水平轴倾斜，并以水平轴倾斜误差影响的形式影响观测方向的读数，因而读数误差可按式(4-10)计算。不过，式中的水平轴倾角 i_v 则随观测方向方位的不同而变化，这是它和水平轴倾斜误差影响的一个本质区别。

② 读数误差 $\Delta v''$ 的定量分析

图 4-32 中，设垂直轴有倾角 v，盘左位置视准轴照准垂直角为 α 的目标时，倾斜水平轴在靠垂直度盘那一端位于 H_2' 并倾斜了 i_v 角，依式(4-10)可得垂直轴倾斜误差对该观测方向的读数影响为：

$$\Delta v''=i''_v\cdot\tan\alpha \tag{4-12}$$

作大圆弧 ZH_2H_2' 垂直于大圆 $H_1MHM_1H_1$，并相交于 H_2 点。则在球面三角形 MH_2H_2' 中，$\angle MH_2H'_2=90°$，$\angle H'_2MH_2=v$，$MH'_2=90°-\beta$，$H_2H'_2=i_v$，依正弦定理得：

$$\sin i_v=\frac{\sin v\cdot\sin(90°-\beta)}{\sin 90°}=\sin v\cdot\cos\beta$$

因为 i_v 和 v 均为小角度，故有：

$$\sin i_v\approx i_v=\frac{i''_v}{\rho''}$$

$$\sin v\approx v=\frac{v''}{\rho''}$$

于是得：

$$i''_v\approx v''\cdot\cos\beta \tag{4-13}$$

将式(4-13)代入式(4-12)得：

$$\Delta v''=v''\cdot\cos\beta\cdot\tan\alpha \tag{4-14}$$

(3) Δv 的规律

① $\Delta v''$ 不仅与 v'' 的大小成正比，而且与观测目标的垂直角 α 及方位 β 有关。当 $\beta=90°$ 或 270°时，$\Delta v''=0$，垂直轴倾斜误差的影响被消除。

② 垂直轴倾斜的方向和大小不随照准部的转动而改变。它引起水平轴倾斜的方向和大小，对同一目标的正、倒镜观测相同，因而对盘左和盘右的观测读数影响具有相同的符号

和数值;取同一方向盘左和盘右读数的中数不能消除垂直轴倾斜误差的影响。

(4) 减弱或消除垂直轴倾斜误差影响的方法

① 观测前校正照准部管水准器并精密整平仪器,其作用是使垂直轴倾角 v 接近于零,以减小对读数的影响 $\Delta v''$。在一测回观测过程中,对于 J1 和 J2 型仪器的照准部管水准器气泡偏离中央位置,应不超过 1 格。为减小照准部水准气泡的偏离量,观测中仪器须打伞遮蔽阳光并挡风,必要时仪器脚架应支撑在脚桩上。

② 在每测回间重新整平仪器。其作用是改变各测回观测中 v 角的方向和大小,也使同一方向各观测测回 β 角不同。这样,同一方向各测回 Δv 的符号和数值便有一定的偶然性,取各测回观测值的中数后,可以部分地抵偿误差的影响。

③ 照准点垂直过大的方向,精密测角应在观测值上加入垂直轴倾斜改正数将误差消除。具体改正的方法是:观测垂直角过大的照准点方向时,读记照准部管水准气泡左、右两端的读数,用以计算出水准气泡偏离中央位置的格数 n。再根据检验经纬仪测得的照准部管水准器格值 τ'',按公式 $i''_v = n \cdot \tau''$ 算出水平轴倾角 i''_v。最后依式(4-14)算出垂直轴倾斜改正数 $\Delta v''$,改正该方向的观测值。对于三、四等控制测量只是在用上述第 2 种方法还不能有效减弱误差时才采用。

④ 利用高科技手段改进仪器的测量系统,在现代的电子经纬仪中设置了"双轴或三轴补偿装置",在一定的垂直轴倾斜范围内自动修正垂直轴倾斜误差等对观测方向的影响。

4.2.2.2 机械结构误差

1. 水平度盘分划误差

(1) 水平度盘分划误差的种类

用刻度机刻制水平度盘分划时,因产生刻度误差的原因不同,水平度盘分划误差分为长周期误差、短周期误差和偶然误差三种。

长周期误差是以水平度盘全周为周期,按一定规律变化的系统误差。它的大小可达 $\pm 2''$。

短周期误差是以水平度盘上以水平度盘上的一小段弧(约 $30'$至 $1°$)为周期,按一定规律变化的系统误差。它的大小可达 $\pm 1.0''$～$\pm 1.2''$。

偶然误差是在刻度过程中受外界偶然因素影响而产生的误差,大小约在 $\pm 0.20''$～$\pm 0.25''$。

从上述可知,长周期误差和短周期误差是系统性误差。它们的数值又较大,所以是水平度盘分划的主要误差,必须采取有效的方法来减弱它对观测水平角的影响。

(2) 减弱水平度盘上分划误差的方法

理论上可以证明,对于周期性的度盘分划误差,如果用它一个周期内均匀分布的度盘分划来读数,其平均读数可使误差得到减弱,并且读数所用的度盘分划数越多,误差减弱得越彻底。因此,当一个测站上观测水平角 m 个测回时,为了减弱长周期误差影响,各测回观测的度盘位置,应均匀分布在 $360°$的周期上。实际上,用 J1 和 J2 型光学经纬仪观测水平角时,总是用度盘对径分划来读数,因此度盘位置变换的实际角度应为 $180°/m$ 就可以了。

为了减弱短周期误差的影响,各测回观测的度盘位置,同样应当均匀分布在小段弧的一个周期内。具体地说,J1 型光学经纬仪应变换度盘一格之值 $4'$,J2 型光学经纬仪变换度盘半格之值 $10'$。

测微器分划也存在周期性的系统误差,为了减弱它的影响,各测回观测的测微器位置,也要均匀分布在测微器的全周上。

综上所述，在方向观测中，为了减弱水平度盘分划的长、短周期误差和测微器的分划误差的影响，各测回零方向应整置的度盘位置和测微器位置，可用下式计算：

$$\left.\begin{aligned}&\text{J1 型仪器：}\frac{180^\circ}{m}(k-1)+4'(k-1)+\frac{60^g}{m}\left(k-\frac{1}{2}\right)\\&\text{J2 型仪器：}\frac{180^\circ}{m}(k-1)+10'(k-1)+\frac{600''}{m}\left(k-\frac{1}{2}\right)\end{aligned}\right\}\tag{4-15}$$

式中：m 为测回数；k 为测回序号（$k=1,2,\cdots,m$）。

当第二项的数值超过 1°时，应将度数舍去。第三项括号内采用（$k-1/2$）的原因，是为避免第 1 测回零方向盘左或盘右的读数出现小于 0°00′00″的情况，不至于有时会给后面的计算带来麻烦而采取的措施。

在经纬仪的主要系统误差中，还有照准部旋转中心不与水平度盘分划中心重合的照准部偏心差、水平度盘旋转中心不与水平度盘分划中心重合的水平度盘偏心差。它们对观测方向读数的影响，有着以 360°为周期、依正弦函数变化的规律。精密经纬仪的这种偏心误差对读数造成的误差，可以用水平度盘正、倒对径分划像的重合读数消除。

2. 照准部旋转时的弹性带动误差

转动照准部时，由于垂直轴和轴套表面间的摩擦力，使仪器基座产生弹性扭转，和基座相连的水平度盘随之发生微小的方位变动，导致了观测方向读数误差。

当顺时针方向转动照准部时，一方面水平度盘顺转了一个小角，另一方面视准轴逆转了一个角而偏离照准目标，结果都使读数偏小；逆方向转动照准部时，使读数偏大。

从误差的规律可知，如果在半测回观测各个方向中，照准部向同一方向转动，各个方向的误差便有相同的符号，它对角度观测值的影响被减弱，仅残存较小的误差。当垂直轴不完善时，照准部在不同的方位上，会有不同的摩擦力，如果上、下半测回照准部均向同一方向转动，上、下半测回角度观测值中的残余误差因符号相同而不能进一步抵偿。因此，上、下半测回照准部转动的方向应相反。

3. 脚螺旋的空隙带动误差

支承仪器基座的脚螺旋，它的螺杆与螺母间有空隙，转动照准部时，螺丝杆在螺母内移动，带动了基座和水平度盘，使水平度盘产生微小的方位变动，导致了观测方向读数误差。

水平度盘方位的变动，在开始改变照准部转动方向时最大，其后随螺杆移向螺母壁而逐渐减小，当空隙消除时变动便停止。照准部向右转动时，水平度盘向右转动了一个小角，读数偏小；照准部向左转动时，读数偏大。

从误差的规律可知：减弱误差的方法是半测回观测中，照准部应按它要转动的方向先“空转”1～2 周，然后照准起始方向。以后照准各个方向时，照准部要保持按同一方向转动，不得反方向旋转。若转过了照准方向，照准部应按原方向再转一周去重新照准目标。

4. 水平微动螺旋的隙动差

因水平微动螺旋弹簧的弹力不足或油腻凝结，旋出水平微动螺旋照准目标时，弹簧不能迅速伸张，使微动螺旋杆和微动架之间出现空隙，在观测员读数过程中，弹簧逐渐伸张把空隙消除，使视准轴离开照准目标，带来了观测方向读数误差。

减弱误差的方法是：在照准各个方向目标时，水平微动螺旋最后应按旋进的方向（压缩弹簧的方向）转动。

同理，使用测微螺旋，其最后的转动方向也应为旋进。结束方向观测的间隙时间内应注意调整水平微动螺旋的适当位置。

5. 调焦透镜运行不正确引起的误差

由于制造上的不完善，致使调焦透镜组不按标准的轴线运行，因而当调焦透镜在不同的位置时，就使得视准轴发生相对的倾斜或偏离，因而造成方向误差。规范规定同一测站的观测，不得两次调焦。

6. 系统的鉴别误差和测量误差

电子经纬仪的相位测量的鉴别误差一般为一个填充脉冲；一次相位测量的误差比较大，但仪器大多采用一个方向值多个相位测量然后取平均值的方案，使得大量呈偶然性质的干扰误差得到很好的抵偿。最后的残存误差表现并不显著。

4.2.3 观测误差

观测误差包括照准误差和读数误差。

1. 照准误差

照准误差产生的原因较为复杂，但影响照准精度的主要因素是：人眼的分辨能力有限、望远镜的光学性能及结构参数、目标的形状、亮度以及背景情况、外界条件等。

2. 读数误差

使用光学测微器读数时的误差来源：一是判断度盘对径分划线是否重合的误差；二是在测微尺上读取小数的误差。对于 J2 型仪器来说，前者大于后者近 10 倍。故在读数时不必花费精力去估读测微尺分格的十分之一，影响读数精度的关键在于对径分划影像的重合精度。对于电子经纬仪来说不存在读数误差。

对于具有偶然性质的读数误差和照准误差，可以用多次观测的办法来削弱其影响。

另外，观测误差还与测量员的技术水平极大地相关，与其心理因素也有着密切的联系。

4.2.4 水平角观测的基本规则

1. 选择最有利的时间观测

其作用在于减弱照准误差、旁折光差、脚架和观测目标的扭转误差。

2. 一个测站全部测回的观测，分配在几个不同时间段内完成

其作用在于减弱旁折光差和照准目标相位差。

3. 各测回起始方向读数，应均匀分配在水平度盘测微器的不同位置上

其作用在于减弱水平度盘分划的长、短周期误差，测微器分划误差和行差的影响。

4. 半测回观测开始时，照准部应按它要转动的方向“空转”1～2 周

其作用在于减弱脚螺旋的空隙带动误差。

5. 半测回观测中照准部的旋转方向应相同

其作用在于减弱照准部旋转时弹性带动误差和脚螺旋的空隙带动误差。

6. 上、下半测回间纵转望远镜

其作用在于消除视准轴误差和水平轴倾斜误差的影响；获得两倍视准轴误差和水平轴倾斜误差的综合影响，以判断一测回观测中的成果质量和仪器稳定性；使仪器各部分对每一个观测方向都处于对称的位置，以补偿仪器各部分的弹性应力和变形的影响等。

7. 上、下半测回照准目标的顺序相反，观测各目标速度要快且时间均匀

其作用在于减弱脚架和观测目标扭转误差以及其他与时间成比例变化的误差影响。

8. 在每测回间重新整平仪器，一测回观测中，J2 型仪器照准部水准气泡中心应不偏离整置中心一格

其作用在于减弱垂直轴倾斜误差影响。

9. 一测回中不得再次调焦

其作用在于避免调焦透镜运行不正确而引起视准轴位置的相对变动。

10. 水平微动螺旋和测微螺旋最后应按旋进方向转动

其作用是减弱水平微动螺旋和测微器的隙动差，同时各螺旋应使用中间部分。

4.3　精密光学经纬仪的检验

正式用于控制测量生产作业的仪器，必须由法定的计量质检部门按仪器的类型定期鉴定合格后方可用于生产作业。作业员在工作的过程中，也应按要求对仪器进行检验。

精密光学经纬仪一般须通过检视、检查校正和检验三个过程来鉴定它的性能和质量。其他类型的经纬仪以及全站仪的测角系统也参照进行相应的检视、检查校正和检验。

检视是对仪器及附件的完好性从总体上进行查验、了解和认识的过程。

经纬仪检查校正的任务是检查仪器各部分的完损和效能情况；校正仪器的基本几何轴线，使它们相互间有正确的几何关系。

精密光学经纬仪的检验目的就在于测试、反映并正确处理仪器误差，掌握所用仪器的质量情况，对其适应作业的程度作出判断，为获得高质量的观测成果做好物质和技术的准备。

精密光学经纬仪的检验，有全面检验和每期业务开始前检验两种。

刚出厂和新领到而无检验资料的仪器，在检查校正的基础上，须进行全面检验。全面检验的任务是精确测定仪器残余误差的大小，查明仪器各部件的性能，全面地鉴定仪器的质量；测定仪器的必要数据(如照准部水准器格值等)，用以计算仪器误差影响的相应改正数，改正外业观测成果。

仪器在使用和运输过程中，由于磨损、震动和其他外界因素影响，有些部件的性能和误差的大小可能会发生变化。因此，在每期业务开始前，还需对某些项目进行检验。常用的精密经纬仪，其检验的项目和方法如下：

4.3.1　照准部旋转是否正确的检验

4.3.1.1　照准部旋转不正确的概念

经纬仪在照准部旋转过程中，如果垂直轴在轴套内发生倾斜和平移等晃动现象，称为照准部旋转不正确。照准部旋转不正确，势必影响观测成果质量。

照准部旋转不正确的原因是垂直轴和轴套间的间隙过大，其间润滑油较黏和油层分布不匀。如图 4-33 所示，垂直轴由一组钢珠与轴套的圆锥面接触，这组钢球除承受仪器上部的重量外，还对垂直轴的转动起定心和定向作用。当各钢珠形状、大小未满足要求时，也会引起照准部旋转不正确。

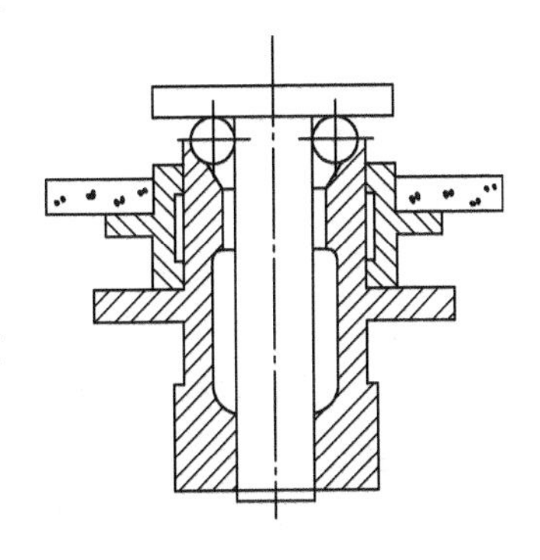

图 4-33　垂直轴结构

4.3.1.2　照准部旋转不正确的外部表现方式

当照准部旋转不正确时，表现在照准部管水准器上，除气

泡位移较大外,其位移还以照准部旋转两周为周期变化。

4.3.1.3 检验方法

检验应选择避风、阴凉和土质坚实的地点进行检验,还要对仪器进行必要的调整。

检验方法如下:

1. 精密整置垂直轴垂直,使水平度盘读数为 0°,读记照准部水准器气泡两端读数。

2. 顺时针方向旋转照准部,每转动照准部 45°(即水平度盘上的读数依次为 45°、90°、135°、180°、225°、270°和 315°),待气泡稳定后,读记水准器气泡一次,如此连续顺转观测三周。

3. 在顺转观测结束的位置上,再读记水准器气泡一次,作为逆转观测的开始。

4. 逆时针方向旋转照准部,每转动照准部 45°,等气泡稳定后,读记水准器气泡一次,如此连续逆转观测三周。

J2 型经纬仪,若照准部旋转正确,各位置气泡读数的互差应不超过 1 格(按气泡两端读数之和比较时为 2 格)。若各位置气泡读数的变化较大,互差又超过上述限值,且以照准部旋转两周为周期(有时无明显规律超限),则照准部旋转不正确,需进行检修。

4.3.2 光学测微器行差的测定

4.3.2.1 光学测微器行差的概念

J2 型经纬仪的光学测微器在水平度盘正、倒分划像相对移动一格,或正、倒分划像各自移动半格时,测微器应移动 n_0 格($n_0 = 600$)。如果水平度盘的正像分划或倒像分划移动了半格,测微器只移动 n 格($n \neq n_0$),则 $\gamma = n_0 - n$ 就是以测微器格数表示的光学测微器行差。

设水平度盘格值为 i($i = 1\,200''$),测微器格值为 μ($\mu = 1''$),则以角秒表示的光学测微器行差为:

$$\gamma'' = (n_0 - n)\mu'' = \frac{i''}{2} - n \cdot \mu'' \tag{4-16}$$

式(4-16)说明:光学测微器行差就是用测微器量取度盘分划像半格角距的实际值 $n\mu''$ 与理论值 $i''/2$ 之差。

4.3.2.2 产生测微器行差的原因

由水平度盘分划成像的光路可知,度盘分划像是经读数显微镜的物镜和目镜两次放大而成。度盘分划像间隔的大小,取决于读数显微镜的物镜位置。

如图 4-34 所示,当显微镜物镜位置正确时,度盘分划间隔 AB 经物镜放大后,在成像面上的间隔为 A_1B_1,如图 4-34 中(a)所示。如果物镜向下移动而偏离了正确位置,度盘分划像的间隔 A_2B_2 便变宽,如图 4-34(b)所示,这时 $n_0 < n$,γ 为负。反之,当物镜向上移动而偏离了正确位置时,度盘分划像间隔便变窄,这时 $n_0 > n$,γ 为正。

由此可见,读数显微镜的物镜位置不正确,是产生测微器行差的根本原因。

4.3.2.3 测微器行差的测定

水平度盘对径分划成像光路不同,使度盘正、倒分划像的间隔一般不会相等,分别对正像和倒像的间隔测定的正像和倒像行差也就不一致。因此,正像和倒像的行差均须分别测定,并取它们的中数作为最后结果。

设用测微器分别量取水平度盘正、倒分划像半格角距时,测微器位移的格数为 $n_{正}$、$n_{倒}$,相应的正、倒像行差为 $\gamma''_{正}$、$\gamma''_{倒}$,正、倒像行差的中数为 γ'',则:

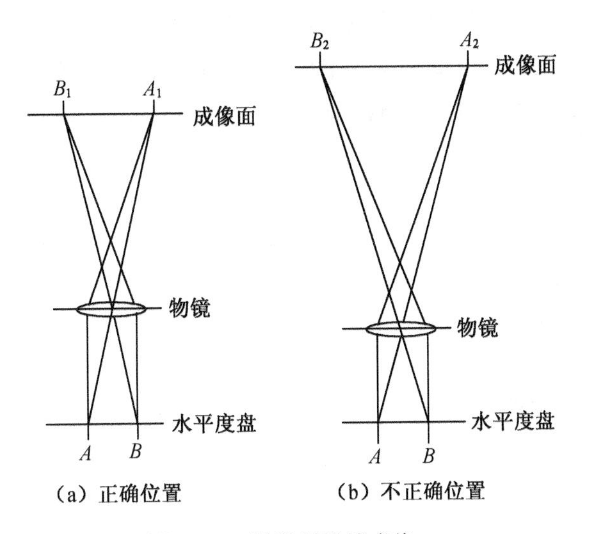

图 4-34 读数显微镜成像

$$\left.\begin{aligned} \gamma''_{正} &= (n_0 - n_{正})\mu'' = \frac{i''}{2} - n_{正} \cdot \mu'' \\ \gamma''_{倒} &= (n_0 - n_{倒})\mu'' = \frac{i''}{2} - n_{倒} \cdot \mu'' \end{aligned}\right\} \tag{4-17}$$

$$\gamma'' = \frac{1}{2}(\gamma''_{正} + \gamma''_{倒}) \tag{4-18}$$

因水平度盘分划存在误差，用不同度盘分划像的间隔测定的行差，将有不同的结果。为了减弱度盘分划的长、短周期误差以及分划误差的影响，需用均匀分布的水平度盘位置进行检验。J2 型仪器所用的度盘整置位置分布见表 4-4。

表 4-4 J2 型仪器所用的度盘整置位置分布表

序 号	整置位置	序 号	整置位置	序 号	整置位置
1	0° 00′	5	120° 20′	9	240° 40′
2	30° 20′	6	150° 40′	10	270° 00′
3	60° 40′	7	180° 00′	11	300° 20′
4	90° 00′	8	210° 20′	12	330° 40′

行差测定的基本思路是：按照表 4-4 固定的读盘位置设置好并使测微器为零位置，转动测微器使分划尺达到与度盘半格分划值对应的量测值，当分别以度盘的正倒像分划为指标时就会有两个与度盘半格分划值不同的差值，这就是所谓的“行差”。检测进行 12 个测回，然后取中数采用。

规范规定要求 γ'' 和($\gamma''_{正} - \gamma''_{倒}$)的绝对值，对 J1、J2 型仪器分别不应超过 1″、2″。若检验结果 γ'' 和($\gamma''_{正} - \gamma''_{倒}$)的绝对值超限，应调整光具组。

4.3.2.4 测微器行差校正的方法

当仪器行差超限时，一是通过调整仪器来消除行差；二是通过计算改正数的方法对行差影响的观测值施加改正。实际工作中一般采用前者。

调整仪器来消除行差的基本方法：

打开仪器的有关护盖，露出水平度盘显微镜物镜组的两个校正螺旋，边观察读数显微镜，边校正，直至行差消除或在允许范围以内为止。校正后拧紧校正螺旋，并进行必要的检测。

4.3.3 垂直微动螺旋使用正确性的检验

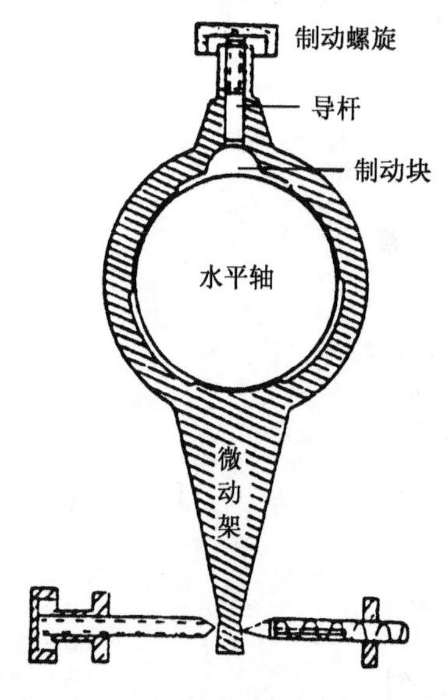

图 4-35 望远镜的制动和微动结构

望远镜的制动和微动结构，见图 4-35，拧紧垂直制动螺旋，它通过导杆推动制动块压紧水平轴，使制动装置、水平轴和微动架环连成一体，而微动架环下方被微动螺旋和微动弹簧顶紧，望远镜被制动。再转动垂直微动螺旋，它推动微动架环在一定范围内转动，使望远镜作微小俯仰。当微动架环与水平轴结合不好时，在转动垂直微动螺旋过程中，会使水平轴产生水平位移，从而引起视准轴位置的变化，影响观测方向读数。

检验方法如下：精密整平仪器，用望远镜照准挂以垂球的铅垂线后，拧紧垂直制动螺旋将望远镜固定。转动垂直微动螺旋，使望远镜在垂直面上俯仰。在望远镜移动过程中，如果十字丝中心离开了垂球线作斜直线移动，这是水平轴倾斜误差影响，垂直微动螺旋使用效能仍正确；如作曲线移动，说明垂直微动螺旋使用效能不正确。

当垂直微动螺旋使用不正确时，应该进行修理，或者在水平角观测中，照准目标需用手工直接调节望远镜，不得使用垂直微动螺旋。

4.3.4 照准部旋转时仪器底座位移而产生的系统误差的检验

旋转照准部时，由于垂直轴与轴套表面间的摩擦力引起的弹性带动、脚螺旋空隙的带动、三脚架架头和架脚间空隙的带动，使仪器基座和水平度盘发生方位扭转，产生了底座位移误差。因此，通过测定照准部旋转一周的底座位移系统误差，可以鉴定仪器在一测回观测过程中的稳定性。

检验方法是在仪器墩或牢固的脚架上整置好经纬仪，选择或设置一个清晰的目标，连续观测 10 个测回，各测回间变换水平度盘 18°。每一测回的观测操作是顺转照准部一周照准目标读数，再顺转一周照准目标读数。然后逆转照准部一周照准目标读数，再逆转一周照准目标读数。

观测后，分别计算各测回顺、逆各两次照准目标读数的差数(即照准部顺、逆旋转一周的底座位移系统误差)，并取 10 个测回的平均值，该值绝对值对于 J1、J2 型仪器应分别不超过 0.3″和 1″。

4.3.5 水平轴不垂直于垂直轴之差的测定

这项检验是测定水平轴倾斜误差，可在室内或室外进行。

4.3.5.1 *检验方法*

1. 设置高低点目标

在距仪器 5 m 以外的地方设置两个目标，一个在望远镜在水平视线的上方，称为“高点”；一个在望远镜水平视线的下方，称为“低点”。设置高、低点目标，需用仪器指挥使其位置满足下面的要求：两点大致在同一条铅垂线上；两点的垂直角绝对值应不小于 3°，它们的互差不得超过 30″。

为迅速实现后一要求，设置高、低点目标时，应顾及被检仪器的指标差 i 的影响。例如 J2 型仪器，若在盘左位置上设置目标，高、低点垂直角的绝对值拟为 4°，则设置高点时，在垂直度盘指标水准气泡居中后，应使垂直度盘读数为 $86° + i$；设置低点时，在垂直度盘指标水准气泡居中后，应使垂直度盘读数为 $94° + i$。

2. 观测高、低点间的水平角

高、低点间的水平角观测 6 个测回。为了减弱水平度盘分划长、短周期误差和分划误差与行差的影响，J2 型经纬仪各测回观测的度盘整置位置，分别是：0°00′50″，30°12′30″，60°24′10″，90°35′50″，120°47′30″和 150°59′10″。

在 6 个测回观测中，照准部转动的方向，有半数测回是顺转，半数测回是逆转，而每一测回的观测，照准部转动的方向相同。一测回观测操作程序是：正镜照准高点读数，再照准低点读数；倒镜照准低点读数，再照准高点读数。

J2 型仪器观测水平角的限差有：$2c$ 变化按高、低点方向分别比较，在整个测定中应不超过 10″；各测回水平角互差应不超过 8″。超出限差的测回应重测。

3. 观测高、低点的垂直角

高、低点的垂直角用中丝法观测 3 个测回。垂直角和指标差的互差均应不超过 10″，超限的成果应重测。

4.3.5.2　检验计算公式

当经纬仪同时存在视准轴误差和水平轴倾斜误差时，同一方向盘左和盘右读数之差，依式(4-11)为：

$$L - R \pm 180° = 2\Delta c + 2\Delta i$$

将式(4-4)和式(4-8)代入上式，可得：

$$L - R \pm 180° = \frac{2c}{\cos\alpha} + 2i \cdot \tan\alpha$$

盘左、盘右观测高点时，取 3 个测回垂直角观测值的中数 $\alpha_{高}$，则有：

$$(L - R \pm 180°)_{高} = \frac{2c}{\cos\alpha_{高}} + 2i \cdot \tan\alpha_{高} \tag{4-19}$$

盘左、盘右观测低点时，取 3 个测回垂直角观测值的中数 $\alpha_{低}$，则有：

$$(L - R \pm 180°)_{低} = \frac{2c}{\cos\alpha_{低}} + 2i \cdot \tan\alpha_{低} \tag{4-20}$$

因为 $|\alpha_{高}| \approx |\alpha_{低}|$，故取 $\alpha = \frac{1}{2}(\alpha_{高} - \alpha_{低})$

把它们分别代入式(4-19)和式(4-20)，则得：

$$(L - R \pm 180°)_{高} = \frac{2c}{\cos\alpha} + 2i \cdot \tan\alpha \tag{4-21}$$

$$(L - R \pm 180°)_{低} = \frac{2c}{\cos\alpha} + 2i \cdot \tan\alpha \tag{4-22}$$

将式(4-21)减式(4-22)经整理后得：

$$i=\frac{1}{4}\{(L-R\pm 180^{\circ})_{高}-(L-R\pm 180^{\circ})_{低}\}\cdot \tan\alpha \tag{4-23}$$

式(4-23)是观测一测回计算水平轴倾斜误差 i 的公式。

检验 J2 型仪器时，水平角共观测 n 个测回($n=6$)，故 i 角的中数为：

$$i=\frac{1}{4}\times\frac{1}{n}\{\sum_{1}^{n}(L-R\pm 180^{\circ})_{高}-\sum_{1}^{n}(L-R\pm 180^{\circ})_{低}\}\cdot \tan\alpha \tag{4-24}$$

若令

$$c''_{高}=\frac{1}{2}\times\frac{1}{n}\sum_{1}^{n}(L-R\pm 180^{\circ})''_{高} \tag{4-25}$$

$$c''_{低}=\frac{1}{2}\times\frac{1}{n}\sum_{1}^{n}(L-R\pm 180^{\circ})''_{低} \tag{4-26}$$

代入上式(4-24)得：

$$i''=\frac{1}{2}(c''_{高}-c''_{低})\cdot \tan\alpha \tag{4-27}$$

规范规定 i'' 的限差对 J1 和 J2 仪器分别为 10″、15″。

应当指出，在进行这项检验的同时，也测定了视准轴误差和垂直度盘指标差。

4.4 水平角观测

4.4.1 水平角观测方法概述

4.4.1.1 国家水平控制网的水平角观测方法

在国家水平控制网中，观测水平角的方法有方向观测法、全组合测角法和三方向法三种。

(1) 方向观测法的特点是在每个测站上，将需观测的 n 个方向合为一组，依次对各个方向进行观测。这种观测方法，其实是方向观测法和全圆方向观测法的统称。

在实际作业中，当观测方向数 $n\leqslant 3$ 时，采用方向观测法，它在半测回观测中不需要归零。因为半测回观测的时间很短，仪器底座变化很小。当 $n>3$ 时，采用全圆方向观测法。它在半测回观测中需要归零，以检查半测回观测中仪器底座的变动。

(2) 全组合测角法的特点是：在每个测站上，把需观测的 n 个方向，每两个方向组合成单角，然后，对可能组合成的全部单角，以相同的测回数逐个地进行观测。在实际作业中，为了使同一等级三角网上经测站平差后的各个方向值的权 $P_{方}$ 都相等，要求各点上观测单角的测回数 m，应根据它需观测的方向数，按 $P_{方}=n\cdot m=$ 常数的公式确定。

(3) 三方向法的特点是：用三方向组代替全组合测角法中相应的三个组合角，而每个组合角只能代替一次。然后，用方向观测法以 $3\times m/2$ 个测回(m 为全组合单角需测的测回数)对各个三方向组逐个地进行观测。当一个测站上用三方向组不能完全代替全部组合单角时，未被代替的单角，仍用全组合测角法以它原相应观测的测回数进行观测。

4.4.1.2 各种水平角观测方法的应用

在国家水平控制网的水平角观测中，观测方法的选择，除保证达到相应等级的测角精度要求和观测作业简便外，对于高等网来说，还要求各点测站平差后获得一组互相独立和等权的方向值(称等权完全方向组)，以便将测站平差和水平控制网平差分开进行，使水平控制网平差既可简化，又保持理论上的严密。

根据以上的要求，在实际应用中：一等水平角观测，必须采用全组合测角法；二等水平角观测和一些重要的精密工程测量，一般应采用全组合测角法，当观测方向数少于 7 个、且各方向目标都清晰时，可采用方向观测法，当观测方向数在 7 个以上时，可采用三方向法；三、四等水平角观测，采用方向观测法。

下面讨论常用的方向观测法中的有关问题。

4.4.2　观测前的准备工作

4.4.2.1　检修觇标

到达控制点后，要检查觇标各部件(特别是攀梯、站台和基板)是否稳固，圆筒是否垂直，基板是否水平，内、外架有无接触。对不符合要求、影响观测和安全的部位，要进行修理。如果其他点已观测过本点，须先测定归心元素，然后再修理觇标。

4.4.2.2　清理观测场地

需在地面上架设经纬仪观测的三角点，要清除觇标、脚架周围的杂草和碎石。如果土质松软，必要时应采取打脚桩和搭站台等措施，保证观测中脚架稳固。

4.4.2.3　确定仪器整置中心，测定测站点和照准点归心元素

三、四等水平角观测，归心元素一般只测定一次。因此，这项工作也可在水平角观测结束后进行。

4.4.2.4　设置挡风遮阳设备

在地面上架设经纬仪观测时，应设置测伞遮蔽阳光，使仪器不受阳光直接照射。在高标上安置经纬仪观测时，应张挂专用的“测橹复”来挡风遮阳。

4.4.2.5　整置仪器，找好待测方向，检查通视情况

仪器一般在观测前半小时整置，使仪器温度与大气温度充分一致。

当用脚架安置仪器时，其架设的高度和架腿的位置要合适。

当在内架基板上整置仪器时，一般应配置专用的经纬仪底盘，以便准确稳固地整置仪器。

整置仪器后，根据点之记或选点图找好观测方向。

4.4.2.6　选好零方向，测定各方向水平角和垂直角的概值，编制实用度盘表

在方向观测中，选好观测零方向(观测方向组的第一个方向)，可以提高观测成果质量，还能使归零差和各测回方向值互差不易超限。

测定水平角概值，用以编制实用度盘表。目的是观测中可以迅速地概略照准各方向目标。

测定垂直角概值的作用一是便于找方向；二是确定哪些照准点方向，需按同一观测时间段内相邻测回比较 $2c$ 值互差以及哪些方向要考虑加入垂直轴倾斜改正。

4.4.3　一测回观测操作程序

用 J1 型光学经纬仪按方向观测法进行国家二等水平角观测时，需测 15 个测回；用 J2 型光学经纬仪按方向观测法进行国家三、四等水平角观测时，三等需测 12 个测回，四等需测 9 个测回。每一测回观测的操作程序如下：

(1) 正镜,转动照准零方向目标,依基本度盘位置表对好度盘和测微器,即先转动测微轮对好测微器上的分、秒数据,后转动水平度盘变位螺旋对好度盘。

(2) 顺时针方向旋转照准部 1～2 周后,精确照准零方向目标,读取水平度盘和测微器读数(要求测微器两次重合读数,电子经纬仪和全站仪只要一次读取读数。下同)。

(3) 顺时针方向旋转照准部,精确照准第 2 方向目标读取水平度盘和测微器读数;顺时针方向旋转照准部依次进行第 3,4,…,n 方向的观测,最后闭合至零方向(观测方向数 $n \leqslant 3$ 时不必闭合至零方向)称为观测归零。

(4) 倒镜,逆时针方向旋转照准部 1～2 周后,精确照准零方向目标,读取水平度盘和测微器读数。

(5) 逆时针方向旋转照准部,按上半测回观测的相反次序,依次观测至零方向。

4.4.4 观测手簿的记录和计算

观测手簿的记录,要求做到记录真实,注记明确,清洁美观,格式统一。

在观测手簿中,每一观测时间段需记载首末页上端各个项目。每点的第Ⅰ测回,应在相应位置上记载所观测的方向号数(序号)、点名和照准标的(圆筒或标心以符号 T 表示,其他目标可以文字注记,如觇牌等);其余的测回,仅记方向号数。

一个测回观测的读数记录和计算,见表 4-5 所列。上半测回的读数,由上往下记;下半测回的读数,由下往上记。每一个方向在读取测微器两次重合各读数后,应检查它们的互差,合限后取它们的中数作为该方向盘左或盘右的测微器读数(电子经纬仪或全站仪由于不存在测微方面的误差,是屏幕直接显示的方向值,所以就没有必要读两次秒值了,手簿记录时可直接将秒数记在两次重合读数的中数格内)。每半个测回观测结束后,应计算归零差,并检查它是否合限。在下半测回观测中,应及时计算各方向的 $2c$ 值,检查它们之间的互差有无超限。还要计算各方向盘左和盘右读数的中数“(左+右)/2”[即(左+右±180°)/2,下同]。在一个测回中,零方向有两个“(左+右)/2”读数,应取它们的中数(本例表中该中数为 0°00′20.2″)记入“(左+右)/2”栏的第一行。最后,将各方向“(左+右)/2”读数都减去 0°00′20.2″,便得到各方向归零计算后的各方向值。

用 J2 型仪器进行三、四等方向观测,手簿记录和计算的取位读数 1″,两次测微器读数的中数取位 1″,(左+右)/2 和归零后方向值取位 0.1″。测站平差计算的取位 0.1″。

观测手簿的记录和计算,应注意的事项有:

(1) 一切原始观测值和记事项目,必须在现场用铅笔记录,不得凭记忆补记。

(2) 一切数字、文字记载应正确、清楚、整齐、美观。凡更正错误,应将错字整齐划去,然后在它的上方填写正确的文字或数字,禁止涂擦。对超限划去的成果,要注明原因和重测结果的所在页数。

(3) 一测回记录不得跨记在手簿的两页上。原始读数中秒值不得涂改;度、分值确实读错或记错,可在现场更正,但同一方向盘左、盘右不得同时更改一个常数。

4.4.5 观测成果的质量检核和超限的处理

4.4.5.1 观测限差

观测限差有两类:一类是测站限差;另一类是控制网几何条件闭合差和测角中误差的限差。

方向观测的测站限差有:测微器两次重合读数之差;半测回归零差;一测回内 $2c$ 互差和

归零后同一方向值测回互差等限差(见表 4-6)。它们与使用的经纬仪型号有关。

控制网几何条件闭合差的限差有:三角形闭合差;极条件闭合差;基线条件闭合差和方位角条件闭合差等限差。它们与控制网的等级有关。

表 4-5　一个测回水平角观测的读数记录和计算

第Ⅰ测回　　仪器:蔡司 010№:101820　　点名:通云山　　等级:三　　日期:5 月 20 日

天气:晴,东风二级　　观测者:李　明　Y=B　　觇标类型:钢寻常标　　开始:15 时 32 分

成像:清晰　　记簿者:张　宁　　归心用纸№209　　结束:15 时 40 分

方向号数名称及照准目标	读数						左−右 (2c)	左+右 / 2	方向值	附注
	盘左			盘右						
	° ′	″	″	° ′	″	″	″	20″.2	° ′ ″	
1 华纤厂	0 00	22	22	180 00	17	18	+4	20.0	0 00 00.0	
T		22			18					
2 人民路	56 19	17	17	236 19	09	09	+8	13.0	56 18 52.8	
T		17			09					
3 橡树湾	124 16	30	30	304 16	21	22	+8	26.0	124 16 05.8	
T		30			22					
4 麻油坊	168 07	06	06	348 07	02	02	+4	04.0	168 06 43.8	
T		05			02					
5 陈　庄	244 46	31	31	64 46	24	24	+7	27.5	244 46 07.3	
T		31			23					
6 姚家村	306 58	07	07	126 57	58	58	+7	02.5	306 57 42.3	
T		07			58					
1 化纤厂	0 00	23	23	180 00	18	18	+5	20.5		
T		23			18					

归零差　　　　$\Delta_{左}=-1$　　　　$\Delta_{右}=0$

表 4-6　方向观测法限差表

序号	项　目	二　等		三　等		四　等	
		J1	J2	J1	J2	J1	J2
1	光学测微器两次重合读数之差	1″	3″	1″	3″	1″	3″
2	半测回归零差	6″	8″	6″	8″	6″	8″
3	一测回内 2c 互差	9″	13″	9″	13″	9″	13″
4	化归同一起始方向后,同一方向值各测回互差	6″	9″	6″	9″	6″	9″
5	三角形最大闭合差	3.5″		7″		9″	

注:当照准点方向的垂直角二等超过±2°,三、四等超过±3°时,该方向 2c 互差可按同一观测时间段内的相邻测回进行比较,其差值不应超过表中的规定。按此方法比较时,应在手簿中注明。

4.4.5.2　超限成果的重测和取舍

水平角观测成果出现超限的原因,可能是观测条件不佳,操作不慎,存在系统误差和粗差等所致。当观测成果超限时,应分析观测时的条件,如观测员的精力、照准、操作和观测时间选择等主观条件,以及仪器性能、目标成像、旁折光和觇标内架扭转等客观条件。再从中

分析造成超限的原因，然后按下述原则进行重测和取舍：

1. 凡超出观测限差的结果均应重测

重测是指因超限而重新观测的方向或完整测回。因对错度盘、测错方向、读记错误或中途发现观测条件不佳而放弃的方向或完整测回，可随即重新观测，这种重新观测称为补测，不算重测。

2. 重测应在本点的全部基本测回完成后进行

全部基本测回完成后，通过比较全部观测结果，才能客观地分析超限的原因；可以获得判断成果质量的具体参考标准，比较可靠地确定应重测的观测结果。

3. 因测回互差超限时，除明显孤值外，应重测观测结果中最大和最小值的测回

这个原则的掌握比较复杂，做以下的分析：

为了正确地判断以下的几种情况，首先计算同一方向各测回方向值的中数 L_m，然后再结合相关的限差 $\Delta_{限}$，以确定正常值的闭区间，即[$L_m - \Delta_{限}/2, L_m + \Delta_{限}/2$]。

(1) 测回互差超限，出现明显过大或过小的孤值

如个别的观测值单向超出 [$L_m - \Delta_{限}/2, L_m + \Delta_{限}/2$]，就称为过大或过小的孤值。

(2) 测回互差超限，出现一大一小

如有两个的观测值双向超出 [$L_m - \Delta_{限}/2, L_m + \Delta_{限}/2$]，就称为一大一小。

(3) 测回互差超限，出现两小一大或两大一小

如有三个的观测值双向超出 [$L_m - \Delta_{限}/2, L_m + \Delta_{限}/2$]，就称为两小一大或两大一小。

(4) 观测成果分群

观测成果分群通常是由于在不同时间段内观测，一般是因观测时受旁折光差、照准目标相位差等系统误差影响而造成一部分成果偏大、一部分成果偏小明显的分群现象，且都接近或个别已经处于超限的状态。处理分群成果时，如果分群不明显，只重测个别观测结果超限的测回，否则应考虑全部基本测回观测结果重测。

4. 同一测回各方向 $2c$ 互差超限时，也应重测明显的孤值、最大与最小值等方向(零方向超限除外)的观测结果。

5. 因测回互差超限或非零方向的 $2c$ 互差超限，且一测回中重测的方向数不超过所测方向总数的 1/3 时，可只重测个别方向的观测结果。在一测回中重测个别方向观测结果时，只需联测零方向(用原基本测回的水平度盘整置位置)。

在一测回观测中，零方向因 $2c$ 互差超限或下半测回归零差超限，以及重测方向数超过所测方向总数的 1/3 时(包括观测三个方向，有一个方向重测时)，该测回需全部重测。

在一个测回观测中，归零后的各个方向值，是由各方向的观测读数减去零方向观测读数得到的，故当零方向误差过大而超限时，会影响到所有的方向，势必严重降低各方面观测结果的质量，所以在这种情况下，应重测整个测回。

在一个测站上，当基本测回重测的方向测回数超过全部方向测回总数的 1/3，因三角网几何条件闭合差或测角中误差超限而重测时，需整份成果重测。

凡超限的成果一律作废，只采用重测后合格的成果。

4.4.5.3 方向测回数和重测方向测回数的计算

一份成果的方向测回总数和重测方向测回数的计算方法如下：

(1) 一份成果的全部方向测回总数(按基本测回计算)，等于方向数 n 减 1 乘以测回数 m，即方向测回总数 $= (n-1)m$；

(2) 因零方向超限而全测回重测时,算做 $(n-1)$ 个方向测回;

(3) 在基本测回观测结果中,除零方向外,重测一个方向,算作 1 个方向测回,重测两个方向,算作 2 个方向测回,余类推;

(4) 在一个测回观测中,因重测方向数超过所测方向总数的 1/3 而重测全测回时,重测数仍按实际超限的方向数计算。

4.4.6　测站平差

方向观测的测站条件是每个方向的 m 个各基本测回观测值理论上应当相等。实际上,由于存在观测误差,它们是不会相等的。

测站平差的任务,就是根据上述测站条件,依最小二乘原理求得各个方向 m 个测回观测的测站平差值。计算一测回观测方向中误差和测站平差值的中误差,以评定观测成果的内部符合精度和质量。

1. 测站平差值的计算公式

设测站上有 $A,B,\cdots,N$ 等 n 个待测的方向,观测了 m 个测回,每个方向各测回的观测值分别为 $l_{ai},l_{bi},\cdots,l_{ni}$,相应的测站平差值为 $L_A,L_B,\cdots,L_N$,因为每个方向的各测回观测值都是独立和同精度的直接观测量,各个方向的测站平差值应等于它的各测回观测值的算术平均数,即

$$\left.\begin{aligned} L_A &= \frac{[l_{ai}]}{m} \\ L_B &= \frac{[l_{bi}]}{m} \\ &\vdots \\ L_N &= \frac{[l_{ni}]}{m} \end{aligned}\right\} \tag{4-28}$$

2. 精度估计公式

(1) 一测回观测方向值的中误差

如测站上观测的方向数为 n,观测测回数为 m,每个方向的各测回观测值改正数的绝对值为 $|v|$,则一测回观测方向值的中误差为:

$$\mu = \pm \frac{1.25 \times [|v|]}{n\sqrt{m(m-1)}}$$

若令:

$$K = \frac{1.25}{\sqrt{m(m-1)}}$$

则有:

$$\mu = \pm K \frac{[|v|]}{n} \tag{4-29}$$

(2) 测站平差值的中误差

计算式为:

$$M = \pm \frac{\mu}{\sqrt{m}} \tag{4-30}$$

测站平差计算需两人对算,并在规范规定的“水平方向观测记簿”上进行。

应当指出，由测站平差算出的 M 值，只反映一个测站上观测方向结果的离散程度，即内部符合精度。因此，由 $\sqrt{2}M$ 算得的测角中误差，还不能代表实际的测角精度。

三角网的测角中误差用菲列罗公式 $m_{菲}=\pm\sqrt{\dfrac{ww}{3n}}$ 计算（w 为三角网中各三角形的闭合差，n 为 w 的个数）。由统计知，由测站平差所得的测角中误差 $m_{站}\approx\dfrac{1}{2}m_{菲}$。

4.5 垂直角观测

4.5.1 垂直角和指标差计算公式

4.5.1.1 J2 型经纬仪的垂直角和指标差计算公式

由于各种型号的仪器垂直度盘分划注记和读数指标设置的位置不同，则垂直角和指标差计算公式各异。下面以蔡司 010 经纬仪为例，说明垂直角和指标差计算公式的推导。

如图 4-36(a)，所示，蔡司 010 经纬仪的垂直度盘按 360°全周刻度。盘左时，0°分划线在度盘上方，90°分划线在望远镜目镜端，270°分划线在物镜端，分划注记顺时针方向增大，读数指标水平安置；当视准轴水平时，正确的指标所指的读数为 90°，即指标与 90°和 270°的对径分划连线重合，当不符合该条件时，相对于 90°和 270°分划所产生的误差称为垂直度盘指标差，以 i 表示。

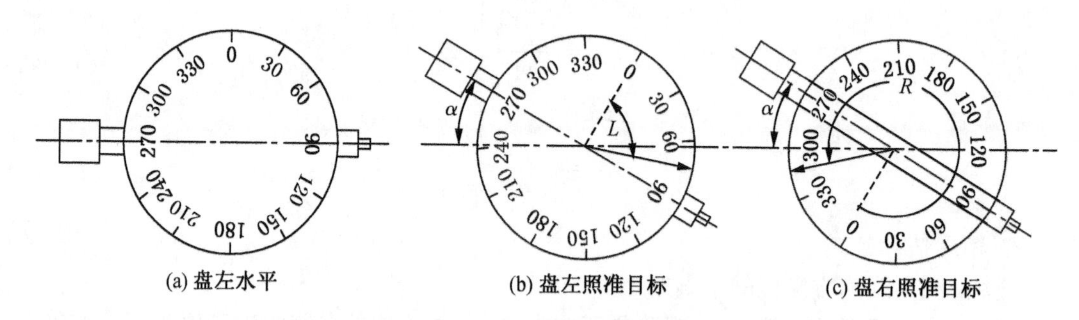

图 4-36　010 经纬仪垂直度盘

令盘左、盘右观测时，垂直度盘正确读数分别为 $L_{正}$、$R_{正}$，含指标差的实际读数相应为 L、R，指标差为 i。为便于推导公式，规定由于含指标差造成垂直度盘读数偏大时 i 为正值，偏小时 i 为负值。参阅图 4-36(b)，盘左观测中，照准垂直角为 $+\alpha$ 的目标时，实际读数偏大 i 角，垂直角为：

$$\alpha=90^{\circ}-(L-i)=90^{\circ}-L+i \tag{4-31}$$

盘右照准同一目标，这时垂直度盘与望远镜同时转动，又随同照准部旋转了 180°，因此，望远镜和度盘的相互关系不变，但整个垂直度盘倒置，即在盘左时，在度盘上方的分划现在在下方且分划注记按逆时针方向增大。同时，指标位置由盘左时居于右方转至左方对称位置上。见图 4-36(c)。盘右实际读数偏大 i 角，垂直角为：

$$\alpha=(R-i)-270^{\circ}=R-270^{\circ}-i \tag{4-32}$$

两式相加得：

$$2\alpha=R-L-180^{\circ}$$

$$\alpha=\frac{1}{2}(R-L-180^\circ) \tag{4-33}$$

由式(4-33)可以看出，对同一目标采用正、倒镜观测可以消除指标差对垂直角的影响。

将式(4-31)和(4-32)相减，得：

$$i=\frac{1}{2}(L+R-360^\circ) \tag{4-34}$$

式(4-34)是指标差计算公式。

其他按 360°全圆刻度注记的经纬仪，例如威特 T2、苏光 JGJ2 型仪器等，尽管其指标位置是垂直安置的，但这些仪器的垂直度盘的注记也与其对应，当视准轴水平时，其指标亦指在 90°处，所以垂直角和指标差的计算公式仍与以上式子相同。还有诸多全站仪也是这样。

4.5.1.2　J07、J1 型经纬仪的垂直角和指标差计算公式

这两种仪器垂直度盘的刻度和注记如图 4-37(a) 所示，晕线部分为无刻划注记的空白区域，指标在垂直位置。当视准轴水平、指标位置正确时，垂直度盘读数为 90°。度盘的注记是：在盘左位置看，距 90°分划线夹角为 70°处，按逆时针增大的方向，从 55°注记到 125°。即 55°分划线与 125°分划线之间的实际角值为 140°，注记为 70°，注记为实际角值的一半。这样，垂直度盘上一分格值 4′的实际值是 8′。

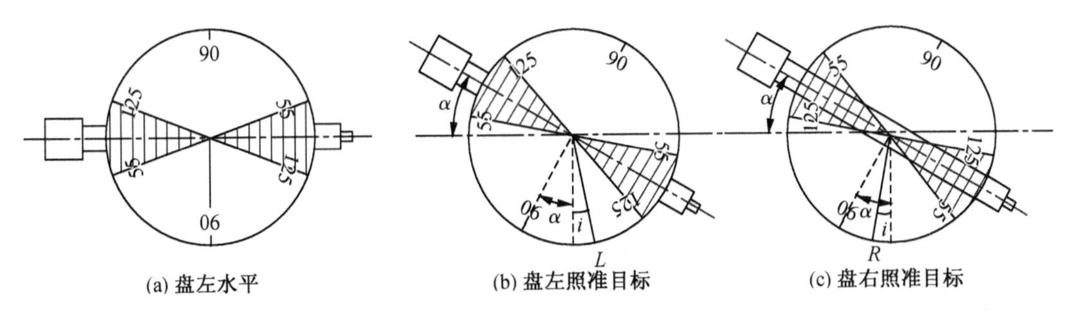

(a) 盘左水平　(b) 盘左照准目标　(c) 盘右照准目标

图 4-37　J07、J1 垂直度盘

由图 4-37(b)和 4-37(c)可知，当存在指标差 i，盘左和盘右视准轴指向垂直角为 $+\alpha$ 的目标时，有：

$$\alpha=2(L-90^\circ)-i \tag{4-35}$$

$$\alpha=2(90^\circ-R)+i \tag{4-36}$$

两式相加，得：

$$\alpha=L-R \tag{4-37}$$

两式相减，得：

$$i=L+R-180^\circ \tag{4-38}$$

从式(4-37)、式(4-38)两式可以看出，J07、J1 型经纬仪的垂直度盘的这种注记方法，使垂直角和指标差的计算较 J2 型经纬仪要简便。

另外，在校正 J07、J1 型经纬仪的垂直度盘指标差时，应按其度盘分划注记及测微盘的分划注记情况，明确实际值和名义值的关系，求出正确的读数和测微盘的分格数后，再进行改正操作。

由于垂直度盘分划注记是真实值之半，因此有：

$$L_{\text{正}} = L - \frac{i}{2}$$

或

$$R_{\text{正}} = R - \frac{i}{2}$$

测微盘每一大格的格值为 2″，因此，读数的每秒角值相应于测微盘的 0.5 大格。

例如，某目标的盘左、盘右垂直度盘读数为：

$$L = 87°30'04''.4$$
$$R = 92°30'10''.4$$

依(4-38)式算得：

$$i = +14''.8$$

盘右正确读数为：

$$R_{\text{正}} = 92°30'10''.4 - 7''.4 = 92°30'03''.0$$

仪器上度盘和测微器的读数为：

$$R_{\text{正}} = 92°30'01^{g}.5$$

此外，由仪器（各类型的经纬仪）直接读得的读数 L、R 分别为目标在盘左、盘右的天顶距读数（含指标差）。设天顶距为 z（天顶方向和视准轴瞄准方向的夹角），则有：

$$z + \alpha = 90° \tag{4-39}$$

因实际工作中用垂直角较为直观和方便，所以以后均用垂直角进行高程的计算。

4.5.2 垂直角观测

4.5.2.1 垂直角观测的最有利时间

三角高程测量的精度，在很大程度上取决于大气垂直折光的影响。在大气垂直折光系数变化较小的时间段内观测垂直角，可使三角高程测量有较高的精度。

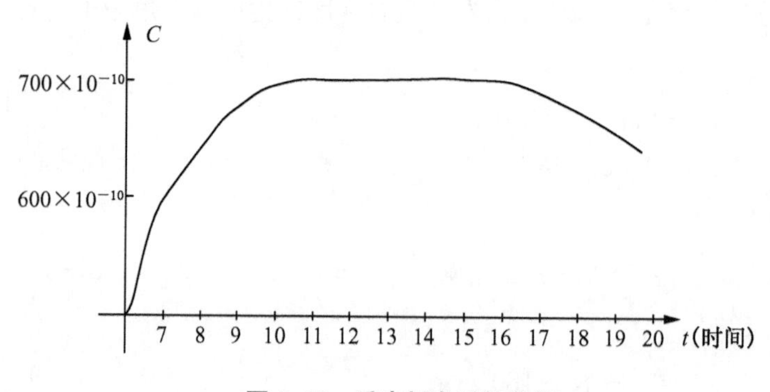

图 4-38 垂直折光系数曲线

以 K 代表大气垂直折光系数，以 C 代表地球曲率和大气垂直折光差改正系数。根据实验资料，白天 C 值随时间变化的规律，如图 4-38 所示。在白天日出后至 10 时，C 值变化剧烈，16 时后也有较大的变化，13 至 14 时之间变化最小。总的来说，按地方时计算，中午前后 10 时至 16 时之间 C 值最稳定。因此，在这个时间段中进行对向垂直角观测再运用三角学原理来求两点间的往返测高差，可以大大减弱大气垂直折光的影响，使三角高程测量具有较高的精度。

同时应该注意，在一般地区于中午前后进行垂直角观测时，由于空气湍流的影响，观测目标的影像会上下跳动。只要跳动的幅度不过大，观测时照准跳动目标的中间位置，仍可以得到良好的垂直角观测结果。但在戈壁、沙漠等地区，夏日大气温度变化剧烈，空气垂直方向的湍流急剧，目标影像的跳动强烈而不规则，以至观测时难于照准目标。因此，这类地区垂直角观测的时间可不限于 10～16 时，而应酌情放宽。

4.5.2.2　垂直角的观测方法

垂直角的观测方法有中丝法和三丝法两种。

仅用十字丝系的水平中丝来照准目标的观测方法称为中丝法。依次用上、中、下三根丝来照准目标的观测方法称为三丝法。

规范规定，各等三角点每个方向的垂直角观测，可用中丝法测四个测回或用三丝法测两个测回。

不论采用中丝法还是三丝法观测垂直角，可将一测站上须测的方向分成若干组，每组含 2～4 个方向，进行分组观测。为了减弱大气垂直折光系统性误差的影响，各组的观测应轮换进行，不宜连续测完某组方向的全部测回后才观测另一组。但在通视情况不好时，允许单独对某些方向进行连续地观测。

观测各方向的垂直角时，觇标的照准部位一般是圆筒上沿、标顶(标心顶端)、标尖(寻常标的橹柱接合部)、回光或觇牌的某个几何位置。

用三丝法进行分组观测时，一测回的操作步骤如下：

① 盘左位置，依次用上、中、下三根水平丝照准某组的 1 方向的目标，各丝精确照准目标后，用垂直度盘水准器微动螺旋，使水准气泡精确居中(有补偿器的经纬仪不需此步操作)，并读取垂直度盘读数(测微器读取两次重合读数)。

同法依次照准同组的 2，…，n 方向的目标并读数。

② 纵转望远镜，在盘右位置上，依次用上、中、下三根水平丝(从望远镜视场上看)照准第 n 方向的目标。按上法读数。

③ 同法依次照准 $n-1$，…，1 方向的目标并读数。

4.5.2.3　垂直角观测注意事项

观测垂直角时，应注意：

(1) 为了消除水平丝不水平的误差，在盘左、盘右两位置精确照准目标时，应使目标影像分别处于垂直丝左、右附近的对称位置上，即盘左、盘右均用同丝的同一部位去照准，如图 4-39 所示。

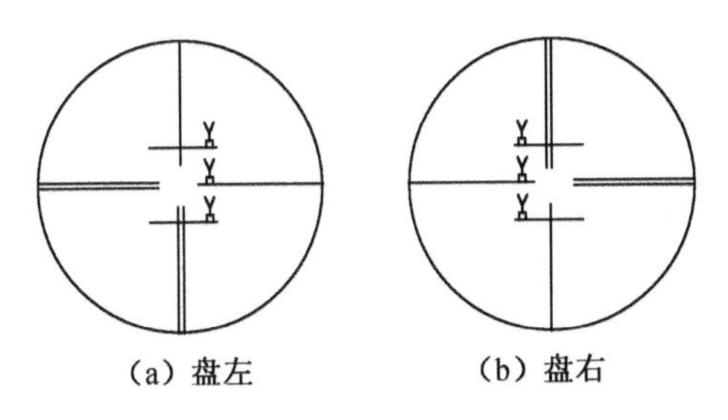

(a) 盘左　　(b) 盘右

图 4-39　三丝法垂直角观测

(2) 用三丝法观测时，从望远镜视场上看，盘左、盘右均按上、中、下丝顺序去照准。而实际上盘左、盘右的照准顺序是上、中、下，下、中、上。这样，使盘左、盘右三根丝的观测时间对中央时刻成对称。

(3) 每次读数之前，应确保垂直度盘气泡精确居中。

(4) 观测过程中，当发现指标差的绝对值大于 30″时，应进行校正。在这种情况下，若已测完测回的其他各项符合限差要求，则这些测回仍可采用。

(5) 常规仪器需在每次读数前精确整平垂直度盘指标水准器，自动安平仪器只需概略整平仪器，全站仪或电子经纬仪的垂直度盘还可设置成倾斜度等其他的角度形式。

4.5.2.4 观测手簿的记录和计算

表 4-7 和表 4-8 分别为用中丝法和三丝法观测某方向垂直角的手簿记录和计算示例。

表 4-7 中丝法垂直角观测手簿记录和计算

点名：通云山　　等级：三　　日期：6 月 10 日

天气：晴　　成像：清晰稳定　　开始：10 时 20 分　　结束：10 时 35 分

仪器至标石面高：1.39 m

照准点名	盘左		盘右		指标差	垂直角
照准部位	° ′ ″	″	° ′ ″	″	′ ″	° ′ ″
麻油坊	90 04 31	31	269 55 46	46	+0 08	−0 04 22
	31		46			
	90 04 29	28	269 55 43	43	+0 06	−0 04 22
	28		43			
	90 04 28	28	269 55 45	45	+0 06	−0 04 22
	29		45			
	90 04 30	30	269 55 47	48	+0 09	−0 04 21
	30		48			
	中数					−0 04 22
姚家村	90 07 17	17	269 53 04	04	+0 10	−0 07 06
	17		04			
	90 07 21	22	269 53 07	06	+0 14	−0 07 08
	22		06			
	90 07 23	23	269 52 59	00	+0 12	−0 07 12
	23		53 00			
	90 07 24	24	269 53 02	02	+0 13	−0 07 11
	23		03			
	中数					−0 07 09

手簿中照准部位一栏以下列规定符号填入，表示观测方向目标的照准位置：

TT——圆筒上沿；⅄——标顶；○——回光；大——标尖。

有的照准目标没有符号时，可用文字注记说明。

用三丝法观测某一方向的一测回记录中，盘左位置由上往下记（分别为上、中、下三根丝），盘右位置由下往上记，以便与观测的顺序相适应。

原始读数的记录中，秒数不得涂改，对于"分"读数，则各测回不得连续更改同一数字。

垂直角的读数和计算，J2 型经纬仪取至 1″；J07、J1 型仪器取至 0″.1。

三、四等点上用 J2 型经纬仪观测时，可用以下简便的方法计算垂直角。

$$\alpha>0 \text{ 时：} \alpha = R - 270^\circ - i$$
$$\alpha<0 \text{ 时：} \alpha = 90^\circ - L + i$$

式中：i 应先算至 $0''.1$，α 最后取至 $1''$。

手簿上应记录仪器水平轴和觇标各有关部位到中心标石上标志的高度。

用中丝法和三丝法进行垂直角观测的外业记录格式见表 4-7 和表 4-8。

表 4-8　三丝法垂直角观测手簿记录和计算

点名：通云山　　等级：三　　日期：6 月 10 日

天气：晴　　成像：清晰稳定　　开始：14 时 10 分　　结束：14 时 50 分

仪器至标石面高：1.21 m

照准点名	盘左		盘右		指标差	垂直角
照准部位	° ′ ″	″	° ′ ″	″	′ ″	° ′ ″
Ⅰ测回 人民路	89 37 54	54	26947 36	36	−17 15	+0 04 51
	53		35			
	89 55 07	07	270 04 44	44	−00 04	+0 04 48
	07		44			
	90 12 16	16	270 22 04	04	+17 10	+0 04 54
	16		04			
	中数					+0 04 51
Ⅱ测回	89 37 48	54	269 47 39	39	−17 16	+0 04 56
	48		39			
	89 55 01	00	270 04 46	45	−00 08	+0 04 52
	00		44			
	90 12 08	08	270 22 02	02	+17 05	+0 04 57
	09		01			
	中数					+0 04 55

4.5.2.5　垂直角观测限差、指标差限差与重测

（1）垂直度盘测微器两次重合读数的差

J2 型仪器不得超过 $3''$，J07、J1 型仪器不得超过 0.5 格。

（2）垂直角互差限差为 $10''$

垂直角互差的比较方法是以同一方向各测回各丝所测的全部垂直角结果互相比较。即用中丝法观测时，应将同一方向四个测回所得的四个垂直角结果互相比较；用三丝法观测时，应将同一方向二个测回所测得的六个垂直角结果互相比较。

（3）指标差较差的限差为 $15''$

指标差本身的绝对值要求 J1、J2 型仪器分别不得大于 $30''$，在观测前就应该调整好。指标差变化的比较方法是将同组、同测回、同丝的结果互相比较；单独方向连续观测时，按同方

向各测回同一根水平丝所计算的结果互相比较。

凡垂直角互差或指标差互差超限的成果必须重测。若有一根水平丝所测的某一方向的结果超限，则此方向须用中丝法重测一测回。用三丝法观测时，若同方向一测回中有两根水平丝所测的结果超限，则该方向须用三丝法重测一测回，或用中丝法重测二测回。

4.5.2.6 仪器高和觇标高的测定

在三角高程测量中，因量取仪器高和觇标高时所发生的粗差，是观测高差出现大误差的主要原因之一。因此，必须认真、细致地做好量高的工作。

仪器和觇标高度的丈量，则应以不同的尺段各量取一次。原始读数应记录在手簿上。如果两次量取的结果之差不大于 5 厘米(三角点高程测量时)，则取中数采用；在城市或者为某些工程测量服务的控制测量中(如测距高程导线)，仪器和觇标高度的两次丈量结果的较差要求严一些。

思考题与习题

4S·1. 精密光学经纬仪与普通经纬仪相比，多了什么重要的部件？

4S·2. 试述光学经纬仪采用重合读数法读数的操作步骤。

4S·3. 试述经纬仪和全站仪的系列标准和分类。

4S·4. 试述电子经纬仪光栅读盘、增量法电子侧角的基本原理。

4S·5. 如何消除或减弱视准轴误差、水平轴倾斜误差和垂直轴倾斜误差对水平方向观测读数的影响？

4S·6. $2c$ 的含义和作用是什么？

4S·7. 在水平方向观测中，如何减弱度盘分划长、短周期误差和测微器的分划误差与行差对水平方向观测读数的影响？

4S·8. 在水平角观测中，应遵守哪些基本规则？它们分别减弱或消除哪些误差的影响？

4S·9. 在每期业务开始前，J1、J2 型光学经纬仪要检验哪些项目？

4S·10. 国家各等级水平控制网各采用什么方法观测水平角？

4S·11. 试述三、四等水平方向观测的一测回观测操作、手簿记录和计算的方法。

4S·12. 用 J1、J2 型经纬仪进行二、三等方向观测时，测站观测限差有哪些？

4S·13. 试述用三丝法观测垂直角一测回的操作步骤和注意事项。

4S·14. 如何比较垂直角互差和指标差互差？

4X·1. 在四等控制点上，用 J2 型光学经纬仪进行水平方向观测时，要求观测 9 个测回，试编算观测的基本度盘位置表(凑至整秒)。

4X·2. 在平安桥导线点上设仪器，用全站仪 301D 三丝法以连续观测方式观测朝阳坡导线点的垂直角，读数记录见下表，试计算各丝所测定的指标差和垂直角，并计算垂直角的中数以及质量检核。

垂直角观测的记录、计算(三丝法)

点名:平安桥　　　　等级:四　　　　日期:8 月 19 日

天气:晴　　　　　成像:清晰稳定　开始:10 时 30 分　　　　结束:11 时 45 分

仪器至标石面高:1.57 m

(第 1 测回)

照准点名:朝阳坡	盘左	盘右	指标差	垂直角
照准部位	° ′ ″	° ′ ″	′ ″	° ′ ″
(上丝)棱镜中心	88 39 33	271 54 38		
(中丝)棱镜中心	88 22 16	271 37 30		
(下丝)棱镜中心	88 05 20	271 20 16		
	中　数			

(第 2 测回)

照准点名:朝阳坡	盘左	盘右	指标差	垂直角
照准部位	° ′ ″	° ′ ″	′ ″	° ′ ″
(上丝)棱镜中心	88 39 25	271 54 37		
(中丝)棱镜中心	88 22 14	271 37 23		
(下丝)棱镜中心	88 05 15	271 20 18		
	中　数			

第5章 电磁波测距

距离是测量中重要的观测元素，长度测量是控制测量中的工作之一。目前大多都采用电磁波测距法进行距离测量。

5.1 光电测距基本原理

自从1948年世界上制造出第一台光电测距仪（亦称电磁波测距仪）至今，不同光源、不同测程、不同精度、不同型号的测距仪已达数百种。我国亦能生产各种类型的测距仪。比较有代表性的有武汉地震研究所研制的JCY－3精密激光测距仪，南方仪器公司生产的全站仪NTS－960R系列，苏州第一光学仪器厂生产的全站仪OTS810N系列等。

值得一提的是，目前在民用方面对于仅具有测距功能的测距仪产品已基本被淘汰，处于测量生产主流地位的测距仪器，是将电子测角和电磁波测距结合在一起的、具有强大功能的全站仪。因此，仪器生产厂家也都转型生产全站仪以及更加高级的、科技含量更高的超站仪，关于测距仪的原理、结构等基本情况都包含在这些仪器的测距部分。从学习和研究电磁波测距基本原理和应用的角度来说，结合测距仪或结合全站仪等来学习和研究，其目的和效果则是一致的。

5.1.1 光电测距仪的分类

5.1.1.1 按光源分类

按目前所采用的光源，可分为红外光测距仪、激光测距仪和微波测距仪三类。

5.1.1.2 按测程分类

短程测距仪，是指测程为3 km及3 km以内的测距仪；

中程测距仪，是指测程为3 km及3 km以上至15 km以内的测距仪；

远程测距仪，是指测程为15 km以上的测距仪。

5.1.1.3 按测距仪的精度分类

测距仪的精度，是指测距仪出厂的标称精度，以1 km的测距中误差m_D为参数。

Ⅰ级：$m_D \leqslant 2$ mm；

Ⅱ级：2 mm$< m_D \leqslant 5$ mm；

Ⅲ级：5 mm$< m_D \leqslant 10$ mm；

Ⅳ级（等外）：$m_D > 10$ mm。

5.1.1.4 按测距原理分类

（1）固（变）频相位式测距仪

测距的特点是发射连续的固定（变化）频率的正弦调制光波，测量测距信号在发射与接收之间的相位差，以确定待测距离。它的测距精度高，但测程短，一般要有合作目标。

（2）脉冲式测距仪

测距的主要特点是发射光脉冲，直接测定测距信号在大气中传播的时间，以确定待测距离。它发射功率大，测程远，可以不要合作目标，但测距精度较低。

5.1.1.5　按反射目标分类

(1) 漫反射目标(非合作目标);

(2) 合作目标(反射棱镜,有源反射器)。

5.1.1.6　按波数分类

(1) 单载波;

(2) 双载波;

(3) 三载波。

此外,还可按测距仪的结构形式和功能,分为:组合式、整体式测距仪;全站仪;自动跟踪全站仪等类型。

在工作中,因光波和电波都是电磁波,如果不特指测距仪的类型时,可将各种类型的测距仪统称为“光电测距仪”、“电磁波测距仪”或简称为“测距仪”;对于具有多功能的全站仪则称为“电子全站仪”、“电子速测仪”、“全站仪”等;相应的测距工作称为“光电测距”、“电磁波测距”、“电子测距”、“EDM”等。

5.1.2　固频相位法光电测距原理

光电测距仪以红外光或激光为载波,因受大气能见度和光能量耗散的影响,其测程较短,但精度很高,为测绘单位广泛采用。另外因微波测距仪精度偏低,激光测距仪的激光管要定期更换、使成本增加等现实问题,考虑到实际需要、使用方便和经济效益,目前以应用砷化镓发光二极管为发光光源的固频相位式光电测距仪或全站仪最为广泛。本章将结合该类仪器进行讨论。

5.1.2.1　固频相位法测距的基本公式

电磁波测距法是以已知电磁波在空气中传播的速度 c 为前提,利用电磁波作为载波运载测距信号,测定该信号在待测距离 D 上往返传播的时间 t_{2D},从而确定两点间的待测距离,即已知速度和时间求直线距离:

$$D = ct_{2D}/2 \tag{5-1}$$

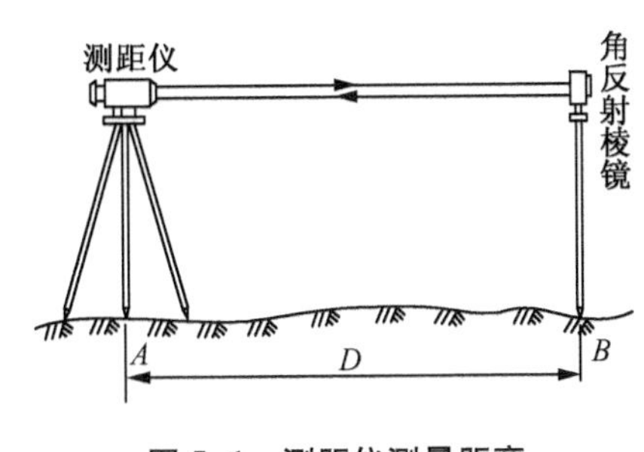

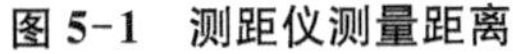
图 5-1　测距仪测量距离

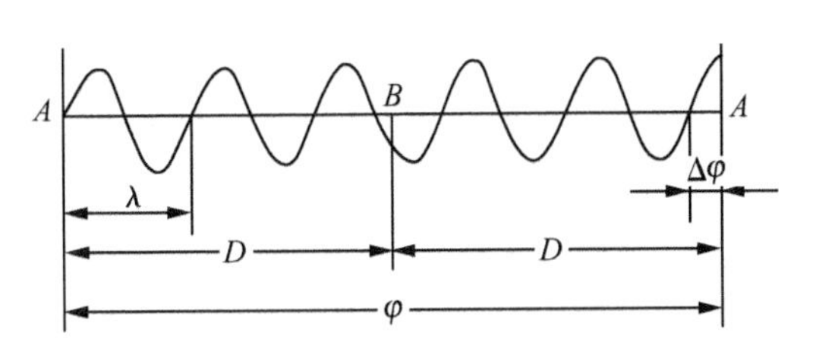

图 5-2　测线上调制光波展平

用光电测距仪测量距离时,由于光传播速度太快,直接测定电磁波在待测距离 D 上往返传播的时间 t_{2D},时间测量精度很难满足要求。因此,通过测量调制光波往返于待测距离上的相位延迟 φ,以间接测定时间 t_{2D},从而达到测算待测距离的目的。如图 5-1 所示,测距仪整置在 A 点上,反射棱镜整置在 B 点上,A、B 两点间的待测距离为 D。固频相位法测距,就是由测距仪发射连续的调制光波,然后测量调制光波往返于待测距离上的相位差 φ,以间接测定时间 t_{2D},并按式(5-1)求得待测距离。见图 5-2,若将调制光波在测线上按往返距离展平，则它返回到 A 点的相位，要比发射时延迟了 φ 角。根据物理学中关于电磁波相位、角速度、周期以及频率之间关系，即有：

$$\varphi = \omega \cdot t_{2D} = \frac{2\pi}{T} \cdot t_{2D} = 2\pi f \cdot t_{2D} \tag{5-2}$$

式中：ω 为调制光波的角速度；T 为调制光波的周期；f 为调制光波的频率。

由式(5-2)得：

$$t_{2D} = \frac{\varphi}{2\pi f} \tag{5-3}$$

因为 f 为固定值，故测定调制光波往返于待测距离上的相位差 φ，就可以间接测定调制光波在测线上往返传播的时间 t_{2D}。将式(5-3)代入式(5-1)后，得：

$$D = \frac{c}{2f} \times \frac{\varphi}{2\pi} = \frac{\lambda}{2} \times \frac{\varphi}{2\pi} \tag{5-4}$$

式中：$\lambda = c/f = c \times T$ 为调制光波的波长。

在图 5-2 中，设调制光波往返于待测距离上的相位差 φ 整周数为 N，不足一整周的相位差尾数为 $\Delta\varphi$，即

$$\varphi = N \times 2\pi + \Delta\varphi$$

将上式代入式(5-4)，便可得测距的基本公式：

$$D = \frac{\lambda}{2}\left(\frac{N \times 2\pi + \Delta\varphi}{2\pi}\right) = \frac{\lambda}{2}\left(N + \frac{\Delta\varphi}{2\pi}\right) = \frac{\lambda}{2}(N + \Delta N) = u(N + \Delta N) \tag{5-5}$$

式中：$\Delta N = \Delta\varphi/(2\pi)$，为相位差不足一整周的周数的小数部分；$u = \lambda/2 = c/(2f)$，称为测尺长度。

式(5-5)表明，固频相位法测距，就如同用一把长度为 $u=\lambda/2$ 的测尺，去丈量待测距离，其中 N 为量得的整尺段数，ΔN 为量得的不足一整尺段的尾数(折合成小数)。在固频相位式光电测距仪中，由于测相器只能测定相位差 φ 的尾数 $\Delta\varphi$（或 ΔN），无法测出整周期数 N，这就使式(5-5)产生多值解，待测距离 D 仍无法确定。当测尺长度 u 大于待测距离 D 时，有 $N=0$，可以获得唯一的单值。然而目前的测相精度一般为 1/1 000，则对应的测距精度亦为 1/1 000，测尺长度越大，测距精度就越低。测距中这种扩大测程与提高精度之间的矛盾，可以通过在仪器内部设置若干个不同的测尺频率 f_i（即不同的测尺长度），把它们配合起来解决这个测距方面的矛盾。

5.1.2.2 测尺频率方式

(1) 直接测尺频率方式的选择

由测距仪主控振荡器(石英晶体振荡器)产生的调制频率，即晶体标称频率，称为测尺频率。在固频相位式测距仪内设置的一组测尺频率中，它们与各测尺长度直接对应，即各测尺长度均由 $u_i = c/(2f_i)$ 直接确定。这种测尺频率组合方式，称为直接测尺频率方式。这种测尺频率方式为短程光电测距仪所普遍采用。在这组测尺频率中，用来测定相位差或距离的尾数，以保证测距精度的最高频率称为精测频率，它对应的测尺称为精测尺；其余用来确定 N 值或距离概长，以扩大测程的较低频率称为粗测频率，它们对应的测尺称为粗测尺。

假设某短程红外测距仪的最大测程为 1 km，它设置有两个测尺频率，其中精测频率 $f_1 = 15$ MHz，对应的精测尺长 $u_1 = 10$ m；粗测频率 $f_2 = 0.15$ MHz，对应的粗测尺长度 $u_2 = 1\ 000$ m。当测量某一段小于 1 km 的待测距离时，用粗测尺长 u_2 测量的结果，可测出它的百米位、十米位、米位和分米位数值。因为一般的测距精度为 1/1 000，故在米及以下的数位都应属于无效的数值，例如 656.9 m，“6.9”在这个位数上不能保证精度，所以是无效的数值。用精测尺长 u_1 测量的结果，可测出它的米位、分米位、厘米位和毫米位数值，例如 7.123 m。同理可知，“0.023”是误差较大的数值，因它属于精测尺测出的数值，一般全部保留，故距离的精度也都反映在厘米及以下的数位上。于是，把两根测尺的测量结果衔接起来，便得到完整、单一而精确的待测距离观测值 657.123 m，并由测距仪的显示器显示出来。即

$$\begin{array}{r} 656.9 \\ +\quad 7.123 \\ \hline 657.123 \end{array}$$

很明显，在直接测尺频率方式中，利用测距仪内设置的一组固定测尺频率配合测距，既扩大了测程，又保证了测距精度，从而解决了它们之间存在的矛盾。这就如同钟表用时针、分针和秒针配合起来精确指示时间的道理是一样的。

(2) 间接测尺频率方式

在直接测尺频率方式中，当测程很长时，各个测尺频率将差异悬殊，这就使仪器内的频率发生器、放大器和调制器难以对各个测尺频率有相同的增益和相位移的稳定性，从而影响测距。因此，有些仪器便设置一组数值上比较接近的测尺频率，并且除精测尺长与精测频率直接对应外，各个相当粗测尺长均由两个测尺频率的差频(相当粗测频率)间接确定。这种测尺频率组合方式，称为间接测尺频率方式。

表 5-1 中的 $f_1 = 15$M Hz 为精测频率，$u_1 = 10$ m 为精测尺长，它们直接对应。$f_{1.i} = f_1 - f_i (i = 2,3,4,5)$ 为相当粗测频率，与 $f_{1.i}$ 对应的 $u_{1.i}$ 为相当粗测尺长。由表列值看出，各测尺长度按 10 倍数递增，最大测程为 100 km，这就是说，利用两个十分接近的测尺频率的差频，可以获得很长的粗测尺长，从而扩大了测距仪的测程。而各测尺频率最大相差仅 1.5M Hz，仪器内的频率发生器、放大器以及调制器对各测尺频率的增益和相位移稳定性也趋于一致。因此，间接测尺频率方式，一般为中、远程光电测距仪采用。

间接测尺频率方式的工作原理如下：

设用 f_1、f_i 两个测尺频率分别测量同一段距离，根据式(5-5)可得：

$$\frac{2f_1}{c}D = N_1 + \Delta N_1$$

$$\frac{2f_i}{c}D = N_i + \Delta N_i$$

将上述两式相减并移项整理后，得：

$$D = \frac{c}{2(f_1 - f_i)}\left[(N_1 - N_i) + (\Delta N_1 - \Delta N_i)\right]$$

令 $f_{1.i} = f_1 - f_i$，$N_{1.i} = N_1 - N_i$，$\Delta N_{1.i} = \Delta N_1 - \Delta N_i$，则：

$$D = \frac{c}{2f_{1.i}}(N_{1.i} + \Delta N_{1.i}) = u_{1.i} + \Delta N_{1.i} \tag{5-6}$$

式中：$u_{1.i} = c/(2f_{1.i})$ 为相当测尺长度。

比较可知，式(5-6)与式(5-5)形式相同。间接测尺频率方式，就是根据这个原理测距的。

表 5-1 间接测尺频率、相当测尺、精度

间接测尺频率 f_i	相当测尺频率 $f_{1.i}$	相当测尺长度 $u_{1.i}$	测距精度
$f_1 = 15\text{M Hz}$	$f_1 = 15\text{M Hz}$	10 m	1 cm
$f_2 = 0.9f_1$	$f_{1.2} = f_1 - f_2 = 1.5\text{M Hz}$	100 m	10 cm
$f_3 = 0.99f_1$	$f_{1.3} = f_1 - f_3 = 150\text{k Hz}$	1 km	1 m
$f_4 = 0.999f_1$	$f_{1.4} = f_1 - f_4 = 15\text{k Hz}$	10 km	10 m
$f_5 = 0.999\,9f_1$	$f_{1.5} = f_1 - f_5 = 1.5\text{k Hz}$	100 km	100 m

5.1.2.3 内光路设置

用固频相位法测距时，为了提高测量相位差的精度，测距仪内设置有主控振荡器（简称主振）、本地振荡器（简称本振）和混频器。仪器在发射调制光波时，由主振和本振产生的电信号，经混频器叠加混频后得到的电信号，称为参考信号，它是测相的基准信号。在发射调制光波后，由反射棱镜反射回到测站的调制光波，经接收器接收并转换成电信号后，再与本振电信号由混频器叠加混频而得到的电信号，称为测距信号。用相位计测量调制光波往返于待测距离上的相位延迟，就是测量测距信号与参考信号之间的相位差。

因为仪器内部电子线路在传递信号的过程中将受到其他杂乱干扰信号的影响，即产生附加相位移 φ'，故由相位计所测得的测距信号与参考信号之间的实际相位差 φ 为：

$$\varphi = \varphi_D + \varphi'$$

式中：φ_D 为调制光波在待测距离上往返传播所产生的相位移。

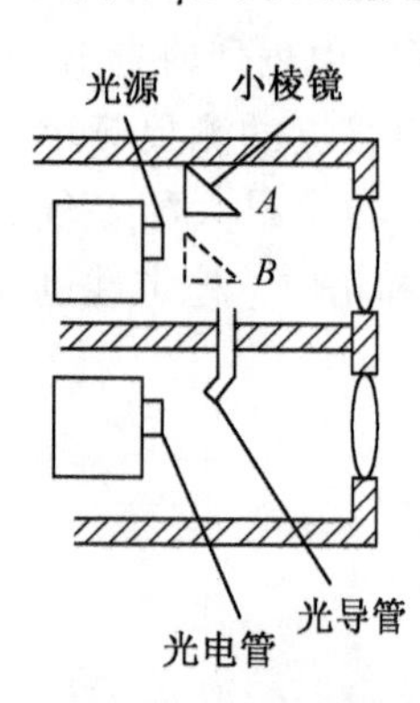

图 5-3 内外光路

如图 5-3 所示，内光路系统由小棱镜和光导管组成，当小棱镜位于 A 时，光束通过发射物镜射向镜站的反射棱镜，做外光路的测量。当小棱镜位于 B 时，光束不再通过发射物镜射出，而是被小棱镜折射，经光导管直接引进接收光电管，做内光路的测量。

设内、外光路测量时的相位差分别用 $\varphi_内$ 和 $\varphi_外$ 表示，则有

$$\left.\begin{aligned} \varphi_内 &= \varphi_d + \varphi'_内 \\ \varphi_外 &= \varphi_D + \varphi'_外 \end{aligned}\right\} \tag{5-7}$$

式中：φ_d 为调制光波在内光路光程上的相位移。

由于内、外光路测量时，发射信号被光电管接收后，所经过的电子线路完全一样，且测量时间比较接近，即内、外光路测量时的附加相位具有很强的相关性，可认为 $\varphi'_内 = \varphi'_外$。于是，将式(5-7)中的两式相减，可得：

$$\varphi_{D-d} = \varphi_D - \varphi_d = \varphi_外 - \varphi_内 \tag{5-8}$$

显然，由内、外光路测量结果求得的相位移 φ_{D-d}，消除了随机相位移 φ' 的影响或误差。

因为 φ_d 是发射光束经过一段光学路线的相位移，对于每一台测距仪来说，它一般是个常数 C，可以用加入改正数或预置常数等方法加以消除，如小棱镜的位置位于过测站标石中

心的铅垂线上，则测相结果即为调制光波往返于待测距离上的相位差。

5.2　固频相位式测距仪的基本结构及其作用

固频相位式光电测距仪在进行距离测量时，一般须经过发射 → 调制 → 反射 → 接收 → 测相等主要的工作过程。因此，仪器的基本结构，需要由与其相对应功能的电子器件和光学部件来组成。下面仅就与红外测距仪基本结构有关部分作一简单介绍。

5.2.1　发射器

发射器即光源，它的作用是产生高频光载波，以便运载测距信号。

固频相位式光电测距仪的光源主要采用氦氖(He－Ne)气体激光器和砷化镓(GaAs)二极管。前者主要用于 15 km 以上的远程测距仪；后者则用于中、短程测距仪中。

砷化镓二极管分为砷化镓激光器和发光管两种。其中非激光态的砷化镓发光二极管，为测程在 5 km 以内的中、短程光电测距仪广泛采用。

砷化镓(GaAs)发光二极管是一种晶体二极管，与普通二极管一样，内部也有一个 PN 结，如图 5-4 所示。它的正向电阻很小，反向电阻较大。当正向注入强电流时，在 PN 结里就发射出波长为 0.72～0.94 μm 之间的红外光，而且它的光强随着注入电流的大小而变化。因此，可以通过改变馈电电流对输出的光强进行直接调制，无需配置结构复杂、功耗较大的调制器。此外，砷化镓发光二极管光源与其他光源比较，有体积小、重量轻、寿命长和耐震等优点，有利于使测距仪小型化和轻便化。

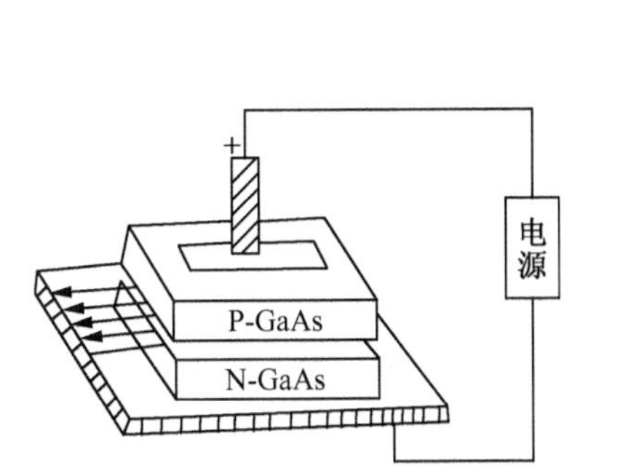

图 5-4　砷化镓发光二极管

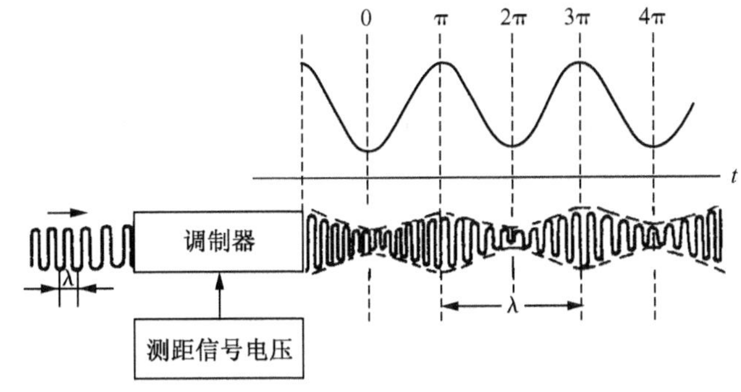

图 5-5　调制光波

5.2.2　振荡器和混频器

在没有外加交流信号的条件下，能得到一个交流信号的设备，称为自激振荡器，简称振荡器。在相位式测距仪中，有主机振荡器和本机振荡器。振荡器普遍采用石英晶体振荡器，利用其压电效应原理产生一定频率的固定信号。

混频器的作用是使高频测距信号和参考信号混合叠加，最后取其差频测算距离。

5.2.3　调制器

使光载波的振幅、强度、相位或频率发生有规律变化的过程，称为光的调制。在光电测距仪中，对于光载波通常是采用光波的强度调制(见图 5-5)。

调制器的作用是将测距信号“装载”到光载波上，使光载波的振幅随测距信号电压的改变而变化，成为调制光波而发射出去。

光电测距仪按调制方式分为外调制和内调制两种。外调制是光源和调制器为两个独立的器件,调制器的调整方便,对光源没有影响;内调制是在光源内部采取措施来完成调制过程,光源和调制器是一个整体。

5.2.4 棱镜反射器

在使用相位式光电测距仪进行精密测距时,必须在测线的另一端安置反射器,其作用是使发射的调制光经它反射后,返回测站为仪器的接收器所接收。目前常采用角反射棱镜作为反射器。它是用光学玻璃制作成的四面锥体,其中三个棱面互成直角,而底面成三角形平面,如图 5-6 所示。在三个互相垂直的面上镀银作为反射面,第四个面则是透射面。对于任意入射角的入射光线,在角反射棱镜的两个面上的反射都是相等的,所以通常反射光线与入射光线平行。因此,当安置的反射棱镜大致对准测距仪,而方向偏离在 20° 以内时,发射的光线经反射棱镜折射后仍能按原方向反射回测站。但为了减弱测距误差、确保反射光的足够能量和保证测程,故作业中还应尽可能地使反射棱镜精确对准测距仪,即使得反射镜面与入射光线垂直。

无棱镜合作目标的测距仪,反射光主要靠照准目标处的物质对电磁波自然地漫反射向测站输送测距信号。该种仪器的特点一是接受光的灵敏度要高、处理弱信号的能力强;二是由于漫反射光的能量的发散,测距仪只能接收到很少的光,所以该种仪器测得的距离一般都比较短(一般最长几百米);三是随着照准目标的物理属性有差异,漫反射的效果不同,故在一定的范围内测程是不稳定的。但对于一些测量员不易到达点位的距离测量,应用该类仪器是非常有利的。

5.2.5 光电转换器

在光电测距仪中,光电转换器的作用,是把接收到的光信号转换为电信号并予以放大。有些光电转换器(如光电倍增管),还起到混频器的混频作用。

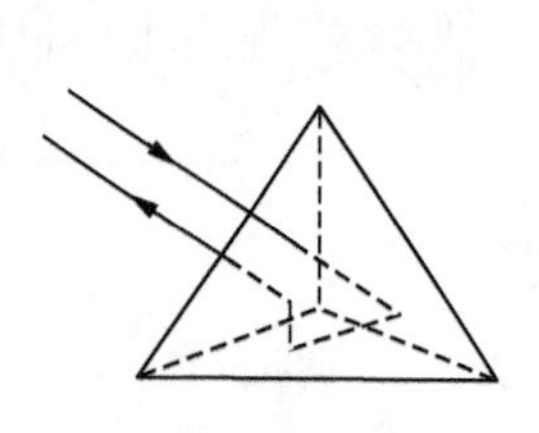

图 5-6 角反射棱镜

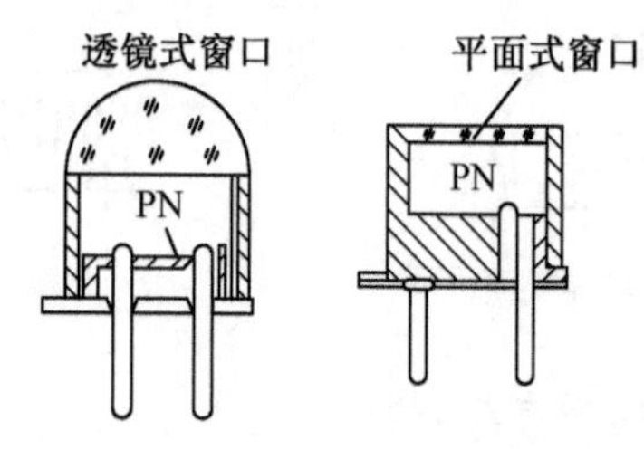

图 5-7 光电二极管

光电二极管的构造见图 5-7。它与一般二极管相似,主要区别是它具有光电压效应(又称为光生伏特效应),即当光波通过聚光镜会聚后照射到 PN 结时,便使光能转换为电能。其电流大小随着光波的强弱而变化,故将光信号变为了电信号。

雪崩光电二极管是根据光电压效应和雪崩倍增原理制成的。其工作电压接近击穿电压,它的灵敏度比一般的光电二极管高,对于处理较弱的光信号非常有利,故得到普遍的应用。

5.2.6 测相方法和原理

当测相精度一般为 1/1 000 的情况下,为了保证必要的测距精度,精测尺的频率必须选得很高。例如,红外测距仪的精测尺频率 f_1 一般约为 15 MHz。在这样高的频率下直接对发射波和接收波进行相位比较,将难以克服高频电路中寄生参量的影响,而带来显著的测相误差。为此,目前相位式测距仪都采用差频测相方法,即借助混频器滤出差频信号,变高频测相为中频或低频测相。

差频测相的基本工作过程如图 5-8 所示。由主控振荡器(简称主振)产生频率为 f_i 的测距信号,对光源发出的光载波进行光强调制后发射调制光波。调制光波通过发射物镜,在大气中传输到待测距离的另一端点的反射棱镜上,光波被棱镜反射后,经大气传播返回测站,它通过接收物镜后进入光电转换器。光电转换器把接收到的光信号转换成电信号,经高频放大器放大后,输入到信号混频器,f_i 信号与由本地振荡器(简称本振)产生频率为(f_i-f_c)的另一输入信号,在信号混频器内混频,经选频电路取出差频为 f_c 的信号;该信号又经过中频(低频)放大器的放大后,输出频率为中频(或低频) f_c 的测距信号 e_m。

由电子技术学可知,高频的主振电信号和本振电信号混频后得到的中频(或低频)信号,其相位关系保持不变。因此,测距信号 e_m 保留了调制光波往返于待测距离上的相位延迟 φ;又主振 f_i 信号和本振(f_i-f_c)信号,输入到参考混频器进行混频后,也取出差频为 f_c 的信号,它再经中频(或低频)放大器放大后,输出频率为中频(或低频) f_c 的参考信号 e_r,作为与测距信号 e_m 比较相位的基准信号。

由于 e_m、e_r 信号频率相同,相位差为 φ,故它们输入相位计进行比相后,输出信号的相位差为 φ。随后,由逻辑电路将相位差 φ 转换成待测距离 D。

目前,相位式测距仪的测相采用自动数字测相法,并自动进行精、粗测距离的衔接和组合。然后从显示器上显示出所测距离。

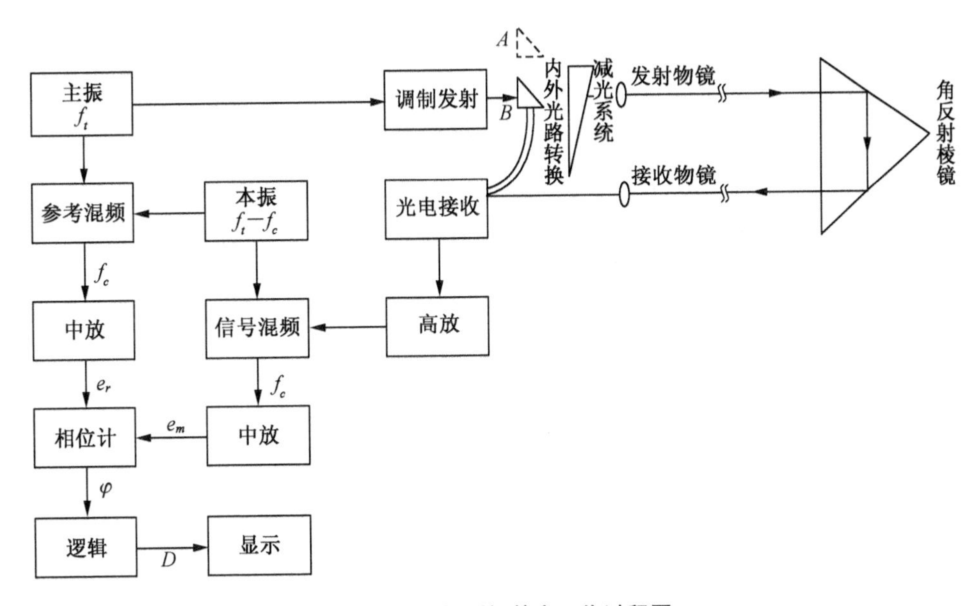

图 5-8 差频测相基本工作过程图

5.2.7 自动数字测相

相位式红外测距仪的测相采用自动数字测相法。其测相原理见图 5-9 所示;测相波形图如图 5-10 所示。

单次测相工作过程是正弦波的参考信号 e_r 和测距信号 e_m,分别经过通道Ⅰ和通道Ⅱ的放大整形后变成方波信号。其中 e_m 方波与检相触发器的 R 输入端(复位端)相接;e_r 方波与

检相触发器的 S 输入端(置位端)相接。当 e_r 方波到达下降沿时,检相触发器置位,Q 端输出高电平。当 e_m 方波经过置位时间 t_c 到达下降沿时,检相触发器复位,Q 端输出低电平。检相触发器从置位到复位期间,Q 端输出一个检相方波,它的宽度与 e_r、e_m 两正弦波信号间的相位差 φ 相对应。

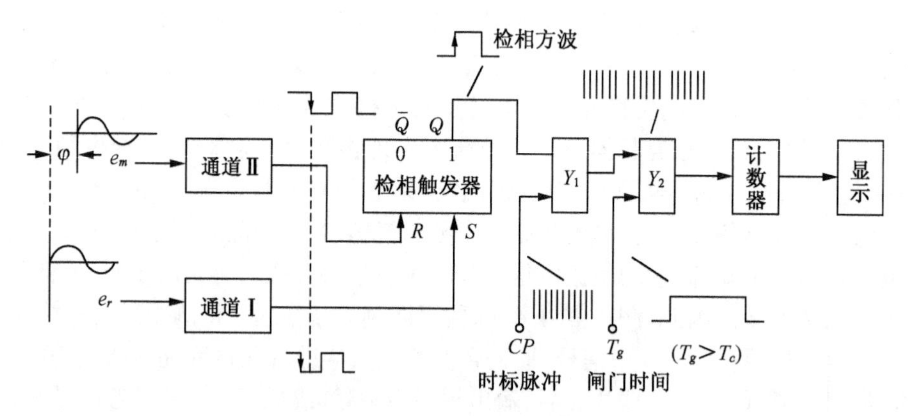

图 5-9 自动数字测相原理

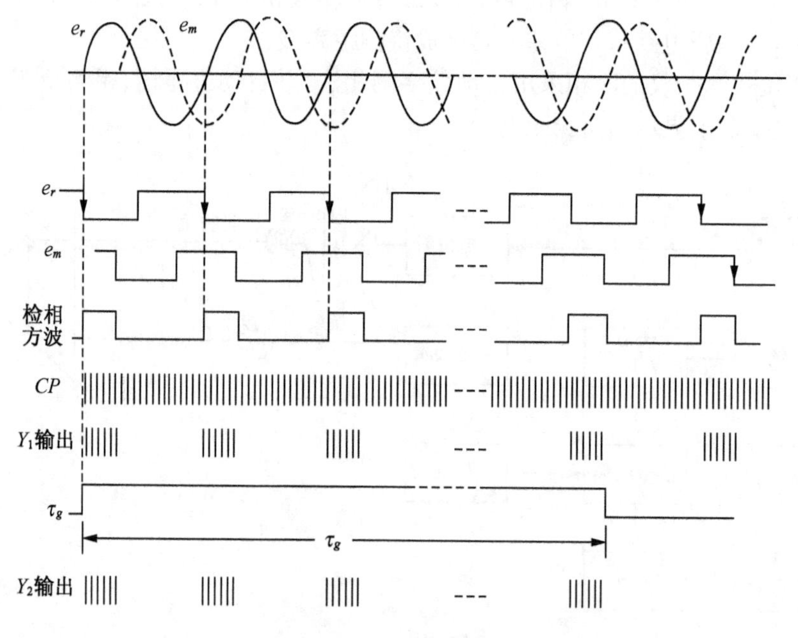

图 5-10 测相波形图

为了将相位差 φ 转换成相应的距离,系统设置有与门 Y_1 和时钟脉冲 CP;当 Q 端输出高电平时,Y_1 门打开,时钟脉冲由 Y_1 门输出进入计数器。当 Q 端输出低电平时。Y_1 门关闭,时钟脉冲停止输出。因此,在置位时间 t_c 内,计数器可计量出相应于一个检相方波宽度内填充的时钟脉冲个数 m。

设 e_r、e_m 信号的频率为 f_c,周期为 T_c,它们之间的相位差为 φ,时钟脉冲的频率为 f_{cp},周期为 T_{cp},检相触发器置位时间为 t_c,则当检相方波为一个整周期($\varphi = 2\pi$)时,Y_1 门输出的时钟脉冲个数为:

$$m_u = \frac{T_c}{T_{cp}} = \frac{f_{cp}}{f_c}$$

因为一个整周期的检相方波对应于一个测尺长度的距离 u，考虑到上式，则一个时钟脉冲所代表的距离值为：

$$d = \frac{u}{m_u} = \frac{f_c}{f_{cp}} \cdot u \tag{5-9}$$

当 e_r、e_m 两信号间的相位差为 φ 时，Y_1 门输出的时钟脉冲个数为：

$$m = f_{cp} \cdot t_c$$

$$\because t_c = \frac{\varphi}{2\pi} \cdot T_c = \frac{\varphi}{2\pi} \cdot \frac{1}{f_c} \tag{5-10}$$

$$\therefore m = \frac{f_{cp}}{f_c} \cdot \frac{\varphi}{2\pi}$$

于是对应于 φ 的待测距离为：

$$D = m \cdot d \tag{5-11}$$

例如红外测距仪的 $f_c = 1.5\ \text{kHz}$，$f_{cp} = 15\ \text{MHz}$，精测尺长 $u = 10\ \text{m}$，相位差 $\varphi = 45°$，$\varphi_{(弧度)} = \pi \times 45° \div 180°$，则有 $m_u = 1 \times 10^4$，$d = 1\ \text{mm}$，$m = 1\ 250$，精测距离 $D = m \cdot d = u \cdot \Delta N = 1.250\ \text{m}$。

为了减小大气抖动和电路噪声带来的测相偶然误差，以提高测相精度，实际上测距仪均进行多次测相并取平均值。为此，在 Y_1 门输出端又设置了与门 Y_2 和闸门时间 τ_{g_0} 在闸门时间 τ_g 内（高电平），Y_2 门打开，由 Y_1 门输出的各个检相方波的时钟脉冲，便通过 Y_2 门进入计数器。当闸门时间结束时（低电平），Y_2 门关闭。于是计数器计数出时钟脉冲的总个数并取平均值。因为 $\tau_g > T_c$，故在闸门时间 τ_g 内的检相次数为：

$$n = \frac{\tau_g}{T_c} = \tau_g \cdot f_c \tag{5-12}$$

相应地由计数器累计 n 次测相的时钟脉冲总个数，再取平均值，即为：

$$m_{中} = \frac{\sum_1^n m_i}{n} \tag{5-13}$$

故待测距离的平均值为：

$$D_{中} = m_{中} \cdot d \tag{5-14}$$

该距离测量结果是由数千个独立相位测量的平均值计算得到的结果，在很大程度上减弱了诸多杂乱信号（偶然误差）的影响，保证了测量结果的精度，直接从显示器显示出来或存储。

5.2.8　自动化测距的几个问题

5.2.8.1　时序控制与指令系统

相位式红外测距仪基本结构中逻辑部分的器件，目前大多采用单片机。它按仪器设计中所确定的测量工作的先后次序和占用时间的长短，由指令单元发出一系列时序控制信号，控制各部件协同操作，并根据外部回光信息或输入的各种功能键信息，以及内部工作的情况，进行分析、判断、运算和处理，并将结果按照要求送入储存器或予以显示。

红外测距仪测距的一般工作时序有：自检，即自行检查仪器内部各器件功能是否正常；显示预置数据，如气象改正系数、仪器加常数和乘常数；显示回光信号强度和调节减光板；进入测距状态和测距，它包括自动挡光、停测和续测，大、小角判别和处理，闸门时间、精、粗测转换，内外光路转换，各测尺测距值的衔接和处理等。

5.2.8.2　自动挡光停测和续测

在测距过程中，当测线上突然有车辆、行人、晃动的植物等障碍物遮挡测距的光信号时，可能使测距值产生大的误差或错误。为此，一般处理方法是设置鉴幅器监测回光信号强度，当光信号被遮挡而信号强度低于鉴幅器的阈值时，鉴幅器便发出小信号指令，使测距仪停测，但保留未测完的结果。当障碍物离开测线而光强恢复时，系统将重新启动接着继续测量下去，直至测出距离值为止。

5.2.8.3　精粗测距离值的衔接和处理

由测距基本原理可知，待测距离是将精测距离值和粗测距离值衔接组合而成。目前，测距精度一般为 1/1 000，而粗测的次数又比精测少，再加上外界条件的影响，粗测距离值误差会较大。例如，若测距仪有两把测尺，其中精测尺长为 10 m，粗测尺长为 1 000 m，而待测距离的米位数在 0 或 10 附近这样一些特殊的位置时，在粗测距离误差影响下，可能会使粗测距离的十米位数不正确，导致精粗测组合距离产生 10 m 的粗差，示例见表 5-2。

处理方法主要有：置中运算法和比较试探法。

置中运算法：又称凑 5 运算法，如上例中它是以精测距离值的最高位（米位）数字，加上或减去某数后使之凑成为十进制的中间数字 5。以此为参考去调整粗测距离值的同位数字，即在粗测距离值中的该位数字上也加上或减去同样的某数后，再进行衔接。经这样处理后，即使该位数有 ±1～±4 的误差，其高一位（十米位）数也不会发生错误。示例见表 5-3：例一中由 9.751 知减 4 置中，所以粗尺置中 371－4＝367；例二中由 1.702 知加 4 置中，所以粗尺置中 539＋4＝543。置中后进行距离组合就正确了。

表 5-2　精粗测距离值出错算例

	例一	例二
实际距离	369.751 m	541.702 m
精测距离	9.751	1.702
粗测理想值	369	541
实际粗测距离	371（＋2 m 误差）	539（－2 m 误差）
显示距离	379.751	531.702
错误情况	多 10 m	少 10 m

表 5-3　精粗测距离值的衔接置中法算例

	例一	例二
实际距离	369.751 m	541.702 m
精测距离	9.751	1.702
粗测理想值	369	541
实际粗测距离	371（＋2 m 误差）	539（－2 m 误差）
置中后粗测距离	367（371－4）	543（539＋4）
显示距离	369.751	541.702

比较试探法：是先在精测值最高位（如米位）所对应的粗测值同位数上加上 5（或减去 5）使它成为具有单向误差的距离值；然后将该距离逐次递减（或递加）某一数，并逐次与精测值最高位数比较，直到精测值最高位数和粗测值同位数相同为止。经这样处理后，再将这时的粗测尺高于精测距离最高位的数值和精测值衔接组合起来，便得到正确的待测距离值。示例见表 5-4：如表 5-2 例一中带有＋2 m 误差的粗测距离 371 m 出现后，先给该距离加 5 m 得出 376 m。然后逐次减去 8 cm，每减一次并随即将个位数与精测尺测出的个位数相比较，如两者相同，则结束计算过程，这时粗测值的十位及以上的数值即为正确值。否则应继续进行下去。当减了 63 次后，5 m 已经减完，仍未得出结果，这时就按相反的程序在371 m 上减

5 m 得出 366 m，然后逐次加 8 cm，结果加到 38 次时，粗测变为 369.04 m，这时的个数与精测尺的个位数相同都为 9，则说明粗测尺的 369 数值是对的，故结束计算过程。精粗测尺衔接组合起来为 369.751 m。

表 5-4　精粗测距离值的衔接比较试探法算例

计算过程	粗测值＋5 m	精测值	计算过程	粗测值－5 m	精测值
起始值	376 m	9.751 m	起始值	366 m	9.751 m
第 1 次减 8 cm	375.92 m	9.751 m	第 1 次加 8 cm	366.08 m	9.751 m
第 2 次减 8 cm	375.84 m	9.751 m	第 2 次加 8 cm	366.16 m	9.751 m
⋮	⋮	⋮	⋮	⋮	⋮
第 63 次减 8 cm	370.92 m	9.751 m	第 38 次加 8 cm	369.04 m	9.751 m

5.3　GTS－301D 全站仪

5.3.1　GTS－301D 全站仪的基本情况

随着科学技术的不断发展，由光电测距仪、电子经纬仪、微处理器及数据记录装置融为一体的电子速测仪(简称全站仪)已日臻成熟，成为生产单位普及使用的仪器。它标志着测绘仪器的研究水平、制造技术、科技含量、适用性等，都达到了一个较高层次。

全站仪是指能自动地测量角度和距离，并能按一定的程序和格式将测量数据传送输通讯的多功能测量仪器。全站仪的操作主要是通过键盘、菜单或二者联合使用的人机对话的操作方式进行。

GTS－301D 电子全站仪是日本 TOPCON 公司生产的 J2 型测角精度及±(3 mm＋2ppm・D)测距精度的全站仪，属于Ⅱ级全站仪。该仪器的操作是通过键盘输入的方式实现的。它不仅具有使用方便、操作简单、仪器性能稳定等特点，而且具有精度高及有对仪器倾斜、水平轴误差等双轴误差补偿等功能。另外，仪器的提把即为供电的电池，具有一定的特色。对于 TOPCON 公司生产的 GTS 系列产品除技术参数的差别之外，就其原理和操作状态来说都是通过键盘操作、程序操作等来实现的。如数字输入，以 GTS－301D 为代表的是程序化的字块软键方式选择输入，而其他的许多仪器则可直接用数字键盘键入。所以我们在学习的过程中要注意举一反三。

GTS－301D 全站仪的基本情况及主要技术指标参数如下：

(1) 电磁波测距

精测尺为 10 m；精测频率为 14 985 432 Hz；光源为红外光；测量精度为±(3 mm＋2ppm・D)；测程为：一个棱镜 2.4～2.7 km，三个棱镜 3.1～3.6 km，九个棱镜 3.7～4.4 km；基准温度为＋15 ℃；基准气压为 760 mm Hg。

(2) 电子角度测量

方法为增量法：精度 2″；补偿范围为 3′；最小读数为 1″；自动安平。

5.3.2　GTS－301D 全站仪的主要部件及作用

仪器的主要操作部件大致分为三类：第一类是转动部分的制动与微动螺旋，该类螺旋采用复合式装置，手基本上在同一位置上就可完成两种操作，另外还有下盘的制动螺旋，为复测功能而设；第二类是操作键与显示窗（屏），在望远镜两端下方的旋转部上各设有相同的6个主操作键和显示窗，以方便在正、倒镜位置观测时人机对话的操作，8个功能键设在盘左位置仪器支架的右侧；第三类为整平、对中、通讯接口等部件。

各部件的详细情况及名称见图5-11。

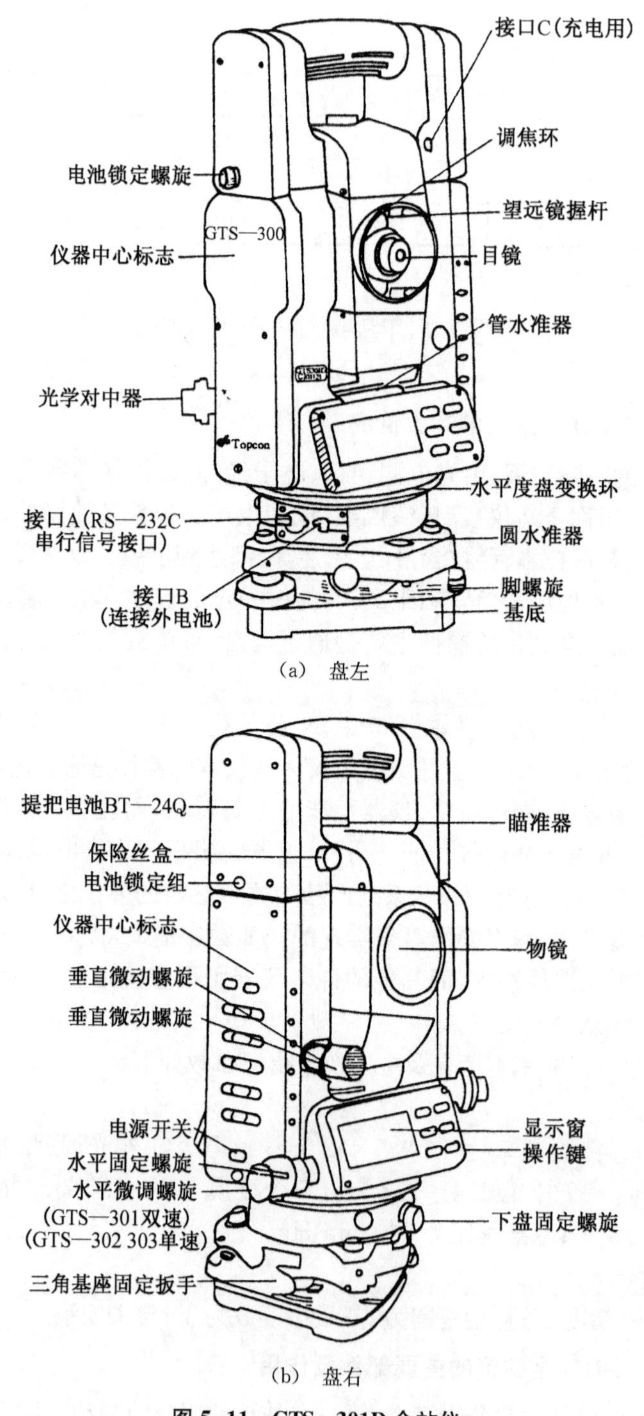

(a) 盘左

(b) 盘右

图5-11 GTS-301D全站仪

5.3.3　操作键

(1) 主键

显示屏所在的操作面板上有 6 个主操作键，简称主键，见图 5-12。在不同操作模式中，主键具有单重功能、双重功能或三重功能。

各功能的含义以及具体的操作列在以下所作的说明和图解中，供学习和工作时参考。

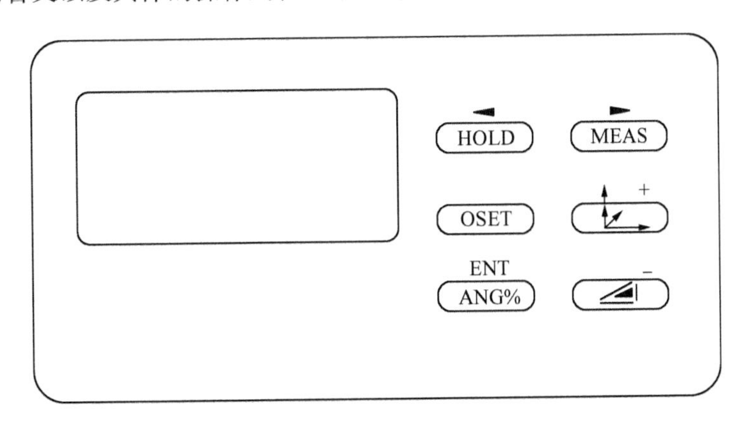

图 5-12　操作面板

① 主键第一功能

键	说　明	
◄ HOLD	保持水平角	在测角模式下按键一次，保持水平角，再按一次则以该角值为起始位置进行测量
OSET	水平角置 0	在测角模式下按键一次，显示出 0°0′00″水平角，再按一次从 0°0′00″开始测角
ENT ANG%	以百分比显示所测角值	从测角模式到测距模式或坐标测量模式变换。显示垂直角时，将角度化为百分比或做相反的变换
► MEAS	测距	按该键一次，置 N 次精测或粗测测量模式。这时自动重复测量 N 次并保持显示数据。连按两次，即为跟踪或粗测模式
+ （坐标键）	连续坐标测量显示 $N(X)$，$E(Y)$，Z 坐标	按键一次，从测角模式置入测坐标模式。在测坐标模式下，每次按该键则分别显示 $N(X)$，$E(Y)$，Z 坐标
▼ − （测距键）	连续测距平距、高差和斜距	每按一次，顺序显示平距、高差和斜距

② 主键其他功能

键	说　明	
◁	光标左移	在数据输入和选择模式下，将光标左移
▷	光标右移	在数据输入和选择模式下，将光标右移
▲+	光标所在数字增大或置(＋)号	在数据输入模式下，置入放样的标准距离。增大光标所在的数字或给置入值赋(＋)号
▼−	光标所在数字减小或置(－)号	在数据输入模式下，选择测站坐标输入模式。减少光标所在的数字或给置入值赋(－)号
ENT	确认	确认输入的参数或数值，使仪器接收

(2) 功能键

功能键共有 8 个，设置在仪器盘左状态右侧支架的侧面上，见图 5-13。在不同的操作模式中，功能键具有单重功能、双重功能或三重功能。

① 功能键第一功能

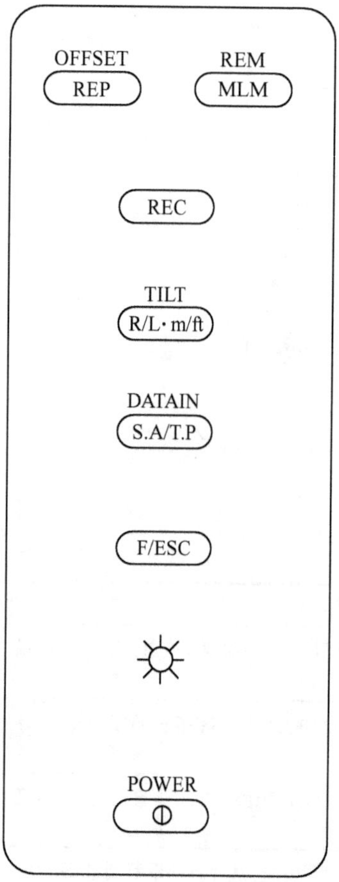

OFFSET REP　REM MLM

REC

TILT R/L·m/ft

DATAIN S.A/T.P

F/ESC

☼

POWER ⏀

图 5-13　功能键

键	说　明	
OFFSET REP	复测角度	置入复测模式。按 F/ESC 键，返回原模式
REM MLM	对边测量	置对边测量模式，置双对边测量模式。按 F/ESC 退出键返回原模式
REC	记录(数据输出)	按该键一次开始测量并将数据保留，再按一次则输出数据
TILT R/L·m/ft	水平角 右/左 · 米/英尺	将水平角从右角方式置为左角方式，每按一次键则交换右角或左角方式；在测距方式下，距离单位在米与英尺间互换
DATAIN S.A/T.P	置入音响模式	按键一次进入音响模式： 显示大气改正值、棱镜常数及回光信号强度； 再按键一次，进入输入气象改正值和棱镜常数模式
F/ESC	功能键　退出键	赋予该键上列功能，从置入模式中脱离
☼	照明键	照明十字丝及显示窗荧屏
POWER ⏀	电源开关	仪器电源开或关

② 功能键其他功能

键	说　明	
OFFSET	偏心测量模式	置入偏心测量模式。在难于放置棱镜的情况下(例如树木的中心)，求得中心坐标值
REM	悬高测量	置入悬高测量模式，在难于放置棱镜时(例如在建筑物上)，高压线与地面，求垂直距离
TILT	显示倾斜量	在垂直角自动改正状态下，显示自动改正值
DATAIN	数据输入	放样时输入标准距离或输入测站坐标值

5.3.4　大气能见度与棱镜组合

光在大气传输中的能量衰减，以大气吸收的衰减最为严重。光能量被衰减的相对程度，称为透过率，常以 τ 表示。

大气能见度 R_v 是白昼透过率 $\tau = 2\%$ 时的大气能见距离。测距作业中通常将大气能见度分成 5 个等级，如表 5-5 所列。国内外测距仪生产厂家所给出的测距仪测程，一般是指标准晴朗大气、能见度为 23.5 km 的情况，在保证仪器设计测量精度前提下，所能测得的最大距离。

根据仪器和大气的有关参数，用测程估算方程式可以计算出各种大气情况和使用不同数目棱镜的测程，并绘制出相应的曲线。如图 5-14 所示。

表 5-5　大气能见度等级表

大气情况	雾	一般晴朗	标准晴朗	非常晴朗	特别晴朗
能见度	3 km	15 km	23.5 km	40 km	60 km

图 5-14 为 AGA112 测距仪在不同的气象条件下，所配用的反射镜的个数与测程的关系图，可供在测距作业选用适当数目的棱镜进行测距时做参考。

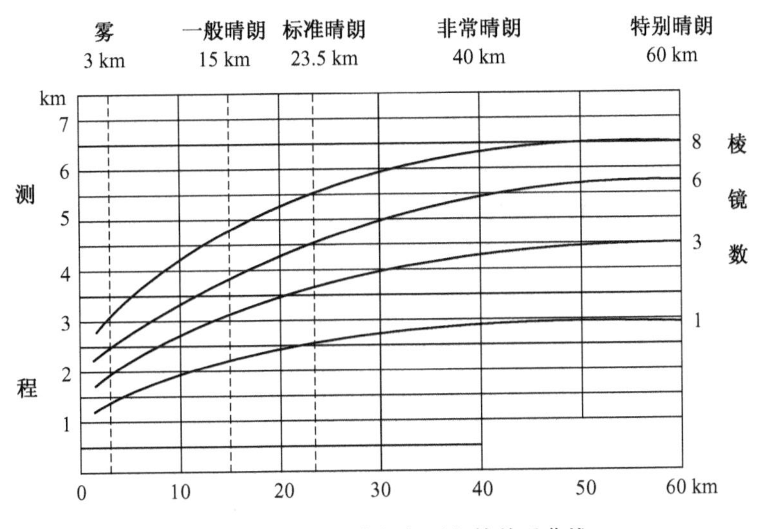

图 5-14　反射镜个数与测程的关系曲线

5.3.5　GTS－301D 全站仪的基本工作原理

(1) 光电测距基本原理

GTS－301D 全站仪采用 GaAs 发光管光源，发射红外光作为载波，按固频相位式测距法测距。

(2) 电子测角基本原理

该全站仪的测角系统为电子经纬仪，它采用光栅度盘，属增量法电子测角系统。

5.4　多波测距简介

在控制测量长度测量工作中，严格按照规范的要求操作，其单波测距仪的测量精度一般也可达到 1×10^{-6} 精度的水平。当对测距再进一步提出更高的要求时，则需要寻求更有效地提高测距精度的途径和方法。

在后面的电磁波测距的精度的讨论中可知，在光波测距误差的来源中，大气折射率误差占有很大的比重，而且解决起来比较复杂，如当气温的测定误差为±0.5 ℃时，由此而引起的距离误差可达$\pm 0.5 \cdot 10^{-6}D$。又根据研究表明在测线两端测站上测量的气温平均值与测线上的气温的平均值之差可达到± 3 ℃(称气象代表性误差),由此而引起的距离误差可达$\pm 3.2 \cdot 10^{-6}D$。用多载波测距的方法可解决这方面的难题。

采用两种及两种以上的载波同时进行距离测量的方法,称为多载波测距。当用两种不同颜色的激光作为载波同时进行距离测量时,称为双波测距。现以双波测距为例,简述多载波测距的基本原理。

对于激光而言,当颜色不同时,就意味着它们的频率和波长不同。当用红、蓝两种颜色的激光(简称红光、蓝光)作载波同时测量一段距离D时,按相位法测距的基本公式(5-4)或(5-5),并顾及真空光速值C_0与大气光速值C以及大气折射率n的关系$C=C_0/n$,可得:

$$\left.\begin{aligned} D &= \frac{\varphi_R}{4\pi f} \cdot \frac{C_0}{n_R} = \frac{D_R}{n_R} \\ D &= \frac{\varphi_B}{4\pi f} \cdot \frac{C_0}{n_B} = \frac{D_B}{n_B} \end{aligned}\right\} \tag{5-15}$$

式中:φ_R为用红光作载波时测距信号往返于测线的延长相位;n_R为用红光作载波时的实际大气折射率;D_R为用红光作载波时所测得的距离;φ_B为用蓝光作载波时测距信号往返于测线的延长相位;n_B为用蓝光作载波的实际大气折射率;D_B为用蓝光作载波所测得的距离。C_0、f的意义同前。

由式(5-15)可知:

$$\left.\begin{aligned} D_R &= n_R D \\ D_B &= n_B D \end{aligned}\right\} \tag{5-16}$$

因而可得:

$$D_B - D_R = (n_B - n_R)D \tag{5-17}$$

由柯尔若希(Kohlrousch)公式知:

$$\left.\begin{aligned} n_R &= 1 + \frac{n_{gR}-1}{1+\alpha t} \cdot \frac{p}{760} - \frac{5.5 \times 10^{-8} e}{1+\alpha t} \\ n_B &= 1 + \frac{n_{gB}-1}{1+\alpha t} \cdot \frac{p}{760} - \frac{5.5 \times 10^{-8} e}{1+\alpha t} \end{aligned}\right\} \tag{5-18}$$

式中:n_{gR}、n_{gB}分别表示红光、蓝光的群折射率;$\alpha = 1/273.16$为空气膨胀系数。

将式(5-18)代入式(5-17)得:

$$\begin{aligned} D_B - D_R &= \left(\frac{n_{gB}-1}{1+\alpha t} \cdot \frac{p}{760} - \frac{n_{gR}-1}{1+\alpha t} \cdot \frac{p}{760}\right) D \\ &= \frac{Dp\,(n_{gB} - n_{gR})}{760(1+\alpha t)} \end{aligned} \tag{5-19}$$

由式(5-18)得:

$$\left.\begin{aligned} \frac{p}{760(1+\alpha t)} &= \frac{n_R - 1}{n_{gR} - 1} + \frac{5.5 \times 10^{-8} e}{(n_{gR}-1)(1+\alpha t)} \\ \frac{p}{760(1+\alpha t)} &= \frac{n_B - 1}{n_{gB} - 1} + \frac{5.5 \times 10^{-8} e}{(n_{gB}-1)(1+\alpha t)} \end{aligned}\right\} \tag{5-20}$$

将式(5-20)代入式(5-19)得：

$$D_B - D_R = \frac{(n_{gB}-n_{gR})(n_B-1)\cdot D}{n_{gB}-1} + \frac{D\cdot(n_{gB}-n_{gR})\times 5.5\times 10^{-8}\cdot e}{(n_{gB}-1)(1+\alpha t)}$$

$$= \frac{(n_{gB}-n_{gR})(n_R-1)\cdot D}{n_{gR}-1} + \frac{D\cdot(n_{gB}-n_{gR})\times 5.5\times 10^{-8}\cdot e}{(n_{gR}-1)(1+\alpha t)}$$

整理上式，由此可知待测距离的实际长度为：

$$\begin{aligned} D &= D_B - A_B(D_B - D_R) + \frac{15.02\times e\times 10^{-6}}{273.2+t}D_B \\ &= D_R - A_R(D_B - D_R) + \frac{15.02\times e\times 10^{-6}}{273.2+t}D_R \end{aligned} \tag{5-21}$$

式中：

$$\left.\begin{aligned} A_B &= \frac{n_{gB}-1}{n_{gB}-n_{gR}} \\ A_R &= \frac{n_{gR}-1}{n_{gB}-n_{gR}} = A_B - 1 \end{aligned}\right\} \tag{5-22}$$

A_B、A_R 称为双色系数。根据不同的激光波长 λ（λ 波长以埃表示，即 $\mathring{A} = 1\times 10^{-10}\,\mathrm{m}$）的理论数据，可事先计算出不同的双色系数 A 值。

表 5-6 列出了 4 种波长的 n_g、A 值。

表 5-6　A 值表

λ(Å)	n_g	A
4 416	1.000 314 45	22
6 328	1.000 300 23	21
4 580	1.000 312 44	58
5 140	1.000 307 07	57

当气温在 10 ℃以下时，式(5-21)中的最后一项（即湿度改正项）的数值不超过 $3.1\times 10^{-7}D$，此时可略去不计，则该式变为：

$$D = D_B - A_B(D_B - D_R) = D_R - A_R(D_B - D_R) \tag{5-23}$$

顾及式(5-15)，则上式可写为：

$$D = \frac{C_0}{4\pi f}[\varphi_B - A_B(\varphi_B - \varphi_R)] = \frac{C_o}{4\pi f}(A_B\varphi_R - A_R\varphi_B) \tag{5-24}$$

由上式可知，当用仪器分别测得各色光的延长相位乘以双色系数 A 的滞后相位后，仅用光速 C_0 和调制频率，便可得到待测距离的实际长度，而不需要再在测线两端采集大量的气象元素（气温、气压），这就抵偿了气象代表性误差对测距成果的影响。

多波测距在理论研究方面是比较成熟的，但真正经济、实用、适合测距生产作业的多波测距仪产品，还没有真正实质性跨出实验室的门槛。

在 GPS 定位的设计方案中，GPS 所发射的信号也采用了两种不同频率的信号。当有效利用这两列信号完成定位信息的采集和数据处理后，可抵偿电磁波在电离层、大气层传播的折射误差，从而提高了定位精度。其原理与上述的讨论是一致的。

5.5　固频相位法光电测距误差分析

5.5.1　测距误差概述

在固频相位法光电测距基本公式(5-5)中，顾及 $C = C_0/n_g$ 和仪器加常数后，即有：

$$D=\frac{1}{2}\frac{C_0}{n_g f}\left(N+\frac{\Delta\varphi}{2\pi}\right)+C \tag{5-25}$$

式中：C_0 为真空中的光速值；

n_g 为大气群折射率；

C 为仪器加常数。

设测距中误差为 m_D，其 C_0，n_g，f，$\Delta\varphi$ 和 C 的中误差分别为 m_{C_0}、m_{n_g}、m_f、$m_{\Delta\varphi}$ 和 m_C，由(5-25)则依误差传播定律，得：

$$m_D^2=\left(\frac{\partial D}{\partial C_0}\right)^2 m_{C_0}^2+\left(\frac{\partial D}{\partial n_g}\right)^2 m_{n_g}^2+\left(\frac{\partial D}{\partial f}\right)^2 m_f^2+\left(\frac{\partial D}{\partial \Delta\varphi}\right)^2 m_{\Delta\varphi}^2+\left(\frac{\partial D}{\partial C}\right)^2 m_C^2 \tag{5-26}$$

按式(5-25)取各变量的偏微分。若再顾及测站和棱镜对中误差的影响，则有：

$$m_D^2=\left(\frac{m_{C_0}^2}{C_o^2}+\frac{m_{n_g}^2}{n_g^2}+\frac{m_f^2}{f^2}\right)D^2+\left(\frac{\lambda}{4\pi}\right)^2 m_{\Delta\varphi}^2+m_C^2+m_p^2 \tag{5-27}$$

式中：m_p 为仪器对中的中误差，m_C 为仪器加常数的中误差。

上式表明，相位法测距的距离误差可分为两部分，一部分误差与测量的距离无关，称为固定误差；另一部分误差与测量的距离成比例，称为比例误差。也就是说，测距误差由固定误差和比例误差两部分组成，故其表达式可写成：

$$m_D=\pm\sqrt{m_a^2+(m_b\cdot D)^2} \tag{5-28}$$

或

$$m_D=\pm\sqrt{a^2+(b\cdot D)^2} \tag{5-29}$$

应当说明，式(5-28)、式(5-29)两式很难在实际工作中应用，主要的原因就是难以准确地获取各参数，或者采用近似值。总之该两式实用性差。生产厂家给出的仪器标称精度以及实际工作中实用边长的精度估算，即测距中误差，它的一般形式为：

$$m_D=\pm(a+b\cdot 10^{-6}D)\mathrm{mm}=\pm(a+b\cdot \mathrm{ppm}D)\mathrm{mm} \tag{5-30}$$

式中：a 为固定误差以 mm 为单位；b 为比例误差系数，ppm 为百万分之一，D 以 km 为单位。它们是偶然误差，是由专用基线检验后统计回归分析得出来的。以后所涉及的如果没有特殊说明，一般就是式(5-30)所示的精度估算方法。

生产厂家所给的仪器标称精度，仅一般地说明了仪器的性能和表示了仪器的系列技术参数，要获得可靠的符合实际情况的 a、b 值，还需按要求由计量、质检部门定期进行检验。

5.5.2 真空光速值的误差

目前相位法光电测距采用的真空光速值 C_0，是 1975 年国际大地测量和地球物理联合会的推荐值，即 $C_0=299\,792\,458\pm1.2$ m/s，相对中误差为 4×10^{-9}。因目前能达到的测距精度一般为 2×10^{-6}，故此误差可忽略不计。

5.5.3 大气群折射率误差

测尺长度 $u=C_0/(2n_g f)$，大气群折射率 n_g 的误差将使测尺长度发生变化，从而产生测距误差。

大气群折射率是气温 t、气压 p 和温度 e 的函数。当测定的气象元素值有误差 Δt、Δp 和

Δe 时，虽然距离观测值加入了气象改正数，但它仍含有气象元素测定误差的影响。理论上计算表明，用红外测距仪测距时，若要求测距误差 $\Delta D \leqslant 1\times10^{-6}$，则需 $\Delta t \leqslant \pm 1$ ℃，$\Delta p \leqslant \pm 2.7$ mmHg，$\Delta e \leqslant \pm 20$ mmHg，可见 Δt 影响最大，Δp 其次，Δe 最小。在实际作业中，除非是高湿地区精密测距，Δe 的影响一般可忽略不计。

为了减弱气象元素值的测定误差影响，应定期检校气象测量仪表；要正确地测量气象元素值，如温度计不要受阳光直接照射，应在仪器附近同高处读取气温；精密的边长测量，应在观测的始末读取气温(读至 0.2 ℃)和气压(读至 0.5 mmHg)。

测距时的大气群折射率，理应是沿光程上大气群折射率的积分平均值，为

$$n_g = \frac{1}{D}\int_o^D n_g(D)\mathrm{d}D \tag{5-31}$$

而要在测线上的各点连续测定气象元素值来计算 n_g 却难以实现。因此，一般只在仪器站和棱镜站上测定气象元素取其平均值来代替积分平均值，由于两者的差异，由此产生的测距误差称为气象代表性误差。

为了减弱气温代表性误差的影响，测线应避免通过吸热和散热明显不同的区域，并高出地面和障碍物 1.5 m 以上；选择有利的距离观测时间，一般是上午日出后半小时至一个半小时，下午日落前三小时至半小时，其中以温度逆转点(温度梯度为零)的时刻观测为最佳；三、四等边长测量，应在测线两端点上测定气象元素值取中数采用，并在不同时间段进行往、返观测；最好在阴天和有微风的天气测距。当进行高精度的测距时，最好采用多波测距仪，以有效地消除或减弱气象代表性误差对测距产生的影响。

5.5.4　频率误差

由石英晶体振荡器产生的精测频率决定了精测尺长，当它的实际频率值 f 相对标称频率值 f_0 偏差 Δf 值时，将引起精测尺尺长的变化，从而产生比例测距误差。

因晶体老化、恒温槽热惰性和测距时环境温度变化，将使精测频率产生漂移，这种误差是频率误差对测距影响的主要部分。

减弱频率误差影响的方法是定期检验仪器，对距离进行乘常数的改正或频偏改正；为了减小频率漂移影响，一般还应在开机后待片刻后再测距。对于高精度的距离测量还应进行频率的实时检测，以对观测值加入频率漂移的改正。

5.5.5　测相误差

5.5.5.1　测相设备本身的误差

目前，红外测距仪都采用自动数字测相的方法，即把正弦波的参考信号 e_r 和测距信号 e_m 之间的相位差，变换成检相方波并填充时钟脉冲来测定的。由于测相电路稳定性及测相器件的时间分辨率的限制，多次检相结果不会一致而存在测相误差。

这种测相误差的数值，一般不超过 ±1 个最小显示单位。当用多个测回观测读数并取平均值时，误差便可减小。

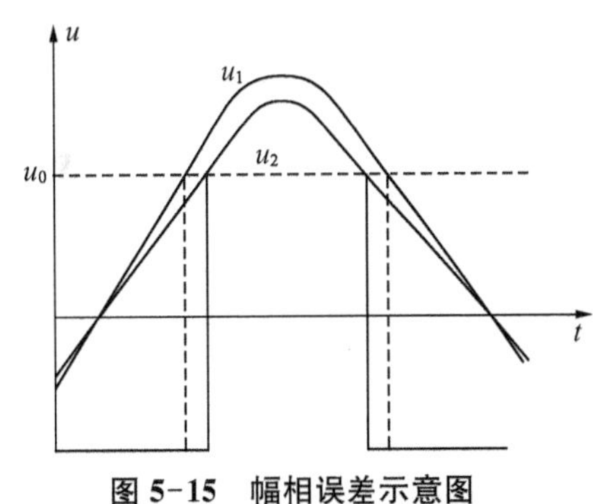

图 5-15　幅相误差示意图

5.5.5.2　幅相误差

在测距仪的测程范围内，因接收信号强弱不同，即接收到的测距信号幅度不一致而引起的测距误差，

称为幅相误差。

如图5-15所示，u_1 和 u_2 是测量同一距离时，先后接收到的两个测距信号，u_0 为整形电平。由于 u_1、u_2 测距信号幅度不同，整形后的方波宽度便不一致，势必使得检相方波内的填充脉冲个数发生变化，从而显示出不同的测距结果。

目前生产的测距仪，都配置有光强自动控制系统，能使测量不同距离时的接收信号的光强，自动调节到误差允许的、合适的范围内。

5.5.5.3 照准误差

砷化镓发光二极管，其发光面上发出的调制光束，由于各种复杂的原因，使得在同一横截面上各部分的相位不同，兼之光束发散角较大，于是测量同一距离时，因照准目标位置的偏差不同，反射棱镜将截获不同部分的光斑向测站反射，从而引起接收回光信号的相位发生变化，致使测距结果带有光束相位不一致而产生的误差，导致距离观测值不一致。这种误差称为照准误差，又称为发光管光相位不均匀误差。

因为发光二极管发光面上中心部分发出的光（简称中心光）的相位延迟，要比边缘部分发出的光（简称边缘光）小，故应力求接收中心光观测，避免用边缘光测距。

在发光管有效发光区域内，中心倾向于亮度最大处，为了减弱照准误差，测距时应采用电照准（即反射光信号相对最强的位置）。

5.5.5.4 周期误差

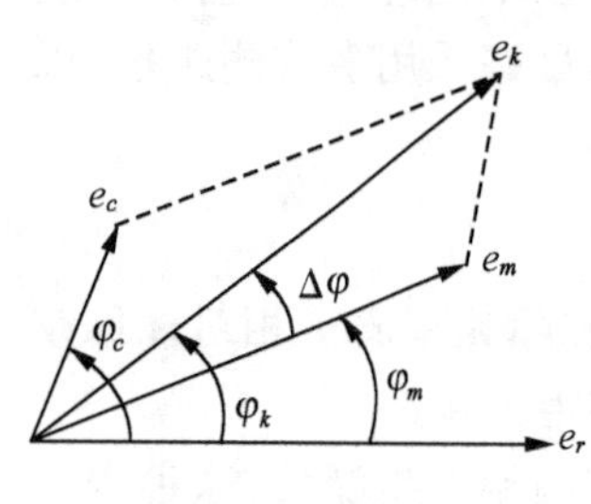

图5-16 周期误差

周期误差主要来源于红外测距仪内部光、电固定的串扰信号。例如，发射信号通过电子开关、电源线和空间耦合等渠道影响到接收部分，形成相位固定不变的串扰信号（见图5-16）。当有固定串扰信号 e_c 时，相位计测得的相位差，是测距信号 e_m 和串扰信号 e_c 的叠加合成信号 e_k 相对于参考信号 e_r 的相位移 φ_k；而测距信号 e_m 的相位移应为 φ_m。显然 φ_k 中含有串扰信号引起的附加相位移 $\Delta\varphi$。这种测距误差，称为周期误差。根据研究，目前主流的观点认为周期误差属于系统误差，必要时应对相应的距离观测值加入相应的改正。

周期误差 $\Delta\varphi$ 的大小是以 2π（即一个精测尺长）为周期、按正弦函数规律变化的（见图5-17）。为了减弱其影响，应定期检验仪器的周期误差。当误差的幅值过大时，还应在距离观测值中加入相应的周期误差改正。

5.5.6 仪器加常数的测定误差

当待测距离是用内、外光路测量方法测定时，它的观测值是内、外光路测量值之差。

如图5-18所示，在仪器和棱镜正确整置的前提下，在内光路测量中，调制光在玻璃棱镜和光导纤维管内传输的光程，折合成在大气中传输的等效光程时，内光路棱镜的等效反射面在 A' 处，它与测距仪对中点位的铅垂线不一致，从而引起的距离改正数称为仪器常数，也就是测量距离的起始端点与测站点位的差别，以 C_1 表示。在外光路测量中，调制光在反射棱镜内传输的光程，折合成在大气中传输的等效光程时，反射棱镜的等效反射面在 B' 处，它与反射棱镜对中点不一致而引起的距离改正数，称为棱镜常数，也就是测量距离的终止端点与镜站点位的差别，以 C_2 表示。红外测距仪通常把仪器常数 C_1 和棱镜常数 C_2 的联合影响称为仪器加常数，以 C 表示。不同的仪器、不同的棱镜其常数是不一样的，所以当仪器与不同的棱镜组合使用时，将会有不同的 C 值。

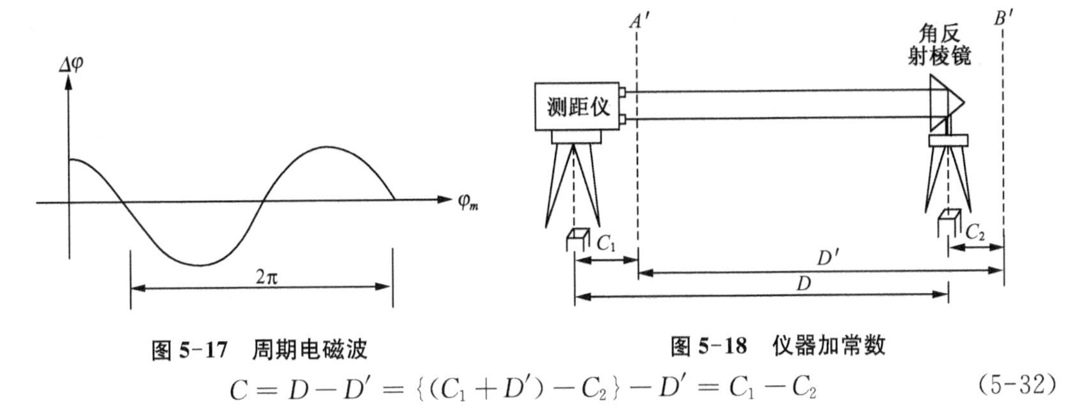

图 5-17　周期电磁波　　　图 5-18　仪器加常数

$$C = D - D' = \{(C_1 + D') - C_2\} - D' = C_1 - C_2 \tag{5-32}$$

使用的测距仪,均应定期检验仪器加常数值,并把它预置在仪器内,由于它存在着测定误差,致使对加入仪器加常数改正后的测距成果有影响。因改正用的检定值与测距时的实际值不符而含有误差,这种误差即为仪器加常数测定误差,又称剩余加常数。

5.5.7　对中误差

在测距作业中,测距仪和反射棱镜的安置中心应位于地面标石中心的铅垂线上,否则将产生对中误差而影响测距精度。

测距仪和反射棱镜的对中误差,当在地面上用三脚架安置时并采用激光或光学对中时,其误差为±1 mm～±2 mm,在觇标的基板上安置时为±3 mm。

为了减弱对中误差的影响,作业时应对光学对点器或激光对点器检查校正,或用检校过的经纬仪仔细投影,以减少对中误差的影响。

5.5.8　角反射棱镜的倾斜误差

如图 5-19 所示,仪器加常数是在视线水平、反射棱镜的前平面与视线正交的情况下测定的。图中 H 是调制光束从测距仪到反射镜往、反光程的中点。当视线倾斜 α 角后,为了使棱镜前平面与视线正交,棱镜亦应绕其水平轴旋转而倾斜 α 角(见图 5-20),这时棱镜角顶 A 便转移到 A' 位置上,从而产生一段水平距离误差 ΔD。这种误差称为反射棱镜倾斜误差。

设视线的倾角为 α,棱镜水平轴 O 至棱镜中心 S 的距离为 d,棱镜角顶 A 至棱镜中心 S 的距离为 e,由图 5-20 中知,$\angle SOS' = \alpha$,$A'S' = e$,则棱镜倾斜误差为:

$$\Delta D = e + d\sin\alpha - e\cos\alpha \tag{5-33}$$

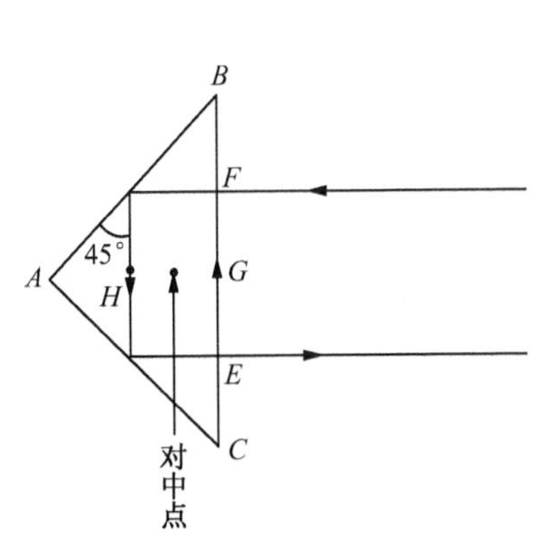

图 5-19　角反射镜中心

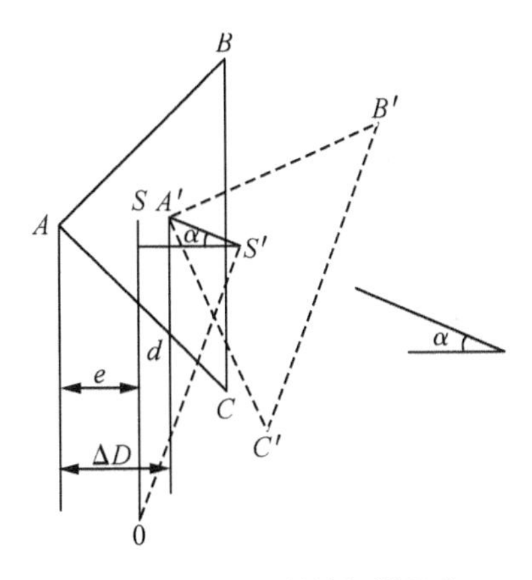

图 5-20　角反射镜倾斜误差

实际上，对同一边长两端点测站所对应的测距仪倾斜误差和反射棱镜倾斜误差，其所含的这种误差影响符号相反、数值相近，在其测距成果中，误差可基本抵消。这种误差只是对不同轴(视准轴、发射光轴、反射光轴)的仪器以及棱镜的旋转轴不在棱镜的中心的情况下存在。

对于三同轴(视准轴、发射光轴、反射光轴)测距仪及适配的棱镜(棱镜或棱镜组绕其中心的水平轴线转动倾斜)作业时，该项误差不存在。只是由于仪器整平的误差而造成的倾斜误差，会给距离产生偶然的影响。若取往、返测距离中数后，该种误差抵消得就更加彻底了。目前实用的测距仪大都是三同轴的仪器以及适配的棱镜或棱镜组测距，所以测距作业一般都不存在相应的倾斜误差改正数。

5.6 固频相位式光电测距仪的检验

新购置、经过修理和使用中的中短程红外测距仪或具有相应功能的全站仪的测距系统，须检验的项目有：仪器的检视；发射、接收、照准三轴关系正确性的检验；内部符合精度的检验；精测频率的检验；周期误差的检验；仪器加、乘常数的检验；综合精度的检验；光学对点器的检验；气象仪表的检验等。

可检验可不检验的项目有发光管相位均匀性检验和幅相误差的检验。

根据规范要求，用于生产的测距仪，应向法定的计量、质检部门定期送检。一般在 6～12 个月检验一次周期误差和加常数、乘常数、综合精度评定。激光光源的测距仪只进行频率检验和仪器常数检验。在作业期间，作业员也应该进行常态化检验和维护。

检验测距仪的目的是：查明仪器的工作性能；测定仪器误差值，以便在观测成果中加入相应改正数(如周期误差和仪器常数等改正)；评定仪器精度；鉴定仪器质量。

5.6.1 发射、接收、照准三光轴平行性的检验和校正

测距仪的发射光轴、接收光轴和望远镜视准轴之间的关系应保持平行。其中发射、接收两光轴间的平行性，由厂家生产仪器时予以保证。三轴平行的标志，是当用望远镜视准轴照准反射棱镜的照准标志时，测距仪接收的回光信号强度最大，即光照准与电照准一致。

5.6.1.1 *检验方法*

在离测距仪 200～300 m 处安置反射棱镜。置平测距仪的反射棱镜。

用望远镜视准轴照准反射棱镜上的照准标志，然后读取水平度盘读数 H 和垂直度盘读数 V。转动水平微动螺旋，使反射棱镜的照准标志影像先后向左、右两侧偏离十字丝中心，至指示接收回光信号强度(显示信号、电表指示、蜂鸣器等)刚好为最小时止，读取相应的水平度盘读数 H_1 和 H_2。

用望远镜视准轴照准反射棱镜的照准标志，转动垂直微动螺旋，使反射棱镜的照准标志影像先后向上、下方偏离十字丝中心，至接收回光信号强度刚好为最小时止，读取相应的垂直度盘读数 V_1 和 V_2。

如果 $\frac{H_1+H_2}{2}-H\leqslant\pm 30''$，可认为三轴在水平方向上平行；如果 $\frac{V_1+V_2}{2}-V\leqslant\pm 30''$，可认为三轴在垂直方向上平行。若不满足上述要求，则需要进行校正。

5.6.1.2　校正方法

对于三同轴的仪器，该项检验比较简单。根据检验的数据，配合水平度盘的正确的读数，直接调整十字丝的左右校正螺丝即可。

用类似上述的方法进行垂直方向的校正，在完成垂直方向的校正后，再对水平方向进行检验和校正。如此反复检校，直到水平和垂直两个方向均能满足要求为止。

该项检验会影响到水平测角的 $2C$ 以及垂直度盘的指标差，检验与校正时应互相兼顾。实践证明，现代的测距仪器出厂时都已基本满足三轴平行或重合的要求，如有明显的异常现象，当检验确定后，一般送专门的检修部门或厂家调整或修理。

5.6.2　内部符合精度的检验

内部符合精度是指在同一环境条件下、同一距离上多次观测值之间的符合程度，以一次测距中误差表示。它反映了测距仪本身的测相精度和稳定性。

检验的方法，即在环境条件良好稳定的场地上，选择一段或几段（最多 4 段）长 400～1 000 m 的距离，并在每段距离的两端安置测距仪和反射棱镜。光照准后，连续取 10 个距离观测值，用以计算内部符合精度。

设每段进行了 n 次观测，各次观测距离值为 D_i，它们的平均值为 D_o，则有：$v_i = D_o - D_i$，于是一次观测距离值的中误差为：

$$\left.\begin{aligned} m_i &= \pm\sqrt{\frac{[vv]}{n-1}} \\ m &= \pm\sqrt{\frac{[mm]_1^4}{4}} \end{aligned}\right\} \tag{5-34}$$

若是在 4 段距离上检测了内部符合精度，则应按式(5-34)第二式综合求出内部符合精度的指标，该值的大小一般以是否大于相应的测距标称精度固定误差的二分之一为标准，来衡量和判断所检验仪器的内部符合精度的质量。

5.6.3　精测频率的检验

这项检验，是测定测距仪的精测频率实际值和开机半小时内精测频率的变化，以反映精测频率的准确度和稳定度，并用来改正观测的距离成果。对于中、短程红外测距仪，特别是激光测距仪，要求精测频率至少每年检验一次。

有频率检验插孔的仪器，可直接通过插孔连接数字频率计检验频率；目前生产的光电测距仪，没有频率检验插孔，需要用光电频率转换器，把受检仪器的主控振荡器与数字频率计联系起来进行间接测频（见图 5-21）。

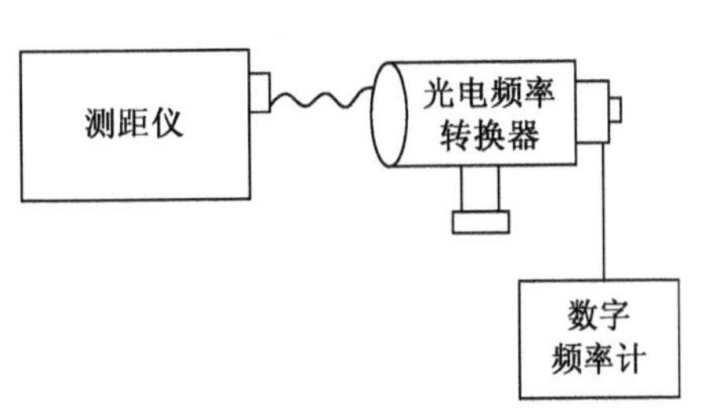

图 5-21　数字频率计测频

测频用的数字频率计，须经过计量部门检验。它的频率准确度要高出受检石英晶体振荡器一个数量级以上，1 秒频率稳定度要高出三倍以上，以保证频率有足够的检验精度。

为了减小温度变化引起频率漂移，要求检验室内温度为 15～30 ℃；在检验过程中温度的变化不应超过±2 ℃。

检验前，将光电频率转换器置于测距仪附近，使它的物镜对准测距仪的发射物镜。开机预热测距仪 5 min 后，测距仪处于测距状态，采用单次自动测量方式；按电频率转换器测量启动按钮开始观测，便可从频率计读取显示的被检仪器的精测频率值。要求每分钟观测读数一次，连续观测 30 min。在检定的始末读记温度。

观测后计算精测频率实际值 f、频率准确度 R 和检定误差 δ。

设精测频率标称值为 f_o，精测频率各次观测值为 f_i，取样时间(闸门时间)为 τ，则有：

$$\left.\begin{aligned} f &= \frac{[f_i]}{30} \\ R' &= \frac{f_o - f}{f_o} \\ \delta &= \pm \frac{1}{\tau \cdot f_o} \end{aligned}\right\} \tag{5-35}$$

在精密的边长测量中，当 $f \neq f_o$ 且 $R' > 1 \times 10^{-6}$ 时，测距成果应加入频率改正 ΔD_f，该值的计算公式为：

$$\Delta D_f = R' \cdot D \tag{5-36}$$

式中：D 为测量的边长，以 km 为单位。

该项改正一般可代替乘常数的改正。采用激光测距仪进行精密长度测量时，当已进行乘常数的改正，还要进行由于测量时的温度与检测仪器时的温度差异而造成的频率漂移的改正。

5.6.4 周期误差的检验

检验周期误差，就是测定误差的初相位角 φ_0 和幅值 A 两个参数，用以计算一个精测尺长内不同距离的误差值，必要时在测距成果中加入相应的改正。

5.6.4.1 检验方法

通常采用平台法检验周期误差。在离测距仪 15～100 m 处设一平台，平台上铺设导轨，在导轨上引张检验过的因瓦带尺或钢尺。一般将该尺上一个精测尺长的距离分为 20 等分(10 m 长的精测尺，每等分长度即为 0.5 m)，在钢尺的零点以及各个分点上编上号数，即 1，2，…，$n(n=20)$。这些点是观测点的位置，用来安置反射棱镜进行测距，如图 5-22 所示。测距仪应整置在因瓦带尺或钢尺中心线的延长线上，它的高度应与棱镜同高，以使直接测量出各观测点的水平距离。

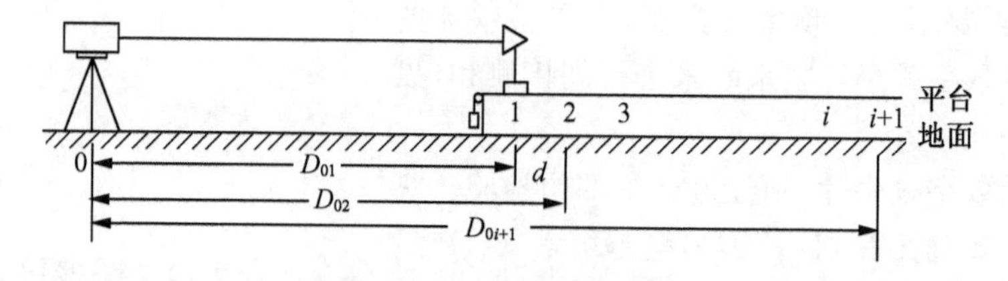

图 5-22 周期误差检验

置反射棱镜于第 1 个观测点上(棱镜安置精度应在±0.2 mm 内)，观测并读取 4 次距离读数，即观测 1 个测回。然后依次置棱镜于 2，3，…，n 等观测点上；再按相反的方向返测，各点的返测观测仍观测 1 个测回。数据检查合格后，这样就完成了周期误差检验的数据采集。

5.6.4.2　检验初相位角和振幅的原理

初相位角 φ_o 和振幅 A 采用间接平差法求解。因为仪器站 0 至各观测点 i 的距离相差不大，观测时间较短，气象条件接近，故各观测值可以作等权观测处理。

(1) 组成误差方程式

设仪器站 0 至观测点 i 的距离观测值为 D'_i，仪器站 0 到第 1 个观测点的近似距离为 $D_{近}$（一般取 $D_{近}=D'_1$），$D_{近}$ 的平差值改正数为 δ，仪器加数为 C，相邻两观测点间的已知距离为 d，各观测点的相位角为 θ_i，相邻两观测点的相位差为 $\Delta\theta$，精测尺长为 u，则有：

$$D'_i+v_i+C+\Delta D\varphi_i=D_{近}+\delta+(i-1)d$$

可写出误差方程式为：

$$v_i=\delta-C-\Delta D\varphi_i+D_{近}+(i-1)d-D'_i \tag{5-37}$$

设 $\delta-C=C'$，$D_{近}+(i-1)d-D'_i=f_i$；

又令 $\Delta D\varphi_i=A\sin(\varphi_o+\theta_i)=A\sin\varphi_o\cos\theta_i+A\cos\varphi_o\sin\theta_i$；

$$\left.\begin{aligned}x&=A\cos\varphi_o\\y&=A\sin\varphi_o\end{aligned}\right\} \tag{5-38}$$

将以上代入式(5-37)，则有：

$$v_i=C'-\sin\theta_i x-\cos\theta_i y+f_i \tag{5-39}$$

写出矩阵形式：

$$\begin{pmatrix}v_1\\v_2\\\vdots\\v_n\end{pmatrix}=\begin{pmatrix}1-\sin\theta_1-\cos\theta_1\\1-\sin\theta_2-\cos\theta_2\\\cdots\\1-\sin\theta_n-\cos\theta_n\end{pmatrix}\begin{pmatrix}C'\\x\\y\end{pmatrix}+\begin{pmatrix}f_1\\f_2\\\vdots\\f_n\end{pmatrix} \tag{5-40}$$

式中：$\theta_1=\dfrac{D'_{01}}{u}\times360°$，$\Delta\theta=\dfrac{d}{u}\times360°$，$\theta_i=\theta_1+(i-1)\Delta\theta$。

(2) 组成法方程式及未知数解算

按间接平差原理得出法方程式矩阵为：

$$\begin{pmatrix}n&0&0\\0&\frac{n}{2}&0\\0&0&\frac{n}{2}\end{pmatrix}\begin{pmatrix}C'\\x\\y\end{pmatrix}+\begin{pmatrix}[f]_1^n\\{[-\sin\theta\cdot f]_1^n}\\{[-\cos\theta\cdot f]_1^n}\end{pmatrix}=0 \tag{5-41}$$

则有：

$$\left.\begin{aligned}C'&=-\frac{[f]}{n}\\x&=-\frac{2[-\sin\theta\cdot f]}{n}\\y&=-\frac{2[-\cos\theta\cdot f]}{n}\end{aligned}\right\} \tag{5-42}$$

(3) 周期误差振幅和初相位角的计算

前已令：$x = A\cos\varphi_o$；$y = A\sin\varphi_o$，故周期误差的振幅为：

$$A = \sqrt{x^2 + y^2} \tag{5-43}$$

周期误差的初相位角为：

$$\varphi_o = \tan^{-1}\frac{y}{x} \tag{5-44}$$

(4) 检定精度的估算

单位权中误差计算式为：

$$m_o = \pm\sqrt{\frac{[vv]}{n-3}} \tag{5-45}$$

式中：n 为观测值个数（观测点个数）。

$[vv]$ 的检核计算式为：

$$[vv] = [ff] + [f]C' + [(-\sin\theta)f]x + [(-\cos\theta)f]y \tag{5-46}$$

周期误差振幅的检定中误差为：

$$m_A = \pm m_o\sqrt{\frac{2}{n}} \tag{5-47}$$

周期误差初相位角的检定中误差为：

$$m_{\varphi_o} = \pm\frac{m_A}{A}\rho'' \tag{5-48}$$

(5) 周期误差改正数的计算

测距仪经过周期误差检定后，对于新购仪器，当振幅 $A>0.55a$（a 为仪器标称精度的固定误差），或对已用于生产的仪器，当振幅 $A>0.77a$ 时，则在外业测距的成果中，应加入相应的周期误差改正。

周期误差改正数 ΔD_φ 的计算式为：

$$\Delta D_\varphi = A\sin(\varphi_o + \theta_i) \tag{5-49}$$

式中：$\theta_i = (i-1)\Delta\theta$，于是上式可写成：

$$\Delta D_\varphi = A\sin\left(\varphi_o + \frac{D'}{u}\times 360^\circ\right) \tag{5-50}$$

在式(5-50)中，D' 为所测距离中不足一个精测尺长 u 的距离尾数，以 m 为单位；φ_o 为十进制角度。

为了外业作业方便，可根据周期误差改正数的计算结果编制出改正数用表以供查取相应距离的周期误差改正。

周期误差参数（A、φ_o）计算和精度评定及周期误差改正数计算的示例，见表 5-7。

表 5-7　周期误差检验的计算

仪器:GTS-301D　No23952　检定日期:2012 年 10 月 13 日　时间:10:00　天气:晴　温度:19 ℃

观测者:丁力　计算者:王军　检查者:刘文

点号	观测值 D' (m)	θ_i (°)	误差方程式系数			f (mm)	V (mm)	非整周期距离尾数(m)	$\varphi_0+(i-1)\Delta\theta$ (°)	$\sin\{\varphi_0+(i-1)\Delta\theta\}$	周期误差改正数 ΔD_φ (mm)
			$a+1$	$b-\sin\theta$	$c-\cos\theta$						
1	24.836 0	174.096	+1	−0.102 9	+0.994 7	0.0	−0.94	0.0	4.731	+0.082 5	+0.1
2	25.336 0	192.096	+1	+0.209 6	+0.977 8	0.0	−0.63	0.5	22.731	+0.386 4	+0.4
3	25.835 8	210.096	+1	+0.501 5	+0.865 2	+0.2	−0.15	1.0	40.731	+0.652 5	+0.7
4	26.335 7	228.096	+1	+0.744 3	+0.667 9	+0.3	+0.18	1.5	58.731	+0.854 7	+0.9
5	26.836 1	246.096	+1	+0.914 2	+0.405 2	−0.1	−0.07	2.0	76.731	+0.873 3	+1.0
6	27.336 0	264.096	+1	+0.994 7	+0.102 9	0.0	+0.09	2.5	94.731	+0.996 6	+1.0
7	27.835 9	282.096	+1	+0.977 8	−0.209 6	+0.1	+0.14	3.0	112.731	+0.922 3	+0.9
8	28.335 9	300.096	+1	+0.865 2	−0.501 5	+0.1	+0.01	3.5	130.731	+0.757 8	+0.8
9	28.835 9	318.096	+1	+0.667 9	−0.744 3	+0.1	−0.21	4.0	148.731	+0.519 1	+0.5
10	29.335 0	336.096	+1	+0.405 2	−0.914 2	+1.0	+0.41	4.5	166.731	+0.229 5	+0.2
11	29.835 0	354.096	+1	+0.102 9	−0.994 7	+1.0	+0.10	5.0	184.731	−0.082 5	−0.1
12	30.335 1	12.096	+1	−0.209 6	−0.977 8	+0.9	−0.31	5.5	202.731	−0.386 4	−0.4
13	30.834 0	30.096	+1	−0.501 5	−0.865 2	+2.0	+0.51	6.0	220.731	−0.652 5	−0.7
14	31.334 7	48.096	+1	−0.744 3	−0.667 9	+1.3	−0.42	6.5	238.731	−0.854 7	−0.9
15	31.834 5	66.096	+1	−0.914 2	−0.405 2	+1.5	−0.37	7.0	256.731	−0.973 3	−1.0
16	32.334 4	84.096	+1	−0.994 7	−0.102 9	+1.6	−0.33	7.5	274.731	−0.996 6	−1.0
17	32.833 9	102.096	+1	−0.977 8	+0.209 6	+2.1	+0.22	8.0	292.731	−0.922 3	−0.9
18	33.334 1	120.096	+1	−0.865 2	+0.501 5	+1.9	+0.15	8.5	310.731	−0.757 8	−0.8
19	33.834 4	138.096	+1	−0.667 9	+0.744 3	+1.6	+0.07	9.0	328.731	−0.519 1	−0.5
20	34.333 2	156.096	+1	−0.405 2	+0.914 2	+2.8	+1.55	9.5	346.731	−0.229 5	−0.2

期误差参数计算和精度评定	辅助计算:	未知数计算:	周期误差参数计算:	检核计算和精度评定:
	$\theta_1=\dfrac{D'_1}{u}\times 360°=174°.096$ $\Delta\theta=\dfrac{d}{u}\times 360°=18°$	$C'=-\dfrac{[f]}{n}=-0.920$ $x=-\dfrac{2[(-\sin\theta)f]}{n}=+1.003$ $y=-\dfrac{2[(-\cos\theta)f]}{n}=+0.083$	$A=\sqrt{x^2+y^2}=1.006\ \text{mm}$ $\varphi_0=+\tan^{-1}\dfrac{y}{x}=4°.731$	$[vv]=[ff]+[f]C'+[(-\sin\theta)f]x+[(-\cos\theta)f]y=4.842$ $m_o=\pm\sqrt{\dfrac{[vv]}{n-3}}=\pm 0.534$ $m_A=\pm m_o\sqrt{\dfrac{2}{n}}=\pm 0.169\ \text{mm}$ $m_{\varphi_0}=\pm\dfrac{m_A}{A}\cdot\rho''=\pm 9°38'$

注:θ_i 为十进制角度。

5.6.5　仪器加常数和乘常数的检验

单独检验仪器加常数的方法较多,它可以在未知长度的基线上检验,也可以在已知长度的基线上检验。而乘常数的检验必须在已知长度的基线上进行(有时可通过频偏改正代替)。在生产实践中,大都采用在已知长度的基线上同时检验加、乘常数的方法。该种方法除减少工作环节提高了效率外,还加强了检验参数的可靠程度。同时还可进行两参数的相关性检验，以便对仪器的性能进行更深的认识和了解。常用的方法为“六段基线比较法”。

5.6.5.1　六段法的基本原理

如图 5-23 所示，将测线 AB 分为 n 段。用测距仪测量出 AB 的全长 D 和各分段的长度 d_1，d_2，…，d_n。全长及每一段距离的真值都是未知的。由于每段距离观测值中都包含有一个仪器加常数 C，故测得的各个距离观测值之间，应满足下面关系式：

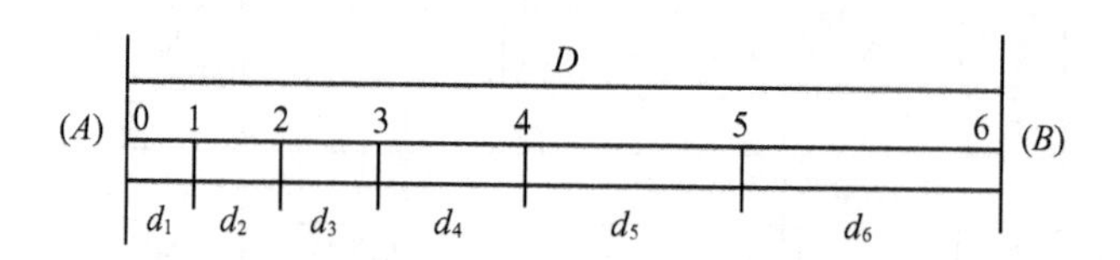

图 5-23　六段法检定场地布设

$$D+C=\sum_{1}^{n}d_i+nC\quad(i=1,2,\cdots,n)\tag{5-51}$$

移项并整理后得：

$$C=\frac{D-\sum_{1}^{n}d_i}{n-1}\tag{5-52}$$

检验仪器加常数时所采用的分段数 n，应按加常数 C 的测定精度要求来决定。

设检验 C 的中误差为 m_C，各段距离的测距中误差为 m_d，依误差传播定律，由式(5-52)可得：

$$m_C=\pm\sqrt{\frac{n+1}{(n-1)^2}}\cdot m_d\tag{5-53}$$

在实际作业中，一般要求 m_C 不超过$\frac{m_d}{2}$，故取 $m_C=\frac{m_d}{2}$ 代入上式，则得 $\sqrt{\frac{n+1}{(n-1)^2}}=\frac{1}{2}$，解算后，得 $n=6.5$。

为了使检验仪器加常数达到上述精度要求，应将测线全长分为 6～7 段，一般是取 6 段，故称为“六段法”。

实际检验时，为了进一步提高检验精度，不是局限于只进行六段距离和一个仪器加常数等 7 个必要的观测，而是采用全组合观测法测距，以增加更多的多余观测数，目的是经数据处理后获得更加可靠的加常数。这时共测得 21 个距离观测值，即

$$\begin{aligned}D_{01},D_{02},D_{03},D_{04},D_{05},D_{06},\\D_{12},D_{13},D_{14},D_{15},D_{16},\\D_{23},D_{24},D_{25},D_{26},\\D_{34},D_{35},D_{36},\\D_{45},D_{46},\\D_{56}。\end{aligned}$$

在 21 个距离观测值中，有 6 个是独立观测值，再加上 1 个仪器加常数，共计 7 个未知

数，故多余观测数为 14 个。

该法虽然是在未知长度的基线上单独检验加常数时推导出的方法，但后来也作为已知长度基线检定场地布设的依据。

5.6.5.2　六段基线比较法同时检验加、乘常数

六段基线的各段长度都是用因瓦基线尺丈量的特种方法测出的精密距离，精度在 10^{-6} 以上，可认为是真值。仪器检验时，须将仪器逐次安置在点上，测定各段距离，有时还进行多测回观测或往返观测，进一步提高成果的质量。在检测前，要注意将仪器关于加、乘常数以及棱镜常数的设置恢复到初始状态。各段观测距离需加入气象(一般是仪器自动进行气象改正)、倾斜、周期误差等项改正后即为参与加、乘常数计算的距离观测值。如表 5-8 所示。

加、乘常数的解算按间接平差原理进行，数据处理的原理和步骤如下。

(1) 列误差方程式

设基线长为 $\widetilde{D}_{ij}$；观测值为 D'_{ij}，则：

$$\left.\begin{aligned} D'_{ij}+C+R\cdot D'_{ij}+v_{ij}-\widetilde{D}_{ij}&=0\\ v_{ij}&=-C-R\cdot D'_{ij}+(\widetilde{D}_{ij}-D'_{ij})\end{aligned}\right\} \tag{5-54}$$

$$\left.\begin{aligned} \text{设 } f_{ij}&=\widetilde{D}_{ij}-D'_{ij}\\ \text{则 } v_{ij}&=-C-RD'_{ij}+f_{ij}\end{aligned}\right\} \tag{5-55}$$

共有 21 个误差方程式。其矩阵形式为：

$$\begin{pmatrix} v_{11}\\ \vdots\\ v_{56}\end{pmatrix}=\begin{pmatrix} -1 & \cdots & -D'_{11}\\ \vdots & \vdots & \vdots\\ -1 & \cdots & -D'_{56}\end{pmatrix}\begin{pmatrix} C\\ R\end{pmatrix}+\begin{pmatrix} f_{11}\\ \vdots\\ f_{56}\end{pmatrix} \tag{5-56}$$

或

$$V=UX+F \tag{5-57}$$

(2) 组成法方程式

观测值按等权处理，组成法方程式：

$$U^{T}UX+U^{T}F=0 \tag{5-58}$$

(3) 未知数解算

$$X=-(U^{T}U)^{-1}(U^{T}F)=-\begin{bmatrix}[aa] & [ab]\\ [ba] & [bb]\end{bmatrix}^{-1}\begin{bmatrix}[af]\\ [bf]\end{bmatrix} \tag{5-59}$$

或

$$X=\begin{bmatrix}Q_{11} & Q_{12}\\ Q_{21} & Q_{22}\end{bmatrix}\begin{bmatrix}-[af]\\ -[bf]\end{bmatrix}=\begin{bmatrix}C\\ R\end{bmatrix} \tag{5-60}$$

式中：

$$\left.\begin{aligned} &Q_{11}=[bb]/N, \quad Q_{12}=Q_{21}=-[ba]/N\\ &Q_{22}=n/N, \qquad N=n[bb]-[ab]^{2}\end{aligned}\right\} \tag{5-61}$$

n 为观测值个数，一般为 21。

若取加常数 C 的系数 $a_{ij}=-1$，乘常数 R 的系数为 $D'_{ij}=-b_{ij}$，则有 $A=[af]=[f]$，$B=[bf]$，则：

$$\left.\begin{aligned}C&=AQ_{11}+BQ_{12}\\R&=AQ_{21}+BQ_{22}\end{aligned}\right\}\tag{5-62}$$

(4) 精度估算

求出未知数 C、R 后，应对观测值加以改正，这时经改正后的观测值即平差后最或是值 D_{ij}。由式(5-55)和式(5-56)可得到：

$$v_{ij}=\widetilde{D}_{ij}-D_{ij}\tag{5-63}$$

则单位权中误差：

$$m_d=\pm\sqrt{\frac{[vv]}{n-2}}\tag{5-64}$$

则加常数 C 的中误差：

$$m_C=\pm m_d\sqrt{Q_{11}}\tag{5-65}$$

乘常数 R 的中误差：

$$m_R=\pm m_d\sqrt{Q_{22}}\tag{5-66}$$

(5) 按线性回归分析计算 C、R 及相关检验

用六段基线比较法检验加、乘常数的同时，还可以求得较差与距离相关的密切程度，即相关系数 γ，以此判断回归直线方程是否有效。设直线方程：

$$y_{ij}=C+Rx_{ij}\tag{5-67}$$

式中 $y_{ij}=f_{ij}$；$x_{ij}=D'_{ij}$（以百米为单位）；C 为仪器加常数；R 为仪器乘常数。

令：

$$\left.\begin{aligned}I_{yy}&=\sum y^2-\frac{1}{n}\left(\sum y\right)^2\\I_{xy}&=\sum xy-\frac{1}{n}\sum x\sum y\\I_{xx}&=\sum x^2-\frac{1}{n}\left(\sum x\right)^2\end{aligned}\right\}\tag{5-68}$$

则：

$$\left.\begin{aligned}C&=\frac{\sum y}{n}-R\cdot\frac{\sum x}{n}\\R&=\frac{I_{xy}}{I_{xx}}\\\gamma&=\frac{I_{xy}}{\sqrt{I_{xx}I_{yy}}}\end{aligned}\right\}\tag{5-69}$$

$$\left.\begin{aligned} U &= R^2 I_{xx} \\ Q &= I_{yy} - U \\ m_d &= \pm\sqrt{\frac{Q}{n-2}} \\ m_C &= \pm m_d \sqrt{\frac{1}{I_{xx}}} \\ m_R &= \pm m_d \sqrt{\frac{\sum x^2}{nI_{xx}}} \end{aligned}\right\} \tag{5-70}$$

以显著水平 $\alpha = 0.05$，自由度为 19，由相关系数临界值表查得 $\gamma_\alpha = 0.433$。

当实际算出的 $\gamma > \gamma_\alpha$ 时，说明相关显著，回归直线方程成立，即仪器存在乘常数。值得一提的是，按间接平差求解 C、R，或按线性回归分析计算 C、R，二者是一致的。它们都是最小二乘解。

以上的全部计算见表 5-8、表 5-9、表 5-10。

表 5-8 六段基线比较法测定加、乘常数计算表

仪器:GTS-301D No23952 检定日期:2012 年 10 月 15 日 时间:9:30 天气:晴 温度:18 ℃

观测:王军 计算:丁力 记录:刘中 检查:朱伟

点号	基线 $\tilde{D}$ (m)	观测值 D' (m)	f (mm)	系 数		改正数 $C+RD'_{hm}$ (mm)	改正后观测值(m)	改正数或真误差 v 或 Δ (mm)
				$a(C)$	$b(R)$			
01	25.113 0	25.108 9	+4.1	−1	−0.25	+5.5	25.114 4	−1.4
2	72.416 5	72.410 1	+6.4	−1	−0.72	+6.0	72.416 1	+0.4
3	156.285 2	156.286 0	−0.8	−1	−1.56	+6.9	156.292 9	−7.7
4	313.123 5	313.107 7	+15.8	−1	−3.13	+8.7	313.116 4	−7.1
5	630.658 6	630.645 5	+13.1	−1	−6.31	+12.2	630.657 7	+0.9
6	1 024.809 6	1 024.792 0	+17.6	−1	−10.25	+16.5	1 024.808 5	+1.1
12	47.303 5	47.296 8	+6.7	−1	−0.47	+5.7	47.302 5	+1.0
3	131.172 2	131.167 3	+4.9	−1	−1.31	+6.6	131.173 9	+1.7
4	288.010 5	287.997 9	+12.6	−1	−2.88	+8.4	288.006 3	−4.2
5	605.545 6	605.533 4	+12.2	−1	−6.06	+11.9	605.545 3	+0.3
6	999.696 6	999.684 5	+12.1	−1	−10.00	+16.3	999.700 8	−4.2
23	83.868 7	83.867 9	+0.8	−1	−0.84	+6.1	83.874 0	−5.3
4	240.707 0	240.698 7	+8.3	−1	−2.41	+7.9	240.706 6	−0.4
5	558.242 1	558.232 4	+9.7	−1	−5.58	+11.4	558.243 8	−1.7
6	952.393 1	952.382 9	+10.2	−1	−9.52	+15.7	952.398 6	−5.5
34	156.838 3	156.827 7	+10.6	−1	−1.57	+6.9	156.834 6	+3.7
5	474.373 4	474.358 6	+14.8	−1	−4.74	+10.4	474.369 0	+4.4
6	868.524 4	868.502 9	+21.5	−1	−8.69	+14.8	868.517 7	+6.7
45	317.535 1	371.526 1	+9.0	−1	−3.18	+8.7	317.534 8	+0.3
6	711.686 1	711.674 8	+11.3	−1	−7.12	+13.1	711.687 9	−1.8
56	394.151 0	394.142 5	+8.5	−1	−3.94	+9.6	394.152 1	−1.1

表 5-9　用 Q 系数解算 C 和 R

常数项	Q_{1j}	Q_{2j}
$A=-[af]=+209.4$	+0.132 313	−0.019 646
$B=-[bf]=+1\,145.788$	−0.019 646	+0.004 557

$C=AQ_{11}+BQ_{12}=+5.196\ \text{mm}$　　$m_C=\pm m_s\sqrt{Q_{11}}=\pm 1.44\ \text{mm}$

$R=AQ_{21}+BQ_{22}=+1.107\,5\ \text{mm/hm}$　　$m_R=\pm m_s\sqrt{Q_{22}}=\pm 0.267\ \text{mm}$

$m_s=\pm\sqrt{\dfrac{[v^2]}{n-2}}=\pm\sqrt{\dfrac{296.97}{19}}=\pm 3.95\ \text{mm}$

表 5-10　用线性回归分析解算 C 和 R 及相关检验

$$I_{yy}=\sum y^2-\frac{1}{n}\left(\sum y\right)^2=566.563$$
$$I_{xy}=\sum xy-\frac{1}{n}\sum x\sum y=243.074$$
$$I_{xx}=\sum x^2-\frac{1}{n}\left(\sum x\right)^2=219.433$$
$$C=\frac{\sum y}{n}-R\cdot\frac{\sum x}{n}=5.195\,7$$
$$R=\frac{I_{xy}}{I_{xx}}=1.107\,9/\text{hm}$$

$$\gamma=\frac{I_{xy}}{\sqrt{I_{xx}I_{yy}}}=0.689$$
$$U=R^2I_{xx}=269.244$$
$$Q=I_{yy}-U=297.319$$
$$m_s=\pm\sqrt{\frac{Q}{n-2}}=\pm 3.96\ \text{mm}$$
$$m_C=\pm m_s\sqrt{\frac{\sum x^2}{nI_{xx}}}=\pm 1.44\ \text{mm}$$
$$m_R=\pm m_s\sqrt{\frac{1}{I_{xx}}}=\pm 0.267\ \text{mm}$$

$\alpha=0.05$　$\gamma_\alpha=0.433$

$\gamma>\gamma_\alpha$　检验结果有效

5.6.6 综合精度的检验

综合精度是指仪器的基线长度观测值 D' 经倾斜、气象、周期误差、加常数、乘常数等必要的改正之后为 D，与已知基线长度值相比较的差值 Δ，其与相应的基线的差值也可以认为具有真误差的性质，经综合数据处理后便可得出能反映外部符合情况的精度指标。也相当于对仪器的标称精度 $\pm(a+b\text{ppm}D)$ 的检验，该公式即为实际测量工作中采用的边长精度估算的线性表达公式，关于式(5-30)的来源在此也得到了证实。

综合精度的检验工作也是采用基线比较的方法。不过当测距仪已进行了加、乘常数的检验之后，则无需再进行检验测量，可直接利用具有真误差性质的 Δ 真误差值(见表 5-8 最后一列值)，按线性回归分析来解算固定误差 a 和比例误差系数 b 两个参数。注意这时的固定误差 a 和比例误差系数 b 两个参数与误差方程式中的 a 和 b 两个系数，其概念和意义是不同的。

将 Δ、D' 代入式(5-67)，则：

$$\Delta_{ij}=a+bD'_{ij}\ (D_{ij}\ \text{以百米为单位})$$

再由式(5-68)、式(5-69)的计算模型，以表 5-8 中的 Δ_{ij} 和 D'_{ij}[或 $b(R)$ 系数]，参与计算，得出 a、b 的统计值。特别指出 Δ_{ij} 参与计算时取绝对值采用。

按以上所述的回归计算显得较为麻烦，而利用计算机应用程序进行数据处理，或利用计算机中的 Excel 表格功能以及应用具有回归分析统计功能的计算器来解算 a、b 是十分方便的。现用 Casiofx－300 或 EL－5100 计算器，计算出的表 5-8 所列 GTS－301D 全站仪检验的综合精度为：

$$m_d=\pm(2.543\ \text{mm}+0.082\,7\times10^{-6}D_{\text{hm}})\text{mm} \tag{5-71}$$

即 $a = 2.543$ mm、$b = 0.0827$，化为通用形式，并保留适当的位数，则：

$$m_d = \pm (2.5\ \text{mm} + 0.8\text{ppm} \cdot D_{\text{km}})\ \text{mm} \tag{5-72}$$

GTS-301D 全站仪出厂时的测距仪的标称精度为：

$$m_d = \pm (3\ \text{mm} + 2\text{ppm} \cdot D_{\text{km}})\ \text{mm} \tag{5-73}$$

则检验的实际结果优于标称精度。

5.6.7　发光管相位均匀性的检验

检验发光管相位均匀性的目的，是了解它的性能，确定测距的有利照准区域，以减小照准误差。该项检验作为选择性的检验项目。

在合适的场地上，选择一段长约 40～100 m 的测线，在两端分别安置测距仪和反射棱镜，并使它们同高。先用望远镜照准棱镜的照准标志中心点 1(见图 5-24)，观测距离一测回，其观测值就作为发射光斑照准棱镜中心部分的距离值。随后按每变动水平度盘 0.5′(或 1′)、垂直度盘就变动 3～6 个 0.5′(或 1′)的要求，使视准轴依次指向 2，3，…，25 点，对各点观测距离一测回，完成棱镜右半部分的观测。再重新照准棱镜的中心点标志顺序编号 26，观测距离一测回。接着使视准轴依次指向 27，28，…，50 点，各观测距离一测回，完成棱镜左半部分的观测。最后再重新照准棱镜的照准标志，顺序编号 51，观测距离一测回。

将照准棱镜中心部分的距离观测值中数与棱镜面上其他各点的距离观测值的差值，按望远镜在横向和纵向移动的角距，以一定的比例尺绘在坐标纸上，并绘出等相位曲线或称为等误差曲线(见图 5-25 所示)。其中距离差值为测距仪标称精度 1/2 的等相位线内的区域，就作为测距时所参考的照准区域。

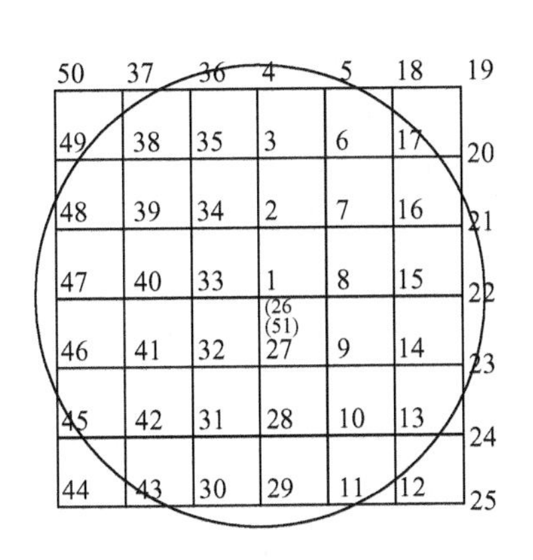

图 5-24　发光管相位均匀性检验照准点

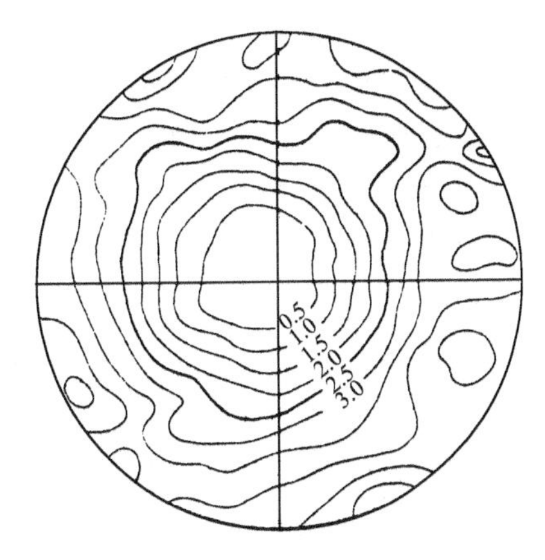

图 5-25　等误差曲线

应当指出，为便于检验，可预先制作一块十字格网板，把它套在反射棱镜上，并使格网的中心与棱镜的照准标志重合。格网上相邻的两个十字线交叉点间的距离 d，应根据受检仪器光束发散角 α 和选用的测线长度 D，按下式计算确定，即

$$d = \frac{1}{6} \times \frac{\alpha''}{\rho''} \cdot D \tag{5-74}$$

检验时，按图 5-24 所示的交叉点编号顺序，依次照准各交叉点观测距离一测回，便可迅速完成所有的观测。

5.6.8 幅相误差的检验

检验幅相误差的目的是找出测距时最佳回光信号强度范围。该项目为选择性检验项目,一般对于新购置的仪器和大修后的仪器需进行该项检验。

在长 100 m 左右的已知基线的两端点上,分别安置测距仪和反射棱镜,并精确对中。

将望远镜视准轴照准棱镜的标志(光照准),并转动水平微动螺旋和垂直微动螺旋进行电照准,找出最大回光信号强度,然后用人工操作方法,改变光信号强度。

对于有手动减光装置的仪器,首先旋转可变光栏,把回光信号强度指针调节到“测距光强区”的最小位置上,并观测距离一测回;然后,依次把回光信号强度指针调高一档,直至“测距光强区”的最大位置为止。在每一挡位置上,观测距离一测回。

目前生产的红外测距仪均有自动减光装置,故检验时可在测距仪发射物镜前安置灰度滤光器,以调节回光信号强度大小,可根据测距仪所显示的图像、蜂鸣器声音等信息来判断接收信息的强度,并用上述相同的方法观测。

将每一档信号强度位置上的距离观测值,加入气象、加常数、乘常数、周期误差和倾斜改正后,再与已知基线长度值比较,便可找出差值小的最佳回光强度范围。根据这些差值,也可以找出不同信号光强情况下幅相误差的大小。一般要求最大与最小差值之间,应小于仪器标称精度固定误差的 1/2。

5.7 测距作业的基本要求和测距成果的计算

5.7.1 测距作业的基本要求

控制测量中的测距作业,有以下基本要求:

(1) 测距应选择有利观测时间,一般最佳观测时间是:上午日出后半小时至一个半小时,下午日落前三小时至半小时,阴天,有微风时,全天可观测;

(2) 作业前,应使测距仪与外界温度相适应,晴天作业时,应给测距仪打伞;

(3) 测距作业时,避免有另外的反光体位于测线或测线延长线上;

(4) 在测量前后,应在测线的两端点上测定有代表性的温度和气压数据;

(5) 各等级边长测量应多测回并往返观测,或用不同时段代替往返观测,一、二级导线边可只进行单向观测少量测回;

(6) 每测回一般测量读数为 4 次,当测量读数稳定时,可适当减少读数的次数;

(7) 各等级边长的测回数,应根据规范要求和仪器的精度确定;

(8) 等外控制边测距作业时,可放宽要求,如可只在测站上测定气象元素,单向观测和减少测回数等;

(9) 一测回读数间较差限差为 ±5 mm、±10 mm;往返或时间段较差限值为 $\pm\sqrt{2}(a+b\cdot D\cdot 10^{-6})$;合格后取中数采用;

(10) 每测回要记全数 1 次,厘米和厘米以下数值不得更改,在同一距离的往返测量中,如米和分米的读数有错,也只能更改 1 次;书写应准确、清楚,禁止涂擦;

(11) 采用电子手簿或自动存贮时,应具有满足基本要求的功能或设置。

5.7.2 测距成果的计算

外业用测距仪所采集的距离观测值,须加入各种有关的改正数,再化算为以标石中心为准,并投影到参考椭球面或高斯平面上的距离。这些改正可分为三类:第一类是因为大气折射而引起的改正,如气象改正;第二类是仪器本身误差引起的改正,如加常数改正、乘常数改正(或频率改正)和周期误差改正等;第三类是归算方面的改正,如倾斜改正、归心改正、高程归化改正和投影距离改正等。

5.7.2.1　气象改正 ΔD_{n_g}

目前生产的光电测距仪,一般都是将气象元素输入到仪器,由仪器本身的系统自动对观测值直接进行气象改正。当某种原因(如超高温或超低温作业时,越出了仪器进行自动改正的范围)需要手算改正数时,应按厂家所给出的气象改正公式计算。

5.7.2.2　加常数改正 ΔD_C

设加常数检定值为 C,则加常数改正计算式为:

$$\Delta D_C = C \tag{5-75}$$

作业中的这项改正,一般是把 C 的检验值预置在仪器内进行自动改正。否则应手算改正。

5.7.2.3　乘常数改正 ΔD_R

设乘常数检定值为 R,距离观测值为 D',则乘常数改正计算式为:

$$\Delta D_R = R \cdot D' \tag{5-76}$$

式中 D'以 km 为单位。

5.7.2.4　周期误差改正 ΔD_φ

设周期误差的振幅检验值为 A;初相位角检定值为 φ_o;精测尺长为 u;距离观测值为 D';测距仪标称精度中的固定误差为 a,则当新购仪器的 $A > 0.55a$ 或已使用仪器的 $A > 0.77a$ 时,须加入周期误差改正。周期误差改正的计算式为:

$$\Delta D_\varphi = A\sin\left(\varphi_o + \frac{D'}{u} \times 360^\circ\right) \tag{5-77}$$

有时事先编制好周期误差改正数表,以 D' 中不足一个精测尺长的距离尾数为引数查取。

5.7.2.5　倾斜改正 ΔD_h

在测距边的两端,当测距仪发射光轴和反射棱镜几何中心之间存在高差时,由距离观测值经气象、加常数、乘常数和周期误差改正后的倾斜距离,须加入一个改正数化算为水平距离,这项改正称为倾斜改正。

作业中一般不单独计算倾斜改正数 ΔD_h,而是直接把倾斜距离化算为水平距离。化算的方法有下面两种:

(1) 用两点观测高差计算水平距离

设经过气象、加常数、乘常数和周期误差改正后的倾斜距离为 D_s,测距仪发射光轴几何中心与棱镜几何中心之间的高差为 h,水平距离为 D,则水平距离计算式为:

$$D = \sqrt{D_s^2 - h^2} \tag{5-78}$$

(2) 用垂直角计算水平距离

设发射光轴的垂直角观测值为 α;垂直角的地球曲率和大气垂直折光改正数为 f;大气

垂直折光系数为K；地球曲率和大气垂直折光改正系数为$C=(1-K)/(2R)$；地球曲率半径为R；D_s以米为单位；则水平距离计算式为：

$$\left.\begin{aligned} D &= D_s \cdot \cos(\alpha + f) \\ f &= \frac{1-K}{2R} D_s \cdot \rho'' \cdot 10^{-6} \end{aligned}\right\} \tag{5-79}$$

5.7.2.6 归心改正ΔD_e

在测距作业中，因障碍物遮挡观测视线，或为了避开不利的地形和地物，从而使测距仪和棱镜的整置位置分别偏离了测站点和照准点的标石中心，这时测得的偏心水平距离须加入一个改正数，把它归算到标石中心上，这项改正称为归心改正。实际归心改正的方法一般有两种：

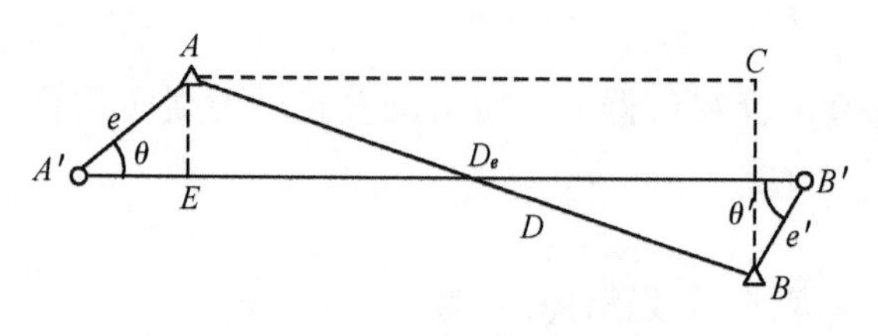

图 5-26 偏心测距归心改正

(1) 加改正数法

在图5-26中，测站和镜站的标石中心分别为A和B；它们之间的水平距离为D；测距仪和棱镜的整置中心分别为A'和B'，它们之间的水平距离为D_e；测站的偏心距和偏心角分别为e和θ；镜站的偏心距和偏心角分别为e'和θ'，则归心改正数为：

$$\Delta D_e = D - D_e \tag{5-80}$$

$$D = D_e + \Delta D_e \tag{5-81}$$

在图5-26中，作直线$AC \parallel A'B'$，$AE \perp AC$，$BC \perp CA$，由图不难看出：

$$D = \sqrt{AC^2 + BC^2} = AC \cdot \sqrt{1 + \frac{BC}{AC}^2} \tag{5-82}$$

在上式中，BC比AC小得多，故BC/AC的数值很小，按级数展开$\sqrt{1+\left(\frac{BC}{AC}\right)^2}$时，可只取前两项，并且第二项的$AC$用$D$代替后，得：

$$D = AC + \frac{BC^2}{2D} \tag{5-83}$$

由图可易得出：

$$\left.\begin{aligned} AC &= D_e - (e\cos\theta + e'\cos\theta') \\ BC &= e\sin\theta + e'\sin\theta' \end{aligned}\right\} \tag{5-84}$$

故代入上式(5-83)后可得：

$$D = D_e - (e\cos\theta + e'\cos\theta') + \frac{1}{2D}(e\sin\theta + e'\sin\theta')^2 \tag{5-85}$$

得归心改正数为：

$$\Delta D_e = -(e\cos\theta + e'\cos\theta') + \frac{1}{2D}(e\sin\theta + e'\sin\theta')^2 \tag{5-86}$$

当偏心距等于或小于0.3 m时，式(5-86)中等式右端第二项的数值可略去不计，这时有：

$$\Delta D_e = -(e\cos\theta + e'\cos\theta') \tag{5-87}$$

(2) 直接计算法

由图5-26和式(5-82)可知：

$$D = \sqrt{AC^2 + BC^2}$$

直接将式(5-84)代入上式即可得出归心改正后的距离。

当测站上有多条偏心测量的边长时，式(5-84)至式(5-87)中的测站偏心改正中的θ应改为$\theta + M_i$；而镜站偏心改正中的θ'应改为$\theta' + M'_i$。其中M_i为i方向的方向值；M'_i为镜站上的i方向的方向值。实际工作中可选用不同的计算方法。

5.7.2.7 高程归算改正 ΔD_H

将地面上测量得的水平距离归算为参考椭球面上的距离，须加入的改正，称为高程归算改正，简称归算改正，见式(2-50)。

5.7.2.8 距离改正 ΔD_G

将参考椭球面上的距离D_0投影归算为高斯平面上的距离D_G，须加入的改正称为距离改正或投影改正，见式(3-61)、(3-62)。

5.7.2.9 测距边长精度的评定

各等边长测量，测距边均往、返观测。因此，在一个测区进行同一等级边长的测量时，可以根据各边往、返测的距离较差计算出单位权中误差，进而计算各边的实际测距中误差。

设：各测距边化算到同一高程面上的往、返测水平距离较差为d_i；距离测量的先验权为P_i；测距边边数为n；则单位权中误差为：

$$\mu = \pm\sqrt{\frac{[Pdd]}{2n}} \tag{5-88}$$

式中：$P_i = 1/\sigma_{D_i}^2$，$\sigma_{D_i}^2$为测距边的先验中误差，可按测距仪的标称精度或综合精度$(a + b \cdot 10^{-6} \cdot D_i) = \sigma_{D_i}$计算。

任一边长的实际测距中误差为：

$$m_{D_i} = \pm\mu\sqrt{\frac{1}{P_i}} \tag{5-89}$$

m_{D_i}的计算值应满足所执行的规范的要求。例如《城市测量规范》要求三、四等光电测距导线每边的测距中误差应不大于±18 mm。

最后，计算各测距边边长相对中误差$m_{D_i}/D_i = 1/\times\times\times\times\times\times$。例如《城市测量规范》要求三、四等首级三角网的起始边长相对中误差，应分别不大于1/200 000和1/120 000。

5.7.2.10 计算示例

桥头—南巷四等导线边，用标称精度为±(5 mm+3ppm$D$)的DM－S3L红外测距仪观测，经自动进行气象改正后的往、返测距离观测值分别为1 628.524 m和1 628.521 m。仪器检验值有：$C = -25.0$ mm；$R = -0.53 \times 10^{-6}$；$A = 0.18$ mm；$\varphi_0 = 121°.8492$（十进制角度）。试距离观测值的改正计算：

(1) 加常数改正计算

$$\Delta D_C = -25.0\ \text{mm}$$

(2) 乘常数改正计算

$$\Delta D_R = -0.53 \times 10^{-6} \times 1.628\,522 \text{ km} = -0.9 \text{ mm}$$

(3) 周期误差改正计算

因 $A = 0.18$ mm <3.85 mm$(0.55 \times 5$ mm$)$，可以不加入周期误差改正。若加入这项改正，则有：

$$\Delta D_{\varphi} = 0.18 \times \sin(121°.849\,2 + 8.522 \times 360°/10) = +0.2 \text{ mm}$$

(4) 倾斜距离计算

往测：$D_s = 1\,628\,524 \text{ mm} - 25 \text{ mm} - 0.9 \text{ mm} + 0.2 \text{ mm} = 1\,628.498\,3 \text{ m}$

返测：$D_s = 1\,628\,521 \text{ mm} - 25 \text{ mm} - 0.9 \text{ mm} + 0.2 \text{ mm} = 1\,628.495\,3 \text{ m}$

(5) 水平距离计算

往测：$h = +10.710$ m

$$D = \sqrt{1\,628.4983^2 - 10.710^2} = 1\,628.463\,1 \text{ m}$$

返测：$h = -10.595$ m

$$D = \sqrt{1\,628.4953^2 - 10.595^2} = 1\,628.460\,8 \text{ m}$$

(6) 归心改正计算

往测：镜站偏心，$e' = 1.798$ m，$\theta' = 287°39'$；

返测：测站偏心，$e = 1.798$ m，$\theta = 287°39'$。

归心改正数为：

$$\Delta D_e = -(1.798 \times \cos 287°39') + \frac{1}{2 \times 1\,628.462} \times (1.798 \times \sin 287°39')^2$$

$$= -0.544\,3 \text{ m}$$

归心改正后的水平距离为：

往测：$D_e = 1\,628.463\,1 - 0.544\,3 = 1\,627.918\,8$ m

返测：$D_e = 1\,628.460\,8 - 0.544\,3 = 1\,627.916\,5$ m

(7) 投影到参考椭球面上的距离计算

往测 $H_m = 9.610$ m，返测 $H_m = 9.715$ m（H_m 均考虑了仪器高和棱镜高），$h_m = +62$ m，$R_A = 6\,368\,188$ m，投影到参考椭球面上的距离为：

往测：$D_o = \left\{1 - \frac{9.6 + 62}{6\,368\,188} + \left(\frac{9.6 + 62}{6\,368\,188}\right)^2\right\} \times 1\,627.918\,8 = 1\,627.900\,5 \text{ m}$

返测：$D_o = \left\{1 - \frac{9.7 + 62}{6\,368\,188} + \left(\frac{9.7 + 62}{6\,368\,188}\right)^2\right\} \times 1\,627.916\,5 = 1\,627.898\,2 \text{ m}$

往、返测距离中数为 1 627.899 4 m；往、返测距离较差 $d = 2.3$ mm。

往、返测距离较差的限值 $d_{限} = \pm 2 \times (5 + 3 \times 1.628) = \pm 19.8$ mm，故往、返测距离较差符合限差要求。

(8) 投影到高斯平面上的距离计算

测距边两端点的横坐标自然值为 76 164.814 m 和 77 780.838 m，平均值 $y_m = 76\,972.826$ m，横坐标之差 $\Delta y = 1\,616.024$ m，$R_m = 6\,368\,192$ m。投影到高斯平面上的距离

为：

$$D_G = \left\{1 + \frac{1}{2} \times \left(\frac{76\ 972.826}{6\ 368\ 192}\right)^2 + \frac{1}{24} \times \left(\frac{1\ 616.024}{6\ 368\ 192}\right)^2\right\} \times 1\ 627.899\ 4 = 1\ 628.018\ \text{m}$$

(9) 精度估算

又已知:测距边数 $n = 19$,$[pdd] = 12.115\ 0$。

则单位权中误差为：

$$\mu = \pm\sqrt{\frac{12.115\ 0}{2 \times 19}} = \pm 0.564\ 6\ \text{mm}$$

该导线边测量的先验权为：

$$P = 1/(5 + 3 \times 1.628\ 5)^2 = 0.010\ 2$$

测距中误差为：

$$m_D = \pm 0.564\ 6 \times \sqrt{\frac{1}{0.010\ 2}} = \pm 5.59\ \text{mm} < \pm 18\ \text{mm}$$

边长相对中误差为：

$$\frac{m_D}{D} = \frac{5.59}{1\ 628\ 000} \approx \frac{1}{291\ 000}$$

该边长的各项指标符合相应规范的要求,可以提供给内业的数据处理工序进行下一步的工作。

思考题与习题

5S・1. 光电测距仪是怎样分类的?

5S・2. 试述固频相位法测距法的基本原理。

5S・3. 固频相位式光电测距仪选择的测尺频率方式有哪两种? 它们有什么区别?

5S・4. 什么叫精测频率、粗测频率和相当测尺频率?

5S・5. 进行内、外光路测量,为何能消除电子线路随机相位移的影响?

5S・6. GTS-301D 全站仪的主键和功能键有哪些功能?

5S・7. 简述多波测距基本原理。

5S・8. 试述相位法光电测距的误差公式来源。

5S・9. 什么叫固定误差和比例误差? 它们具体包含有哪些主要误差?

5S・10. 列表说明各种测距误差的规律及减弱(或消除)的方法,并归纳出测距作业的基本规则。

5S・11. 已经用于生产的测距仪,其仪器检验有哪些要求?

5S・12. 用红外测距仪实测的距离观测值,一般要加入哪些改正数? 顺序如何?

5X・1. 按照两点之间距离 $D = C \cdot t_{2D}/2$ 的基本公式出发,证明实际应用的测距公式:

(1) $D = \dfrac{\lambda}{2}(N + \Delta N) = u(N + \Delta N)$

(2) $D = \dfrac{c}{2f_{1.i}}(N_{1.i} + \Delta N_{1.i}) = u_{1.i}(N_{1.i} + \Delta N_{1.i})$

5X·2. 用精度为 $m_D=\pm(3+2\cdot D)$mm 的 GTS-301D 全站仪测得三等导线点 A、B 间的往返测的偏心距离观测值、相应的归心元素及其他有关数据及参数分别为：

往测：2 678.123 m　A：$i=1.51$ m　B：$t=1.68$ m

$e=1.250$ m　$\theta=60°15'$　$e'=0$ m

返测：2 678.130 m　B：$i=1.45$ m　A：$t=1.28$ m

$e=0$ m　$e'=1.25$ m　$\theta'=60°15'$

$H_A=70.553$ m　$R_m=6\ 368\ 169$ m

$H_B=81.942$ m　$C=+10$ mm

$R_A=6\ 368\ 160$ m　$R=-6$ppm

$H_m=45$ m　$A=5.6$mm

$y_A=76\ 164.814$ m　$\varphi_0=215°.235$

$y_B=77\ 780.838$ m

本测区：$n=25$　$[pdd]=35.128\ 6\ \text{mm}^2$

试计算高斯平面之边长 D_{GAB}，并进行相应的精度估算和验算。

第6章　平面控制测量

控制测量建立工程控制网的原理和方法，与大地测量建立国家大地控制网的原理和方法基本相同，而且工程控制网一般都与国家高等大地点相联系。因此，了解布测国家大地控制网的有关情况是十分必要的，也是控制测量学中的重要内容。

6.1　国家平面控制网的布设原则和方案

6.1.1　布网的基本原则

6.1.1.1　*分级布设，逐级控制*

我国幅员辽阔，有多种地理条件。虽然测绘工作在我国已有很长的历史，但真正有系统按次序地开展测绘工作是在新中国成立以后。新中国成立初期，由于各地区经济建设发展很不平衡，因此对测图用图以及包括控制测量在内的资料需求的迫切性和要求也不尽相同；又因当时测量的技术水平和测量仪器的先进程度都比较低，尤其是精密的长度测量只有靠24 m的因瓦合金尺丈量，由于此法受到地形因素和技术工艺的影响，难以丈量很多的控制网边长，只能花很大的代价测出必要和适宜的少数几条以作为起始边长；但当时精密光学经纬仪及相应的测量技术已发展得比较完善和成熟，所以国家控制网建立的方式毋庸置疑当首选三角测量法。

开始首先就是要考虑国家控制网的布设方案的问题。如果为了控制大比例尺建设规划用图的测绘（如1∶2 000），用全面布网法布设国家三角网，即以密度大、精度高和等级相同的三角网一次布满全国，不但需要很长的时间，而且在特殊困难地区也难以实现；其次，它难以满足迫切用图地区的测图需要。另外，用短边三角网推算边长和方位角的误差将很大，势必增加布测起始边和起始方位角的工作量，同时网的整体平差也很复杂。因此，合理的布网方法应当是分级布网、逐级控制，即三角点的密度应先稀后密，逐次加大；三角点的精度应先高后低，逐级递降。正是按照这个思路，我国天文大地控制网采用三角网，按层次分为一、二、三、四等4个等级的方案。

另外在特殊困难的青藏高原地区布设一、二等精密导线，作为全国天文大地网的一部分。可以看出导线测量在建立全国天文大地网的工作中，只是作为一种辅助的方法。

6.1.1.2　*具有足够的密度*

国家三角点的密度要求，取决于测图比例尺的大小和成图的方法。测图比例尺越大，对三角点的密度的需求便越大；航测法成图的三角点密度，要比平板仪法成图的三角点密度小。根据测图实践，在1∶10万和1∶5万比例尺测图地区，按正常航测法成图时，应使每约150 km^2 面积内有一个国家三角点；在1∶2.5万和1∶1万比例尺测图地区，按正常航测法成图时，应使每约50 km^2 面积内有一个国家三角点；在1∶5 000和1∶2 000比例尺测图区，应使每约20 km^2 和6 km^2 面积内分别有一个国家三角点。这些面积，也就是在不同的情况下，每一个三角点所有效控制的面积，用P表示。对于更大比例尺的测图，国家大地网在密度和精度方面则不能满足其需求，各经济建设部门应根据自己的实际需要，制定实用的控制测量的行业标准。

上述的国家三角点密度要求，在作业中是通过三角边的平均长度来体现的，而这个平均边长又与国家某个等级三角网的边长规定值相对应。面积 P 和边长 S 的关系为：

$$S \approx \sqrt{\frac{P}{0.85}} \tag{6-1}$$

6.1.1.3　*具有足够的精度*

如果仅考虑控制测图的要求，则相邻两国家平面控制点的相对点位中误差，表现在图上应不超过±0.1 mm，若测图比例尺的分母为 M，则表现在地面上应不超过±0.1 mm×M。但是国家控制网并不是只为测图服务的，它还为诸如地球科学、空间科学、地理信息系统等学科服务。因此国家三角点点位的精度要求，应综合考虑生产、科研等方面的需要和可能来确定。

为了保证国家控制网的精度，必须对起算数据和观测元素的精度、网中图形角度的大小及平均边长等，都做出了适当的要求和规定。这些要求和规定均列于《国家三角测量规范》（简称“国家规范”）中。

6.1.1.4　*要有统一的技术规格*

建立国家三角网，除中央主管部门负责外，还要各有关部门和测绘单位共同配合完成。因此，在建立国家三角网时，除采用统一的国家坐标系外，对于三角网的等级划分和密度、精度及作业方法等方面的技术要求，应共同执行我国 1958 年制定的《中华人民共和国大地测量法式（草案）》（简称“1958 年法式”）的原则以及相应国家规范的规定。按 1958 年法式和国家规范布测的国家三角锁网，其主要技术规格见表 6-1。

表 6-1　国家三角锁网布设规格

等级	边长		图形角度限制				测角中误差	三角形最大闭合差	起算元素精度		最弱边相对中误差	最弱点点位中误差估算值
	边长范围（km）	平均边长（km）	单三角形任意角	中点多边形任意角	大地四边形任意角	个别小角度			起始边长	天文观测		
一	15～45	平原 20 山区 25	40°	30°	30°		±0.7″	±2.5″	1∶35 万	$m_\alpha \leqslant \pm 0.5''$ $m_\lambda \leqslant \pm 0''.5$ $m_\varphi \leqslant \pm 0''.3$	1∶15 万	±0.16
二	10～18	13	30°	30°		25°	±1.0″	±3.5″			1∶15 万	±0.10
三		8	30°	30°		25°	±1.8″	±7.0″	1∶35 万	与一等相同	1∶8 万	±0.14
四	2～6		30°	30°		25°	±2.5″	±9.0″			1∶4 万	±0.13

这样，在统一的坐标框架和要求下进行测量作业和数据处理，不仅可以汇集各个部门的三角测量成果构成规格统一的国家三角网，而且还可以做到资料信息共享，避免重复和浪费。

6.1.2　国家三角网的布设方案

6.1.2.1　*一等三角锁系的布设*

一等三角锁系又称天文大地网，它是国家大地网的骨干，又为研究地球形状和大小提供重要资料，故必须达到尽可能高的精度。

一等三角锁尽量沿经纬线方向布设，纵横锁互相交叉而构成网状（图 6-1）。在纵横锁交叉处布设起始边，在起始边的两端点上施测天文经纬度和天文方位角，用以计算拉普拉斯方位角。以作为大地网的起算数据，它既用来控制边长和方位角推算误差的积累，又便于天文大地网的平差和推算地球的形状与大小。由于配合三角测量也进行了一些必要的天文测量，所以这也是将国家大地控制网称为国家天文大地网的原因。

相邻两起始边之间的三角锁称为锁段，锁段长度一般在 200 km 左右。一等三角锁由近于等边的三角形组成。根据地形条件，也可由大地四边形和中点多边形组成。

6.1.2.2　二等三角网的布设

如图 6-2，在一等三角锁环内布设的二等三角网与一等网一起进行天文大地网的整体平差。因此，二等网不仅要与周围的一等锁合理连接起来，还要和相邻一等锁环内的二等网妥善地进行连接，以构成所谓连续的全面三角网。

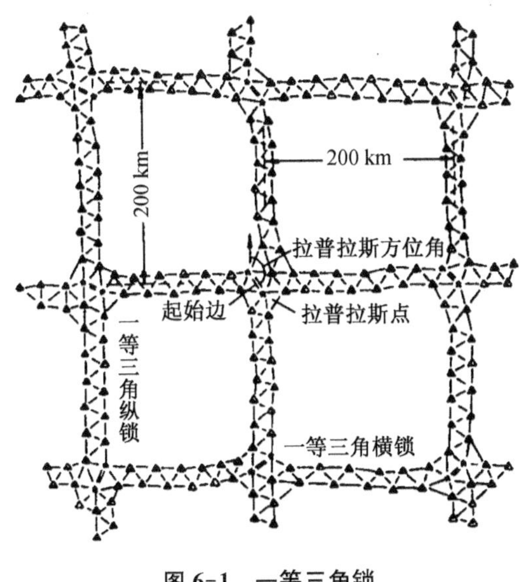

图 6-1　一等三角锁

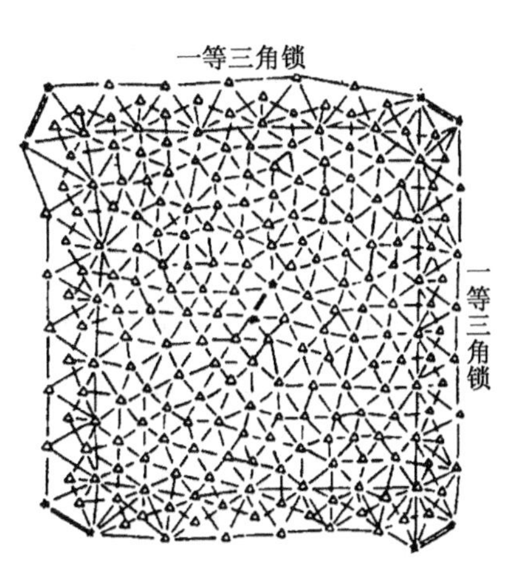

图 6-2　二等全面网

6.1.2.3　三、四等三角网的布设

三、四等三角网按加密的方法分为插网法和插点法两种，按顺序加密或越级加密。

在高等三角网内，以高等点为基础，布设低等级的连续三角网，以测算低等三角点的坐标，这种加密方法称为插网法，如图 6-3、图 6-4 及图 6-5 所示。其中图 6-3 称为接边网，图 6-4 称为接点网，图 6-5 称为典型插网。

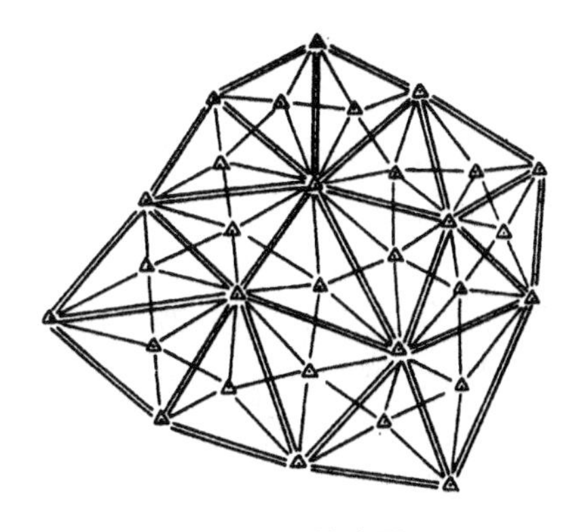
图 6-3　接边网

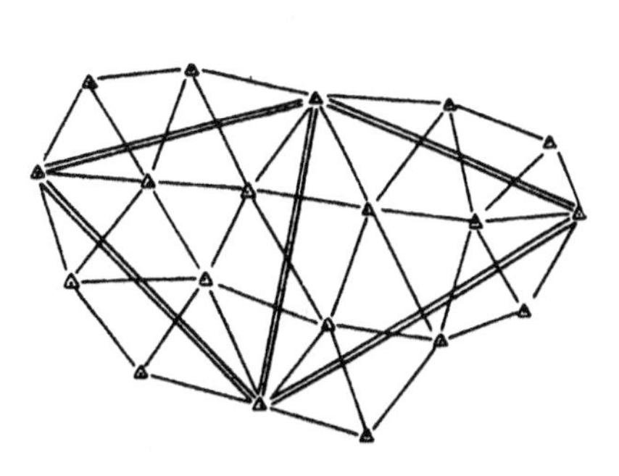
图 6-4　接点网

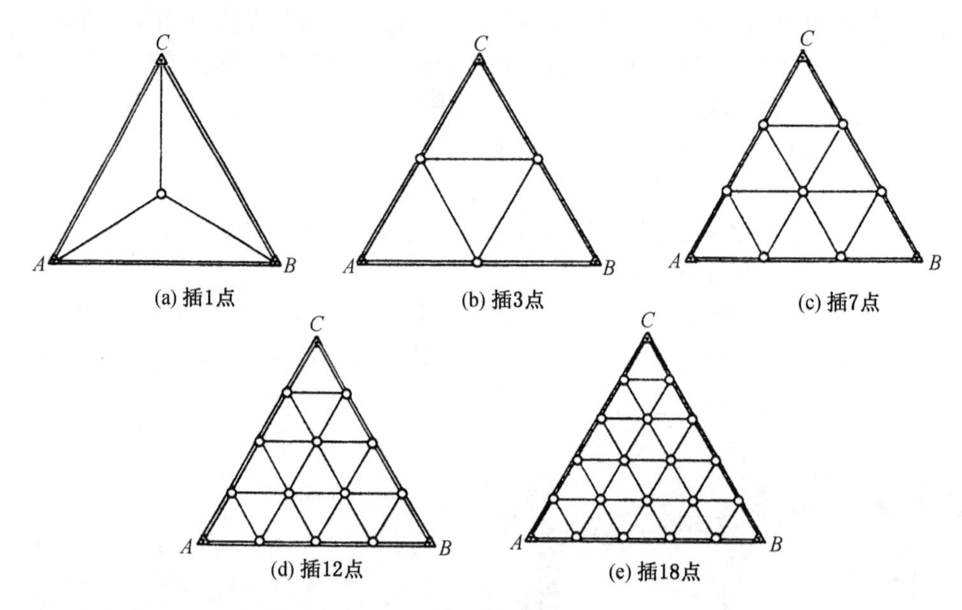

图 6-5 典型插网

在高等三角形内，以高等点为基础插入一个或几个低等点，使它们与高等点构成独立的插点图形，用以测算低等点的坐标，这种加密方法称为插点法，如图 6-6 所示。因这些插点图形在平差计算时，具有固定的数据处理模型，故也称为典型图形。

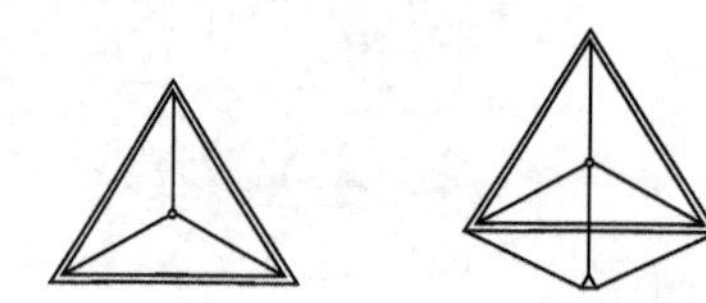
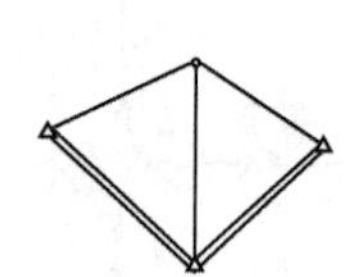
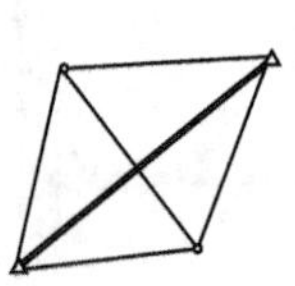

(a)三角内插1点 (b)三角内外各插1点 (c)固定角插1点 (d)固定角两侧各插1点

图 6-6 典型图形

6.2 工程平面控制网的布设原则和方案

6.2.1 布设原则

根据服务的对象不同，工程控制网可分为两种：一种是在各项工程建设的规划设计阶段，为测绘大比例尺地形图和建立地理信息系统、房地产测量等而布设的控制网，叫测图控制网；另一种是为各种工程建筑物的施工放样或变形观测等专门用途而布设的控制网，被称其为专用控制网。建立工程控制网时亦应遵守以下原则。

6.2.1.1 分级布设，逐级控制

对于工程控制网，一般先布设相对于该测区来说适合要求的首级控制网（在测区范围内第一次布设的某一等级的、具有实质性基础控制作用的水平控制网，称为首级控制网，简称首级网，首级网可以是加密网或独立网），随后再根据测图等的需要及测区面积的大小，加密若干层次较低等级的控制网。对于专用控制网，往往分两级布设。第一级作总体控制，第二级直接为建筑物放样而布设；用于变形观测或其他专门用途的控制网，通常无须分级。一般

按顺序逐次加密，但有时为了需要也可越级加密，如在二等的基础上直接布测四等控制网等。

6.2.1.2 *要有足够的精度*

一般要求测区内最低一级控制网（四等网）的相邻点的相对点位中误差不得大于±5 cm，即1/500测图的图上0.1 mm所对应的实际距离精度为依据。各有关部门颁布标准规定，对低于四等及以下的控制网中各点，相对于起算点的点位中误差亦不得大于±5 cm。对于国家控制网而言，尽管观测精度很高，但由于边长比工程控制网的边长大得多，待定点与起始点相距较远，因而点位中误差远大于工程控制网的点位精度。

6.2.1.3 *要有足够的密度*

工程控制网的点位密度应符合相应的规定或依实际工作的需要而定。三角网控制点的密度以平均边长来体现，导线网控制点的密度以平均边长及线路间距来体现。

6.2.1.4 *要有统一的规格*

为了本行业对工程控制网的不同需求，各有关部门在共同遵守国家基本的统一规定的前提下，都制定了适合本行业的作业规范，如《城市测量规范》、《公路勘测规范》等。相对于GB（国家标准）标准，这些行业的作业规范和标准称为HB（行业标准）或其行业、部门的汉语拼音简称标示标准的分类，以便于行业间的互相利用、互相协调、信息共享以及满足实际的需要等。

6.2.2 基本的布设方案

工程控制网一般都是为测绘大比例尺地形图和专门工程而布设的。为了限制边长的综合投影变形不超过2.5 cm/km，在很多情况下都采用了地方坐标系或独立坐标系，根据测区面积的大小和工程的要求，可采用某一个等级的控制网作为测区的首级控制。

对于测图控制网，如按常规方法，一般都用导线形式或三角测量（因三角测量效率低，目前已很少采用）布设，其布设方案与国家水平控制网基本一样，只是平均边长有所缩短，在四等以下又增添了若干个级别的控制网层次。对于工程专用控制网，有时也采用测边网、边角网等形式布设，平均边长等技术参数也有不同的要求。这样有利于控制网的优化设计以及控制点位误差椭圆的长轴方向。例如：桥梁控制网对于桥轴线方向的精度要求应高于其他方向的精度，以利于提高桥墩放样和桥面结构准确衔接的精度；隧道控制网则对垂直于隧道轴线方向的横向精度的要求要高于其他方向的精度，以利于提高隧道贯通的精度。目前水平控制网布测的主流的方法是导线测量和GPS定位测量的方法。作业单位应根据情况选用合适的作业模式。

6.3 设计工程平面控制网的精度估算

当对一个测区的工程控制网以某一种布设形式设计完成后，应对其控制网的推算元素或某些参数指标进行估算，以预期控制网测算完成后的精度是否合格及进行设计质量检验。根据规定和实际需要，一般只估算三角网的最弱边相对精度，对于导线网、测边网、边角网则一般估算其点位的精度等，以便于优化设计和指导生产。一些未被估算的推算元素的精度，如方位角精度等，待测算结束后，亦应必须合格。现对三角网、边角网的边长精度估算进行讨论。导线网的精度估算问题在后续的导线测量的内容中再进行系统的叙述。

6.3.1 三角网边长的精度估算

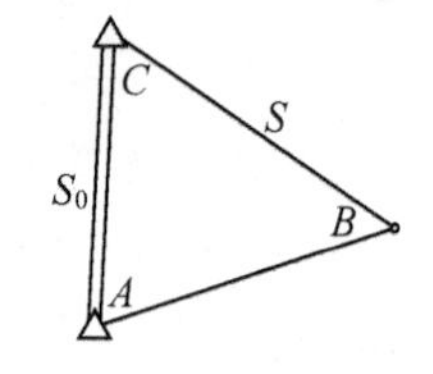

图 6-7 单三角形最弱边精度估算

6.3.1.1 单三角形中推算边长的中误差

在图 6-7 中，设 S_0 为三角形的起算边，S 为推进边；对每一个三角形来说，已知边的对角以 B 表示，推进边的对角以 A 表示，另一个角以 C 表示，A、B 称为求距角。于是有：

$$S = S_0 \frac{\sin A}{\sin B} \tag{6-2}$$

单三角形的图形条件为：

$$A + B + C - 180° = 0$$

按角度平差时，条件方程式的系数 $a_A = +1,\quad a_B = +1,\quad a_C = +1$ 。

S 的权函数式 $F = f_A v_A + f_B v_B$。

权函数式中的系数即 S 对角度 A、B、C 的偏导数，为：

$$f_A = \frac{\partial S}{\partial A} = S_0 \frac{\cos A}{\sin B} = S_0 \frac{\sin A}{\sin B} \cdot \frac{\cos A}{\sin A} = S\cot A$$

同理得 $f_B = - S\cot B, f_c = 0$。

设角 A、B、C 为等精度观测，则：

$$\left.\begin{aligned} [ff] &= S^2(\cot^2 A + \cot^2 B) \\ [af] &= S(\cot A - \cot B) \\ [aa] &= 3 \end{aligned}\right\} \tag{6-3}$$

由条件平差中权函数 F 的权倒数：

$$\frac{1}{p_F} = \left[\frac{ff}{p} \cdot r\right]$$

则在不考虑起算边长误差的前提下，推算边 S 的权倒数为：

$$\begin{aligned} \frac{1}{p_S} &= [ff] - \frac{[af]^2}{[aa]} \\ &= \frac{2}{3} S^2 (\cot^2 A + \operatorname{ctg}^2 B + \cot A \cot B) \end{aligned} \tag{6-4}$$

顾及上述的推导过程中，角度以弧度为单位，则：

$$m_S = \pm \frac{m''}{\rho''} \sqrt{\frac{2}{3} S^2 (\cot^2 A + \cot^2 B + \cot A \cot B)}$$

写成相对误差形式：

$$\frac{m_S}{S} = \frac{m''}{\rho''} \sqrt{\frac{2}{3} (\cot^2 A + \cot^2 B + \cot A \cot B)} \tag{6-5}$$

过去经常使用边长常用对数的中误差衡量边长的精度，以简化对一些问题的讨论。

设 $y = \lg S$，则：

$$\mathrm{d}y = \mathrm{d} \cdot \lg S = \frac{1}{S} \cdot \lg e \cdot \mathrm{d}S$$

式中：$\lg e=0.434\,294$ 为常用对数的模，是一常数，用 μ 表示。如以对数的第 6 位为单位，将上式写成中误差的形式，则为：

$$m_{\lg S}=\frac{m_S}{S}\cdot\mu\cdot 10^6 \tag{6-6}$$

写成相对中误差的形式：

$$\frac{m_S}{S}=\frac{m_{\lg S}}{\mu}\cdot 10^{-6} \tag{6-7}$$

由式(6-5)和式(6-6)，于是得：

$$\begin{aligned}m_{\lg S}&=\pm m''\frac{\mu\cdot 10^6}{\rho''}\sqrt{\frac{2}{3}(\cot^2A+\cot^2B+\cot A\cot B)}\\&=\pm m''\sqrt{\frac{2}{3}(\delta_A^2+\delta_B^2+\delta_A\delta_B)}\end{aligned} \tag{6-8}$$

式中：

$$\left.\begin{aligned}\delta_A&=\frac{\mu\cdot 10^6}{\rho''}\cot A\\ \delta_B&=\frac{\mu\cdot 10^6}{}\cot A\end{aligned}\right\} \tag{6-9}$$

δ_A、δ_B 即为相应角度正弦对数每秒的增量，以对数的第 6 位为单位，简称正弦对数秒差。若令：

$$\delta_A^2+\delta_B^2+\delta_A\delta_B=R \tag{6-10}$$

$$\frac{2}{3}R=\frac{1}{P_{\lg S}} \tag{6-11}$$

则式(6-8)可写成：

$$m_{\lg S}=\pm m''\sqrt{\frac{2}{3}R}=\pm m''\sqrt{\frac{1}{P_{\lg S}}} \tag{6-12}$$

式中：$\frac{1}{P_{\lg S}}=\frac{2}{3}R$，$R$ 和$\frac{1}{P_{\lg S}}$ 都与三角形的内角及图形结构有关系；R 称为图形强度因数，$\frac{1}{P_{\lg S}}$ 称为图形权倒数或称图形强度。通过这些参数可反映出图形质量的优劣。

当考虑到起算边长的误差以及误差传播定律时，由式(6-12)则可得：

$$m_{\lg S}=\pm\sqrt{m_{\lg S_o}^2+m''^2\cdot\frac{1}{P_{\lg S}}} \tag{6-13}$$

当边长传算的图形有几个时，则：

$$\frac{1}{P_{\lg S_n}}=\frac{1}{P_1}+\frac{1}{P_2}+\cdots+\frac{1}{P_n}=\sum_1^n\frac{1}{P_i} \tag{6-14}$$

$$m_{\lg S_n}=\pm\sqrt{m_{\lg S_o}^2+m''^2\cdot\sum_1^n\frac{1}{P_i}} \tag{6-15}$$

R 的大小取决于传距角，R 的前置系数取决于图形的结构。当以角度观测的中误差为单位权中误差时，单三角形 R 的系数是 2/3，大地四边形和中点多边形中三角形 R 的系数是 1/2。$1/P_i$ 与采用的基本图形及其形状有关。

6.3.1.2 三角网最弱边精度估算

在三角网设计中，一般要求只预估算精度最差的，即最弱边的精度，以检验设计网的质量。

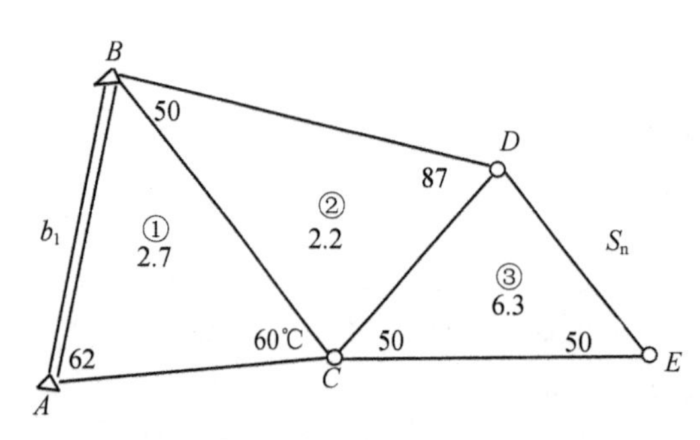

图 6-8 三角网最弱边精度估算

如图 6-8 为三等三角网，最弱边为 DE。可根据式(6-9)、(6-10)、(6-11)，算出各基本图形的 $1/P_i$ 注在相应图形中央。如第一个图形中的计算结果：

$$\delta_{A_1}=1.21$$

$$\delta_{B_1}=1.22$$

$$R_1=4.1$$

$$1/P_1=\frac{2}{3}\times 4.1\approx 2.7$$

余类推。

由式(6-14)，得：

$$\sum_{1}^{3}\frac{1}{P_i}=2.7+2.2+6.3=11.2$$

已知 b_1 相对中误差为 1/150 000，由(6-7)式得 $m_{\lg b_1}$；又已知 $m''=\pm 1''.8$，则由式(6-15)得：

$$m_{\lg S_{DE}}=\pm\sqrt{2.90^2+1.8^2\times 11.2}\approx\pm 6.69$$

由此得：

$$\frac{m_S}{S}=\frac{m_{\lg S_{DE}}}{434\ 294}=\frac{6.69}{434\ 294}\approx\frac{1}{64\ 900}>\frac{1}{80\ 000}$$

因国家三等网最弱边相对中误差的限值为 $\frac{1}{80\ 000}$，故该设计的三等三角网不合格，需重新设计。如采取加测已知边、变动点位、改变图形结构、提高图形强度等措施。

在实际工作中，三角网的网形及起算边数量是多变的，其最弱边估算的要求也不尽相同。一般当从一条已知边出发，可经过不同的路线对同一条推算边所推算的 $1/P_{\lg S_n}$ 是不一样的，这时应取最佳路线的结果来估算该边的精度；当一条未知边可由两条或两条以上的起始边经不同路线推算时，其各边长的权倒数应取权中数采用，然后再进行精度估算。估算工作一般采用相应的软件由计算机完成。

在 GPS 定位的学习中也涉及图形强度的概念，故本节的内容也是学习相关知识的基础。控制测量技术发展到目前的阶段，除个别情况外，单纯的三角网技术已基本不用了，故本书不再对该方面内容作进一步的讨论。

6.3.2 任意边角网点位误差概述

工程控制网的点位误差同许多因素有关，在设计专用控制网时，点位误差是一个非常重要和特别关注的指标。在独立网中，当边长和角度观测元素发生变化时，点位误差即随之发生变化。

如图 6-9 所示的网形，是一个边角全测的边角网，A、B 是已知点，若取其中的角度观测值、仅取其中的边长观测值以及边长和角度全取的三种情况下，其网形都与一个设计矩阵相对应；又当先验单位权方差已确定时，各点就都对应一个特定的误差椭圆。图 6-9 中按一定比例所绘出的误差椭圆以细实线、粗实线和虚线，分别与测角网、测边网和边角网相对应。在图中可以看出：边角网的误差椭圆较小并接近圆形，说明该布网方式好；另有 $m_r/\rho'' \approx m_s/s$，边长和角度观测权精度比例匹配合理，但边角网观测元素多，势必要增加工作量。在其他两种情况下网形的点位中误差的误差椭圆明显大，且长、短轴差异也大，长、短轴差方位也比较杂乱，这对于某些情况下的专用控制网是不利的。所以应在考虑效率、质量、对误差大小和方向的有利需求等因素的前提下，进行优化和确定网形。

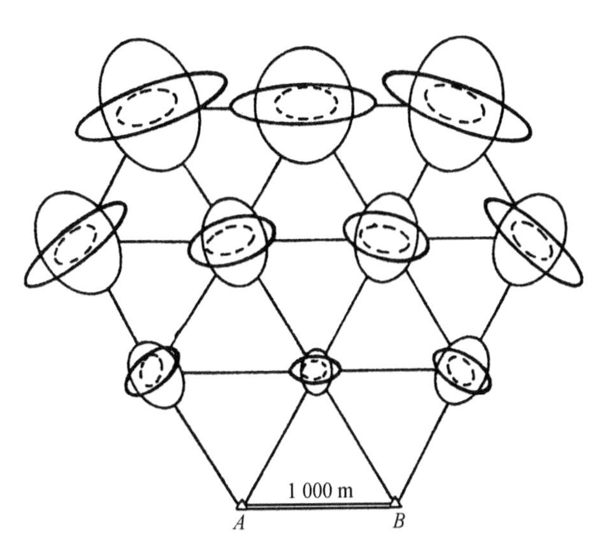

图 6-9　三种观测情况下的点位误差椭圆

如果对边角网的观测元素进行部分的调整，即成为任意边角网，可使网中的点位误差椭圆长短轴大小和方位发生变化。如图 6-10(a)为测角网及相应的误差椭圆的情况，(b)为在(a)基础上加测了部分边长 S_{13}，S_{36}，S_{68} 三条边长后的误差椭圆。比较(a)、(b)两图可知，加测边长后各点的误差椭圆都普遍地减小了。这表明加测的边长对各待定点的精度都有影响。当然，受影响最大的是观测边的端点。由此可见，为了使测角网的最弱点的精度得到改善，可选择从已知点到该最弱点的几条边进行观测，只要使最弱点的精度达到规定的要求即可，而无需观测网中的全部边长。这些边宜选在直接连接最弱点和已知点的导线线路上。

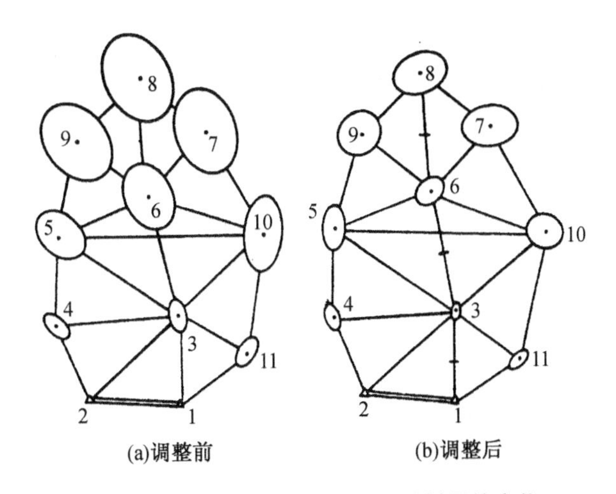

图 6-10　边长观测量调整与误差椭圆的变化

图 6-11 中的(a)和(b)分别表示测边网的误差椭圆和在该网线路 1－3－6－8 上加测了 3 个角度后的误差椭圆。比较两图可知加测角度后，点位的精度也有明显地提高。由此可

见，对于测边网，可用加测部分角度的办法来改善网的精度。而加测的角度宜位于连接最弱点和已知点的最近的导线线路上。

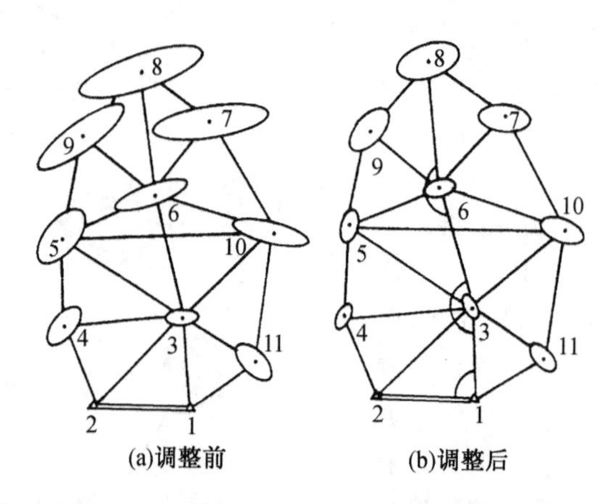

图 6-11　角度观测量调整与误差椭圆的变化

根据以上的比较、分析，可以得出下列的结论：

(1) 在网形一定的情况下，独立网的点位误差同观测元素的种类（测角或测边）和它们在网中的分布（即哪些观测角度、哪些观测边长）有关。此外，点位误差还同测角、测边的精度比例有关，即不同的方向中误差与测边中误差的比例，也将使点位误差椭圆元素的尺寸和方位发生变化。

(2) 相对于测量的趋势和方向，网的纵向（与测量的方向一致）误差主要由测边的误差引起，而横向（与测量的方向在水平面上垂直）误差则主要由测角的误差引起。为了减少纵向误差，应加测边长（或提高测边的精度）；同样，为了减少横向误差，则应加测角度（或提高测角的精度）。

以上的这些结论，有助于我们设法通过改变测边和测角的数量、精度和位置，以改善控制网的质量，达到实现点位预期精度要求的目的，以利于对某些具体工程进行切合实际的或有特殊要求的有效控制。

6.4　工程平面控制网优化设计

在控制网的技术设计中，按照传统的设计方法，首先考虑的是精度指标，其次是费用指标。这时的设计主要是以规范为依据的，只要设计出的控制网经精度估算，其精度指标能够满足有关规范的要求，即基本上完成了设计任务。因为规范的指标参数都是经科学论证而给出的合理的限制，所以称这种方法为“规范化设计”。

近代控制网优化设计不同于上述规范化设计，而是一种更为科学和精确的设计方法。它所顾及的不仅有精度指标和费用指标，还有其他一些指标。应用这种方法，可求得更为合理的设计方案，对一些专用工程控制具有重要的应用价值。但该法的计算工作量大，还必须有一定的软件和硬件环境平台的支持来实现。

6.4.1　控制网的质量指标

在控制网设计阶段，质量标准是设计的依据和目的，同时又是评定网的质量的指标。

质量标准包括精度标准、可靠性标准、费用标准等。

6.4.1.1　精度标准

控制网的精度标准以观测值仅存在随机误差为前提，使用坐标参数的方差-协方差矩阵 D_{xx} 或协因数矩阵 Q_{xx} 来度量，要求网中目标成果的精度应达到或高于预定的精度。

1. 整体精度标准

为了反映全网的总体精度，常用包含网的全部精度信息的 D_{xx} 或 Q_{xx} 的某种矩阵不变量为指标，从平均的意义上来表征网的总体精度，诸如 $tr(D_{xx})$ 和 $\det(D_{xx})$ 等均是矩阵相似不变量。

设坐标未知参数的方差-协方差矩阵：

$$D_{xx} = \sigma_0^2 Q_{xx} \tag{6-16}$$

则作为整体精度标准的指标有：

（1）N 最优，即 D_{xx} 的范数 $\| D_{xx} \|$ 满足：

$$\| D_{xx} \| = \min \tag{6-17}$$

（2）A 最优，若

$$tr(D_{xx}) = \lambda_1 + \lambda_2 + \cdots + \lambda_r = \min \tag{6-18}$$

（λ_i 是矩阵 D_{xx} 的特征值）成立，则称为 A 最优。

（3）D 最优，若

$$\det(D_{xx}) = \lambda_1 \cdot \lambda_2 \cdots \lambda_r = \min \tag{6-19}$$

成立，则称为 D 最优。

（4）E 最优，若

$$\lambda_{\max} = \min \tag{6-20}$$

$\lambda_{\max}$ 是 D_{xx} 的最大特征值。

（5）S 最优，若

$$\lambda_{\max} - \lambda_{\min} = \min \tag{6-21}$$

$\lambda_{\max} - \lambda_{\min}$ 表示矩阵 D_{xx} 的频谱间隔。

2. 局部精度标准

所谓局部精度指标是用最关心的一个或几个指标反映控制网的局部精度特性。对工程控制测量来说常用的局部精度指标有：

（1）点位误差椭圆，其元素的计算公式为：

$$\lambda_1 = \frac{1}{2}(Q_{xx} + Q_{yy} + k)$$

$$\lambda_2 = \frac{1}{2}(Q_{xx} + Q_{yy} - k)$$

$$k = \sqrt{(Q_{xx} + Q_{yy})^2 + 4Q_{xy}^2}$$

$$\tan\varphi_1 = \frac{\lambda - Q_{xx}}{Q_{xy}} = \frac{Q_{xy}}{\lambda_1 - Q_{yy}}$$

$$\tan 2\varphi_1 = \frac{2Q_{xy}}{Q_{xy} - Q_{yy}}$$

（2）相对误差椭圆，其元素计算公式与上式相似，只是要把坐标权系数改为坐标差的权系数。

（3）某些未知数函数的精度，比如控制网中推算边长、方位角的精度等，设有

$$F = f^T x$$

则有

$$D_F = f^T Q_{xx} f \tag{6-22}$$

6.4.1.2 可靠性标准

可靠性理论是以考虑观测值中不仅含有随机误差，还含有粗差为前提，并把粗差归入函数模型之中来评价网的质量的方法。

网的可靠性，是指控制网能够发现观测值中存在的粗差和抵抗残存粗差对平差结果的影响的能力。

根据可靠性理论，在此仅列出基本公式及定义。

对于间接平差，有

$$V = Q_{vv} P l$$
$$Q_{vv} = P^{-1} - BQ_{xx}B^T$$

式中：V 表示观测值改正数向量；

Q_{vv} 是 V 的协因数阵；

P 为观测值权阵；

l 为误差方程常数向量；

Q_{xx} 为未知参数的协因数阵；

B 为设计矩阵。

定义：
$$r_i = (Q_v v P)_i \tag{6-23}$$

为第 i 个观测值的多余观测分量，且

$$\sum_{i=1}^{n} r_i = r\text{（}r\text{ 为多余观测数）} \tag{6-24}$$

内部可靠性指标，在显著水平 α_o 下，以检验功效 β_o 发现粗差的下界为

$$\nabla l_{oi} = \sigma_{li}\delta_o / \sqrt{r_i} \tag{6-25}$$

式中：δ_o 为非中心化参数，$\delta_o = \delta_o(\alpha_o, \beta_o)$，查表可得，如 $\alpha_o = 0.05, \beta_o = 0.80, \delta_o = 4.13$，则

$$\sigma_{li} = \sigma_o / \sqrt{P_i} \tag{6-26}$$

外部可靠性指标，表示不可发现的粗差对平差结果的影响的指标。第 i 个观测值不可发现的粗差对平差未知数的影响为：

$$\bar{\delta}_{oi} = \delta_o \sqrt{\frac{1 - r_i}{r_i}} \tag{6-27}$$

式中：$\bar{\delta}_{oi}$ 是一个没有量纲的量，与坐标系无关，从平均意义上进行度量。

从式(6-24)，式(6-26)知，内外可靠性主要是与多余观测分量有关。多余观测分量愈小，∇l_{oi} 愈大，表示只能发现大粗差；$\bar{\delta}_{oi}$ 愈大，表示粗差对未知参数的影响愈大，即内外可靠性均较差。当然，r_i 接近于1，则网的内外可靠性都较好。所以可靠性标准直接与多余观测分量发生联系，若要求可靠性指标在一定的范围之内，就相当于对多余观测分量和总的多余

观测提出制约和要求。

在网的优化设计中，如果只用可靠性标准作为目标进行设计，则很难获得合理的观测方案，常导致费用较高、优化解不稳定等问题。因此通常把可靠性作为约束条件处理。这样做比较容易获得合理的观测方案，其结果是对各个多余观测分量提出适当的上、下限约束。

6.4.1.3　费用标准

布设任何控制网都不可一味追求高精度和高可靠性而不考虑费用问题，尤其是在讲究经济效益的今天更是如此，所以综合考虑控制网的所有影响因素是明智的做法。网的优化设计，就是得出在费用最小、最合理的情况下，使其他质量指标能满足要求的布网方案。具体地说就是采用下列的某一原则：

(1) 最大原则。在费用一定的条件下，使控制网的精度和可靠性最大或者可靠性能满足一定限制下使精度最高。

(2) 最小原则。在使精度和可靠性指标达到一定的条件下，使费用支出最小。

一般来说，从网的设计到获得测量成果的总费用可表达为：

$$C_{总} = C_{设计} + C_{造埋} + C_{观测} + C_{计算} + C_{分析}$$

式中：C 表示经费，下标表示经费使用的项目。优化设计中，主要考虑的是观测费用 $C_{观测}$。

由于各种不同观测量，采用不同的仪器，消耗不同的人力物力，成本是不同的，其计算均不一样，很难有一完整、现成的表达式表达出来，只能视具体情况、参考由国家物价局批准的相关的收费标准、经验以及参考市场价格，采用一定的计算方法和公式进行估计。

6.4.2　优化设计的分类和方法

6.4.2.1　优化设计的分类

工程控制网的优化设计，是在限定精度、可靠性和费用等质量指标下，获得最合理、最满意的设计方案。

网的优化设计可分为零、一、二、三类。由测量平差理论可知，对于间接平差的数据处理而言，有

$$Q_{xx} = (B^{T}PB)^{-1}$$

(1) 零类设计(基准设计)。固定参数是 B 和 P，待求参数是 x 和 Q_{xx}。就是在控制网的网形和观测值的先验精度已定的情况下，选择合适的起始数据，使网的精度最高。主要采用自由网平差和 S 变换进行，得到位置、定向和尺度参数等的一组基准数值。

(2) 一类设计(图形设计)。固定参数是 P 和 Q_{xx}，待定参数为 B。就是在观测值先验精度和未知参数的准则矩阵已定的情况下，选择最佳的点位布设和最适合的观测值数目。

(3) 二类设计(权设计)。固定参数是 B，Q_{xx}，待定参数为 P。即在控制网的网形和网的精度要求已定的情况下，进行观测工作量的最佳分配(如权的分配)，决定各观测值的精度(权)，使各种观测手段得到合理组合。

表6-2　控制网优化设计的分类

设计分类	固定参数	待定参数
零类设计(ZOD)	B，P	x，Q_{xx}
一类设计(FOD)	P，Q_{xx}	B
二类设计(SOD)	B，Q_{xx}	P
三类设计(THOD)	Q_{xx}，部分 B，P	部分 B 和 P

(4) 三类设计(加密设计)。固定参数是 Q_{xx} 和部分 B,P,待定参数为部分 B 和 P,是对现有网和现有设计进行改进,引入附加点或附加观测值,导致点位增删或移动、观测值的增删或精度的改变。

各类设计的划分见表 6-2 所示。

6.4.2.2 优化设计的方法

控制网的优化设计的方法大致可分为两种:解析法和模拟法。

(1) 解析法

解析法是将设计问题表达为含待求设计变量(如观测权、点位坐标)的线性或非线性方程组,或是线性、非线性数学规划问题。如二类设计,使用最小原则,其表达式为:

$$\left.\begin{aligned} &\min Z = C^T P \\ &AP \leqslant b \\ &P \geqslant 0 \end{aligned}\right\} \tag{6-28}$$

式中:P 为列向量,$P = (P_1 \quad P_2 \quad \cdots \quad P_n)^T$,$C^T$ 为价值系数组成的行向量,约束条件 $AP \leqslant b$ 是由精度和可靠性标准满足一定条件构成的等式或不等式约束条件,若为线性,式(6-28)可用单纯形法求解,获得 P 的最优解。

解析法具有计算机时较少、理论价值高、较严密等优点;但其数学模型难于构造,最优解有时不符合实际或可行性差(如点的优化位置不在便于保护和应用的合理的地方),权的离散化和程序设计较麻烦等缺点。

解析法可适用于各类优化设计的问题,特别是零类设计。

(2) 模拟法

模拟法是对经验设计的初步网形和观测精度,模拟一组起始数据与观测值输入到计算机,按间接(参数)平差,组成误差方程、法方程、求逆,进而得到未知参数的协因数阵(或方差-协方差阵),计算未知参数及其函数的精度,估算成本,或进一步计算可靠性数值等信息;与预定的精度要求、成本和可靠性要求等相比较;根据计算所提供的信息及设计者的经验,对控制网的基准、网形、观测精度等进行修正和变通。然后重复上述计算,必要时再进行修正和改变,直至获得符合各项设计要求的较理想的设计方案。工作流程如图6-12所示。

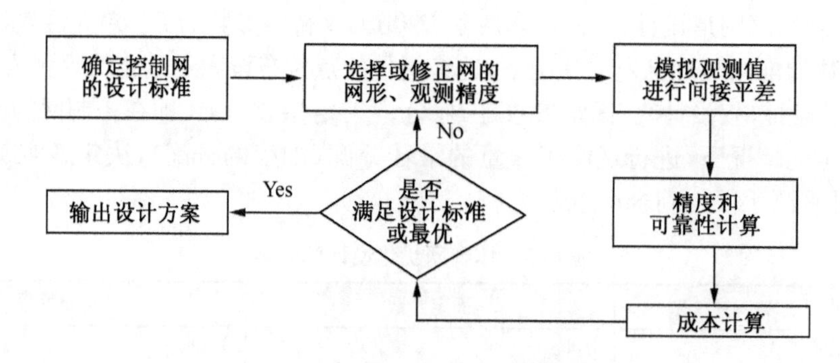

图 6-12 模拟法优化工作流程图

模拟法可用于除零类设计之外的各类设计,设计过程中可同时顾及任意数目的参数和目标，特别适用于一类和三类设计。

模拟法的优点是设计的计算简单，设计程序易于编制，且因优化过程可利用作业人员已有的经验随时进行人工干预。计算结果可用计算机或绘图仪输出和显示，进行人机对话，使设计过程达到高效率，使用灵活。

模拟法的缺点是较费机时，计算量较大，人为因素占主导地位。所得结果相对解析法而言，在严格的数学意义上可能并非最优解。但从实用角度来说，模拟法具有更大的优越性。一种可能的发展方向就是解析法和模拟法相结合，互相取长补短，使优化设计的解算方法更为合理、实用。

值得一提的是，优化设计对于某些专用工程控制网具有一定的应用价值，并非要求对所有控制网都经历一个优化的过程。生产实践说明，对于一般的工程控制网(如测图控制网)，可只需进行规范化设计就行了，因为规范上规定的各项技术指标，也是经理论研究后得出的优化参数，况且规范充分考虑到了生产中的许多实际问题，兼顾了原则性和灵活性，使控制网的设计和测区的具体情况很好地结合起来。另外在优化设计中也会出现一些与实际情况不符的结果。如在一类设计中，最优化的图形点位位置可能在池塘或一些不便于设置点位的地方；在二类设计中，最佳权分配有可能得出非整数的测回数。这一系列的问题，将会导致优化结果的变动，使其付诸实施的结果只能是相对优化的方案，而真正严格数学意义上的优化方案一般是很难实现的。

6.4.3　工程控制网机助法优化设计举例

现欲设计一个水平控制网，要求最弱点点位精度高于± 4 cm，最弱边相对中误差小于1/90 000。设计的初步网形如图6-13所示。此图对应的方案特点为：3个已知点，9个未知点，35个方向观测值，18个边长观测值，方向中误差为$\pm 1''.8$，边长中误差为$\pm(5\ \mathrm{mm}+5\times10^{-6}D)$。计算的初步结果是，9号点为最弱点，点位中误差为$\pm 3.5$ cm。边长9－10为最弱边，相对中误差为1/73 000，因而不能满足设计要求。改变设计方案为图6-14所示，去掉方向值并增加边长值(增删观测值，相当于一类设计)，计算结果为9号点为最弱点，中误差为± 2.8 cm，最弱边3－12相对中误差为1/140 000，因而精度又远高于设计要求，还可以降低，以便减小工作量，从而降低费用。进一步改变为图6-15所示的布设方案，即去掉8号点(变动点位，相当于三类设计)，并将测边中误差降为$\pm(10\ \mathrm{mm}+5\times10^{-6}D)$(改变权，相当于二类设计)，计算结果为最弱点9号点，其误差为± 3.8 cm，最弱边7－11相对中误差为1/98 000，所以该方案满足设计要求，精度略有富余，观测工作量较小，对测距仪要求也不高，因而可认为是较优的方案，这样就达到了优化设计的目的。

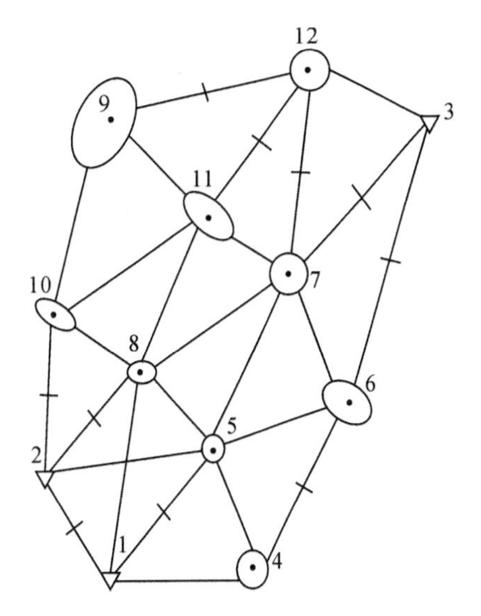

图6-13　初步网形

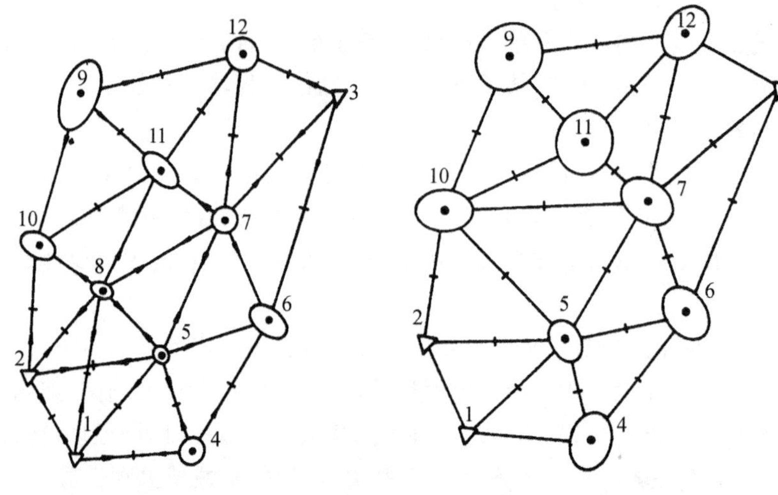

图 6-14　调整方向和边长观测值　　　　图 6-15　调整点位

6.5　导线测量技术设计

GPS 定位和导线测量是当前控制测量的主流方法，当 GPS 测量受限时，导线测量就是首选的方法。在全站仪普及的现代，导线测量以其布网灵活、实施方便、经济效益好等优点，已成为建立平面工程网的主要方法之一。因此，在本节以至后续的内容中，专门对导线测量进行讨论和研究，以便对导线测量技术进行全面的理解和掌握。

导线测量方法适用范围是很广泛的，它不仅适用于一般地区，而且在困难地区更为有利。国家导线主要适用于特殊地区布设平面控制网，如在青藏高原，国家天文大地网就是以一、二等精密导线形式布设的。为了更好地发挥导线测量的优势，各有关经济建设部门都根据自己本行业的特点和要求，制定了适合于本行业的导线测量技术规格，使导线测量技术能更好地为国家的经济建设服务。

下面将结合国家导线、公路勘测导线以及城市导线情况，重点讨论三、四等及其以下级别的导线测量技术设计等有关问题。

6.5.1　技术设计的目的和任务

导线测量技术设计的目的和任务在于根据测区面积、现有的控制点情况、测量服务对象的具体要求等为依据，决定某一等级的导线作为首级网，并在首级网的全面控制下，分几个等级进行加密，合理地规划导线网的分级布设。然后拟定各等级导线的线路走向、间距和结点的大概位置等。据此可以进行精度估算和拟订施测计划。在此基础上编写技术设计书。

6.5.2　技术设计的内容和程序

6.5.2.1　搜集资料及分析

技术设计前，必须广泛地搜集与设计直接有关的资料，如原有的控制测量资料、地形图资料、测量区域内的近期及远期规划，还要熟悉有关规范的技术规定以及了解用户的特殊要求等。

表 6-3、表 6-4、表 6-5 所列，分别为国家导线、公路勘测导线和城市导线的技术规格及

相应的要求。

表 6-3　国家三、四等导线布设规格

等级	附合路线长度(km)	导线边长(km)	导线边数(条)	测角中误差(″)	边长测量相对中误差	最弱相邻点点位中误差估算值(m)	最弱点点位中误差估算值(m)
三	≤200	7～20	≤20	±1.8	≤1∶15 万	±0.37	±0.96
四	≤150	4～15	≤20	±2.5	≤1∶10 万	±0.38	±0.99

导线应尽量布设成直伸形状，相邻边长不宜相差过大(其比例一般不小于 1/3)。

当导线平均边长较短时，应控制导线边数。当导线长度小于表 6-4 规定长度的 1/3 时，导线全长的绝对闭合差应小于等于 13 cm；如果点位中误差要求为 20 cm 时，不应大于 52 cm。

表 6-4　公路勘测导线测量的技术要求

等级	附合导线长度(km)	平均边长(km)	每边测距中误差(mm)	测角中误差(″)	导线全长相对闭合差	方位角闭合差(″)	测回数		
							DJ1	DJ2	DJ6
三等	30	2.0	13	1.8	1/55 000	$\pm 3.6\sqrt{n}$	6	10	—
四等	20	1.0	13	2.5	1/35 000	$\pm 5\sqrt{n}$	4	6	—
一级	10	0.5	17	5.0	1/15 000	$\pm 10\sqrt{n}$	—	2	4
二级	6	0.3	30	8.0	1/10 000	$\pm 16\sqrt{n}$	—	1	3
三级	—	—	—	20.1	1/2 000	$\pm 30\sqrt{n}$	—	1	2

注：表中 n 为测站数。

表 6-5　城市光电测距导线的主要技术规格

等级	附合路线长度(km)	平均边长(m)	每边测距中误差(mm)	测角中误差(″)	导线全长相对闭合差
三等	15	3 000	±18	±1.5	1/60 000
四等	10	1 600	±18	±2.5	1/40 000
一级	3.6	300	±15	±5	1/14 000
二级	2.4	200	±15	±8	1/10 000
三级	1.5	120	±15	±12	1/6 000

城市一、二、三级导线的布设可根据高级控制点的密度、测区的具体条件，选用两个级别。

城市一、二、三级导线，如果点位中误差要求为±10 cm 时，则导线平均边长及总长可放长至 1.5 倍，但其绝对闭合差不应大于 26 cm；当附合导线的边数超过 12 条时，其测角精度应提高一个等级。

导线网中结点与高级点间或结点与结点间的导线长度不应大于附合路线规定长度的 0.7倍。

当附合路线长度短于规定长度的 1/3 时，导线全长的绝对闭合差不应大于±13 cm。

6.5.2.2　确定网的类别、坐标系统和等级的选择

(1) 确定首级网类别

网的类别，即首级网是加密网还是独立网问题。在踏勘的基础上，再对所搜集的资料进行综合分析研究。控制网一般有以下几种情况。

测区内已建立首级控制网：精度与当前的要求相匹配，点位保存完好，这时可按其等级

顺序布设加密网；如原首级网精度与当前的要求不一致，则考虑利用原旧点并加以调整原方案，按原等级应重新建立首级网，然后再考虑进一步加密的问题。这时的坐标系统一般为国家坐标系统。

测区内无首级控制网：如测区内及周边附近地区有一定数量的国家高等级大地点、具有布设加密网的条件，且其加密网的精度等又符合测区测量工作对控制测量的要求，这时应选择布设加密网作为测区的首级控制网。如首级网控制点密度不够，则考虑进一步加密低等网以作补充。当出现下列情况之一时应选择布设地方控制网或独立网。

① 测区及周边附近无已知的高级控制点，或有，但精度和等级都很低；

② 测区及周边有已知的高级控制点，但数量不够，仅满足必要的起算数据（两个已知坐标，一个已知方位角）或不满足；

③ 测区离中央子午线太远，边长的综合变形大于 2.5 cm/km；

④ 测区涉及安全、保密方面的问题；

⑤ 面积小于 25 km^2 的测区。

建立地方控制网或独立网的方法有：采用抵偿坐标；采用任意分带；在正常的坐标中加常数；假设起始点坐标和起始方位角。在①～④中，虽然采取了地方坐标系，但其观测元素仍按高程归算和高斯投影的理论进行处理，这时的测量坐标系一般称为“地方坐标系”。只有在⑤中，才可以任意假设起算数据，将地面平均高程面作为数据处理的基准面，故观测元素可不经归算和投影计算，这时的测量坐标系，也可称为“独立坐标系”。因此，在①～④中应尽量引入国家大地点或其他部分数据（精度不高也可以），使其与国家坐标系统取得联系。这样做的目的：一是便于计算，二是为了在将来必要时进行转换。

（2）首级网等级的选择

首级网的等级应以高等级点的具体等级顺序，或根据需要是否越级布设的情况选择。无论从精度上还是从密度上，一般应能满足测区内后续各项工作的需求为原则。

从国家网加密的控制网的精度，一般不能满足等于或大于 1/2 000 测图及相应的其他测量工作，因此需布设能满足需要的地方控制网或独立网。

首先讨论布设独立导线网作为测区内首级控制、满足 1/500 比例尺测图精度要求时的控制面积。对于三、四等独立导线网，如果是选择规整的六边闭合环作为基本图形（见图 6-16）组成，起算点在网的中部，这时网中共有 25 个均匀分布的导线点。通过模拟计算可知，其最弱相邻点的点位中误差大约为 ±3 cm 至 ±4 cm（相对于起算点的点位中误差约为 ±5 cm），而且不随网的扩展而显著增大。

图 6-16 虚线范围为导线网的实际控制面积，设导线边长为 S、附合导线容许长度为 L、导线曲折度为 0.3，则网中外缘纵、横导线的长度为 $0.7L$，导线网的控制面积为 $[0.7\times(L+S)]^2$。若首级导线网的点数以不超过 50 点作为界限，则三、四等导线网相应的控制面积为 $2\times[0.7\times(L+S)]^2$。如三等导线网 $L=15$ km，$S=3$ km，则适宜的控制面积约为 320 km^2；四等导线 $L=10$ km，$S=2$ km 时，适宜的控制面积约为 140 km^2。

以图 6-17 中具有四个闭合环的规整导线网作为测区内独立的首级控制网时，来讨论四等以下各级导线网的控制面积。通过估算可知，最弱点相对起算点的位置在导线网的角顶，当路线段长度不超过单导线容许长度的 $0.7L$ 时，导线网中最弱点点位中误差在 ±5 cm 以内。

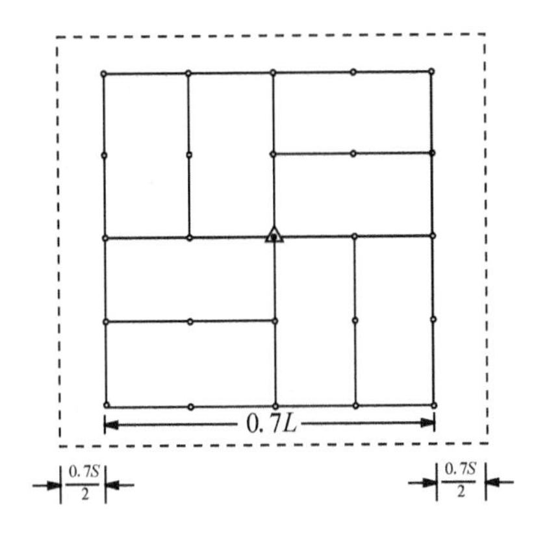

图 6-16　8 个六边闭合环组成的导线网

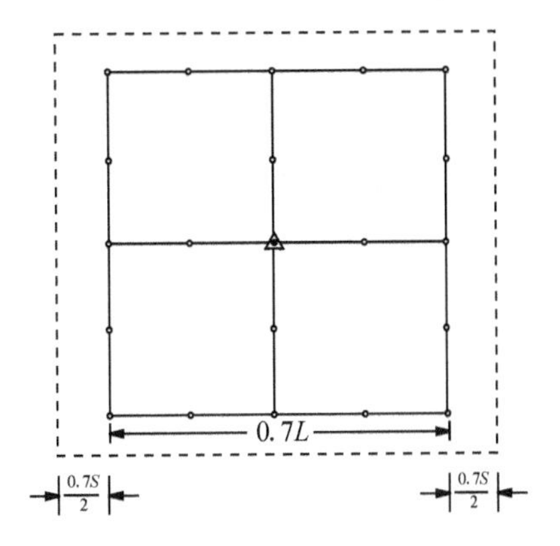

图 6-17　4 个八边闭合环组成的导线网

导线网实际控制的面积为图中虚线范围内的面积。按上述相同的方法，不难求出四等以下各级导线适宜的控制面积，及导出测图比例尺、测区面积、等级之间的关系。

按以上方法确定的城市导线与控制面积的合理配置关系，见表 6-6 所示，可供导线设计时参考。

表 6-6　城市首级导级网等级与布设控制面积配置表

（最大测图比例尺 1∶500）

首级导线网等级	三级	二级	一级	四等	三等
控制面积（km^2）	＜2	2～6	6～15	15～140	140～320

表 6-7　公路勘测平面控制测量等级配置表

等级	公路路线控制测量	桥梁桥位控制测量	隧道洞外控制测量
二等三角	—	＞5 000 m 特大桥	＞6 000 m 特长隧道
三等三角、导线	—	2 000～5 000 m 特大桥	4 000～6 000 m 特长隧道
四等三角、导线	—	1 000～2 000 m 特大桥	2 000～4 000 m 特长隧道
一级小三角、导线	高速公路、一级公路	500～1 000 m 特大桥	1 000～2 000 m 中长隧道
二级小三角、导线	二级及二级以下公路	＜500 m 大中桥	＜1 000 m 隧道
三级导线	三级及三级以下公路	—	—

对于公路勘测平面控制网的布设，属于专用控制网，一般它所控制的是狭长地带的公路工程的施工、定位、放样以及带状图、施工图、纵横断面图等测量工作，一般重点考虑控制点的精度，与面积关系不大。经理论研究后，现直接给出公路勘测平面控制测量等级配置表，见表 6-7，供导线布网时选择参考。

6.5.2.3　导线的基本结构形式

导线的结构分为单一导线和导线网两类形式。单一导线又可分为附合导线、环形导线、无定向导线及支导线等。导线网可分为由附合导线交叉而构成的结点导线网、由环形导线毗连构成的导线网或其二者混合组成的导线网。可根据测区的地形情况，面积的形状、大小，起算点的情况及测量的要求选择导线的结构形式。如图 6-18，为在一、二等国家控制点上加密低等导线的情况。

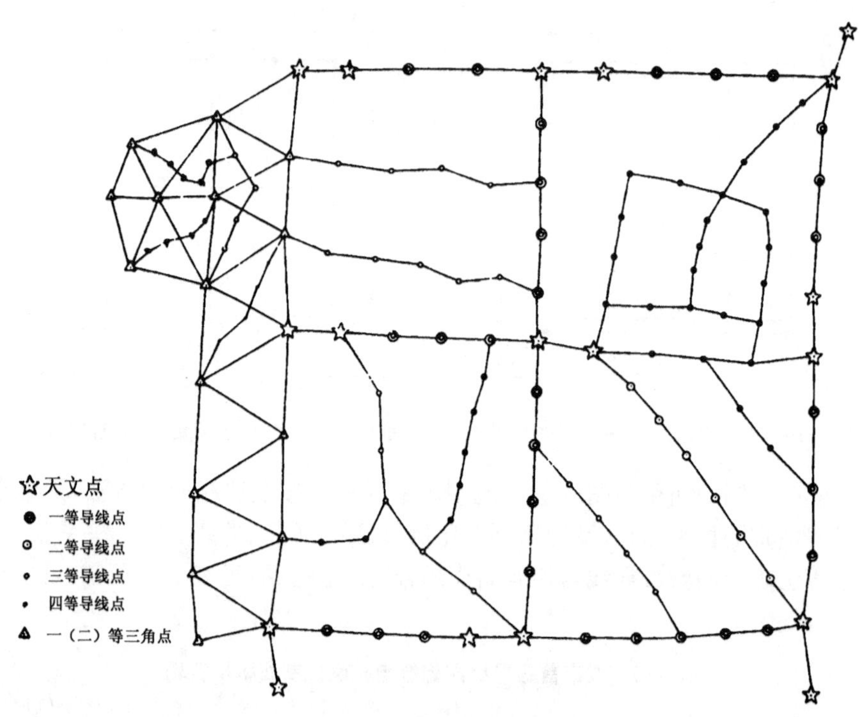

图 6-18 国家各级导线

6.5.2.4 导线布设的基本要求

导线布设应遵循分级布设、逐级控制、具有足够的精度、具有足够的密度以及要有统一的技术规格的原则。国家导线分为一、二、三、四四个等级。在特殊困难地区布设一、二等导线网代替部分一、二等三角锁网，组成三角导线联合网，作为国家大地网的全面基础。国家导线观测元素的精度和推算元素的精度与相应等级的三角网大体一致。因国家一、二等平面大地网的测算工作早已完成，今后的主要任务是根据各建设部门的需要，在一定的区域内布测较低等级的、直接为行业或部门服务的导线网。

6.5.2.5 导线点的精度

(1) 国家三、四等导线点的精度

国家三、四等导线点的精度应能满足 1∶10 000 比例尺测图的要求，导线点的精度要求是相邻点的点位中误差为±0.1M(mm)(M 为测图比例尺分母)。对 1∶10 000 比例尺测图而言，国家三、四等导线最弱相邻点的点位中误差要求不大于±1 m。

根据国家三、四等附合导线的布设规格及导线精度估算的理论，经计算得出三、四等导线点在不利情况下的点位精度的估算值是：三等相邻点点位中误差为±0.37 m，四等为±0.38 m；相对于起算点的最弱点点位中误差三等为±0.96 m，四等为±0.99 m(见表 6-3)。这说明三、四等导线点对于控制 1∶10 000 比例尺测图的精度是足够的。当符合导线交叉构成网状时条件增多，点位精度还会提高。应当注意到国家三、四等导线主要是满足特殊困难地区控制测绘国家 1∶10 000 比例尺基本地形图的需要，故要求比较宽松。

(2) 公路勘测导线点精度

国家导线的点位精度，显然不能满足测绘大比例尺地形图以及要求精度较高的工程测量的需要。为此《公路勘测规范》规定：若测绘 1∶2 000 地形图及相应精度的工程测量，要求控制点的最弱点点位中误差≤±20 cm；若测绘 1∶500～1∶1 000 的地形图及相应的工程测量，要求控制点的最弱点点位中误差≤±5 cm；对一些重要的桥梁、隧道的控制测量，应具体计算施工对桥中轴线中误差的要求及隧道在贯通面上的贯通横向中误差的要求，据以确定控制点的精度，以便在施工过程中进行有效的质量控制。在布设公路勘测平面控制网时，一般以导线网布设的方式为多。

(3) 城市导线的精度

《城市测量规范》规定导线点的基本精度，应满足城市最大比例尺测图、解析法细部坐标测量、地理信息系统及一般市政工程施工放样的需要。

对于三、四等附合导线或独立的三、四等首级导线网，导线点的点位精度是指相邻点的相对点位中误差，其最弱相邻点的相对点位中误差不得超过±5 cm。四等以下导线点的精度，是指各点相对于起算点的点位中误差。对于1∶500比例尺测图区所布设的导线，其最弱点的点位中误差不得超过±5 cm；对小于1∶500比例尺的测图区，其最弱点的点位中误差不得超过±10 cm。

6.5.2.6　导线点的密度

(1) 国家三、四等导线点的密度

国家三、四等导线主要是为测绘1∶10 000比例尺国家基本地形图提供平面控制点，按正常航测方法成图时，约50 km^{2}有一个平面控制点。由前面的知识可知，三角点的密度可以用三角网的平均边长来衡量，而导线点的密度，则要用导线线路的间距和曲折度以及导线平均边长来衡量。要求导线点在测区内尽可能地均匀分布。

布设三、四等附合导线时，因受地形等各种因素的影响，导线不可能直伸而具有一定的曲折度，以q表示。设$\sum D$为导线路线的总长，L为闭合边长度，则

$$q=\frac{\sum D-L}{\sum D} \tag{6-29}$$

如四等附合导线平均边长取10 km、全长为150 km，设$q=0.3$，则闭合边长度为105 km，导线边在闭合边上的投影长度约为7 km。设四等导线平行线路间的间距为6～8 km，这时就可估算出其密度约为50 km^{2}有一个点；当采用逐级加密形式布设导线网时，那么三等导线平行线路间的间距约为105 km。当三等导线边平均边长取9～12 km时，考虑到q=0.3，就可使加密的四等导线平行线路的间距约为6～8 km，见图6-19。

当测区内一、二等大地点较多时，可越级直接布设四等导线网，以减少加密层次。这时，除了注意导线边长适当、导线线路之间的间距适中外，当某些区域内出现间距过大时，应在这些区域内增加导线线路，使其交叉联结成网状，以使导线点密度满足要求。

(2) 公路勘测导线点密度

公路线路及隧道控制测量的范围一般为一条宽约300～500 m的狭窄地带。根据带状地形图测图的需要和工程测量的需要，一般要求每km^{2}内应有约10个控制点，按三、四等导线平均边长2.0 km、1.0 km推算，每km^{2}只有1～3个控制点，这显然不能满足实际工作的需要。因此，增加了四等以下的一级和二级导线两个层次，平均边长为0.5 km和0.3 km。按此要求每km^{2}可布设约10个控制点，即可满足生产的需求。

(3) 城市导线点的密度

为了满足城市及工程建设地区最大比例尺测图（一般为1∶500或1∶1 000）和市政工

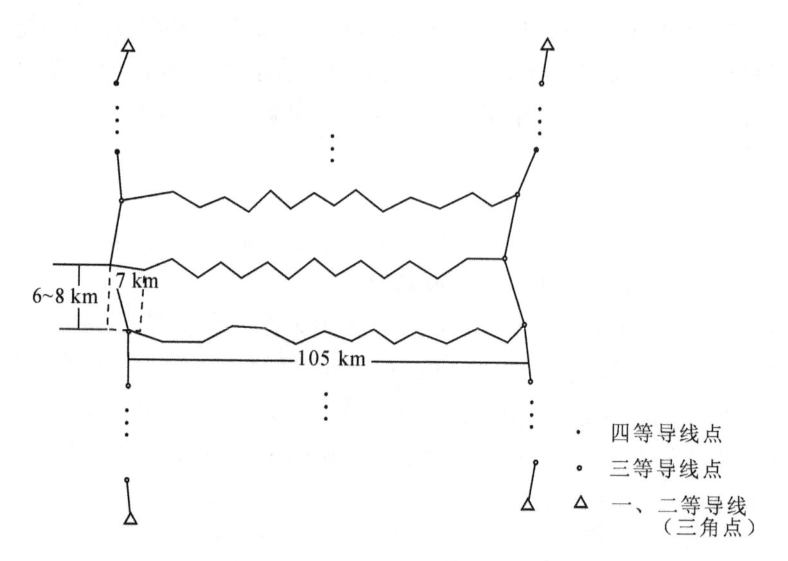

图 6-19　导线平行线路间距设计

程施工放样的需要，平面控制点的布设必须达到一定的密度。据统计，在市区每 km^2 中平均要布设 15～20 个各级导线点才能满足布设图根导线及市政工程施工放样的需要。因此，导线点的加密是大量的。

按现行的《城市测量规范》布设的三、四等附合导线长度分别为 15 km 和 10 km，平均边长分别为 3 km 和 1.6 km，这时，还只能在 3～6 km^2 中有一点，这与城市建设的实际需求还有很大差距。为此，在四等和图根控制网之间增加了一、二、三级层次的导线。一级导线通常作为大城市建成区内四等平面控制网下的加密网或首级导线网；二级导线通常作为中等城市建成区内的首级导线，或作为一级导线的加密；三级导线通常作为小城市内建成区的首级导线，或作为一、二级导线的加密。

导线点的密度，可用与国家导线相同的方法来讨论，其中各等级导线的平均边长见表 6-5。设在二级导线下布设图根导线。关于导线的间距，以满足 1∶500 比例尺测图需要并设导线的曲折度 $q=0.2\sim0.3$ 为例说明如下：1∶500 比例尺测图钢尺量距图根导线最大长度为 500 m，则二级导线的间距约为350～400m；二级导线最大长度为 2 400 m，则一级导线的间距约为 1 700～1 900 m；一级导线的最大长度为 3 600 m，则四等导线的间距约为 2 500～2 900 m；四等导线的最大长度为10 000 m，则三等导线的间距约为 7 000～8 000 m。

6.5.2.7　图上设计

(1) 标定点位、设计网形

将测区原有的已知点在适当比例尺地形图上标定出来，设计应从控制整个测区的首级网开始。如果布设单一导线，则应考虑其长度有否超过规范的规定；如果布设成导线网，有节点产生，这时其总长度和规模可适当增加。上一级导线网设计线路的间距应顾及下一级导线网布设的容许长度，并尽可能留有余地，直到最后一级平面基本控制导线网，能控制布设预知的最大比例尺测图的图根导线为止。

将相邻点位，依不同的等级用不同颜色的线条或线形连接起来，即形成了所设计导线网的网形。在后续的选点过程中，如发现有不当之处，还可以加以修改。

(2) 设计时应注意的问题

① 首级导线网的等级，要与测区面积、测图比例尺相适应。

② 点位分布均匀，利用地形图上的元素正确判断相邻点的通视情况。

③ 导线应力求结构坚强，形状尽量直伸，导线长度和边数以及相邻导线边长的比例应符合技术要求，以保证导线测量的精度。

④ 导线边沿线的地形应适合于电磁波测距，导线边两端点上测量的气象数据，对整条测线要有较好的代表性。

⑤ 导线边沿线的地形应适合于测角，特别要注意避免旁折光而引起的系统误差影响；在山区，特别是在沿山谷布设导线时，导线点不应在谷底，而要选在稍高且远离山坡的地点上。

⑥ 相邻导线点的高差不宜过大，其目的是为了保证边长斜距化平距的精度。按国家规范要求，当采用对向三角高程测定导线边两端点的高差时，则要求

$$h \leqslant 10 \cdot a \cdot S_{(\mathrm{km})} m \tag{6-30}$$

式中：S 为导线边斜距，以 km 为单位，$a = 10^6 \cdot m_S / S = 10^6 / T$，$T$ 为测边要求的相对中误差的分母，当用几何水准等较高精度的方法测定导线边两端点的高差时，可不受上述的限制。

⑦ 公路勘测控制网设计，对特殊工程，精度要求很高的特大桥、特长隧道的控制网设计，应进行优化设计。

⑧ 公路勘测控制点点位应设置在距路线中线 50 m 以外、300 m 以内为宜，以便于使用且不易被工程施工破坏。

⑨ 为测图而布设的控制网，应精度均匀并达到测图要求，而对特殊工程的控制网，应提高主要部位的精度并对误差椭圆的长、短轴大小方向进行限制和调整。

⑩ 相邻导线边长之比不宜超过 1∶3，以避免测量调焦时由于望远镜调焦透镜运行不正确而引起视准轴的改变。

6.5.3 技术设计实例

实例 1：如图 6-20 所示甲、乙两县城相距约 17.6 km，因拟建高速公路和拟建一座 2 200 m 的特大桥进行勘察、选线的需要，现测绘 1∶2 000 带状图。带状图宽度为初步确定的公路中轴线两侧各 200 m，则测图面积为 7.04 km²。在该狭长测区及附近有已知国家二等大地点 A、B、C、D，保存完好，成果可以利用。该测区位于中央子午线附近，边长归算及投影变形小于 2.5 cm/km，故拟加密布设公路勘测三等导线，作为测区的首级控制(参见表 6-7)，该导线共布设 8 个三等导线点，9 条边，总长为 17.8 km，平均边长为 1.98 km；在此基础上再越级布设加密高速公路和一级公路勘测导线，使得两控制点间的边长约 0.45 km，足以满足布设图根导线及桥梁工程等方面的需要。

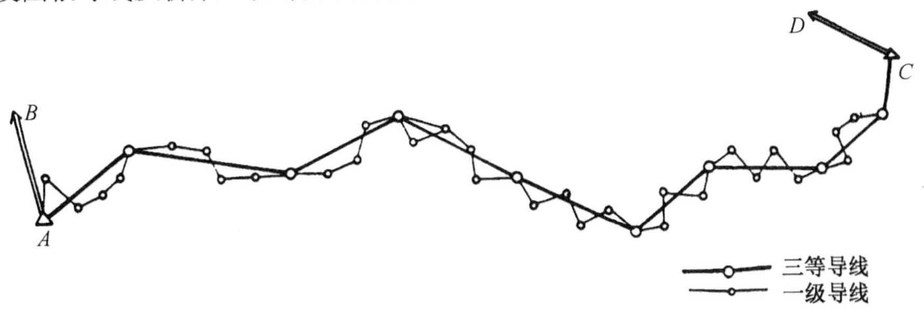

图 6-20　狭长测区导线布设

实例 2：如图 6-21 所示，某小城市的面积约 60 km^2，位于平原水网地区，现需要测绘 1∶500 规划地形图以及相应的市政工程测量等工作。测区内只有一个已知四等国家大地点，周边有 3 个已知国家二、三等大地点，但有 2 个已被损坏。该测区离中央子午线 100 km，边长归算及投影变形超过 2.5 cm/km。该测区的控制测量方案为：以四等独立导线网作为测区的首级控制网(参考表 6-6)，以原四等点作为起算点，通过联测周边的一个国家大地点，以作为本测区导线网的已知方位角，按照该方案布设的控制网在精度上保持独立，同时又与国家控制网取得了联系。

另外也可以选用地方坐标系，即取测区的平均经度作为任意带中央子午线，已知坐标数据需进行换带计算，然后在换算后的已知数据下布设首级和加密的各层次的控制网，以满足实际工作的需要。

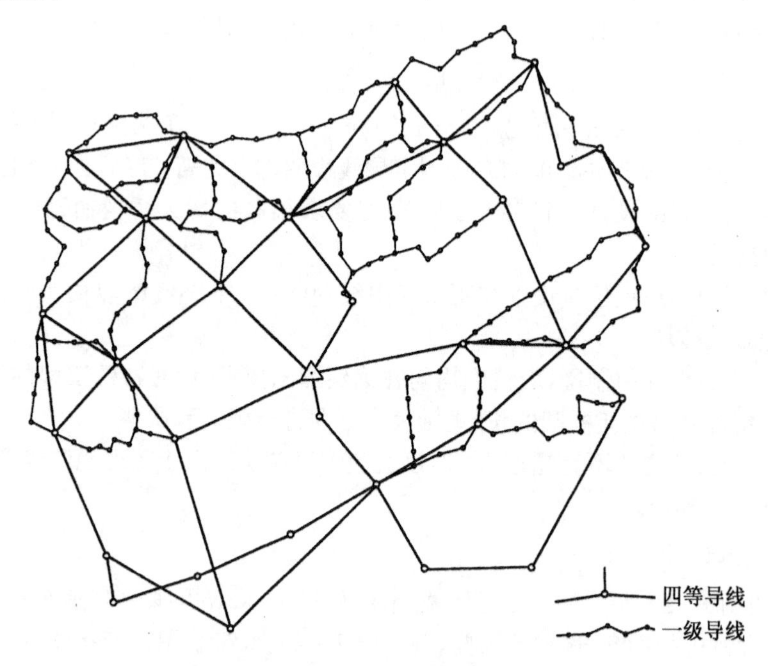

图 6-21　城镇测区导线布设

该网共布设 31 个四等点，构成 14 个闭合环，平均边长 1 370 m。在四等网下为所急需测绘大比例尺地形图的局部区域，加密布设了密度较大的一级导线，形式有单一附合导线、导线网等，平均边长 250 m，小于《城市测量规范》的规定。一级导线布设好后，除特殊的情况再加密二级导线外，故在一般情况下就可直接加密图根导线、直接为测图服务。

首级控制完成后的后续加密控制，可根据任务的轻重缓急，调整测量的区域和时间。

6.5.4　实地选点、造标、埋石

6.5.4.1　实地选点

实地选点的任务是根据设计的要求，结合测区实地情况决定点位和觇标高度。

城市三、四等导线，为了获得全面和良好的控制作用，导线点一般选在自然地形制高点或高层建筑物上。个别沿着道路布设的地面四等导线，由于通视条件的限制且为了便于加密低等导线，应适当缩短边长。而导线点的位置，应尽可能选在十字路口及其他较开阔的地方。为了避免车辆、行人妨碍观测，当条件许可时，可以用高点(在高层建筑物上)和低点(在地面上)相间的方法布设导线，但相邻两个导线点间的高差，须满足导线边斜距化为平距的

精度要求。此外，导线点位置应避开地下管线，以保证埋设的导线点和其他相关市政设施的稳固和安全。实地选点的基本要求为：

(1) 应选在展望良好，易于扩展和加密以及土质坚实的地方，一般应选在制高点上。

(2) 应保证埋设的中心标石能长久保存、造标和观测便利。因此，点位离公路、铁路和其他建筑物应不少于 50 m，离开高压电线应不少于 120 m。

(3) 应使观测视线超越(旁离)障碍物有足够的高度(距离)，对于三、四等测量，这个高度(距离)一般为 1.5～2.0 m。

(4) 新点的位置，应尽量与旧点重合。

(5) 选定的导线网，导线点应分布均匀，并覆盖整个测区。

(6) 选定的导线网，其边长、图形结构、预计的点位精度，应符合技术要求。

6.5.4.2　造标

(1) 测量觇标的作用

觇标的作用是升高测量仪器的整置位置和提供角度观测的照准目标，保证观测方向有良好的通视和目标的稳定。

国家各等级的三角点、导线点上都必须建造测量觇标。在四等公路勘测导线点和四等城市导线点上，也可以不建造觇标，测量时采用稳定整置的觇牌即可。四等以下的各级导线点不建造觇标。

(2) 觇标的类型

根据两控制点间的通视情况，可建造不同类型的觇标。

如图 6-22 所示，觇标的类型：钢标有 4、6、8、10、12、14、16、19、23、27、31、35 m 等 12 种规格，有内、外架；寻常标如图 6-23 所示，一般为 4～6 m；马架标如图 6-24 所示，一般为 1.5 m。

(3) 建造觇标的基本要求及一般的程序和方法

建造觇标的基本要求是：有足够的刚度，牢固，稳定，标心应处在铅垂位置。

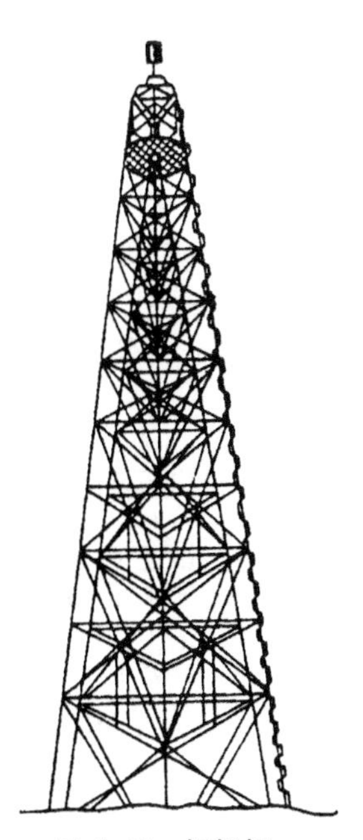

图 6-22　钢觇标

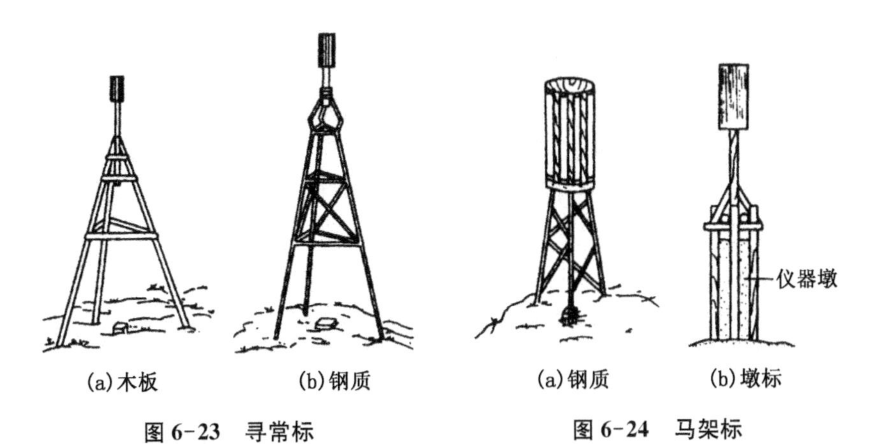

(a) 木板　(b) 钢质

图 6-23　寻常标

(a) 钢质　(b) 墩标

图 6-24　马架标

建造觇标的一般程序和方法：标定觇标脚位；挖基脚坑并测定坑底水平；浇灌混凝土固定层；底层觇标安装、调整、固定；然后再逐层安装。测量觇标一般为专业生产的定型产品，应按规范的规定或说明书的说明，按各材料的编号依次对接安装。

建造在建筑物上面的觇标，还要按要求安装避雷设备，确保安全。

6.5.4.3　埋石

(1) 中心标石的类型及作用

控制测量的成果都是以标石的中心为准的，所以也称为中心标石。标石的类型依地质条件和控制点(导线点或三角点)的等级来划分。三、四等控制点常埋设的中心标石类型有：三、四等三角点标石，这类标石用于一般地区，中心标石由一块柱石和一块盘石组成，见图 6-25，柱石和盘石一般用混凝土预制，在它们顶面的中心位置嵌入一个瓷质或金属标志；岩石地区三角点标石，在三、四等控制点上，可将岩石标志用混凝土固定在岩石凿孔内，见图 6-26；建筑物上的标石，应现场浇灌完成。

中心标石的作用是长期保存测量成果和便于利用，因此要认真维护，严禁碰动损坏。

(2) 埋石的基本要求

要求标石坚固；埋设稳固；各层标石的标志中心及标心或圆筒中心应在同一铅垂线上；标石面应大致水平，标志上的注记字头应朝北方向。在城市控制测量中的埋石有的做成窨井式加护盖的形式，便于使用和寻找。

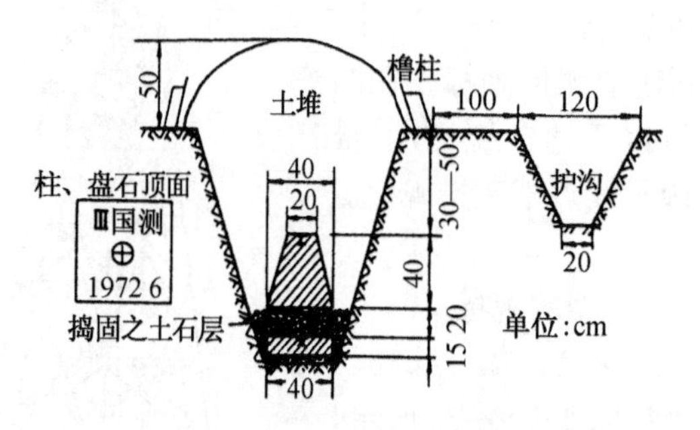

图 6-25　一般地区中心标石

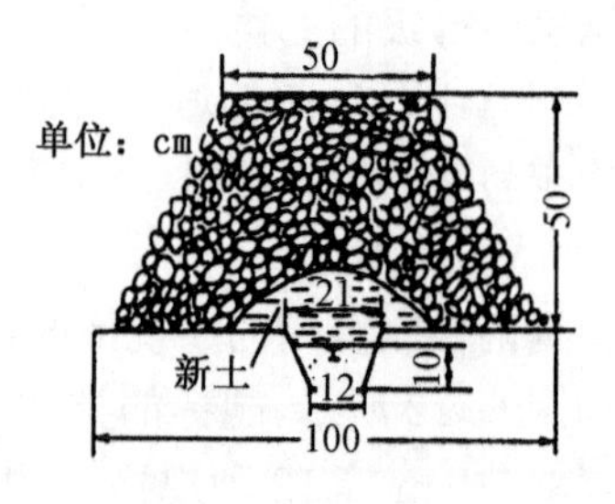

图 6-26　岩石标志

6.5.4.4　造标埋石后的收尾工作

(1) 填绘三角点(导线点)点之记

点之记(点位说明)是指示后来有人使用本点时的重要资料，应在固定的表格中认真、正确地填绘有关内容(见表 6-8)。点之记表格也有简略的形式，可根据需要选用。

(2) 挖护沟和书写标牌

如图 6-25 所示，挖护沟的目的主要是防止如雨水浸泡等自然因素可能对测量标志产生的影响，也防止无关人员、动物等靠近；在觇标的适当位置或在专门埋设的标志上，用油漆写上或刻印本点的点名、等级以及关于保护测量标志的宣传提示、警示等内容。

(3) 办理委托保管测量标志手续

为了确保测量标志安全地长期保存、今后方便找点和利用，测量主要工作结束后，应向当地政府或有关部门办理(或补办完善)土地使用权征用(划拨)以及测量标志委托保管等手续。

6.5.4.5　编写技术设计书

技术设计书应说明测量任务，测区的自然地理情况，已有资料的情况，作业所依据的技术规范，布设的导线网网形、类型和等级、精度估算的情况；选、造、埋的情况；测量队伍的技术状况，在工作过程中拟采用的新仪器、新技术的说明和必要的论证，员工持证上岗的情况，测绘工作证的有效情况、组织分配，作业拟采用的仪器设备及检验情况，后勤保障，质量保证体系，拟上交的资料，预计的作业量、工期和经费预算等。

表 6-8　三角点(导线点)点之记

乌丽区(锁)	所在图幅(1∶100 000)	I46D010002
	点号	07402

点名	红石山	概略经度	90°53′	本点交通情况(水路、陆路、铁路、公路及距本点最近的车站、码头的名称及距离)	由昆仑县城乘汽车，沿青西公路至五道梁 271 km；由五道梁乘自备加力汽车，沿加力车便道向西北方向越野行驶 70 km 可到小尖山三角点；再由小尖山改换牦牛驮运，向西北方向走 15 km 即到本点。
		概略纬度	32°45′		
地类	荒山	概略高程	4 950 m		
土质	砂土	水层深度			
冻结深度	0.5 m	解冻深度	0.5 m		
所在地	青海省昆仑县(市)乌丽乡				
最近水源及里程	点北小河里有水，约 1.5 km				

最近住所及里程	五道梁，约 85 km	石子来源	点北小河里有	砂子来源	点北小河里有

本点的有关方向	点位略图
北；Ⅱ小黑山钢寻常标 12.3 km；Ⅱ碎石山钢寻常标 15.6 km；Ⅱ小尖山钢寻常标 13.2 km；Ⅱ长山梁钢寻常标 14.3 km；Ⅱ雪峰山钢寻常标 12.6 km；Ⅱ青羊山钢寻常标 9.4 km；Ⅱ湖东山钢寻常标 16.5 km	至叶鲁湖30 km；北；至小尖山15 km；红石山；1:25 000

选点员对造埋工作的意见		实造觇标高度	实埋标石断面图
与旧点重合情况	旧点点名： 旧点所属锁网等级： 施测单位： 测定年月： 觇标及标石规格质量，可否利用或修复：	类型：钢寻常标 圆筒上沿： 5.63 m 标尖： 回光台： 基板：	40；20；30；40；15；20；15；50；单位：cm

本点(不测)支线水准	便于联测的水准路线及点号：	联测方法：
本点(不是)天文点	本点向导何村何职：乌丽乡、第四放牧组，扎西	

选点	作业单位	青海省测绘局 106 测量队	造标埋石	作业单位	青海省测绘局 106 测量队
	姓　名	王　民		姓　名	张　力
	时　间	2012 年 6 月 19 日		时　间	2012 年 9 月 23 日
备　注					

队检查者：刘强　　　　检查者：张伟

6.6 导线测量的精度估算和分析

研究导线测量的精度，是用最小二乘原理和方法，导出推算元素精度与导线结构、形状、长度、边数、观测元素精度和起算元素精度之间的函数关系式。目的是掌握导线测量精度的规律，从而科学地拟定布设导线的主要技术规格，以及找出减弱导线测量误差的方法；估算已设计好的导线的预期精度，检查技术设计质量；验算外业观测成果并鉴定其成果的质量。

现分三种情况研究和估算设计导线的精度：第一种情况是单一导线，对这一类导线的研究和精度估算，比较直观，容易找出一些关于导线精度问题的普遍的带有共性的规律，可准确估算精度及指导生产；第二种情况是不太复杂的、适应"等权代替法"计算方法的导线网精度估算，该种导线的精度估算可借助普通的计算工具完成计算工作；第三种情况是复杂导线网，该种导线的精度估算，则利用点位误差与先验单位权方差以及协因数设计矩阵之间的关系，采集有关数据，构造出协因数设计矩阵，利用有关计算机软件，按程序在计算机上完成精度估算工作。

6.6.1 单一导线的导线边方位角中误差的估算公式和精度分析

6.6.1.1 一端有已知方位角的自由导线（支导线）

由图 6-27 可知，支导线中最弱的方位角是最末边的方位角，其值 T_n 为：

$$T_n = T_o + \sum_{1}^{n}\beta_i - (n-1)\times 180^\circ \tag{6-31}$$

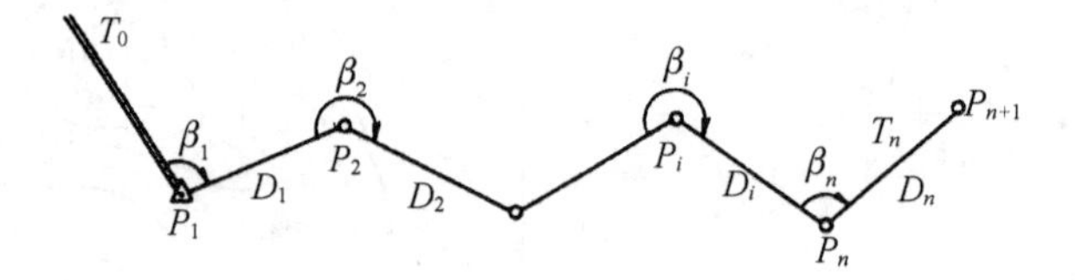

图 6-27 支导线

若已知方位角 T_0 的中误差为 m_{T_0}，折角 β_i 观测值的中误差为 m_β，且 T_0 与 β_i 相互独立，则

$$m_{T_n}^2 = m_{T_0}^2 + n \cdot m_\beta^2 \tag{6-32}$$

$$m_{T_n} = \pm\sqrt{m_{T_0}^2 + n \cdot m_\beta^2} \tag{6-33}$$

6.6.1.2 等边直伸附合导线

因附合导线增加了坐标条件，故该类导线边方位角中误差需用条件平差方法推导其估算公式。为了便于讨论，设附合导线等边并直伸。

对于等边直伸附合导线，当导线边 $n>4$ 时，最弱方位角在导线中的 $n/4$ 处的边上，而不在中间边上。

如图 6-28 中的等边直伸附合导线，根据条件平差理论，可近似地求得未顾及 m_{T_0} 影响时的中间边及 $n/4$ 边方位角中误差估算公式分别为：

$$m_{T_{n/2}} = \pm m_\beta\sqrt{\frac{n+1}{16}} \tag{6-34}$$

$$m_{T_{n/4}} = \pm m_\beta \cdot \sqrt{0.08n + 0.1 - \frac{0.16}{n}} \tag{6-35}$$

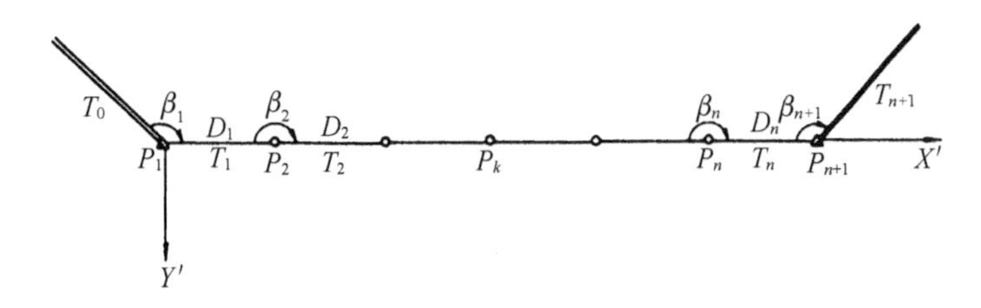

图 6-28　等边直伸附合导线

6.6.1.3　导线边方位角的精度分析

分析上述两种单一导线的最弱方位角精度，可知其基本规律为：

(1) 导线边方位角的中误差与起算方位角中误差、折角个数及测角中误差有关，而与导线的形状无关或关系不大。

(2) 在导线边数相同的情况下，若不顾及起算方位角中误差的影响，则上述两种导线的导线边最弱方位角中误差的比例为 3.5∶1，除特殊情况(如隧道掘进)外，一般不使用支导线，以附合导线为最好。

(3) 在导线长度一定的情况下，边数越少，最弱方位角精度越高。因此作业中应适当控制导线边数，并尽可能采用较长边的直伸导线，以减少折角个数。

(4) 最弱方位角与测角中误差成正比，故应尽量提高测角精度。

6.6.2　单一导线的纵、横向中误差和最弱点点位中误差的估算公式与精度分析

6.6.2.1　一端有已知方位角导线(支导线)终点的纵、横向中误差及点位中误差估算

(1) 纵、横坐标的中误差及点位中误差估算

由图 6-29，根据支导线终点纵、横坐标的计算公式，运用误差理论，得出：

$$\left.\begin{aligned} m_{x_{n+1}}^2 &= [(D_i\cos T_i)^2]\left(\frac{m_D}{D}\right)^2+(\lambda L\cos\theta)^2+[(y_{n+1}-y_i)^2]\left(\frac{m_\beta}{\rho}\right)^2+ \\ &\quad (y_{n+1}-y_1)^2\left(\frac{m_{T_0}}{\rho}\right)^2 \\ m_{y_{n+1}}^2 &= [(D_i\sin T_i)^2]\left(\frac{m_D}{D}\right)^2+(\lambda L\sin\theta)^2+[(x_{n+1}-x_i)^2]\left(\frac{m_\beta}{\rho}\right)^2+ \\ &\quad (x_{n+1}-x_1)^2\left(\frac{m_{T_0}}{\rho}\right)^2 \end{aligned}\right\} \tag{6-36}$$

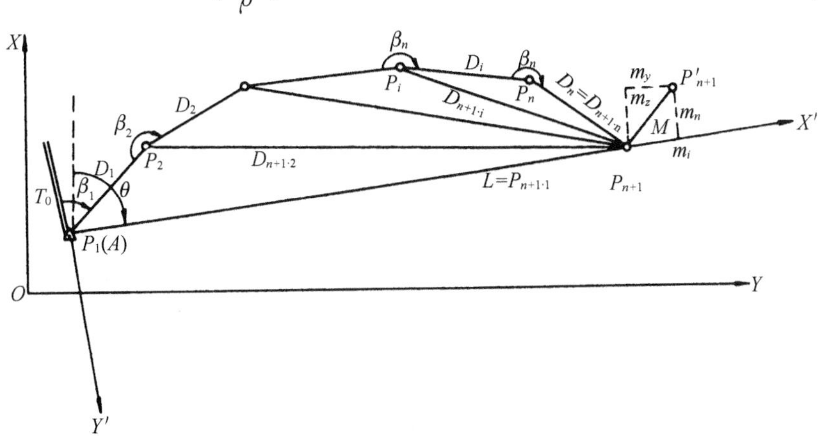

图 6-29　坐标轴旋转 θ 角后的支导线

式(6-36)开方后，即为计算支导线终点纵、横坐标中误差的公式。

由图 6-29 知，导线终点的点位中误差 M 的平方为：

$$M^2 = m_{x_{n+1}}^2 + m_{y_{n+1}}^2 = [D_i^2] \cdot \left(\frac{m_D}{D}\right)^2 + \lambda^2 L^2 + [D_{n+1 \cdot i}^2] \cdot \left(\frac{m_\beta}{\rho}\right)^2 + L^2 \cdot \left(\frac{m_{T_0}}{\rho}\right)^2 \tag{6-37}$$

式中：第 1 项是导线边长测量的相对偶然中误差的影响，它与导线边长有关；第 2 项是边长测量的系统中误差的影响，它与闭合边长度的平方有关；第 3 项是测角中误差的影响，它与导线终点至各导线点的距离有关；第 4 项是导线起算方位角中误差的影响，它与闭合边长的平方有关；λ 为导线边单位长度测量的相对系统中误差；L 为闭合边长度(导线两端点的连线长度)。

(2) 纵、横向中误差及点位中误差的估算

沿导线闭合边方向的误差称为导线的纵向中误差，用 t 表示；垂直于闭合边方向的误差称为导线的横向中误差，用 u 表示。

为了求得支导线的纵、横向中误差，以及为了研究问题的方便和直观，将图 6-29 中的坐标轴顺时针旋转 θ 角，使旋转后的坐标轴 X' 与闭合边 L(即 P_1P_{n+1})重合。这时各导线边在旋转后的坐标系中的方位角为：

$$T'_i = T_i - \theta \tag{6-38}$$

导线各点在新坐标系中的坐标为 x'_i 和 y'_i，这时导线终点的纵、横坐标中误差 m'_x 和 m'_y 就是导线的纵、横向中误差 m_t 和 m_u。

若不顾及起算数据的误差影响，并设支导线等边直伸，则导线的纵、横向中误差为：

$$\left.\begin{aligned} m_t^2 &= \frac{L^2}{n}\left(\frac{m_D}{D}\right)^2 + \lambda^2 L^2 \\ m_u^2 &= \frac{(n+1)(2n+1)}{6n} \cdot L^2 \cdot \left(\frac{m_\beta}{\rho}\right) \approx \frac{n+1.5}{3} \cdot L^2 \cdot \left(\frac{m_\beta}{\rho}\right)^2 \end{aligned}\right\} \tag{6-39}$$

当顾及 m_{T_0} 影响时，则由上式可得导线终点的点位中误差 M 的平方为：

$$M^2 = m_t^2 + m_u^2 = \frac{L^2}{n}\left(\frac{m_D}{D}\right)^2 + (\lambda L)^2 + \frac{n+1.5}{3} \cdot L^2 \cdot \left(\frac{m_\beta}{\rho}\right)^2 + L^2 \cdot \left(\frac{m_{T_0}}{\rho}\right)^2 \tag{6-40}$$

由式(6-40)和式(6-37)估算的导线终点的点位中误差是一致的，因为点位误差的估算与坐标系无关。

6.6.2.2 附合导线中间最弱点的纵、横向中误差及点位中误差估算

由于附合导线两端高级点坐标的控制作用，其边长测量的系统中误差可以边长成比例地配赋并较好地予以消除，方位角闭合差也得到了较合理的调整。故附合导线的最弱点在导线的中间部位。现用近似方法直接讨论附合导线最弱点的纵、横向中误差。

在图 6-28 中，P_1P_{n+1} 为等边直伸附合导线，全长为 L，P_k 为导线的最弱点(在 $L/2$ 处)。由 P_1 和 P_{n+1} 起分别算得 P_k 的纵、横向中误差，并顾及测边系统中误差被消除，当考虑到起算方位角中误差 m_{T_0} 影响时，则 P_k 平均值的纵、横向中误差为：

$$\left.\begin{aligned} m_{t_k}^2 &= \frac{L^2}{4n}\left(\frac{m_D}{D}\right)^2 \\ m_{u_k}^2 &= L^2 \cdot \frac{n+6}{192}\left(\frac{m_\beta}{\rho}\right)^2 + \frac{L^2}{16}\left(\frac{m_{T_0}}{\rho}\right)^2 \end{aligned}\right\} \tag{6-41}$$

可得等边直伸附合导线最弱点的点位中误差 M 的平方为：

$$M^2=\frac{L^2}{4n}\left(\frac{m_D}{D}\right)^2+L^2\cdot\frac{n+6}{192}\left(\frac{m_\beta}{\rho}\right)^2+\frac{L^2}{16}\left(\frac{m_{T_0}}{\rho}\right)^2 \tag{6-42}$$

6.6.2.3　导线点点位精度分析

根据上面两种等边直伸导线最弱点点位精度的讨论结果，若在不顾及起算数据误差影响的情况下进行比较、分析，可知误差影响的基本规律及减弱误差影响的措施和方法。

（1）两种导线最弱点纵、横向中误差的比值约为：

$$\left.\begin{aligned}m_{t_{支}}:m_{t_{附}}&=1:\frac{1}{2}\\m_{u_{支}}:m_{u_{附}}&\approx1:\frac{1}{8}\end{aligned}\right\} \tag{6-43}$$

显然，布设附合导线最有利。所以，在实际的工作中应尽可能地将三、四等及以下各级导线布设成单一附合导线或附合导线网。

（2）直伸状导线的纵向中误差仅受测边误差影响，横向中误差仅受测角误差影响。即形状为直伸导线的点位精度比曲折形状的导线高，因此，应尽可能布设直伸导线。

（3）导线纵、横向中误差和最弱点的点位中误差与闭合边长度 L 成正比，即 L 越长，误差就越大。故为了保证导线测量的精度，导线不宜过长，其长度应有一定的限制。

（4）导线的纵向中误差 m_t 与 n 成反比，横向中误差 m_u 近似地与 n 成正比。故导线测量横向中误差较大，纵向中误差较小。为了减小横向中误差，应限制导线的边数，并尽可能用长边布设成直伸导线。当导线边数较多时，可考虑在导线的中部联测高级点。

（5）导线横向中误差和最弱点点位中误差与测角中误差 m_β 成正比。为此，必须提高测角精度，还要特别注意减弱旁折光差的影响。

6.6.3　其他几种单一导线

在实际工作中，由于已知高级起算点之间的通视情况不好、已知点稀少等原因，致使单一导线的结构可能会出现以下三种情况：即有一个方位角条件，有两个坐标条件，有一个坐标条件（无定向导线）（见图 6-30）。这三种导线的精度介于支导线和附合导线之间。

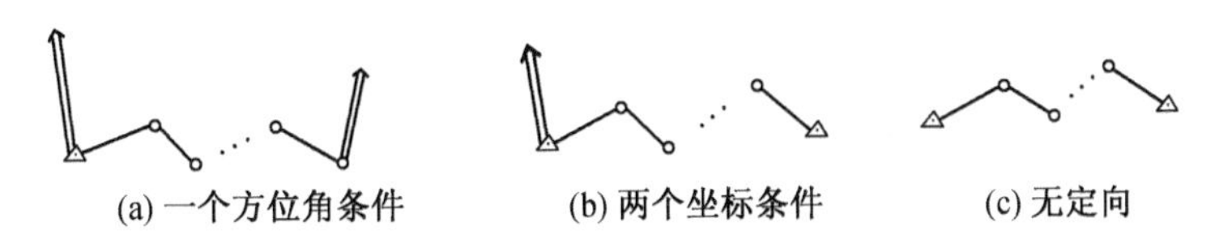

图 6-30　其他情况的三种单一导线

值得注意的是有关的规范（如《城市测量规范》）中对图 6-30(c)的无定向导线有限制：即不允许使用单一无定向导线，允许使用至少有两个以上环线连接的无定向网。经理论模拟计算表明：在同等点位的情况下，单一无定向导线点的点位中误差比附合导线相应的点位中误差大 65%，而无定向网比附合导线网（有定向导线网）的相应的点位中误差大 25%，如再适当增加测角、测边精度，则无定向网的精度不表现出显著地降低。故在工作中可以采用该种形式。

见图 6-31 中附合导线(a)与无定向单一导线(b)的点位精度比较。通过误差椭圆就可以直观、明确地看出:附合导线(a)优于无定向单一导线(b)。

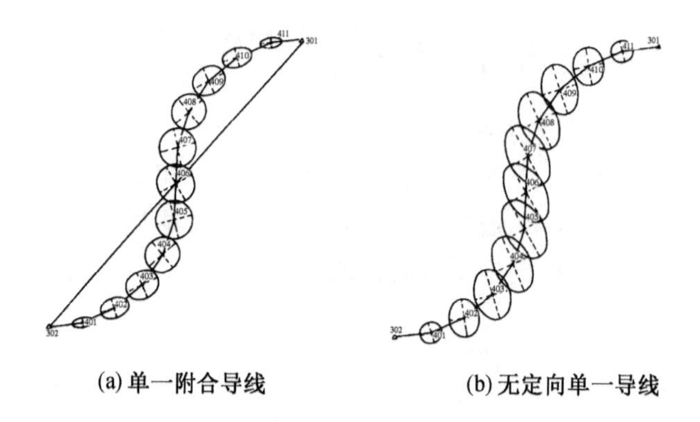

(a) 单一附合导线　　(b) 无定向单一导线

图 6-31　两种导线精度比较

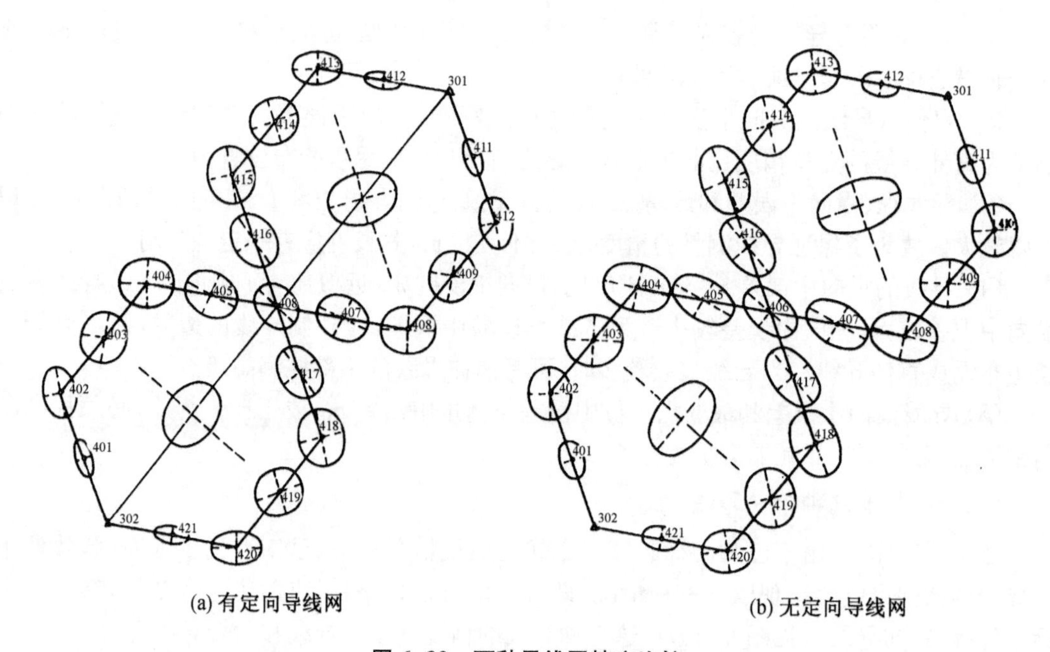

(a) 有定向导线网　　(b) 无定向导线网

图 6-32　两种导线网精度比较

见图 6-32 中有定向导线网(a)与无定向导线网(b)的点位精度比较。通过误差椭圆也可以直观、明确地看出:附合导线网(a)与无定向导线网(b)已无显著的差别。

6.6.4　用等权代替法估算简单导线网的点位精度

设计或选定好的导线网,应估算最弱点的点位预期精度。对于结构复杂的导线网,应用测量平差原理,使用电子计算机进行计算,这也有利于全面了解推算元素的精度和优化设计。对于某些较简单的导线网,亦可用等权代替法进行点位精度估算。

6.6.4.1　路线观测值的权与路线长度的关系

由前述的分析表明:单一导线的导线点点位中误差,在一定的测量精度条件下,与导线的长度 L 成正比,即

$$m_i = \pm m_o L \tag{6-44}$$

式中: m_o 为单位权中误差。

又由平差理论知，导线点的点位中误差为：

$$m_i = \pm m_o \sqrt{\frac{1}{P_i}} \tag{6-45}$$

故有：

$$P_i = \frac{1}{L_i^2} \tag{6-46}$$

上式说明，在光电测距导线中，路线观测值的权与路线长度的平方成反比。应用等权代替法估算导线点位精度，除了遵守这一规则外，还要遵守等权路线观测值的权等于被它代替的各条路线观测值的权之和的规则。

单位导线长度 L 终点的点位中误差即为单位权中误差。它可按一端有已知方位角的等边直伸支导线终点点位中误差公式计算。由式(6-39)、式(6-40)，当取单位长度 $L=1$ km，m_o 以 mm 为单位时，则有：

$$m_o = m_{1\text{km}} = \pm\sqrt{nm_D^2 + \lambda^2\ 10^{12} + \frac{(n+1)(2n+1)}{6n} \times 23.5\ m_\beta^2} \tag{6-47}$$

式中：单位长度测边相对系统中误差 λ 一般为 2ppm；测边偶然中误差 m_D 可按测距仪标称精度的参数计算，以 mm 为单位。

例如，在公路勘测三等导线测量中，若导线网的平均导线边长 $D=2$ km 时，导线边长用标称精度为 $m_D = \pm$ (5 mm + 5ppm$D$) 的测距仪测量，则有：

$$m_D = \pm (5 + 5 \times 2) = \pm 15 \text{ mm}$$

又若 $\lambda = 2$ppm；$m_\beta = \pm 1.''8$，当取单位导线长度的闭合边 $L=1$ km 时，则有 $n = L/D = 1/2 = 0.5$。于是，由式(6-47)可算得单位权中误差为：

$$m_0 = \pm\sqrt{0.5 \times 15^2 + 2^2 + \frac{(0.5+1)(2\times 0.5+1)}{6\times 0.5} \times 23.5 \times 1.8^2} = \pm 13.9 \text{ mm}$$

6.6.4.2　*求导线网中各结点和最弱点的权及点位中误差*

等权代替法的基本思想是用等权代替的基本规则，通过合并、代替线路，将图形较复杂的导线网转化为单一附合导线、单一环线或单结点网等简单图形，进而可算出各结点或部分的线路点和最弱点的权以及点位中误差。

在图 6-33 所示的导线网中，A、B、C、D 是已知点，其他点为未知点。其中 E、F 为结点，N 及其他小圆点表示路线中的待定点，L_i 和 i 是各导线段的长度及编号。

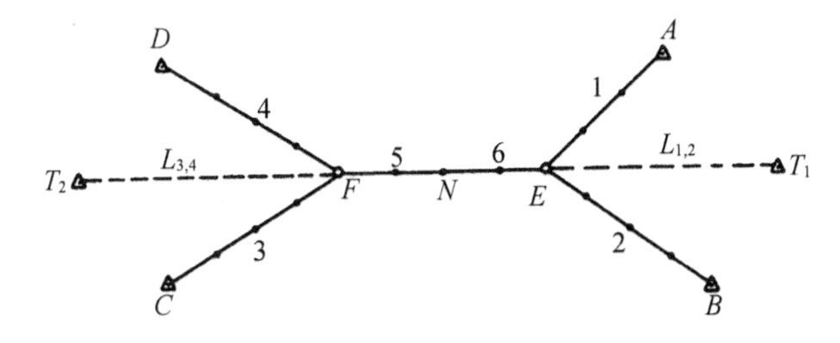

图 6-33　等权代替法转化导线网

为了求得 F 点点位的权，用一条虚拟的路线 T_1E 来代替 1、2 两条路线。T_1E 路线的权 $P_{1,2}$ 为：

$$P_{1,2} = P_1 + P_2 \tag{6-48}$$

式中：

$$P_1 = \frac{1}{L_1^2};\quad P_2 = \frac{1}{L_2^2}$$

$$L_{1,2} = \sqrt{\frac{1}{P_{1,2}}} = \frac{L_1 \cdot L_2}{\sqrt{L_1^2 + L_2^2}}$$

若用 $L_{1,2}$ 代替 L_1 和 L_2 后所组成的导线网与原导线网相比较，其算得的结果完全相同。经代替后，只剩下 F 结点，而 T_1EF 路线长为：

$$L_{T_1EF} = L_{1,2} + L_6 + L_5 = L_{1,2,6,5}$$

T_1EF 路线的权为：

$$P_{1,2,6,5} = \frac{1}{L_{1,2,6,5}^2}$$

F 点的权为：

$$P_F = P_3 + P_4 + P_{1,2,6,5}$$

将 P_F 代入式(6-45)，则 F 点的点位中误差为：

$$m_F = \pm m_0 \sqrt{\frac{1}{P_F}} \tag{6-49}$$

同理，可求出 E 点的点位中误差。

现进一步来讨论导线网中非结点的任意点点位中误差。如求导线网中最弱点 N 的点位中误差，按上述方法，先将导线网转化为 T_1ENFT_2 单一等权导线，再分别求路线 T_1EN 和 T_2FN 的权，即

$$L_{T_1EN} = L_{1,2} + L_6 = L_{1,2,6};\quad L_{T_2EN} = L_{3,4} + L_5 = L_{3,4,5}$$

$$P_{T_1EN} = \frac{1}{L_{1,2,6}^2};P_{T_2EN} = \frac{1}{L_{3,4,5}^2}$$

故 N 点的权为：

$$P_N = P_{T_1EN} + P_{T_2FN}$$

N 点的点位中误差为：

$$m_N = \pm m_0 \sqrt{\frac{1}{P_N}}$$

当估算导线网中最弱点点位中误差时，应先初步确定最弱点的位置，然后再用上述方法逐步计算。初步确定的最弱点有时不一定准确，应对所有可能成为最弱点的点位逐个计算，然后通过比较，最后确定出最弱点并估算其点位中误差，以检查布设的导线网的质量。

必须指出：上述的等权代替法并不是对任何导线网都适用的。如图 6-34 中的图形是适用的，可进行某些点位的精度估算。但图 6-35 所示的图形则不适用，需采用其他的方法进行点位精度估算。当结点过多时，用等权代替法也显得繁琐，不如采用电算方法。

在实际工作中事先应确定精度估算所采用的方法，然后在进行导线网设计时，有选择地采用能够适合用等权代替法估算导线网点位精度的网形，以便较顺利地实现网的精度预算。

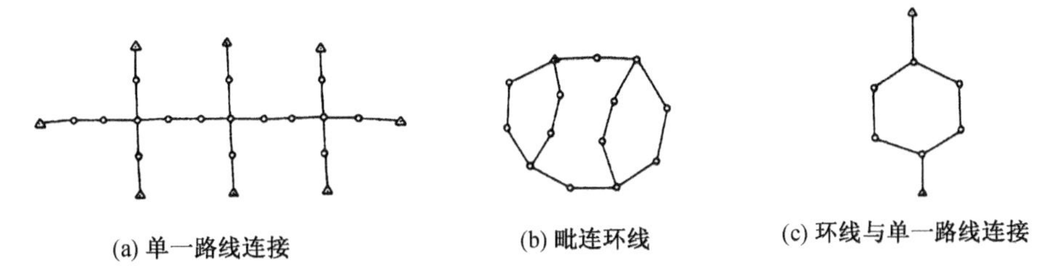

(a) 单一路线连接　　(b) 毗连环线　　(c) 环线与单一路线连接

图 6-34　适用于等权代替法的网形

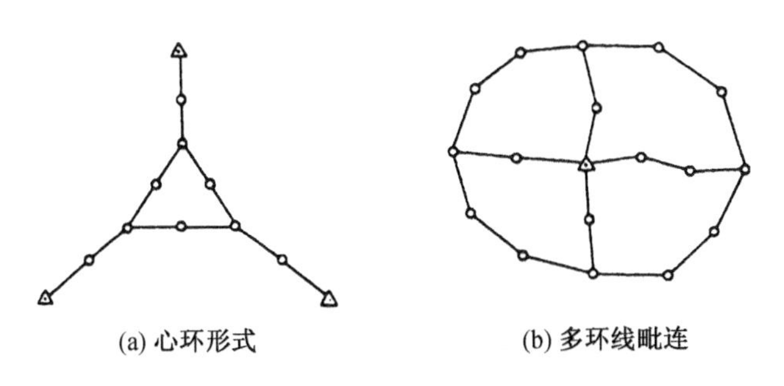

(a) 心环形式　　(b) 多环线毗连

图 6-35　不适用于等权代替法的网形

6.6.5　由协因数矩阵进行点位精度估算

对于导线网的平差一般采用间接平差的数学模型，因为间接平差的数学模型具有很强的规律性，同时利用协因数矩阵评定平差值及平差值函数的精度比较方便和实用。

平差值的协因数矩阵只与导线网的结构有关。当导线网设计好后，就可以在设计图上量取设计点位的概略坐标。依此可构造出协因数阵，再配合先验的单位权方差等，即可估算点位的预期精度。该种方法可适用于任何形式的导线网，用电算方法更为有利。

6.6.5.1　平差值协因数矩阵

(1) 误差方程

设以边长和角度作为观测值时，则：

$$V_{(m\times1)} = A_{(m\times n)} X_{(n\times1)} + L_{(m\times1)} \tag{6-50}$$

其中：

$$\left.\begin{aligned} &V=\begin{bmatrix} v_1 \\ v_2 \\ \vdots \\ v_m \end{bmatrix}, A=\begin{bmatrix} a_1, & b_1, & \cdots & t_1 \\ a_2, & b_2, & \cdots & t_2 \\ \vdots & \vdots & \vdots & \vdots \\ a_m, & b_m, & \cdots & t_m \end{bmatrix}, X=\begin{bmatrix} x_1 \\ y_1 \\ x_2 \\ \vdots \\ x_1 \\ y_1 \end{bmatrix} \\ &L=\begin{bmatrix} l_1 \\ l_2 \\ \vdots \\ l_m \end{bmatrix}, P=\begin{bmatrix} P_1 0 \cdots 0 \\ 0 P_2 \cdots 0 \\ \cdots\ \cdots \\ 00 \cdots P_m \end{bmatrix} \end{aligned}\right\} \tag{6-51}$$

式中：$m=m_1+m_2$，m_1 为导线网边数，m_2 为导线网中角度数，$t=2n$，n 为未知点个数。

(2) 法方程式矩阵

设法方程式的系数对称方阵为 N，常数列矩阵为 U，则：

$$\left.\begin{aligned} N_{t\times t} &= A_{t\times m}^{T} P_{m\times m} A_{m\times t} \\ U_{t\times 1} &= A_{t\times m}^{T} P_{m\times m} L_{m\times 1} \end{aligned}\right\} \tag{6-52}$$

法方程式矩阵为：

$$NX+U=0 \tag{6-53}$$

$$N=\begin{bmatrix} [paa] & [pab] & \cdots & [pat] \\ [pba] & [pbb] & \cdots & [pbt] \\ \vdots & \vdots & \vdots & \\ [pta] & [ptb] & \cdots & [ptt] \end{bmatrix} \tag{6-54}$$

(3) 协因数矩阵

由式(6-53)经变换，得到：

$$X=-N^{-1}U=-QU \tag{6-55}$$

则：

$$Q=\begin{bmatrix} Q_{11} & Q_{12} & \cdots & Q_{1t} \\ Q_{21} & Q_{22} & \cdots & Q_{2t} \\ \vdots & \vdots & \vdots & \\ Q_{t1} & Q_{t2} & \cdots & Q_{tt} \end{bmatrix} \tag{6-56}$$

根据协因数传播律，以坐标改正数作为未知数的法方程式系数阵的逆阵 Q 为未知数的权系数阵，也称为协因数矩阵，或称设计矩阵。据此可以评定坐标平差值的精度以及平差值函数的精度。为了明显起见，用待定点坐标的编号作为下标，则有 n 个待定点的权系数矩阵为：

$$Q_{(2n\times 2n)}=\begin{bmatrix} Q_{x_1x_1} & Q_{x_1y_1} & Q_{x_1x_2} & Q_{x_1y_2} & \cdots & Q_{x_1x_n} & Q_{x_1y_n} \\ Q_{y_1x_1} & Q_{y_1x_1} & Q_{y_1x_2} & Q_{y_1y_2} & \cdots & Q_{y_1x_n} & Q_{y_1y_n} \\ Q_{x_2x_1} & Q_{x_1y_1} & Q_{x_2x_2} & Q_{x_2y_2} & \cdots & Q_{x_2x_n} & Q_{x_2y_n} \\ Q_{y_2x_1} & Q_{y_2y_1} & Q_{y_2x_2} & Q_{y_2y_2} & \cdots & Q_{y_2x_n} & Q_{y_2x_n} \\ \vdots & \vdots & \vdots & \vdots & \vdots & \vdots & \vdots \\ Q_{x_nx_1} & Q_{x_ny_1} & Q_{x_nx_2} & Q_{x_ny_2} & \cdots & Q_{x_nx_n} & Q_{x_ny_n} \\ Q_{y_nx_1} & Q_{y_ny_1} & Q_{y_nx_2} & Q_{y_ny_2} & \cdots & Q_{y_nx_n} & Q_{y_ny_n} \end{bmatrix} \tag{6-57}$$

上式主对角线元素 Q_{ii} 为各个坐标平差值的权倒数，例如：

$$Q_{x_1x_1}=\frac{1}{P_{x_1}},Q_{y_1y_1}=\frac{1}{P_{y_1}}$$

$$Q_{x_2x_2}=\frac{1}{P_{x_2}},Q_{y_2y_2}=\frac{1}{P_{y_2}}$$

等等。非主对角线元素为坐标平差值的相关权系数。它的绝对值的大小反映了两个坐标值之间的相关程度。

（4）方差-协方差矩阵

将单位权方差估值 m_0^2 乘以协因数矩阵，即得到方差-协方差矩阵（简称协方差矩阵），则：

$$COV = m_0^2 Q = \begin{bmatrix} m_{x_1}^2 & m_{x_1y_2} & m_{x_1x_2} & m_{x_1y_2} & \cdots & m_{x_1x_n} & m_{x_1y_n} \\ m_{y_1x_1} & m_{y_1}^2 & m_{y_1x_2} & m_{y_1y_2} & \cdots & m_{y_1x_n} & m_{y_1y_n} \\ m_{x_2x_1} & m_{x_2y_1} & m_{x_2}^2 & m_{x_2y_2} & \cdots & m_{x_2x_n} & m_{x_2y_n} \\ m_{y_2x_1} & m_{y_2y_1} & m_{y_2x_2} & m_{y_2}^2 & \cdots & m_{y_2x_n} & m_{y_2y_n} \\ \vdots & \vdots & \vdots & \vdots & \vdots & \vdots & \vdots \\ m_{x_nx_1} & m_{x_ny_1} & m_{x_nx_2} & m_{x_2y_2} & \cdots & m_{x_n}^2 & m_{x_ny_n} \\ m_{y_nx_1} & m_{y_ny_1} & m_{y_nx_2} & m_{y_ny_2} & \cdots & m_{y_nx_n} & m_{y_n}^2 \end{bmatrix} \tag{6-58}$$

上式主对角线元素为相应坐标值的方差估值，依此可求出各未知导线点的点位中误差：

$$m_i = \pm\sqrt{m_{x_i}^2 + m_{y_i}^2} = \pm m_0\sqrt{Q_{x_ix_i} + Q_{y_iy_i}} \tag{6-59}$$

如有必要，还可估算平差值函数的精度。如平差后边长、方位角、相邻点位中误差等，即

$$\frac{1}{P_{F_i}} = f^{\mathrm{T}}Qf \tag{6-60}$$

式中：f 为权函数的系数列矩阵，由此得出：

$$m_i = \pm m_0\sqrt{\frac{1}{P_{F_i}}} \tag{6-61}$$

6.6.5.2　实际应用

在上述的讨论中可知：由矩阵 A、P 导出 N、Q、COV，最终达到估算点位精度的目的。在这个过程中 A 中各元素只与各相应导线点的概略坐标有关，即只与导线的结构、网形有关系，如：

$$\left.\begin{aligned} &\text{边长误差方程式系数} \quad a_{ij} = \mp\frac{\Delta x_{ij}}{S_{ij}}, b_{ij} = \mp\frac{\Delta y_{ij}}{S_{ij}} \\ &\text{角度误差方程式系数} \quad a_{ij} = -\frac{\rho''\Delta y_{ij}}{S_{ij}^2}, b_{ij} = -\frac{\rho''\Delta x_{ij}}{S_{ij}^2} \end{aligned}\right\} \tag{6-62}$$

或其组合等。

P 中各元素由测距仪的标称精度算出的 m_S 及相应等级导线的测角中误差限值 m_β，则可得出：

$$P_{S_{ij}} = \frac{c}{m_{S_{ij}}^2}, P_{\beta_i} = \frac{c}{m_{\beta_i}^2} \tag{6-63}$$

以相应等级导线中测角中误差限值 m_β，作为先验单位权方差 σ_0^2 代替式(6-58)中的 m_0^2，

即可估计未知点坐标的精度。

在整个过程中，与具体的观测值毫无关系，只是需要在设计图上量取点位的概略坐标即可，因而可很方便地应用在导线设计阶段的精度预计环节。原则上该法适用于任何形式的导线。

需要特别指出的是，该法适用于电算程序化。目前许多导线计算的应用程序中，都具有估算设计导线的功能，实际应用中，是非常方便的。

6.7 导线测量的外业工作

导线测量的外业工作包括：边长测量；水平角测量；高程测量；归心元素测定；成果的概算和验算（在下节中详解）等。

6.7.1 边长测量

导线边长用电磁波测距仪或全站仪测量。现在一般都采用全站仪，由于全站仪具有的功能，导线边长测量和角度测量可综合完成，效率比较高。

（1）导线边长测量的精度要求，见表 6-3，表 6-4 和表 6-5 所列。

（2）各等级导线边长测量的技术要求，见表 6-9 和表 6-10。

光电测距一测回，是指照准反射棱镜一次，读数若干次（一般为四次）。自动取平均值的仪器，每进行一次平均值测量即为一测回。

不同时间段（或往返）测量的边长较差，应将边长化算到同一高程面上或同一斜面上后进行比较得出。城市导线测量中对该项限差的要求为 $\pm 2(a+b\times 10^{-6}\cdot D)$ mm。

表 6-9 导线边长测量的时间段和测回数

等 级	仪器级别	时间段	每一时间段测回数
三、四等	Ⅰ、Ⅱ	2	4
一级、二级	Ⅰ、Ⅱ	1	2
	Ⅲ	1	4

表 6-10 导线边长观测限差

项目 仪器级别	一测回读数较差（mm）	测回较差（mm）	不同时间段或往返较差（mm）
Ⅰ	5	7	$\sqrt{2}(a+b\cdot D\times 10^{-6})$
Ⅱ	10	15	
Ⅲ	20	30	

（3）当边长超过仪器的有效测程，或为避开观测边上的不利地形时，可在导线边的中间附近部位加设辅助点（过渡点）分两个测段进行观测，两测段与导线边的夹角一般不大于 30°。要测出导线边与两测段之间的夹角，以间接求出导线边的长度。

（4）在导线测量中，因某些原因须进行偏心观测时，要测定归心元素。当受条件限制，必须进行大偏心观测时，偏心距要用钢尺丈量两次，当较差不大于 5 mm 时，取中数，偏心角用经纬仪直接测定；归心改正应采用有关三角学公式直接解算，归心元素应按比例绘制成图作为上交的资料。

（5）边长测量的原始观测数据，厘米及以下数字不得涂改。测距成果超限时，应认真进行分析，找出原因，然后按规定取舍和重测。

6.7.2 水平角观测

6.7.2.1 导线折角观测的测回数

三、四等及以下各级导线采用方向法观测。

各等级各类导线折角观测所使用的经纬仪类型和测回数的规定见表 6-11。

表 6-11　各等级各类导线折角观测经纬仪类型和测回数的规定

导线	仪器	等级				
		三等	四等	一级	二级	三级
		测回数				
国家导线	J1	12	8			
	J2	16	12			
公路勘测导线	J1	6	4			
	J2	10	6	2	1	1
城市导线	J1	8	4			
	J2	12	6	2	1	1

从表中可以看出，国家导线折角观测的测回数较多，这是因为导线检核测角的几何条件数较少，导线及导线边较长，且导线测角比三角测量测角时容易受旁折光差的影响。故这是为减弱不利因素的影响，需提高测角精度而采取的措施。

相反，公路勘测导线和城市导线折角的测回数较少，这是因为该类导线的边长和总长都较短，又常使导线组成环线毗连的导线网而强度有所增加的原因。

当采用多测回观测时，每一测回均应按规定变换水平度盘的起始方向的整置位置。

当需要独立观测左、右角时，则左、右角的测回数为总测回数的一半、顺序交换、对度盘的方向一样，但起始照准的方向不一样。在实际工作中需要引起注意。

6.7.2.2　*三联脚架观测法*

由于导线折角的观测一般只有两个方向，在不采用觇标作为照准目标的情况下，大多采用觇牌（或觇牌与反射棱镜的组合）作为照准目标。为了减小对中误差的影响和提高工作效率，宜采用三联脚架法观测导线的边长和折角。

如图 6-36 所示，以前配套仪器的基座可分别与测距仪、觇牌、独立对点器相联结，故称为三联脚架法。现在的仪器已经没有独立的对点器，在主机、棱镜或觇牌上都配有光学的或激光的对点器。目前在导线测量时一般要用到脚架、基座、仪器（全站仪）、觇牌（或觇牌与反射镜的组合）等设备。基座起到将仪器或觇牌与脚架联结在一起及强制对中的作用。具体使用时，先根据需要将仪器或觇牌直接整置在基座上面，当某项工作结束后，只将主机以及觇牌（棱镜）取走，脚架和基座仍留在原处待安置新一轮次的测量工作的仪器，安置仪器或觇牌（棱镜）时，只需将主机或觇牌（棱镜）插入基座，旋好制动螺旋，一般稍做整平，即可工作。因而省略了测站完整的对中整平操作，因此也减少了测站的对中误差对观测方向的影响。直到测角和测距工作与本点无关时，再连同脚架和基座一起取走，迁移到另外新的待测点上，如图 6-37 所示。

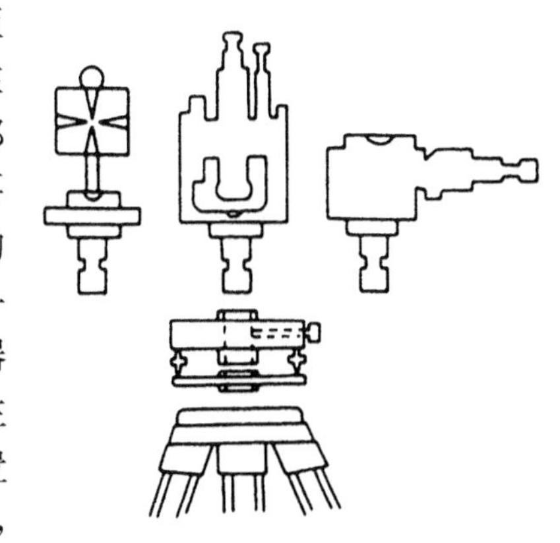

图 6-36　三联脚架形式

为适合导线测量的特点，仪器生产厂家大多都将觇牌和反射镜组装在一起，当配合全站仪进行导线测量时，可使得测距、测角工作同时在一测站上先后完成，不必把测距和测角工作分开进行。

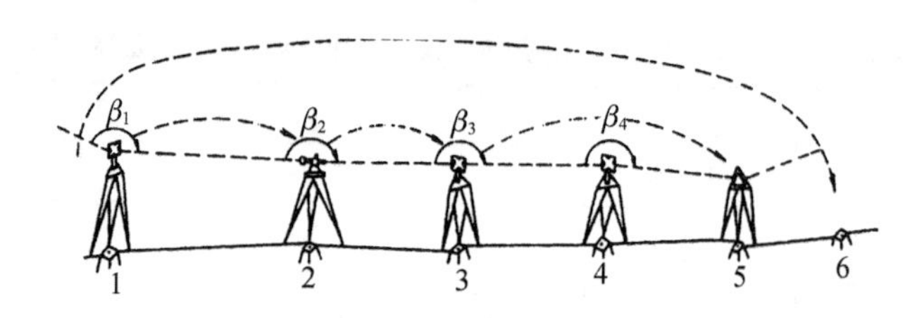

图 6-37　三联脚架法导线测量

实践证明，采用三联脚架法进行导线测量，由于减弱了对中误差对测角和测距产生的影响，可以获得好的观测成果，而且也大大地节省了频繁地整置仪器所花的时间，提高了工作效率。因此，在导线测量工作中，当条件许可时，应尽可能地用三联脚架法测量水平角和导线边长。同时生产单位在购置仪器时，也应考虑到仪器器材的配套及适合三联脚架导线测量的问题。

6.7.2.3　*水平角观测方法*

为了增加检核条件，当进行导线水平角观测、且导线点上只有两个方向时，在总测回数中应以奇数测回观测导线的左角，偶数测回观测导线的右角(按导线前进方向确定左、右角)。观测右角时，仍以左角的起始方向为准变换标准度盘位置。

测站平差和检核时，左角和右角分别取中数，并按下式计算不符值 Δ (测站圆周角闭合差)，即

$$\Delta = [\text{左角}]_{\text{中}} + [\text{右角}]_{\text{中}} - 360^{\circ} \tag{6-64}$$

Δ 的限值为：

$$\Delta_{\text{限}} = \pm 2\, m_{\beta} \tag{6-65}$$

如三等导线测量时，$\Delta_{\text{限}}$ 为 $\pm 3.''6$(实际采用 $\pm 3.''0$)；四等导线测量时，$\Delta_{\text{限}}$ 为 $\pm 5.''0$。

6.7.3　高程测量

为了导线边的斜距化平距、归化投影和测图高程控制等方面的需要，各等级导线点必须测定其高程。

高程测定的方法有三角高程、几何水准和光电测距高程导线等测量方法。

6.7.4　用全站仪进行导线测量

用全站仪进行导线测量，因其具有测角、测边、测高程的综合测量的功能，故有很强的实用性和优越性。

用全站仪进行导线测量采用三联脚架法，在每一测站观测时应输入气象、两差改正、仪器加、乘常数、测距次数 N、仪器高、目标高等参数。按相应等级导线规定的测角、测边测回数以及其他的技术要求(如度盘配置、测回较差比较等)进行观测，将观测结果直接传输到电子手簿或内存中去。这时可直接记录各测回方向值、平距、高差，在后来的计算中会省去大量繁琐的中间计算过程。如仪器无电子手簿配置或有其他的要求时，可记录在测量手簿中。另外，还需注意以下问题：

(1) 仪器要经过检校和检验；

(2) 仪器和棱镜都要严格对中；

(3) 电子手簿应具有测站限差检验及测站平差的功能；

(4) 电子手簿应有记录测站有关参数和归心元素的功能；

(5) 观测员观测时，应仔细照准目标，否则对三种观测元素（角度、长度、高度）有影响；

(6) 认真量取仪器高和棱镜高；

(7) 以前对测角、测边所进行的误差分析及以后对观测高程所进行的误差分析而得出的规律，在这里也都适用。

6.7.5　归心改正和归心元素的测定

6.7.5.1　产生归心改正的原因

控制测量观测的方向值是以标石中心为准的。因此，进行水平角观测时，仪器中心和照准目标中心应与标石中心在同一铅垂线上。可是在建造觇标或整置觇牌（棱镜）时，基板中心、圆筒中心或标心柱中心、觇牌（棱镜）中心、标石中心等，一般都不会严格在同一条铅垂线上，从而偏离标石中心；从建成觇标到进行观测这段时间内，因阳光、风雨等外界因素影响和觇标本身重量的作用，觇标的位置也会发生位移。此外，还可能有障碍物遮挡方向、或观测方向旁离觇标角柱过近，不得不把仪器整置在偏离标石中心的位置上。

由于这些原因，角度观测以及边长测量工作，只能在仪器中心或照准目标中心偏离标石中心的情况下进行。因而在观测成果中，必须加入相应的偏心改正，以便把它归算到标石中心上。这种改正，称为归心改正。归心改正问题有角度归心和长度归心的问题。现在讨论角度归心改正的问题。归心改正可分为测站点归心改正和照准点归心改正两种情况。

6.7.5.2　归心改正和归心元素

(1) 测站点归心改正 c''

控制点的标石中心、仪器中心和目标中心在同一个水平面上的投影位置，分别以符号 B、Y 和 T 表示。因仪器中心 Y 不与测站点标石中心 B 一致而产生的归心改正，称为测站点归心改正。

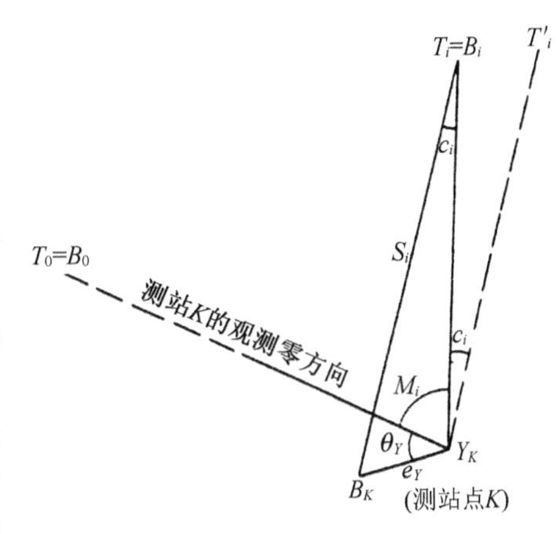

图 6-38　测站偏心

如图 6-38，B_K、Y_K 是测站点K 的标石中心和仪器中心，T_0、T_i 是观测零方向和 i 方向上照准点的目标中心，它们与其标石中心 B_0、B_i 一致。因为方向观测成果应以标石中心为准，故在测站 K 观测照准点 i 时，正确的观测方向值是 B_KT_i 的方向值，由于 Y_KT_i 偏离了 B_KT_i，实际的观测方向值 M_i 是 Y_KT_i 的方向值。过 Y_K 作直线 $Y_KT'_i$平行于 B_KT_i，则 $Y_KT'_i$的方向值与 B_KT_i 的方向值一致。很明显，若要将实际的观测方向值 M_i 归算为正确的观测方向值，必须加入一个微小的角度 c_i，这个 c_i 就是在测站 K 上观测照准点 i 的测站点归心改正数。

从上述可知，测站点归心改正就是改正本测站所观测的方向值。

计算测站点归心改正数要用到测站点归心元素。如图 6-38，e_Y 是仪器中心 Y_K 到测站点 K 标石中心 B_K 的距离，称为测站点偏心距；θ_Y 是以仪器中心 Y_K 为角顶，由偏心距 e_Y 起，依顺时针方向量至本测站观测零方向的角度，称为测站点偏心角。e_Y 和θ_Y 统称为测站点归心元素，它可用归心投影、直接测量等方法测定。

在平面三角形 $B_KT_iY_K$ 中，依正弦定理可得：

$$\sin c_i = e_Y \cdot \sin(\theta_Y + M_i)/S_i$$

因为 c_i 角很小，故有：$\sin c_i \approx c_i = c''_i/\rho''$。以此代入上式，得测站点归心改正数 c''_i 的基本计算公式为：

$$c''_i = \frac{e_Y}{S_i} \times \rho'' \sin(\theta_Y + M_i) \tag{6-66}$$

式中：S_i 为测站点 K 至照准点 i 的概略边长，可实测或解算三角形求得；M_i 为测站 K 观测照准点 i 的方向值。

改正数 c''_i 的正负号取决于 $\sin(\theta_Y + M_i)$。计算结果应加到 K_i 方向的实际观测值 M_i 上。

(2) 照准点归心改正 γ''

因照准点的目标（觇标的标心柱、圆筒、反光镜、棱镜、觇牌等）的中心 T 不与该点的标石中心 B_K 一致而产生的归心改正，称为照准点归心改正。

如图 6-39 所示，测站点 K 的仪器中心 Y_K 与标石中心 B_K 一致，照准点 i 的目标中心 T_i 与该点的标石中心 B_i 不一致。在测站 K 观测照准点 i 时，正确的观测方向值是 B_KB_i 的方向值；由于 i 点的目标中心 T_i 偏离了该点的标石中心 B_i，实际的观测方向值是 B_KT_i 的方向值。很明显，若要将实际的观测方向值归化为正确的观测方向值，必须加入一个微小的角度 γ_i，这个 γ_i 角就是在测站 K 上观测照准点 i 的照准点归心改正数。

从上述可知，照准点归心改正就是改正对方测站观测本照准点的方向值。

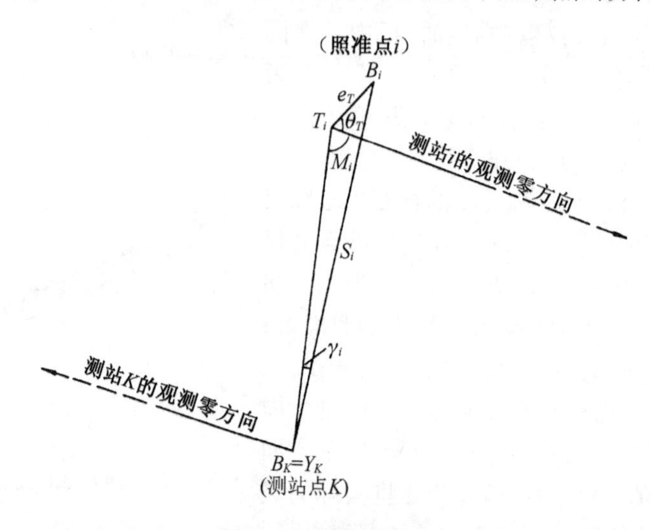

图 6-39 照准点偏心

在图 6-39 中，e_T 是照准点 i 的目标中心 T_i 到该点标石中心 B_i 的距离，称为照准点偏心距；θ_T 是以目标中心 T_i 为角顶、由偏心距 e_T 起，依顺时针方向量至 i 点设站时的观测零方向的角度，称为照准点偏心角。e_T 和 θ_T 统称为照准点归心元素，它们可通过归心投影或直接量取等方法测定。

在平面三角形 $B_KT_iB_i$ 中，依正弦定理可得：

$$\sin \gamma_i = e_T \cdot \sin(\theta_T + M_i)/S_i$$

因为 γ_i 角很小，故有 $\sin\gamma_i \approx \gamma_i = \gamma''_i/\rho''_i$。将此代入上式，得照准点归心改正数 γ''_i 的基本计算公式为：

$$\gamma''_i = \frac{e_T}{S_i} \times \rho'' \times \sin(\theta_T + M_i) \tag{6-67}$$

式中：S_i 为测站点 K 至照准点 i 的概略距离；M_i 是照准点 i 上的对应于 T_i 的点对测站点 K 的观测方向值，它可用 i 点设站时观测 K 点的实际方向值代替；γ''_i 的正负号取决于 $\sin(\theta_T + M_i)$。

计算结果应加到 K_i 方向的实际观测值上。

6.7.5.3　测定归心元素的方法

当照准目标较高并偏心、偏心距小于 0.5 m 时，宜采用图解法；当无觇标类型的照准目标、偏心距大于 0.5 m 时，采用直接法。

（1）图解法

图解法测定归心元素的操作程序如下：

① 在归心投影用纸上投影出各个中心的位置

在中心标石的上方，水平地安置小平板并把归心投影用纸固定在平板上。用方框罗针标定平板方位后把平板固定，在投影用纸上画出磁北方向线。

在距标石大于 1.5 倍觇标高度的地方，选择三个投影面交角约 120°或 60°的经纬仪测站，如图 6-40。在各测站整置经纬仪后，均用盘左和盘右两个位置进行投影。

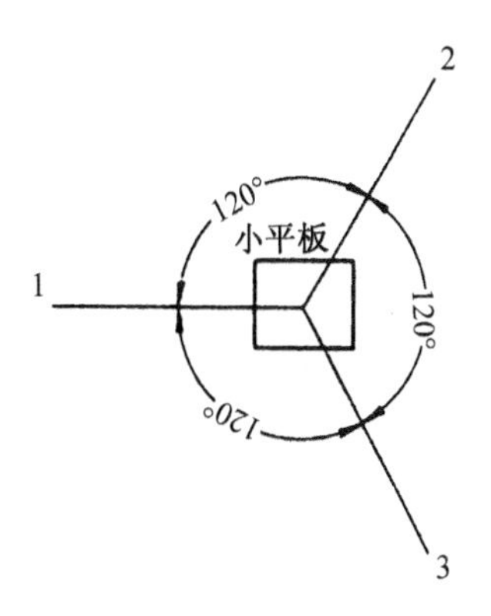

图 6-40　图解法测定归心元素

用在每个测站上投影各个中心位置的方法，以盘左位置照准目标点或轴线，转动望远镜照准平板，依视准轴指示在投影纸上用铅笔标出前、后两个投影点，并标注符号。纵转望远镜，在盘右位置上，用相同的方法进行投影，又标出前、后两个投影点，若前、后两对投影点不重合时，则取中点位置采用，其中点的连线就可得到该测站的投影线。

三个测站投影后，三条投影线的交点，就是目标中心的投影点。由于存在投影误差，它们一般不交于一点，构成了示误三角形。为了保证投影质量，要求示误三角形的最长边为：对于目标中心的投影应不大于 10 mm；对于标石、仪器中心的投影应不大于 5 mm。符合限差后，取示误三角形的中心作为目标中心的投影点。详见表 6-12 中的归心投影用纸图中的描绘。

② 描绘方向线并检查其质量

在投影纸上投影出 B、Y 和 T 三个中心位置后，为了获得偏心角值，在 Y 和 T 点上，分别用测斜仪描绘出本测站观测的两个方向，其中一个最好是观测零方向。这两条方向线间的夹角称为检查角。为了检查描绘方向线的质量，要求检查角的观测值（经纬仪测定值）与在投影图上量得的描绘值之差：当偏心距小于 0.3 m 时，应不超过 ±2°；当偏心距大于 0.3 m 时，应不超过 ±1°。

③ 量取和记录归心元素值

在投影图上，用直尺量取偏心距 e_Y 和 e_T，取至毫米；用量角器量取偏心角 θ_Y 和 θ_T，取至 15′。量得的偏心距和偏心角值，记录在表 6-12 相应栏内。应当指出，如果因通视条件限制，投影中在 Y 和 T 点上不能描绘出本测站实际的观测零方向线，则应由投影图上量得的间接偏心角，化算为以实际的观测零方向为准的偏心角后，才能用于计算归心改正数。

表 6-12　姚家村导线点归心投影用纸 NO. 206

锁(网)名：市　　　　图幅编号：I52D012002

测前　第一次　投影 投影时间：2012 年 5 月 20 日	觇标类型：钢标 投影仪器：威特 T2	投影者：李明 描绘者：张宁	检查者：何华
测站点归心零方向：通云山		照准点归心零方向：通云山	
检查角　通云山—陈庄	观测值 64°02′	检查角　通云山—陈庄	观测值 64°02′
	描绘值 64°00′		描绘值 64°00′
$e_Y = 0.430$ m $\theta_Y = 338°45'$		$e_T = 0.162$ m $\theta_T = 336°15'$	
应改正的方向名称	通云山、陈庄、化纤厂	应改正的方向名称	通云山、陈庄、化纤厂

$e_{Y中数} = 0.430$ m　$\theta_{Y中数} = 338°40'$　$e_{T中数} = 0.162$ m　$\theta_{T中数} = 336°15'$

(参加中数计算的投影纸号码为：206、207)(参加中数计算的投影纸号码为：206、207)

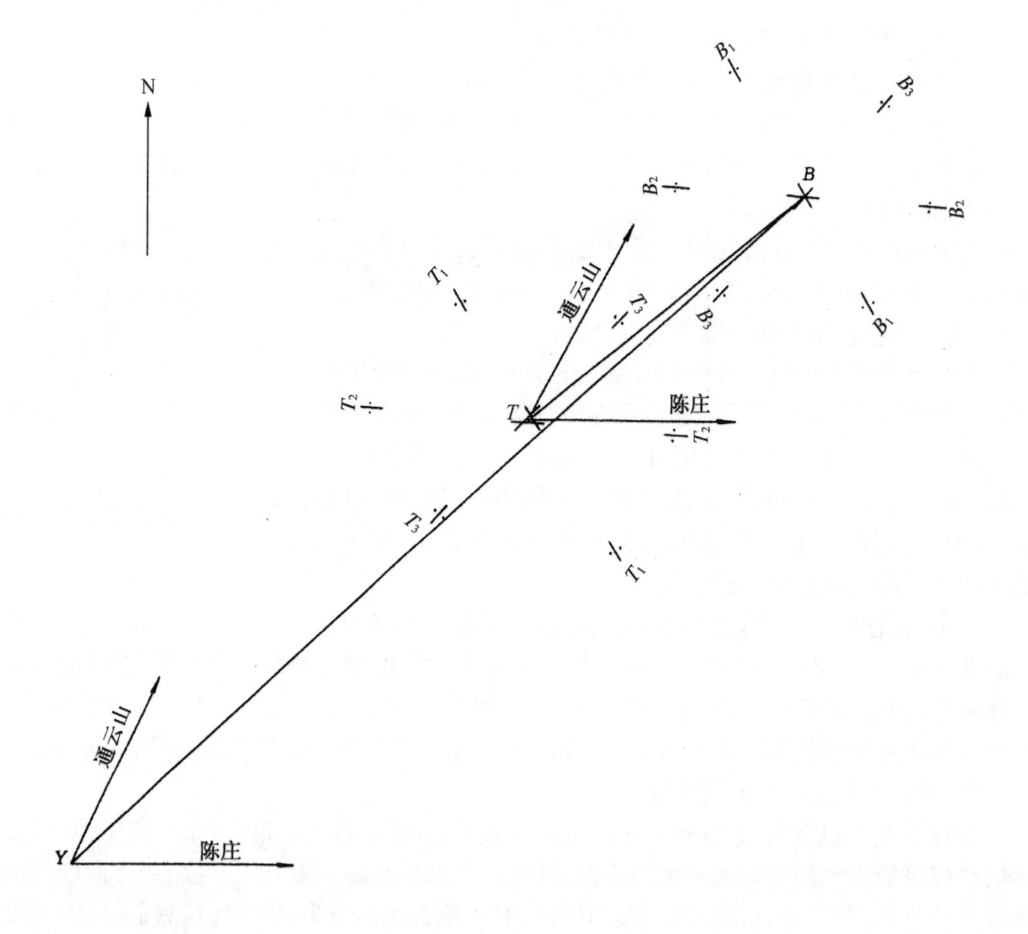

注：Y 为"反刺"所得。

说明：e_Y 或 e_T 为归心距离，量取精度达 0.001 m，θ_Y 角为在仪器中心投影点上(θ_T 为在觇标中心投影点上)至标石中心投影点之方向起(即自长为 e_Y 或 e_T 线起)顺时针方向量至零方向的夹角，量取精度达 15′，除零方向外须加描另一方向，以便与观测角比较，做为检查描绘方向之用。全部注记，除投影过程中的铅笔点铅笔线痕迹仍须保存外，其余均用墨水进行，并绘出指北线。

(2) 直接法

在控制测量中,当偏心距过大时(采用大偏心观测,偏心距应不超过本测站上有关方向最短边长度的 1/100),归心投影用纸便容纳不下 B、Y、T 三个中心的位置,须采用直接法测定归心元素值。

直接测定归心元素值的方法,是先将仪器中心和目标中心投影到地面上的木桩上或做上标记,然后用检定过的钢卷尺,以不同的部位直接丈量偏心距两次,两次结果之差应不超过 10 mm,否则须增加丈量次数,并取中数采用。分别在仪器中心和目标中心的投影点上安置经纬仪,直接测定偏心角两个测回,并取至 $10''$。最后,根据测定的归心元素值,在投影用纸上按比例绘出投影关系位置图,并填写各记录项目,作为数据处理的依据和上交的资料。

当偏心距过大时(如大于边长的 1/100),应直接利用三角学公式解算归心改正,不再采用上面所讨论的有关公式(6-66)、式(6-67),原因是它们是在小偏心的前提下推出的公式,不适合大偏心的情况。

6.8　导线测量概算和外业验算

导线测量外业观测结束后,应进行概算,即将观测元素经各种必要的改正后,统一归算到一定的基准面上。在此基础上再进行外业验算、检核成果质量。

6.8.1　概算

6.8.1.1　概算的目的

概算的目的是:一方面系统地检查、整理外业观测成果;另一方面将地面上的观测元素值经过归心改正后归算至参考椭球面上,再将参考椭球面上的观测元素和起算元素值归算到高斯投影平面上,为平差计算准备完善而准确的数据资料。

在三、四等及以下级别的导线测量中,除特殊情况外,由于三差改正数很小,通常就把实测的方向值,视为椭球面上的方向值。将观测边长化算到椭球面上,再把椭球面上的边长归算到高斯平面上去。

6.8.1.2　概算的步骤

导线测量概算可按以下步骤进行:

(1) 外业成果资料整理和检查;

(2) 编制已知数据表和绘制导线网概算略图;

(3) 有关起算数据的换算或转换;

(4) 归心改正计算;

(5) 距离的高程归算;

(6) 近似坐标计算,计算中可采用球面边长和球面角推算,近似坐标方位角的闭合差对于三等导线测量为 $\pm 5''\sqrt{n+2}$,四等则为 $\pm 7''\sqrt{n+2}$。坐标方位角的闭合差应配赋后再进行近似坐标计算,坐标增量闭合差为 $\pm 3\sqrt{n}$ m;

(7) 闭合图形球面角超计算;

(8) 曲率改正;

(9) 距离投影归算;

(10) 边长整理表编制；

(11) 水平方向整理表编制。

6.8.2 外业验算

6.8.2.1 外业验算的目的和方法

导线测量外业验算的目的，是对观测成果进行全面的质量检核。

当成果符合测站限差的要求时，它仅能反映本测站观测成果的内部符合程度，还无法发现某些同类性质的系统误差(如旁折光差)的影响，更不能反映出整个测区的成果质量。为此，应计算反映导线网各点成果内在联系和规律的几何条件闭合差以及观测量的中误差，然后与其规范要求的相应限差加以比较，以正确评价成果质量，并为精度分析提供可靠的资料。

外业验算可以在高斯平面上进行，也可以在椭球面上进行(方位角条件闭合差除外)。对于大面积的测区，过去为了减少手算曲率改正数工作量和及时检核观测成果的质量(除方位角条件闭合差的验算需在高斯平面上进行外)，其余条件闭合差的验算均在椭球面上进行。目前，因大多使用计算机按程序计算，故所有条件一般都在高斯平面上进行。

外业验算工作可在图上并结合表格形式进行；如使用计算机按程序计算，则可直接输出所需要的成果。

6.8.2.2 外业验算的项目

(1) 导线边测量精度的估算和验算

用全站仪或电磁波测距仪对向观测导线边长时，各边测量精度的估算方法与第五章所述相同。三、四等公路勘测导线各边测距中误差限值为±13 mm；三、四等城市导线各边测距中误差限值为±18 mm。单向观测导线边的精度，一般可直接用相应于测距仪(全站仪)的测距中误差公式 $m_D = \pm (a + bD_{km})$ mm 算得。

(2) 坐标方位角条件闭合差的验算

附合导线坐标方位角条件闭合差的计算公式为：

$$W_{方} = T_o + \sum_{1}^{n} \beta_i - T_n - (n-1) \cdot 180^\circ \tag{6-68}$$

式中：n 为路线上的折角数。

按误差传播定律，有：

$$m_{W_{方}}^2 = 2\, m_{T_o}^2 + n m_\beta^2 \tag{6-69}$$

取 2 倍中误差为限差，则有：

$$W_{方限} = \pm 2 \sqrt{2\, m_{T_o}^2 + n m_\beta^2} \tag{6-70}$$

(3) 图形条件闭合差的验算

当导线构成闭合环时，图形条件闭合差的计算公式为：

$$W_{图} = \sum_{1}^{n} \beta_i - (n-2) \cdot 180^\circ \tag{6-71}$$

按误差传播定律，导出 $m_{W_{图}}$，并取其 2 倍作为限差，则有：

$$m_{W_{图}} = \pm \sqrt{n} m_{\beta} \tag{6-72}$$

$$W_{图限} = \pm 2 \sqrt{n} m_{\beta} \tag{6-73}$$

（4）测角中误差的估算

按坐标方位角闭合差估算测角中误差的公式：

$$m_{\beta} = \pm \sqrt{\frac{1}{R} \left[\frac{W_{方_i}^2}{n_i + 2} \right]_1^R} \tag{6-74}$$

式中：R 为方位角闭合差的个数。

按图形条件闭合差估算测角中误差的公式：

$$m_{\beta} = \pm \sqrt{\frac{1}{K} \left[\frac{W_{图i}^2}{n_i} \right]_1^K} \tag{6-75}$$

式中：K 为方位角闭合差的个数。

按坐标方位角条件闭合差和图形条件闭合差联合估算测角中误差的公式：

$$m_{\beta} = \pm \sqrt{\frac{1}{R+K} \left\{ \left[\frac{W_{方_i}^2}{n_i + 2} \right]_1^R + \left[\frac{W_{图i}^2}{n_i} \right]_1^K \right\}} \tag{6-76}$$

应当指出，坐标方位角条件和图形条件闭合差通常不是相互独立的量，所以，式(6-74)、(6-75)、(6-76)的估算值都是近似的。

按测站上左、右角观测时的圆周角闭合差估算测角中误差的公式：

$$m_{\beta} = \pm \frac{1}{2} \sqrt{[\Delta^2 / n]} \tag{6-77}$$

我们知道 Δ 只反映了测站内部的符合程度，一般不包括诸多外界因素对测角的影响。所以，用上式（有的部门将式中的 1/2 用 $1/\sqrt{2}$ 来代替）来估算测角中误差不尽合理，也只能是个近似的估算公式。

由概率论和误差理论知，其参与估算的闭合差个数较多即样本容量较大时，才能获得较可靠的测角中误差 m_{β}，所以在实际的工作中，应采集尽可能多的 Δ 值参与估算。

（5）坐标条件闭合差的验算

国家三、四等附合导线，除上述各有关项目的验算外，还需进行坐标闭合差的验算。

导线坐标闭合差及其限差，按以下公式计算，即

$$\left. \begin{aligned} W_x &= X_A + [D_i \cos T_i] - X_B \\ W_y &= Y_A + [D_i \sin T_i] - Y_B \end{aligned} \right\} \tag{6-78}$$

$$\left. \begin{aligned} W_{x限} &= \pm 3\, m_{x(附)} \\ W_{y限} &= \pm 3\, m_{y(附)} \end{aligned} \right\} \tag{6-79}$$

对于三等附合导线，有：

$$\left. \begin{aligned} m_{x(附)}^2 &= 0.04\,(\Delta X)^2 + 0.44[(\Delta x)^2] + 0.76[(y_{终} - y_i)^2] \\ m_{y(附)}^2 &= 0.04\,(\Delta Y)^2 + 0.44[(\Delta y)^2] + 0.76[(x_{终} - x_i)^2] \end{aligned} \right\} \tag{6-80}$$

对于四等附合导线，则有：

$$\left.\begin{aligned} m_{x(\text{附})}^2 &= 0.04\,(\Delta X)^2 + 1.00[(\Delta x)^2] + 1.47[(y_{\text{终}} - y_i)^2] \\ m_{y(\text{附})}^2 &= 0.04\,(\Delta Y)^2 + 1.00[(\Delta y)^2] + 1.47[(x_{\text{终}} - x_i)^2] \end{aligned}\right\} \tag{6-81}$$

在以上各式中，ΔX、ΔY 为附合路线闭合边的坐标增量；Δx、Δy 为各导线边的纵、横坐标增量；$(x_{\text{终}} - x_i)$、$(y_{\text{终}} - y_i)$ 为导线终点的坐标与导线各点的坐标之差。以上各值均以 100 km 为单位，取至 1 km。算得的 m_x、m_y 以米为单位。

坐标闭合差验算中，可直接应用经概算后的角度。

(6) 导线全长相对闭合差的验算

在公路勘测导线和城市导线测量的外业验算中，对于附合导线不直接给出坐标闭合差验算的限差指标，而是转换为导线全长相对闭合差的形式作出限差规定的(见表 6-4 和表 6-5)。具体的计算过程：

$$f_D = \sqrt{W_x^2 + W_y^2} \tag{6-82}$$

$$\frac{f_D}{[D]} = \frac{1}{T} \tag{6-83}$$

式中：T 为全长相对闭合差的分母；$[D]$ 为导线总长度。

对导线网中各闭合环线，可参照上述方法计算环线坐标闭合差或全长相对闭合差。

6.8.3 导线概算和外业验算示例

如图 6-41～6-43 概算和验算图，为一加密的国家四等导线网。采用 J2 型经纬仪方向法水平方向观测，采用 $(5 + 1 \times D_{km})$mm 类型测距仪测量边长，外业工作结束后进行概算和外业验算。

概算和外业验算工作可在相应的图上或借助计算略图进行。

(1) 抄录已知数据表(表 6-13)

表 6-13 已知数据表

点 名	等 级	坐 标		坐标方位角 ° ′ ″	边长 (m)	备注
		x(m)	y(m)			
小山	二	3 557 266.710	39 544 354.650	1 17 38.0	10 123.001	摘抄自省资料中心
天城	二	3 567 387.130	39 544 583.234			
王庄	二	3 561 998.280	39 574 701.590	160 49 42.7	11 456.00	
青市	二	3 551 177.630	39 578 463.700			

(2) 归心改正计算(也可在水平方向观测记簿上完成)(图 6-41)

(3) 距离归算改正计算(表 6-14)

(4) 近似坐标计算(图 6-42)

(5) 球面角超和曲率改正计算及检核(图 6-42)

(6) 边长高斯投影距离改正计算(图 6-42)

(7) 编写边长计算整理表(表 6-14)

(8) 编写水平方向整理表(表 6-15)

(9) 外业验算(图 6-43、表 6-14)

① 边长往、返测较差计算

较差最大的边长(花口—王庄)$d_{max}=+16\ mm<\pm2(5+1\times10)mm=\pm30\ mm$

② 观测边长的精度估算

$$\mu=\pm0.6mm$$
$$m_{D_{max}}=\pm10.6mm(\text{田村—花口})$$
$$m_{D_{max}}/D=0.0106/12\,599=1/1\,189\,000<1/100\,000$$

③ 坐标方位角条件闭合差的验算

$$W_{方}=+1''.5<\pm12''.2(\text{设 } m_{T_0}\approx m_\beta)$$
$$W_{方限}=\pm2\times2.''5\sqrt{4+2}=\pm12.''2$$

④ 闭合环图形条件闭合差的验算

$$W_{图}=+0''.1<\pm11.''2$$
$$W_{图限}=\pm2\times2.''5\sqrt{5}=\pm11.''2$$

⑤ 测角中误差估算

按式(6-76)、(6-77)分别算得：

$$m_\beta=\pm0''.4<\pm2.''5$$
$$m_\beta=\pm0.''3<\pm2.''5$$

⑥ 坐标闭合差的验算

$$W_x=+0.227\ m\qquad W_y=+0.529\ m$$
$$W_{x限}=+1.327\ m\qquad W_{y限}=+0.614\ m$$

同理可进行闭合环坐标条件闭合差的验算。直接写出结果：

$$W_x=-0.004\ m<\pm1.158\ m$$
$$W_y=-0.004\ m<\pm0.775\ m$$

⑦ 导线全长相对闭合差验算

附合路线$f_D=\pm\sqrt{0.227^2+0.529^2}=\pm0.576$

$$f_D/\sum D=0.576/30\,724=1/53\,300$$

闭合路线$f_D=\pm\sqrt{0.004^2+0.004^2}=\pm0.006$

$$f_D/\sum D=0.006/55\,036=1/9\,172\,000$$

验算结果说明，该导线网符合规范的各项要求。

6.8.4　验算项目超限时的误差分析与处理

(1) 误差分析

根据理论研究分析和工作实践，当导线测量的外业验算项目超限时，其原因基本上有以下几种情况：

① 与仪器有关

当测边误差偏大或超限、导线坐标闭合差超限且纵向误差大、全长相对闭合差超限，这时与测距仪有关，如仪器加、乘常数检测不准确或后来发生了变化未被发现等。

当测角中误差超限且各图形条件闭合差和附合路线方位角闭合差偏大，这时与测角仪器有关，如光学对点器没有调整好，导致较大的对中误差，而影响了方向观测值。

② 与外界因素有关

当方位角闭合差超限、图形条件闭合差超限、坐标条件闭合差超限时，一般与外界因素即观测环境有关，如局部性或地区性系统旁折光差所造成的影响等。

③ 与已知点及数据有关

当附合路线的方位角闭合差超限、坐标条件闭合差超限，当取不同的路线时，也普遍存在闭合差超限或过大的现象。这时可能是已知数据搞错了，或已知点位发生了位移。

④ 其他原因

当验算项目超限时，除以上分析的原因之外，还与测量员的技术水平、工作责任心、心理素质等有关系。

造成导线测量超限的原因是很复杂的，除参考以上所列的情况外，还要根据具体情况做具体的分析。

(2) 超限的处理

① 导线测量错误的定位

导致各项闭合差超限的原因，主要是表现在个别观测值存有大误差或粗差(在这里称为错误)。确定或判断这些错误所影响的具体观测值的位置，称为错误定位。一般有以下几种方法：

(a) 当附合路线方位角闭合差超限时，可以路线两端开始按相对方向对每点推算出两套坐标，其中两套坐标极为相近的点，可能是产生测角错误的点。

(b) 当附合路线或闭合路线坐标闭合差或全长相对闭合差超限时，可根据坐标闭合差的符号，算出点位误差 f_D 的方位，其中与 f_D 方位极为接近的边，可能就是产生测距错误的边。

(c) 当闭合环闭合差超限时，其相邻闭合环的闭合差也超限或较大且符号相反，则有错误的观测值在两闭合环的公共部位。

(d) 当闭合环的闭合差超限时，其相邻闭合环的闭合差都没有超出限差，则有错误的观测值在环边缘的某单独边上。

(e) 导线的某项闭合差超限时，可从不同的路线推算结点的坐标等，其差异大的路线上可能存在错误的观测值。

② 错误的处理方法

对于确定或判定有错误的观测值必须返工重测，直至将错误消除、各项验算项目都符合限差为止。

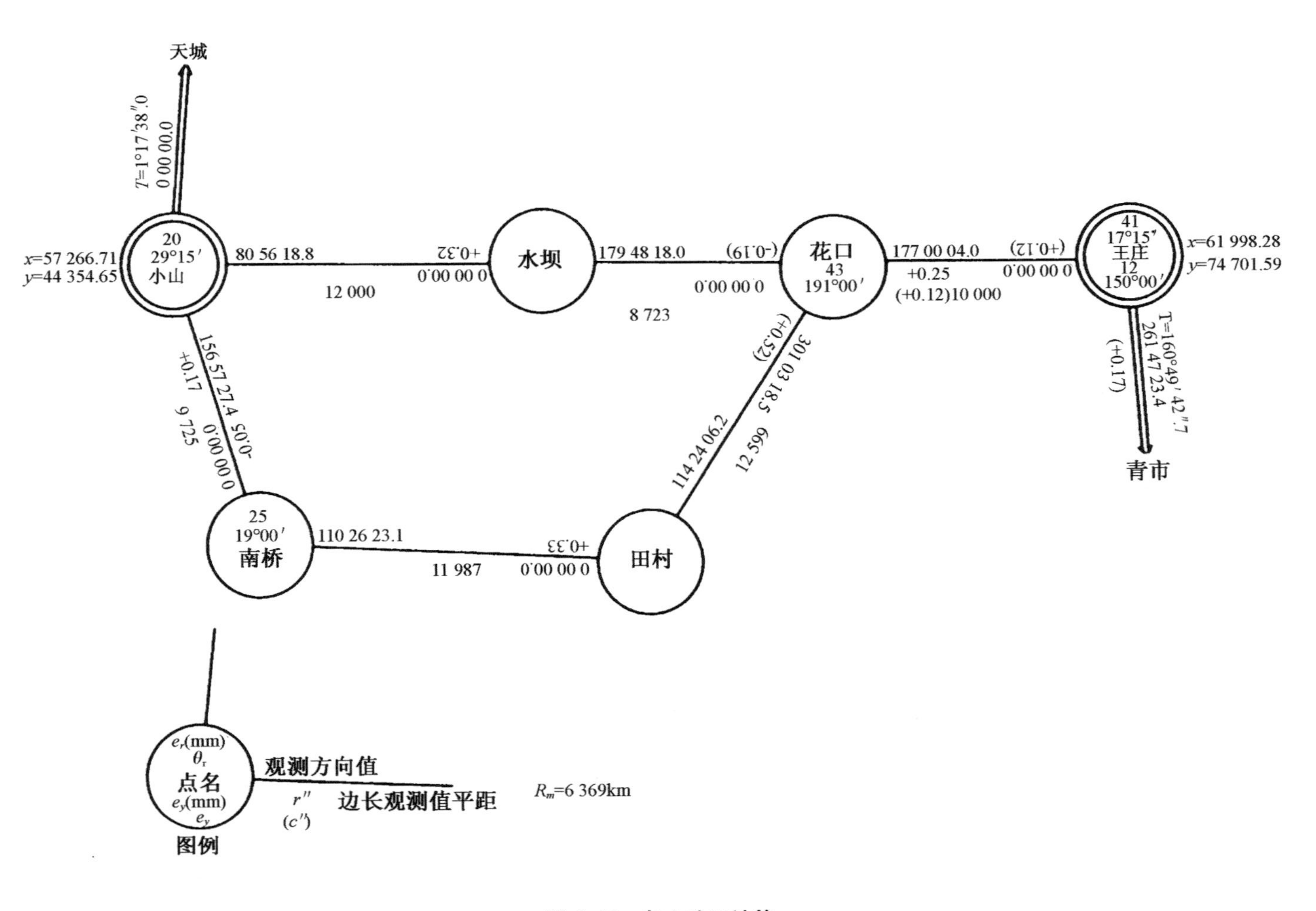

天城
T=1°17′38″.0
0 00 00.0
20
29°15′
小山
x=57 266.71
y=44 354.65
80 56 18.8
12 000
+0.32
0 00 00.0
水坝
179 48 18.0
8 723
(-0.19)
0 00 00.0
花口
43
191°00′
177 00 04.0
+0.25
(+0.12)10 000
(+0.12)
0 00 00.0
41
17°15′
王庄
12
150°00′
x=61 998.28
y=74 701.59
T=160°49′42″.7
261 47 23.4
(+0.17)
青市
156 57 27.4
+0.17
9 725
-0.05
0 00 00.0
(+0.52)
301 03 18.5
114 24 06.2
12 599
25
19°00′
南桥
110 26 23.1
11 987
+0.33
0 00 00.0
田村
观测方向值
点名
r″
(c″)
边长观测值平距
R_m=6 369km
图例

图 6-41　归心改正计算

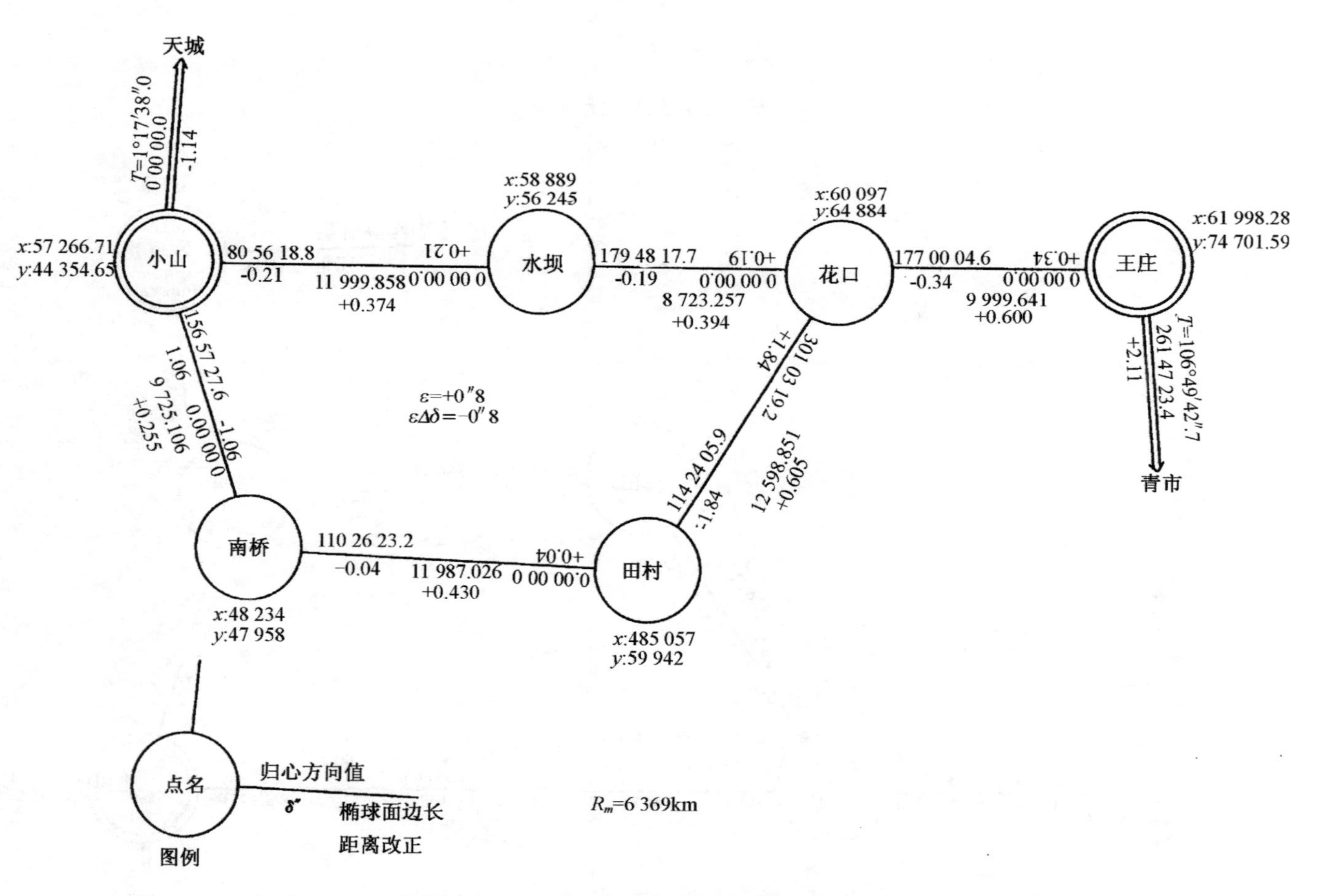

图 6-42　近似坐标计算、距离改正计算、球面角超计算、曲率改正计算及检核

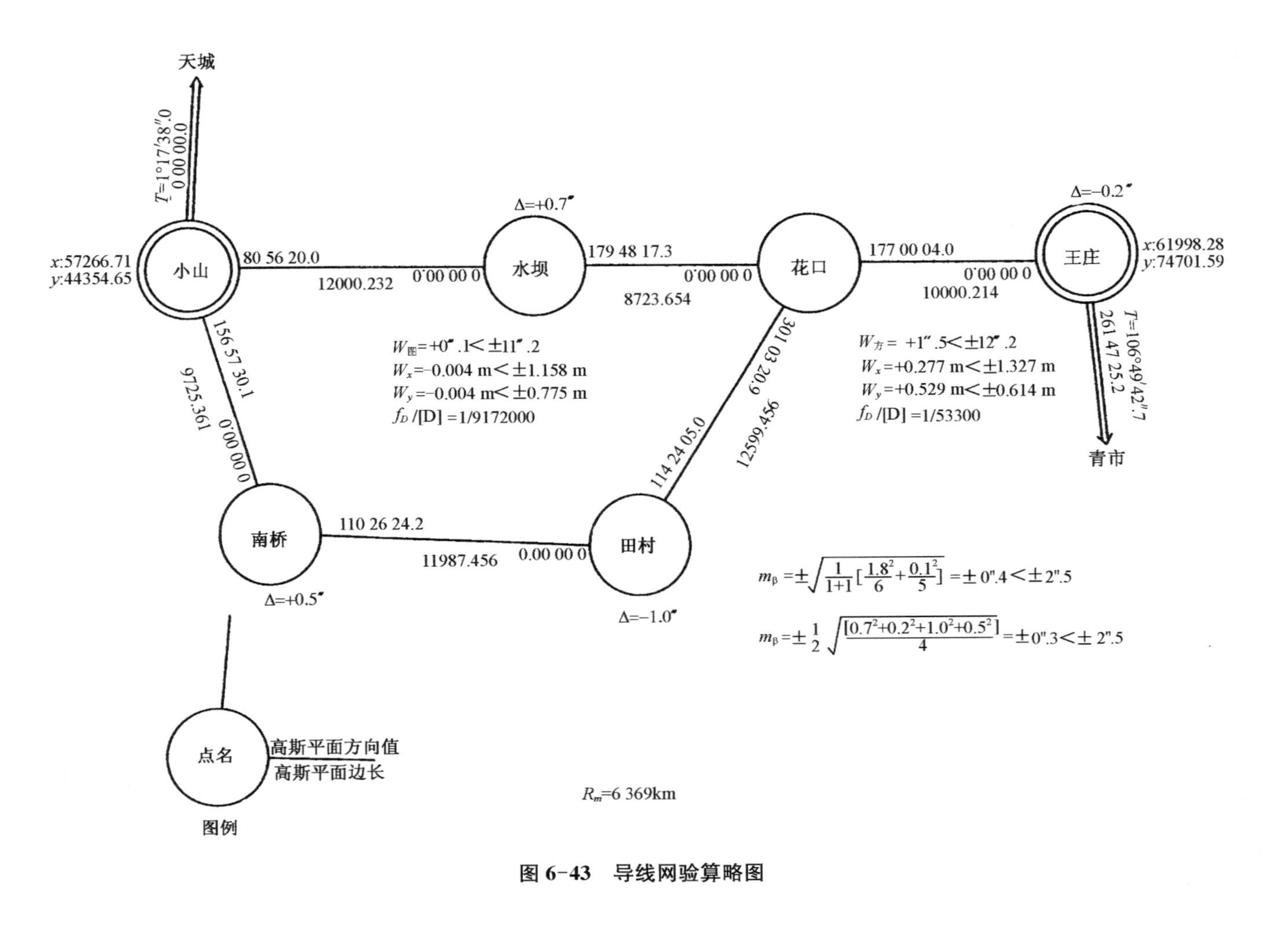

图 6-43　导线网验算略图

表 6-14　边长计算整理表

测站点	照准点	边长观测值平距		H_m		ζ_m (m)	椭球面边长		较差 d (mm)	平均椭球面长度(m)	高斯投影距离改正(m)	高斯平面长度(m)
		往测(m)	返测(m)	往测(m)	返测(m)		往测(m)	返测(m)				
小山	水坝	12 000.124	12 000.109	92.3	91.7	45	11 999.865	11 999.851	+14	11 999.858	0.374	12 000.232
	南桥	9 725.297	9 725.308	83.5	84.2	45	9 725.101	9 725.111	−10	9 725.106	0.255	9 725.361
田村	花口	12 599.192	12 599.183	125.2	124.8	45	112 598.855	12 598.847	+8	12 598.851	0.605	12 599.456
	南桥	11 987.305	11 987.293	100.1	100.4	45	11 987.032	11 987.019	+14	11 987.026	0.430	11 987.456
花口	王庄	9 999.893	9 999.878	110.3	110.9	45	9 999.649	9 999.633	+16	9 999.641	0.600	10 000.241
	水坝	8 723.437	8 723.447	90.8	89.4	45	8 723.251	8 723.263	−12	8 723.257	0.394	8 723.651

表 6-15　水平方向整理表

测站点	照准点	观测方向值 °	′	″	归心改正 c''	γ''	$c''+\gamma''$	$(c''+\gamma'')_0$	归算至标石中心观测值 °	′	″	方向改正 δ''	δ''_0	高斯平面方向值 °	′	″
小山	天城	0	00	00.0			0.00	0.00	0	00	00.00	−1.14	0.00	0	00	00.0
	水坝	80	56	18.8			0.00	0.00	80	56	18.80	−0.21	+0.93	80	56	19.7
	南桥	156	57	27.4		+0.17	+0.17	+0.17	156	57	27.57	+1.06	+2.20	156	57	29.8
水坝	小山	0	00	00.0		+0.32	+0.32	0.00	0	00	00.00	+0.21	0.00	0	00	00.0
	花口	179	48	18.0			0.00	−0.32	179	48	17.68	−0.19	−0.40	179	48	17.3
花口	水坝	0	00	00.0	−0.19		−0.19	0.00	0	00	00.00	+0.19	0.00	0	00	00.0
	王庄	177	00	04.0	+0.12	+0.25	+0.37	+0.56	177	00	04.56	−0.34	−0.53	177	00	04.0
	田村	301	03	18.5	+0.52		+0.52	+0.71	301	03	19.21	+1.84	+1.65	301	03	20.9
王庄	花口	0	00	00.0	+0.12		+0.12	0.00	0	00	00.00	+0.34	0.00	0	00	00.0
	青市	261	47	23.4	+0.17		+0.17	+0.05	261	47	23.45	+2.11	+1.77	261	47	25.2
南桥	小山	0	00	00.0		−0.05	−0.05	0.00	0	00	00.00	−1.06	0.00	0	00	00.0
	田村	110	26	23.1			0.00	+0.05	110	26	23.15	−0.04	+1.02	110	26	24.2
田村	南桥	0	00	00.0		+0.33	+0.33	0.00	0	00	00.00	+0.04	0.00	0	00	00.0
	花口	114	24	06.2			0.00	−0.33	114	24	05.87	−1.84	−1.88	114	24	04.0

思考题与习题

6S・1. 简述国家水平控制网的布设原则和方案。

6S・2. 导线网的密度如何体现？点位精度有何要求？

6S・3. 试述国家三、四等导线，公路勘测导线和城市导线的主要技术指标。

6S・4. 什么是优化设计？

6S・5. 哪些情况下需布设独立网？

6S・6. 怎样确定首级导线网的类别和等级？

6S・7. 在导线测量中，测量觇标和中心标石有什么作用？

6S・8. 研究导线测量精度估算的目的是什么？

6S・9. 说明两种单一导线中最弱点纵、横坐标中误差估算公式和纵、横向中误差估算公式中各符号的意义以及公式的具体运用。

6S・10. 提高导线测量精度的具体方法有哪些？

6S・11. 怎样用等权代替法估算导线网最弱点的精度？

6S・12. 怎样用三联脚架法进行测角和测距工作？该法有什么特点？

6S・13. 在导线点上观测水平角，如何实施左、右角观测？

6S・14. 试述用全站仪观测导线的程序和注意问题。

6S・15. 如何进行测站点和照准点的归心改正数计算？

6S・16. 测定归心元素的方法有哪些？

6S・17. 试述导线概算的程序和方法。

6S・18. 试述外业验算的程序和方法。

6S・19. 导线闭合差超限时，怎样分析原因？有哪些常用的错误定位的方法？

6X・1. 1/25 000、1/10 000、1/2 000 正常航测成图，对控制点的密度要求各是什么？

6X・2. 若设计的等边直伸三等公路勘测附合导线全长为 20 km，边长为 2 km，每 km 边长测量的偶然中误差为 $m_D = \pm 0.005$ m，单位长度相对系统中误差为 ±2 ppm(±2 mm/km)，试求该导线最弱方位角的中误差和最弱点的纵、横向中误差及点位中误差。

6X・3. 如图 6-44 所示，城市四等导线网由六条导线边组成，各导线边长均为 1.25 km，A、B、C 为高等点，N_1、N_2、N_3、N_4 为未知点。现用标称精度 $m_D = \pm(5\text{ mm} + 5\text{ ppm}D)$ 的光电测距仪测量导线边长 ($\lambda = \pm 2$ ppm)，试用等权代替法估算最弱点的点位中误差。

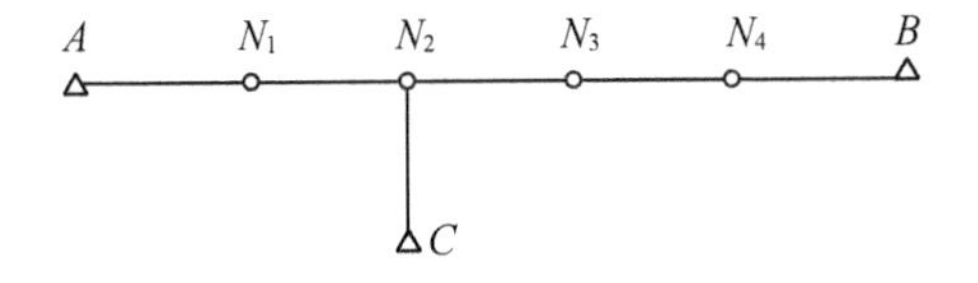

图 6-44　适用于等权代替法的简单导线网

6X・4. 在北岗导线点上，投影得测站点归心元素值 $e_Y = 0.069$ m，$\theta_Y = 245°30'$（至树山方向）。北岗测站各方向的观测值和至相邻导线点的距离见表 6-16。试计算北岗导线点至各导线点观测方向的测站点归心改正数。

表 6-16　北岗导线点至各导线点的观测方向值和边长

方向名称	方向值	距离
南岗	0°00′00″.0	2 100 m
松山	46°18′30″.2	3 066 m
树山	290°11′55″.6	1 413 m

6X・5. 图 6-45 为某测区国家三等导线网，图中所列数值均已归算至高斯平面上，已知点的坐标为自然值。试计算有关项目的验算。

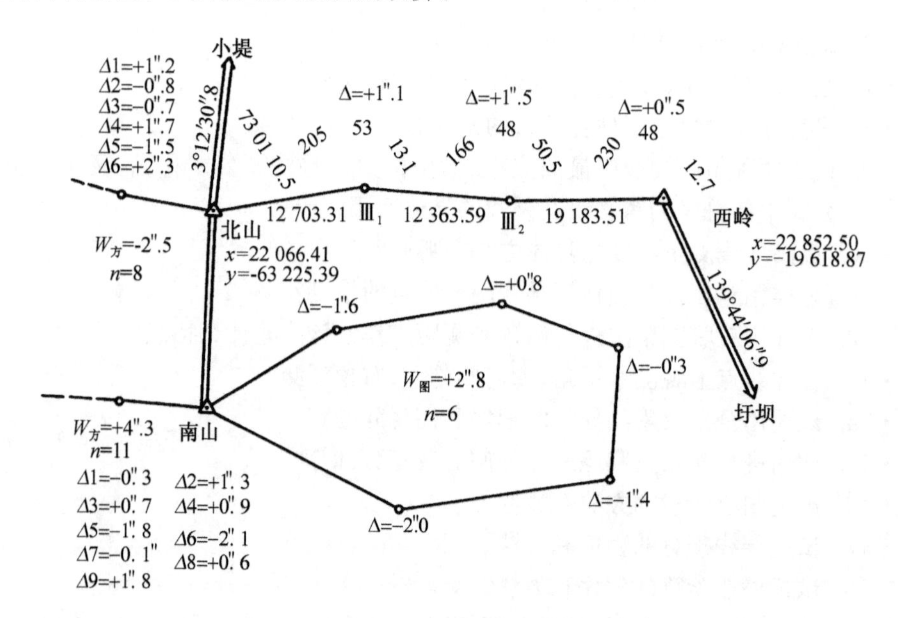

图 6-45　某测区三等导线网

第 7 章　高程控制测量

7.1　国家水准网的布设

国家大地控制网包括水平控制网和高程控制网两部分。建立国家高程控制网的目的，是为了在全国范围内测绘各种比例尺的地形图和为工程建设提供必要的高程控制基础，并为研究地壳垂直运动等科学技术问题提供精确的高程资料。

用水准测量的方法，按《国家一、二等水准测量规范》(GB/T12897—2006)和《国家三、四等水准测量规范》(GB/T12898—2009)(下称《水准测量规范》或水准规范)的技术要求建立的国家高程控制网，称为国家水准网。它是高程控制的基础。

7.1.1　布网原则

布设国家水准网的基本原则是：要有统一的高程系统、水准原点和作业规程；要有足够的精度和密度；要分级布网，逐级控制。

现行的《水准测量规范》中规定了各等级水准测量应达到的精度(见表 7-1)。

表 7-1　国家各等级水准测量应达到的精度

等级	每千米高差中数的偶然中误差 M_Δ (mm)	每千米高差中数的全中误差 M_W (mm)
一	≤0.45(原 0.5)	≤1.0
二	≤1.0	≤2.0
三	≤3.0	≤6.0
四	≤5.0	≤10.0

7.1.2　布网方案

国家水准测量按控制次序和施测精度分为一、二、三、四等。

一等水准测量是国家高程控制网的骨干，一等水准路线应沿地质构造稳定、交通不太繁忙、路面较为平缓的交通路线布设，并构成网状。一等水准网的环线周长，在平原和丘陵地区应在 1 000～1 500 km 之间；一般山区应为 2 000 km 左右。

二等水准网是国家高程控制网的全面基础，它布设在一等水准环内。二等水准路线应尽量沿公路、铁路及河流布设，以保证较好的观测条件。二等水准网的环线周长，在平原和丘陵地区应在 500～750 km 之间；山区和困难地区可适当放宽。

三、四等水准测量直接提供给地形测图和各种工程建设所必需的高程控制点。三等水准路线一般可根据需要在高等级水准网内加密，布设成附合路线，并尽可能互相交叉，以构成闭合环。单独的附合路线，长度应不超过 200 km，环线周长应不超过 300 km。四等水准路线一般以附合路线布设于高等水准点之间，附合路线的长度应不超过 80 km。

水准路线附近的验潮站、水文站、气象台、地震台、大地点等其他固定点，应根据需要列入水准测量施测计划予以连测。连测时可布设水准支线。支线的等级由所连测点需要的高程精度和支线的长度来决定。在一般情况下，支线长度在 20 km 以内时，可按四等水准测量精度施测；支线长度在 20～50 km 之间时，按三等水准测量精度施测；支线长度在 50 km 以上时，按二等水准测量精度施测。支线水准需往返观测，或单程双转点观测。

7.1.3 技术设计

技术设计是根据测量任务，按水准测量规范的有关规定，结合测区实际情况，在合适的比例尺地图上，拟订出最合理的水准网和水准路线的布设方案，并编写技术设计书。

7.1.3.1 技术设计的工作内容

1. 收集测区有关资料

应收集的资料有测区的地形图、交通图；已有的水准测量资料和重力资料；计划连测的其他固定点位置的资料；交通运输、地质、地震、气象、土壤冻结和地下水位深度等方面的资料。

2. 图上设计

在适当比例尺的地形图上，采用彩色的笔标出测区的主要城镇、交通路线、河流；标出已测水准路线、水准点和连测的其他固定点的位置。然后，根据测量任务的要求和水准测量规范的有关规定，在图上逐级拟订水准测量路线及水准点的概略位置。

3. 绘制水准路线设计图，编写技术设计书

水准路线设计图按水准测量规范规定的符号绘制。其主要内容包括：拟设的水准路线；路线上各拟设水准点的位置、标石类型及编号；起算水准点和需要连测的已测水准点的位置及编号，以及水准点所在路线的大致方向与路线的命名；需要连测的其他固定的位置等。

对各水准路线的交叉点，因其与几条路线有关系，所以应格外重视。要求在交叉点实地附近用较大比例尺绘出交叉点示意图，标出交叉点标石类型、编号及各路线方向等。

技术设计书的主要内容是：任务的性质与用途；测区的自然地理特点；技术设计的依据；所设计的各等级水准路线的数量，各类型的标石数量，任务工天的估算；起算和已知水准点及其高程和系统；施测所需仪器装备及各种材料计划数量、人员组织以及质量保证体系等。

水准路线命名和水准点编号的示例见图 7-1。

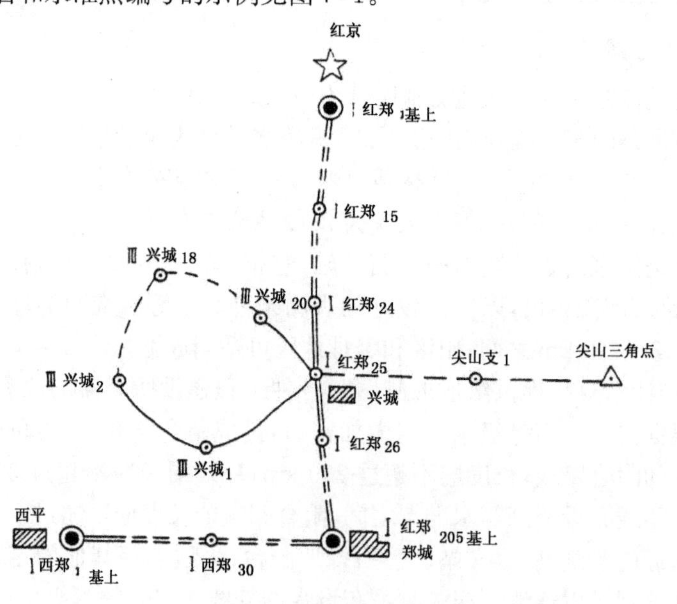

图 7-1 水准路线设计图

7.1.3.2　技术设计时的注意事项

(1) 水准路线尽量沿公路、铁路和坡度较小、施测方便的道路布设，避开城市、火车站、土质松软的地段、河流、湖泊、沼泽、山谷等不利地形和障碍物。

(2) 拟设水准路线的起点和终点，一般应为已测的高等或同等水准路线的水准点。

(3) 拟设的水准路线通过和靠近已测水准路线时，应予以连测。当拟设的三、四等水准路线距已测的各等水准点在 4 km 以内时，应予以连测。连测已测水准点时，可按拟测和已测的水准路线中较低等级精度施测。

(4) 拟设水准路线和已测水准路线重合时，应尽量利用已有的旧点。

7.1.4　实地选点和埋石

实地选点就是在技术设计的基础上，在实地确定水准路线和水准点的最后位置。选点前须对技术设计和测区情况进行充分研究，并制订选点工作计划。

选定的水准点位置应能保证埋设的标石稳定、安全和长久保存，并便于观测利用。地势低洼潮湿、地壳局部变形大、土质松软、易受震动的地点，公共活动场地、高压线旁、地势隐蔽及不便观测的地点，均不宜选作水准点位置。

水准点位置选定后，应在点位上埋设或树立注有点号、水准标石类型的点位标志，并填绘水准点点之记。点之记的格式见表 7-2 所示。在选定水准路线的过程中，应绘制水准路线图。对于水准路线的交叉点，还应绘制交叉点接测图，见图 7-2。

表 7-2　二等水准点点之记

蓟文线　　　　点名：Ⅰ蓟文17

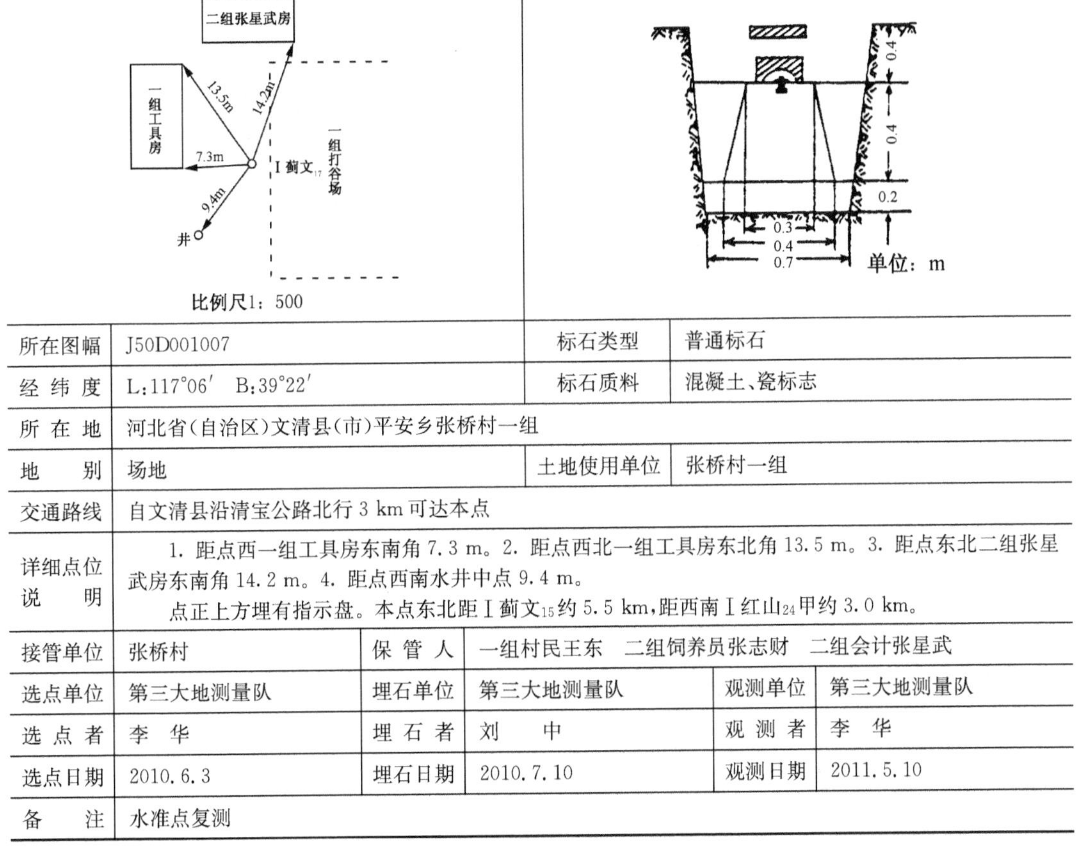

所在图幅	J50D001007		标石类型	普通标石	
经纬度	L:117°06′　B:39°22′		标石质料	混凝土、瓷标志	
所在地	河北省(自治区)文清县(市)平安乡张桥村一组				
地别	场地		土地使用单位	张桥村一组	
交通路线	自文清县沿清宝公路北行 3 km 可达本点				
详细点位说明	1. 距点西一组工具房东南角 7.3 m。2. 距点西北一组工具房东北角 13.5 m。3. 距点东北二组张星武房东南角 14.2 m。4. 距点西南水井中点 9.4 m。 点正上方埋有指示盘。本点东北距Ⅰ蓟文15约 5.5 km，距西南Ⅰ红山24甲约 3.0 km。				
接管单位	张桥村	保管人	一组村民王东　二组饲养员张志财　二组会计张星武		
选点单位	第三大地测量队	埋石单位	第三大地测量队	观测单位	第三大地测量队
选点者	李　华	埋石者	刘　中	观测者	李　华
选点日期	2010.6.3	埋石日期	2010.7.10	观测日期	2011.5.10
备注	水准点复测				

注：1. 点位必须用三个以上明显固定的地物交会，距离量至 0.1m；
2. 详细位置图可根据实地情况，在易找到点的原则下，采用适当的比例尺绘制；
3. 标石断面图根据实埋类型和尺寸填绘；
4. 详细点位说明栏中除了说明与三个以上固定地物的方位距离外，还应详细说明指示碑或指示盘与水准标石的相关位置及至相邻水准点的距离等；
5. 点位经纬度从 1/100 000 或 1/50 000 地形图上量取至分，或用 GPS 接收机测量，并应与路线图上经纬度相符。

选点工作结束后，应上交水准点点之记、水准路线图、交叉点接测图、新收集到的有关资料和选点工作的技术总结。

水准标石分为基本水准标石、普通水准标石和基岩水准标石。

基本水准标石，埋设在一、二等水准路线上，每隔 60 km 左右一座。一、二等水准路线通过大城市时，应在大城市附近的相对方向上各埋设基本水准标石一座。两相邻基本水准标石之间的水准路线称为一个区段。基本水准标石分为混凝土基本水准标石和岩层基本水准标石。这两种水准标石的埋设规格见图 7-3 和图 7-4。

普通水准标石，埋设在各等水准路线上，根据居民点的疏密情况，每隔 2～6 km 埋设一座。特殊困难和人烟稀少的地区(如沙漠、沼泽、高原)以及水准支线上，可放宽至 10 km(水准支线长度在 15 km 以内时，中间可以不埋石，直接连接到待测点)。两相邻普通水准标石之间的水准路线称为一个测段。普通水准标石根据其制作材料、埋设规格及应用地区分为：混凝土普通水准标石(见图 7-5)、岩层普通水准标石、钢管普通水准标石、螺旋钢管普通水准标石和墙脚水准标志等。

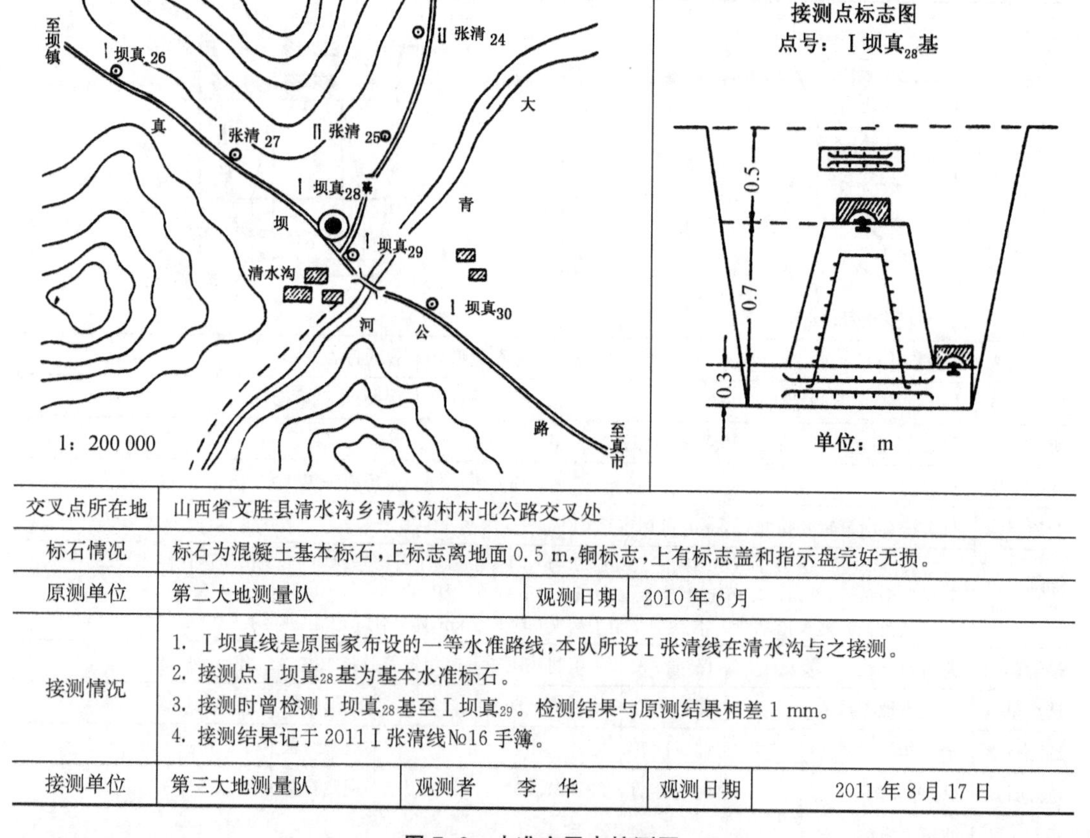

交叉点所在地	山西省文胜县清水沟乡清水沟村村北公路交叉处				
标石情况	标石为混凝土基本标石，上标志离地面 0.5 m，铜标志，上有标志盖和指示盘完好无损。				
原测单位	第二大地测量队		观测日期	2010 年 6 月	
接测情况	1. Ⅰ坝真线是原国家布设的一等水准路线，本队所设Ⅰ张清线在清水沟与之接测。 2. 接测点Ⅰ坝真28基为基本水准标石。 3. 接测时曾检测Ⅰ坝真28基至Ⅰ坝真29。检测结果与原测结果相差 1 mm。 4. 接测结果记于 2011Ⅰ张清线№16 手簿。				
接测单位	第三大地测量队	观测者　　李　华		观测日期	2011 年 8 月 17 日

图 7-2　水准交叉点接测图

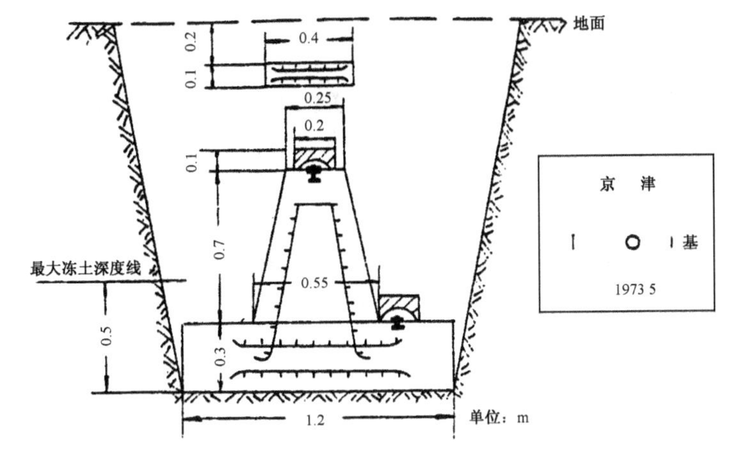

图 7-3　基本水准标石

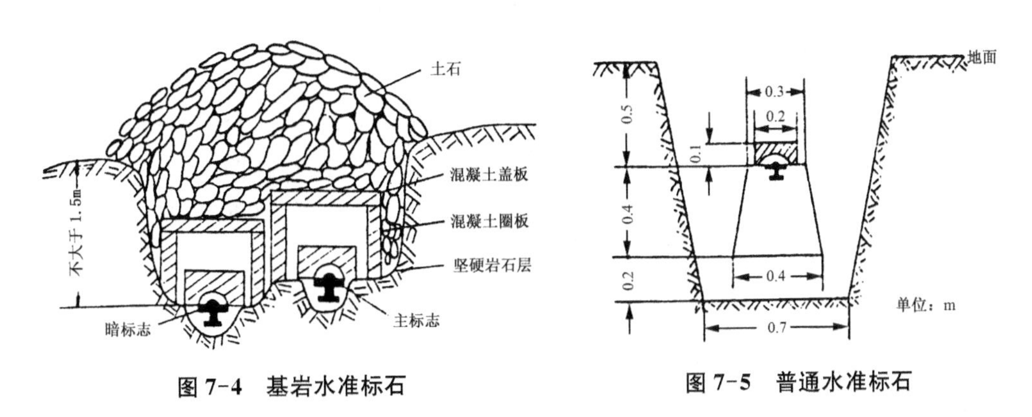

图 7-4　基岩水准标石

图 7-5　普通水准标石

基岩水准标石是研究地壳和地面垂直运动的主要依据，在一等水准路线上，每隔500 km左右埋设一座，在大城市和地震带或地质构造板块断裂带附近应适当增设。要保证每一省（直辖市、自治区）内至少有两座。

埋石工作结束后，测量部门须向当地政府机关办理（或补办）土地使用权手续以及办理测量标志委托保管手续。并应上交测量标志委托保管书、水准点点之记和埋石工作技术总结等资料。

7.2　精密水准仪与精密水准标尺

7.2.1　精密水准仪的构造特点及系列标准

7.2.1.1　精密水准仪的构造特点和要求

对于精密水准测量的精度而言，除一些外界因素的影响外，其水准仪在结构上精确性与可靠性是具有重要意义的。为此，精密水准测量要采用精密水准仪，而对精密水准仪必须具备的一些条件提出下列要求：

（1）高质量的望远镜光学系统

为了在望远镜的观测视场中能获得水准标尺上分划线的清晰影像，望远镜必须具有足够的放大倍率和较大的物镜孔径。一般精密水准仪的放大倍率应大于 40 倍，物镜的孔径应大于 50 mm。

(2) 坚固稳定的仪器结构

仪器的结构必须使视准轴与水准轴之间的联系相对稳定，不易受外界条件的变化而改变它们之间的关系。一般精密水准仪的主要构件均用特殊的合金钢材料制成，并在仪器上套有起隔热作用的防护罩。

(3) 高精度的测微器装置

精密水准仪必须有光学测微器装置，借以精密测定小于水准标尺最小分划线间格值的尾数，从而提高在水准标尺上的读数精度。一般精密水准仪的光学测微器可以读到(也就是最小分辨率)0.1 mm，估读到 0.01 mm。

(4) 高灵敏度的管水准器

一般精密水准仪的管水准器的格值为 10″/2 mm。由于水准器的灵敏度愈高，观测时要使水准器气泡迅速置中也就愈困难。为此，在精密水准仪上必须有倾斜螺旋(又称微倾螺旋)装置，借其可以使视准轴与水准轴同时产生微量的倾斜变化，从而使水准气泡较为容易地精确置中，以达到视准轴精确整平的目的。

(5) 高性能的补偿器装置

自动安平水准仪补偿元件的质量以及补偿器装置的精密度都可以影响补偿器性能的可靠性。如果补偿器不能给出正确的补偿量，不管是补偿不足，还是补偿过量，都会影响精密水准测量观测成果的精度。因此，补偿器装置必须具有较高的质量标准。

(6) 数字水准仪功能强大的精密自动测量系统

数字水准仪除了硬件具备以上的条件和要求外，还要具有功能强大的自动测量系统，包括鉴别、测微、修正、储存、测站限差判断、路线平差、信息输出等。

7.2.1.2 精密水准仪的系列标准

我国水准仪系列按精度分类如表 7-3 所示，字母 DS 是“大地水准仪”中“大”和“水”汉语拼音的第一个字母；Z 是“自动安平”汉语拼音的第一个字母；其后面的数字表示每千米往返测平均高差的偶然中误差的毫米数。有时候也简称为 S05、S1、S3 等，其表达的意思是一样的。

我国水准仪系列及基本技术参数列于表 7-3。

表 7-3 我国水准仪系列及基本技术参数

技术数项目		水准仪系列型号			
		DSZ05、DS05	DSZ1、DS1	DSZ3、DS3	DSZ10、DS10
每千米往返平均高差中误差		≤0.5 mm	≤1 mm	≤3 mm	≤10 mm
望远镜放大率		≥40 倍	≥40 倍	≥30 倍	≥25 倍
望远镜有效孔径		≥60 mm	≥50 mm	≥42 mm	≥35 mm
管状水准器格值		10″/2 mm	10″/2 mm	20″/2 mm	20″/2 mm
测微器有效量测范围		5 mm	5 mm		
测微器最小分格值		0.05 mm	0.05 mm		
自动安平水准仪补偿性能	补偿范围	±8′	±8′	±8′	±10′
	安平精度	±0.1″	±0.2″	±0.5″	±2″
	安平时间不长于	2s	2s	2s	2s

7.2.2 精密水准标尺的构造特点

水准标尺是测定高差的长度标准，如果水准标尺的长度有误差，则会给精密水准测量的观测成果带来系统性质的误差影响。为此，对精密水准标尺提出如下的要求：

（1）当空气的温度和湿度发生变化时，水准标尺分划间的长度必须保持稳定，或仅有微小的变化。一般精密水准尺的分划是漆在因瓦合金带上，因瓦合金带则以一定的拉力引张在木质尺身的沟槽中，这样因瓦合金带的长度就不会受木质尺身伸缩变形的影响。水准标尺分划的数字是注记在因瓦合金带两侧木质尺身上（见图 7-6）。

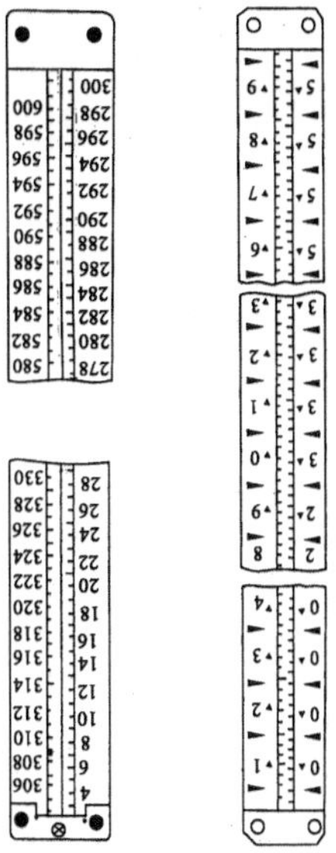

（2）水准标尺的分划必须十分正确与精密，分划的偶然误差和系统误差都应很小。水准标尺分划的偶然误差和系统误差的大小主要决定于分划刻度工艺的水平，当前精密水准标尺分划的偶然中误差一般在 8～11 μm。由于精密水准标尺分划的系统误差可以通过水准标尺的平均每米真长加以改正，所以分划的偶然误差代表水准标尺分划的综合精度。

（3）水准标尺在构造上应保证全长笔直，并且尺身不易发生长度或弯扭等变形。一般精密水准标尺的木质尺身均应以经过特殊处理的优质木料制作。为了避免水准标尺在使用中尺身底部磨损而改变尺身的长度，在水准标尺的底面必须安装坚固耐磨的金属底板。

(a) 10mm分格值　(b) 5mm分格值

图 7-6　因瓦合金标尺

（4）在精密水准测量作业时，水准标尺应竖立于特制的具有一定重量的尺台或尺桩上。尺台和尺桩的形状如图 7-7 所示。

（5）在精密水准标尺的尺身上应附有圆水准器装置，作业时扶尺者借以参考使水准标尺保持在垂直位置；在尺身上一般还应有扶尺把手装置，以便扶尺者能稳定地将标尺竖立在垂直位置。

（6）为了提高对水准标尺分划的照准精度，水准标尺分划的形式和颜色与水准标尺的颜色相协调。一般精密水准标尺都为黑色线条分划和浅黄色的尺面相配合，有利于精确照准水准标尺分划。

（7）数字水准仪所配用的精密水准标尺除了具有以上的要求外，标尺条纹码分划应清晰，从而为仪器照准、数字影像处理打好基础。

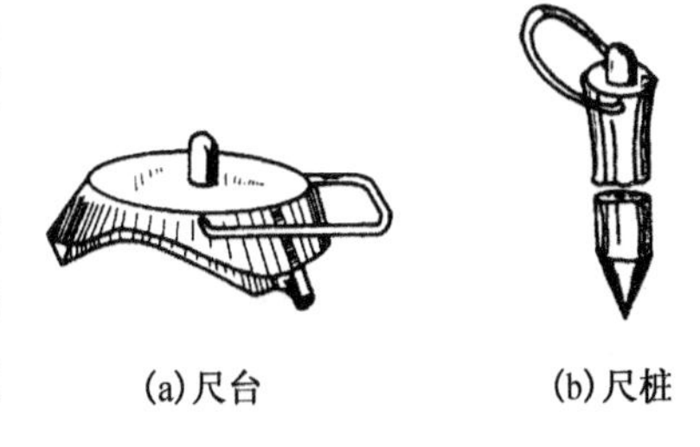

(a)尺台　(b)尺桩

图 7-7　尺台、尺桩

常规的精密水准标尺线条分划的分格值的实际长度为 10 mm 和 5 mm 两类。分格值为 10 mm 的精密水准标尺如图 7-6(a)所示，它有两排分划，尺面右边一排分划值从 0 ～ 300 cm，称为基本分划，左边一排分划值从 301.55～600 cm，称为辅助分划，同一高度的基本分划与辅助分划读数相差一个常数，称为基辅差，通常又称尺常数（该尺的尺常数为 301.55 cm），水准测量作业时可以用以检查读数的正确性（还有其他尺常数的精密水准标尺）。分格值实际值为 5 mm 而注记为 10 mm 的精密水准尺，如图 7-6(b)所示，它也有两排分划，两排分划彼此错开二分之一的分划距离，左边是单数分划，右边是双数分划，也就是单数分划和双数分划各占一排，实际上是一列有序的数据分划分为两排、按单双数分别注记，而没有辅助分划。尺面上的尺长注记是实际长度的两倍，称为名义值；木质尺面右边注记的是米数，左边注记的是分米数，整个注记名义值为0.1～5.9 m，分划注记比实际数值大了一倍，所以用这种水准标尺所测得的高差值及视距等，必须除以 2 才是实际的高差值和视距。

分格值为 5 mm 的精密水准标尺大多是没有尺常数的，读数时可独立地读取两次，以作检核；也有的标尺是有辅助分划的、有各种不同的基辅差常数（如名义值尺常数 612.5 cm、606.5 cm 等），具体应用时注意。

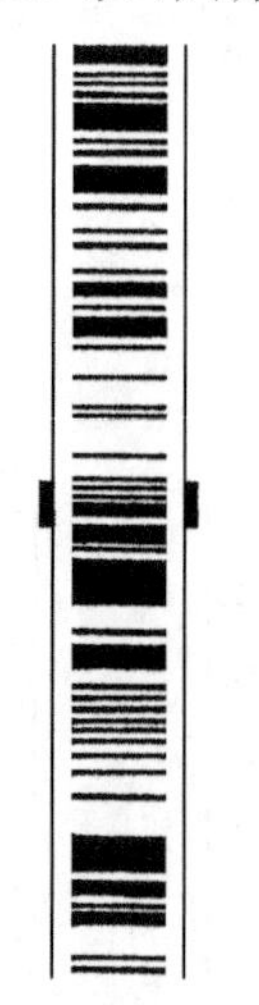

图 7-8　条形码水准标尺

与数字水准仪配套使用的条形码水准尺如图 7-8 所示，各条纹码宽度不同，条纹码的中心（有的标尺是条形码分划的边缘）至标尺底部的精密距离都存储在相对应的数字水准仪的数据库内。测量时通过数字编码水准仪的探测器来识别水准尺上的条形码，再经过数字影像处理，给出水准尺上的读数，取代了在水准尺上的目视读数。

7.2.3　WildN3 精密水准仪

WildN3 精密水准仪属于 DS05 型仪器，其外形如图 7-9 所示。望远镜物镜的有效孔径为 50 mm，放大倍率为 40 倍，管状水准器格值为 10″/2 mm。N3 精密水准仪与分格值为 10 mm 的精密因瓦水准标尺配套使用。在望远镜目镜的左边上下有两个小目镜（在图 7-9 中没有表示出来），它们是符合气泡观察目镜和测微器读数目镜，在 3 个不同的目镜中所见到的影像如图 7-10 所示。

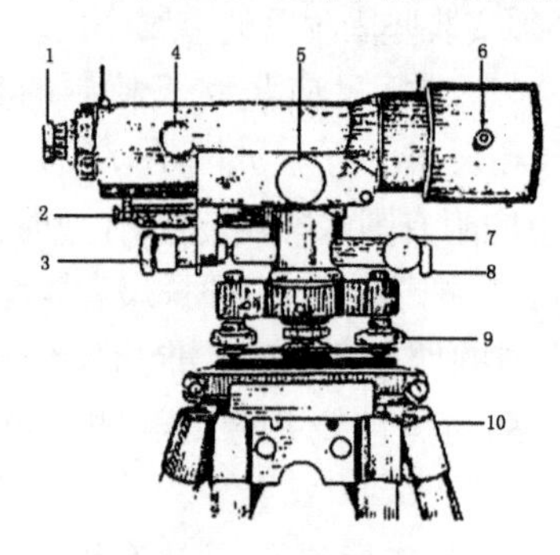

图 7-9　N3 水准仪

1—望远镜目镜；2—水准气泡反光镜；3—倾斜螺旋；4—调焦螺旋；5—平行玻璃板测微螺旋；6—平行玻璃板旋转轴；7—水平微动螺旋；8—水平制动螺旋；9—脚螺旋；10—脚架

在大致照准目标、仪器基本整平的前提下，转动倾斜螺旋，使符合气泡观察目镜中的水准气泡影像两端重合，则视线精确水平，此时可转动测微螺旋使望远镜目镜中看到的楔形丝夹准水准标尺上的 148 分划线，也就是使 148 分划线平分楔角，再在测微器目镜中读出测微器读数 653（即6.53 mm），故水平视线在水准标尺上的全部读数为148.653 cm。

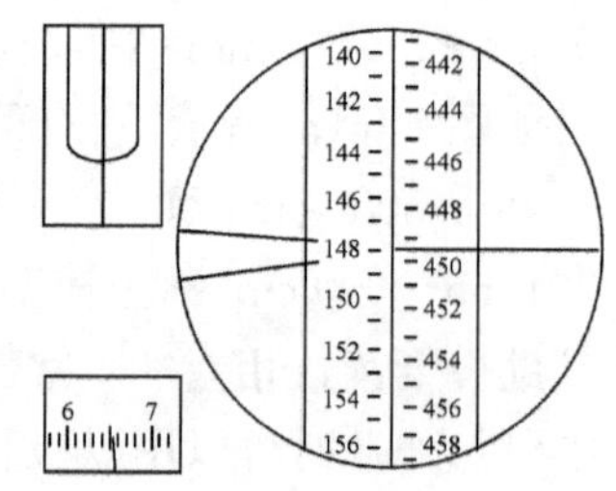

图 7-10　N3 水准仪读数

7.2.3.1　WildN3 型精密水准仪的倾斜螺旋装置

图 7-11 所示是 N3 型精密水准仪倾斜螺旋装置及其作用示意图。它是一种杠杆结构，转动倾斜螺旋时，通过着力点 D 可以带动支臂绕支点 A 转动，使其对望远镜的作用点 B 产生微量升降，从而使望远镜绕转轴 C 作微量倾斜。由于望远镜与水准器是紧密相连的，于是倾斜螺旋的旋转就可以使水准轴和视准轴同时产生微量的变化，借以迅速而精确地将视准轴整平。在倾斜螺旋上一般附有分划盘，可借助于固定指标线进

行读数，由倾斜螺旋所转动的格数可以确定视线倾角的微小变化量，其转动范围约为 7 周。借助于这种装置，可以测定视准轴倾斜的角度值，在进行跨河水准测量以及跨越其他障碍物的精密水准测量时具有重要作用。

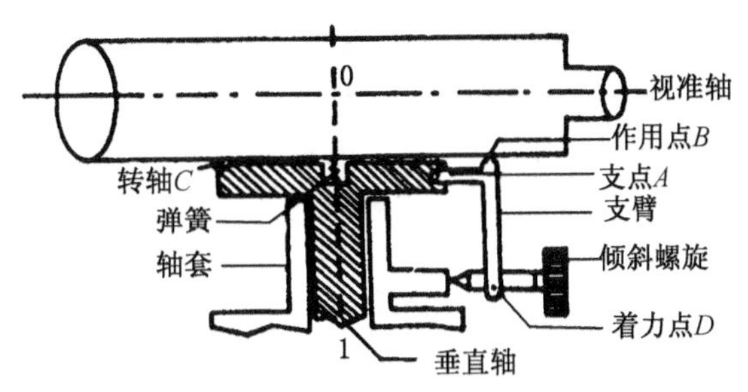

图 7-11　N3 水准仪精确整平结构

必须指出，由图 7-11 可见仪器转轴 C 并不位于望远镜的中心，而是位于靠近物镜的一端。由圆水准器整平仪器时，垂直轴并不能精确在垂直位置。在这种情况下，使用倾斜螺旋精确整平视准轴时，将会引起视准轴高度的变化，倾斜螺旋转动量愈大，视准轴高度的变化也就愈大。如果前后视精确整平视准轴时，倾斜螺旋的转动量不等，就会在高差中带来这种误差的影响。因此，在实际作业中规定：只有在符合水准气泡两端影像的分离量小于 1 cm 时（这时仪器的垂直轴基本上在垂直位置），才允许使用倾斜螺旋来精确整平视准轴。但有些仪器转轴 C 的装置，位于望远镜中心的垂直几何轴线上，这时可不受上述要求的限制。

7.2.3.2　N3 精密水准仪的测微器装置

图 7-12 是 N3 精密水准仪的光学测微器的测微工作原理示意图。由图可见，光学测微器由平行玻璃板、测微器分划尺、传动杆和测微螺旋等部件组成。平行玻璃板传动杆与测微分划尺相连。测微分划尺上有 100 个分格，它与 10 mm 相对应，即每分格为 0.1 mm，可估读至 0.01 mm。每 10 格有较长分划线并注记数字，每两根长分划线间的格值为 1 mm。当平行玻璃板与水平视线正交时，测微分划尺上初始读数为 5 mm。转动测微螺旋时，传动杆就带动平行玻璃板相对于物镜作前俯后仰，并同时带动测微分划尺作相应的移动。平行玻璃板相对于物镜作前俯后仰，水平视线就会向上或向下作平行移动。若逆转测微螺旋，使平行玻璃板前俯到测微分划尺移至 10 mm 处，则水平视线向下平移 5 mm；反之，顺转测微螺旋使平行玻璃板后仰到测微分划尺移至 0 mm 处，则水平视线向上平移 5 mm。

在图 7-12 中，当平行玻璃板与水平视线正交时，水准标尺上读数应为 a，a 在两相邻分划 148 与 149 之间，此时测微分划上读数为 5 mm，而不是 0。转动测微螺旋，平行玻璃板作前俯，使水平视线向下平移与就近的 148 分划重合，这时测微分划尺上的读数为 6.50 mm，而水平视线的平移量应为 6.50～5 mm，最后读数 a 为：

a =148 cm+6.5 mm−5 mm

即：a =148.650 cm−5 mm。

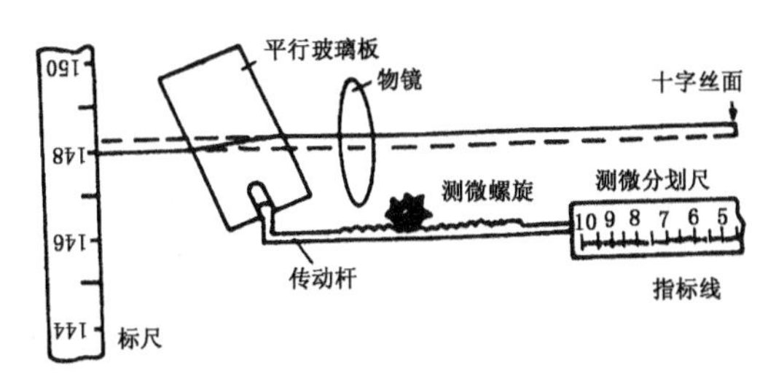

图 7-12　光学测微器

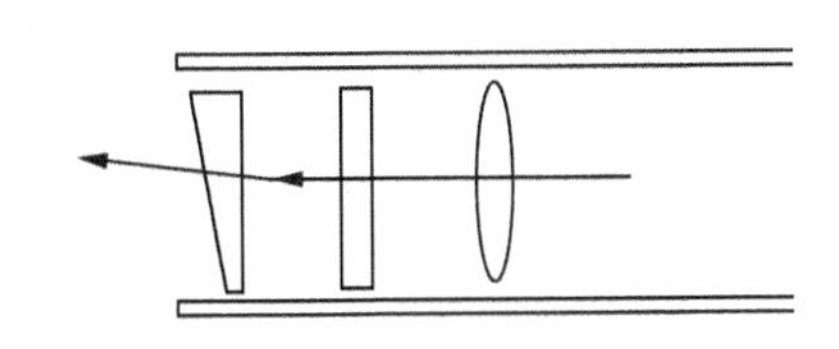

图 7-13　光楔玻璃罩

由上述可知，每次读数中应减去常数（初始读数）5 mm。但因在正常的水准测量计算高差时能自动抵消这个常数，所以在水准测量作业时，读数、记录、计算过程中都可以不考虑这个常数。但在地下工程联系测量、倒尺法测量以及单向读数时，就必须考虑到这个常数的影响问题。

测微器的平行玻璃板安置在物镜前面的望远镜筒内，如图 7-13 所示。在平行玻璃板的前端，装有一块带楔角的保护玻璃，实质上是一个光楔玻璃罩，它一方面可以防止尘土和杂质侵入望远镜筒内，另一方面光楔的转动可使视准轴倾角 i 做微小的变化，借以精确地校正视准轴与水准轴的平行关系。

图 7-14　新 N3 水准仪

改进的新 N3 精密水准仪如图 7-14 所示。望远镜物镜的有效孔径为 52 mm，并有一个放大倍率为 40 的准直望远镜，直立成像，能清晰地观测到离物镜最短距离 0.3 m 处的水准标尺。

光学平行玻璃板测微器可直接读至 0.1 mm，估读到 0.01 mm；微倾螺旋装置可以用来测量微小的垂直角和倾斜度的变化；仪器备选附件有自动准直目镜、激光目镜、目镜照明灯和折角目镜等，利用这些附件可进一步扩大仪器的应用范围，可用于精密高程控制测量、变形测量、沉降监测、工业应用测量等。

7.2.4　Zeiss Ni004 精密水准仪

Ni004 精密水准仪属于 DS05 型仪器，其外形如图 7-15 所示。

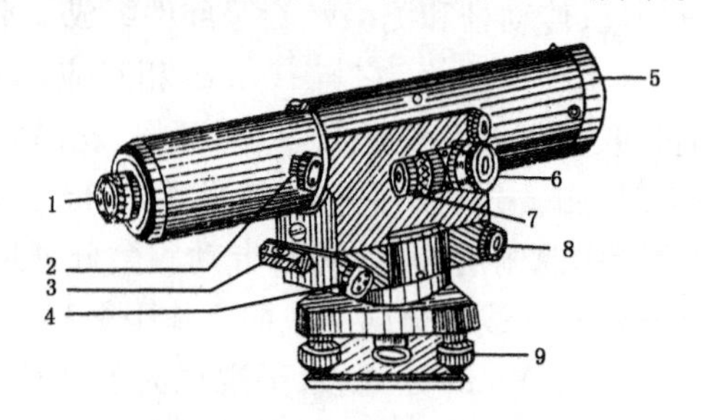

图 7-15　Ni004 水准仪

1—望远镜目镜；2—调焦螺旋；3—概略置平水准器；4—倾斜螺旋；5—望远镜物镜；6—测微螺旋；7—读数放大镜；8—水平微动螺旋；9—脚螺旋

这种仪器的主要特点是对热影响的感应较小，即当外界温度变化时，由于热胀冷缩作用而使得仪器各部件之间的关系所发生的变化是很小的，水准轴与视准轴之间的交角 i 的变化亦很小。这是因为望远镜、管状水准器和平行玻璃板的倾斜设备等部件，都装在一个具有绝热作用的金属套筒内，这样就保证了水准仪上这些主要的部件之间一直保持着稳定的关系。仪器物镜的有效孔径为 56 mm，望远镜放大倍率为 44 倍。望远镜目镜视场内有左右两组楔形丝，如图7-16所示。右边的一组楔形丝的交角较小，在视距较远时使用；左边的一组楔形丝的交角较大，在视距较近时使用。管状水准器格值为10″/2 mm。转动测微螺旋可使水平视线在 5 mm 范围内平移，测微器的分划(尺)鼓直接与测微螺旋相连，通过放大镜在测微鼓上进行读数，测微鼓上刻有 100 个分格，所以测微鼓最小格值为 0.05 mm(名义值仍然是 0.01 mm)。从望远镜目镜视场中所看到的影像如图 7-16 所示，视场下部是水准器的符合气泡影像。Ni004 精密水准仪与分格值为 5 mm 的精密因瓦水准标尺配套使用。在图7-16中，使用测微螺旋使楔形丝夹准水准标尺上 197 分划，在测微分划鼓上的读数为 340，即 3.40 mm，水准标尺上的全部读数为 197.340 cm。

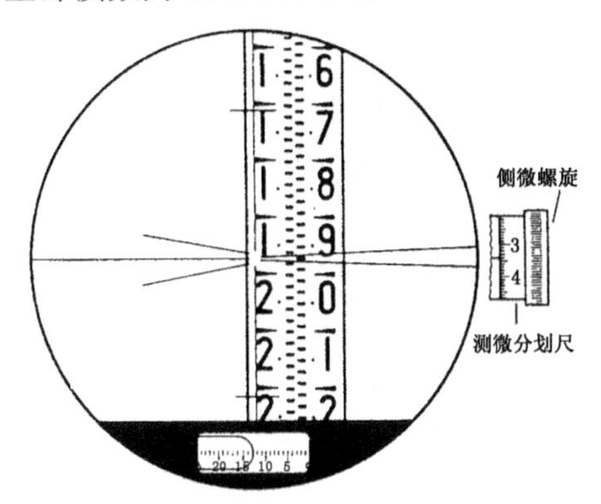

图 7-16　Ni004 水准仪读数

7.2.5　补偿式自动安平水准仪

7.2.5.1　自动安平水准仪的补偿原理

在图 7-17 中，当仪器的视准轴水平时，在十字丝分划板 O 处的横丝处得到水准标尺上的正确读数为 A，当仪器的垂直轴没有完全处于垂直位置时，视准轴倾斜了小角度 α，这时十字丝分划板移到 O_1，在横丝处得到倾斜视线在水准标尺上的读数 A_1。而来自水准标尺上正确读数 A 的水平光线并不能进入十字丝分划板 O_1，这是由于视准轴倾斜了小角度 α，十字丝分划板位移了距离 a。如在望远镜成像光路上，离十字丝分划板 g 的地方安置一种光学元件，使来自水准标尺上读数 A 的水平光线通过该光学元件偏转 β 角（或平移 a）而仍正确地落在十字丝分划板 O_1 的横丝处，这时来自倾斜视线的光线通过该光学元件将不再落在十字丝分划板 O_1 的横丝处，整个视场中的影像都平行移动了距离 a，即在仪器发生微倾的情况下仍可读取到水平时的读数。该光学元件称为光学补偿器。下面讨论当水平光线通过补偿器使光线偏转 β 角后能正确进入倾斜视准轴的十字丝分划板 O_1 的条件，也就是在仪器发生微倾的情况下补偿器能给出正确补偿的条件。

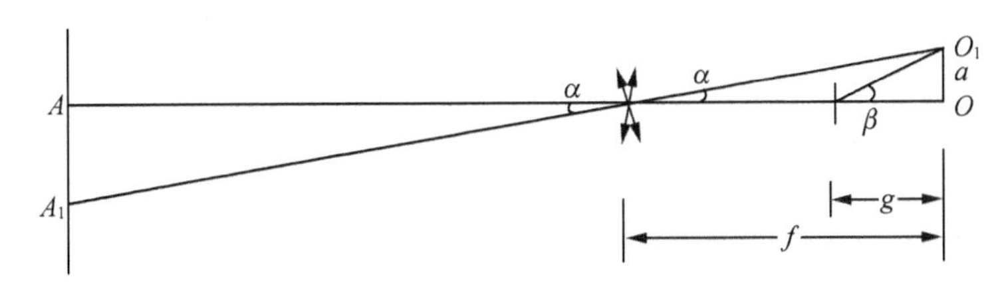

图 7-17　光学补偿补偿原理示意图

由于视准轴倾斜角 α 和偏转角 β 都是小角度、以弧度为单位，所以由图 7-17 可得：

$$f\alpha = g\beta$$

即有：

$$\beta = \frac{f}{g}\alpha \tag{7-1}$$

式中：f 是望远镜物镜的焦距。

可知，凡是能满足式(7-1)式的条件的成像都能够得到正确的补偿。

补偿器如果安置在望远镜成像光路上的 $f/2$ 处,即使 $g = f/2$ 处,则由式(7-1) 式可得:

$$\beta = 2\alpha \tag{7-2}$$

也就是说,当偏转角 β 等于两倍视准轴倾斜角 α 时,补偿器能给出正确的补偿。

由图 7-17 可知,若补偿器能使来自水平的光线平移量 $a = f\alpha$,则平移后的光线也将正确地成像在十字丝分划板 O_1 处,从而达到正确补偿的目的。

对于不同型号的自动安平水准仪,有时采用了不同的光学元件如棱镜、透镜、平面反射镜等作为补偿器,具有自己的特色,以发挥其补偿作用。

7.2.5.2 国产 DSZ2 型精密水准仪

DSZ2 型水准仪是苏州第一光学仪器厂生产的自动安平精密水准仪(见图 7-18)。该仪器的特点是主机和测微器是可分离的,当只采用主机、配用普通的水准标尺测量时,$M_\Delta \leqslant 1.5$ mm,属于 DS3 系列,可用于国家的三、四等水准测量。当将主机与测微器 FS1(见图 7-19)组装在一起,即 DSZ2+FS1、配用 10 mm 分划的线条式因瓦合金标尺时,其 $M_\Delta \leqslant 0.7$ mm,属于 DS1 系列,可用于国家二等水准测量和沉降变形等精密水准测量工作。

图 7-18 DSZ2 水准仪

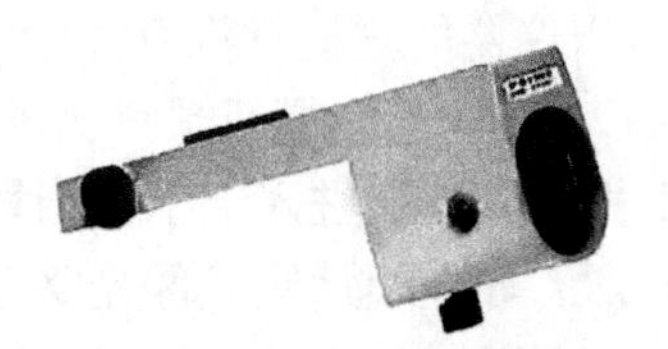

图 7-19 FS1 测微器

该仪器操作简便、结构紧凑、外形美观、视场中标尺呈正像、高质量的温度补偿性能,可有效控制温度变化对 i 角产生的影响,保证成果的质量。加 FS1 后放大倍率 $32^{\times}$,最短视距 1.6 m,补偿工作范围 $\pm 14'$,补偿安平精度 $\leqslant \pm 0.3''$,圆水准气泡格值 $8'/2$ mm,安平时间 2 s。

仪器采用摩擦式制动和微动装置,使用方便;设有简易水平度盘,可以进行一些相应的工程放样、定向等工作。

7.2.5.3 自动安平水准仪 Koni007

这种仪器属于 DS05 型仪器。由于其构造的特点,外形与一般卧式水准仪不同,成直立圆筒状,一般称为直立式水准仪,图 7-20 就是这种仪器的外形。这种直立式水准仪,视线离地面比一般的卧式水准仪高出一段距离,因而有利于减弱地面垂直折光差的影响。

仪器的光学结构如图 7-21 所示。来自水平方向的光线经保护玻璃 2 后,在五角棱镜 1 的镜面上经过两次反射,使光线偏转 90°垂直向下,经过物镜组 4 和调焦镜 3,再经过棱镜补偿器 6 的两次反射,光线偏转 180°向上,再经过直角棱镜 7 的反射和目镜 8 的放大,将倒像转为正像而成像在十字丝分划板上。

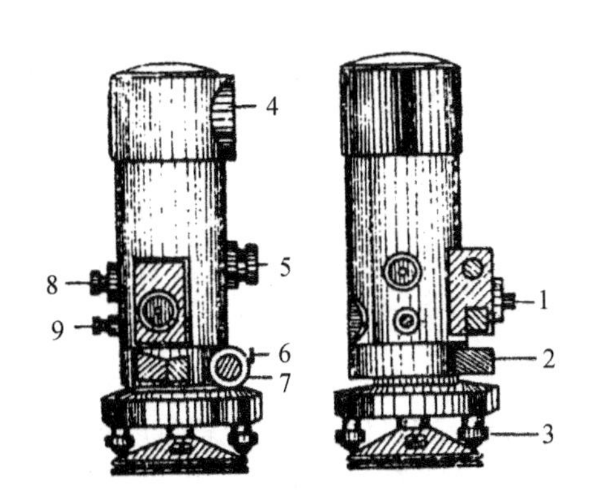

图 7-20　Koni007 自动安平水准仪

1—测微器；2—圆水准器；3—脚螺旋；
4—保护玻璃；5—调焦螺旋；6—制动板把；
7—微动螺旋；8—望远镜目镜；
9—水平度盘读数目镜

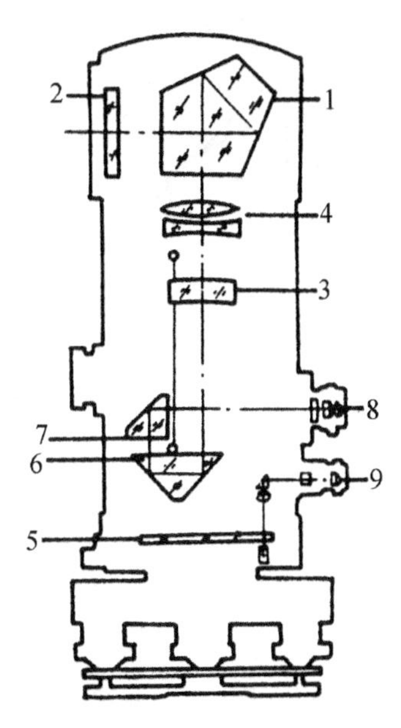

图 7-21　光学结构和光路

1—五角棱镜；2—五角棱镜保护玻璃；
3—望远镜调焦透镜；4—望远镜物镜；
5—水平度盘；6—补偿器；7—转像棱镜；
8—望远镜目镜；9—水平度盘读数目镜

1. 光学补偿器

光学补偿器 6 是一块等腰直角棱镜，用弹性薄簧片悬挂形成重力摆，以摆轴为中心可以自由摆动，在重力作用下，最后静止在与重力方向一致的位置上。

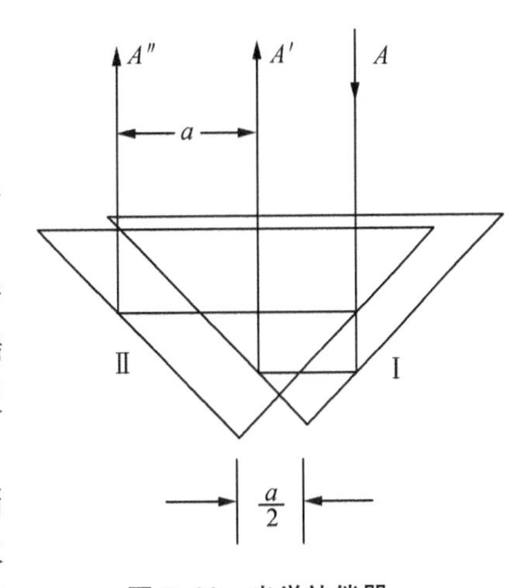

图 7-22　光学补偿器

棱镜补偿器的补偿原理如图 7-22 所示。当仪器整平时，补偿棱镜在位置 Ⅰ，使来自水平方向的光线 A 转向 180°，最后进入十字丝分划板横丝，此时补偿棱镜仅起转向作用，不起补偿作用。当仪器向前倾，即望远镜物镜端向下倾斜一个小角度 α 时，望远镜目镜随同十字分划板向上位移 a，此时，补偿棱镜产生向物镜端方向的摆动，在重力的作用下最后静止在位置 Ⅱ。由图7-22 可见，当补偿棱镜摆动最后静止在位置 Ⅱ 时，将入射的、来自水平的光线 A，经 180° 转向后平移了距离 a，再经过转向和成像的倒置而正确地进入仪器倾斜后的十字丝分划板横丝处，从而达到了补偿的目的。由平面几何原理可知，只有当补偿棱镜摆动后位移 $a/2$，才可使转向后的光线平移 a。下面就来讨论当视准轴倾斜角 α 时，怎样才能使补偿棱镜摆动后正好位移 $a/2$ 而静止在位置 Ⅱ 的问题。

设补偿棱镜的悬挂长度为 l，显然，当视准轴倾斜角 α 时补偿棱镜也将产生角位移 α，假如相应地能使补偿棱镜线位移 $a/2$，则补偿棱镜的悬挂长度应为：

$$l = \frac{a}{2\alpha}$$

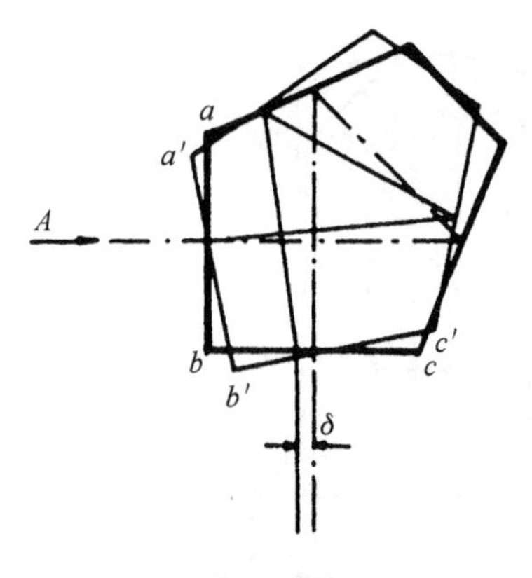

图 7-23　棱镜测微器

而又由前面的讨论可知 $a = f\alpha$，故上式可写成：

$$l = \frac{1}{2}f \tag{7-3}$$

由(7-3)式可知，只要使补偿棱镜的悬挂长度 l 等于物镜焦距 f 的一半，就可以达到正确补偿的目的。

由于补偿器的光学结构与补偿棱镜的悬挂长度的设计以及适当提高视线高度等因素，该仪器采用直立式的结构形式。

补偿棱镜是一悬挂的重力摆，在仪器倾斜时，必然产生自由摆动，虽然摆动的范围不大，但在补偿过程中却不能很快达到静止，因而也不能立即在水准标尺上读数。为了使补偿棱镜在摆动中能很快地静止下来，补偿器装置必须有使补偿元件减震的设备，这种设备通常称为阻尼器。利用空气流动所受到的阻力原理而达到减振目的的阻尼器，叫做空气阻尼器。Koni007 精密自动安平水准仪采用的就是这种类型的阻尼器。

2. 光学测微器

Koni007 精密自动安平水准仪的测微装置是借助于测微螺旋使五角棱镜(图 7-21 中的 1)作微小转动使光线在出射时产生微小的平移，并将转动五角棱镜的机械结构与测微尺联系起来，形成一一对应关系，从而达到测微的目的，这种装置叫做棱镜测微器。

图 7-23 为五角棱镜在转动前后光线平移的情况，图中点划线所示为五角棱镜 ab 面与水平光线 A 垂直时，光线在棱镜内反射而被转折 90°后垂直地从棱镜 bc 面出射的情况；图中的实线所示为五角棱镜微小转动后，水平光线 A 在棱镜内反射，也使光线转折 90°而从棱镜面 $b'c'$ 出射，出射的光线仍然是与原水平视线相垂直的，只是相对于原出射光线，平移了一微小量 δ。由几何光学的理论可知，不管五角棱镜如何安置，光线经过棱镜面的反射，都被转折 90°而出射，只是光线产生一微小的平移，而平移量 δ 与五角棱镜的转动量有关。Koni007 精密自动安平水准仪就是应用这种关系来达到测微目的的。

测微器的量测范围为 5 mm，在实际作业时应配合使用分划间隔为 5 mm 的因瓦水准标尺。

仪器补偿器的作用范围为±10′，圆水准器的灵敏度为 8′/2 mm。因此，只要圆水准器气泡偏离中央一般小于 2 mm，补偿器就可以给出正确的补偿，以读取到正确的读数。

7.2.5.4　自动安平水准仪 Ni002

仪器外形如图 7-24 所示。

Ni002 水准仪虽然属于 DS05 型的精密仪器，但该仪器的 M_Δ 却不超过 0.2 mm，应用在许多特殊情况下的、特高精度的水准测量。该仪器具有与一般水准仪不同的特点。仪器的操作部件，在仪器的左右两侧均有如调焦螺旋、测微螺旋以及水平微动螺旋，而没有水平方向的制动设备。此外，仪器的另一特点是该仪器目镜可以在仪器上沿水平方向旋转，这给作业带来了很大的方便，观测员可以不必移动观测位置，就可以照准不同方向上的水准标尺。由于这种仪器具备了上述一些特点，因此为水准测量机车化创造了条件，也就是说可以用机动车运载仪器和在机动车上进行观测。以上的特点对于在工作空间较为狭小的厂房内进行设备安装测量时也是有利的。

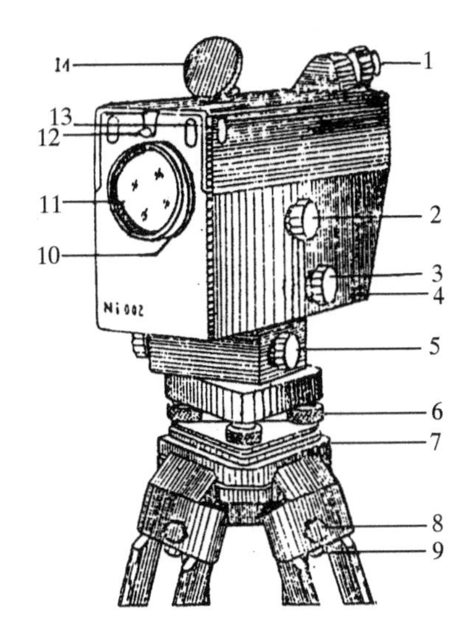

图 7-24　Ni002 自动安平水准仪

1—目镜；2—调焦旋钮；3—测微器旋钮；4—表示摆位置的标志；5—水平微动螺旋；6—脚螺旋；7—三角架头；8—调节三角架腿松紧的六角形螺丝；9—夹紧三角架木腿的六角形螺丝；10—连接遮日罩的槽；11—楔形密封玻璃；12—用于测微器分划尺照明的能旋转的三棱镜；13—照准装置；14—能旋转、倾斜的采光反射镜

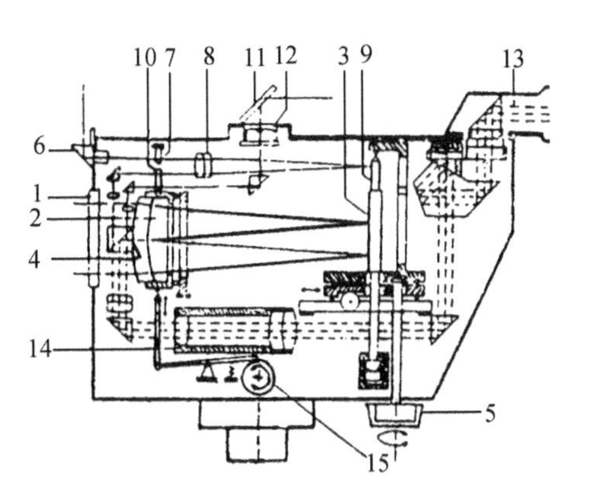

图 7-25　光学结构和光路

1—楔形密封玻璃；2—物镜；3—平面反射摆镜；4—十字丝分划板；5—摆镜旋转钮；6—照明三棱镜；7—测微器指标；8—复合透镜（测微器的指标映像）；9—反射镜；10—测微器分划板；11—采光反射镜；12—圆形水准器；13—目镜焦平面；14—望远系统透镜组；15—测微螺旋

仪器的光学结构和光路如图 7-25 所示，十字丝分划板 4 位于物镜 2 的前端，来自水准标尺方向的光线经过楔形密封玻璃 1 及物镜 2，由平面反射摆镜 3 的反射，而成像在物镜前端的十字丝分划板 4 上，因此，仪器的量测系统是由光学元件中的物镜 2、平面反射摆镜 3 和十字丝分划板 4 组成，再经过另一些光学元件，把十字丝分划板 4 上的像转移到目镜焦平面 13 上去。望远镜系统透镜组 14 为平行光束出射的光学系统。

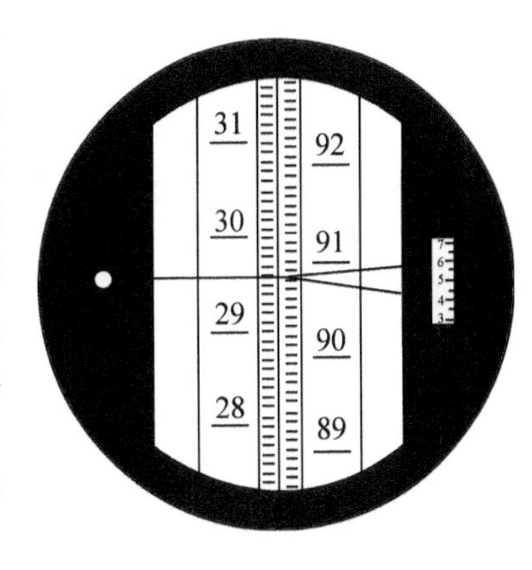

图 7-26　Ni002 水准仪读数

由图 7-25 可见，通过另外两条光路，同时将测微器分划尺 10 和圆水准器气泡 12 成像在目镜焦平面 13 上，因此在目镜视场中同时可以读取水准标尺和测微器分划尺读数，以及看到圆水准器气泡的影像，如图 7-26 所示。

1. 光学测微器

Ni002 精密自动安平水准仪的测微器，是使物镜在与视线严格正交的直线导轨中移动，则视线作平移而达到测微的目的。在图 7-25 中，测微器分划尺 10 与物镜 2 牢固地结合在一起，它的优点是不存在物镜与测微器分划尺移动时不协调的误差影响。测微器的量测范围为 5 mm，应配合分格值为 5 mm 的因瓦水准标尺作业。测微器的固定指标 7 由能旋转的三棱镜 6 照明，这个指标经过复合透镜 8，再由连接在平面反射摆镜 3 上的反射镜 9 的反射，而投射在测微器分划尺 10 上，最后测微器的指标和测微器分划尺的成像经光学元件而被转移到目镜焦平面 13 上。这种由物镜在视线严格正交的直线导轨中移动而达到测微目的的装置,称为物镜测微器。

作业时应注意调整照明三棱镜 6 的位置,使有足够的光线照明测微器固定指标 7 和测微器分划尺 10,以便于读数。

2. 光学补偿器

作为视线倾斜补偿的元件悬挂在物镜焦距的二分之一处。补偿元件是两面都镀有反射膜的平面反射摆镜 3(见图 7-25),当仪器倾斜时,平面反射摆镜可以作自由摆动,最终静止在垂直位置上。

由图 7-27(a)可见,当视准轴水平时,来自水平方向的光线,通过物镜,经处于垂直位置的平面反射摆镜的反射,而正确投射在物镜前端的十字丝分划板上,也就是水平视线在水准标尺上的读数的分划线,构象在十字丝分划板上。

当仪器的视准轴倾斜时,平面反射摆镜经摆动后最后静止在 S 位置,如图 7-27(b)所示。来自水平方向的光线经平面反射摆镜的反射仍然能正确投射在十字丝分划板上,即将水平视线在水准标尺上读数的分划线构象在十字丝分划板上;而倾斜光线经过物镜,由静止在位置 S 的平面反射摆镜的反射,将不能投射在物镜前的十字丝分划板上。这就达到了对水平视线补偿的目的。

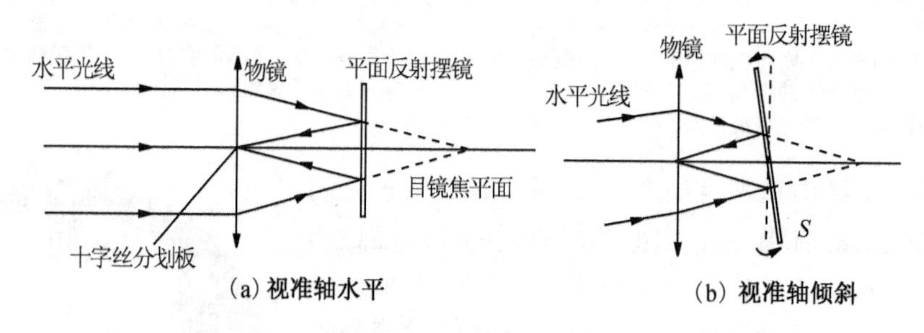

图 7-27 光学补偿器

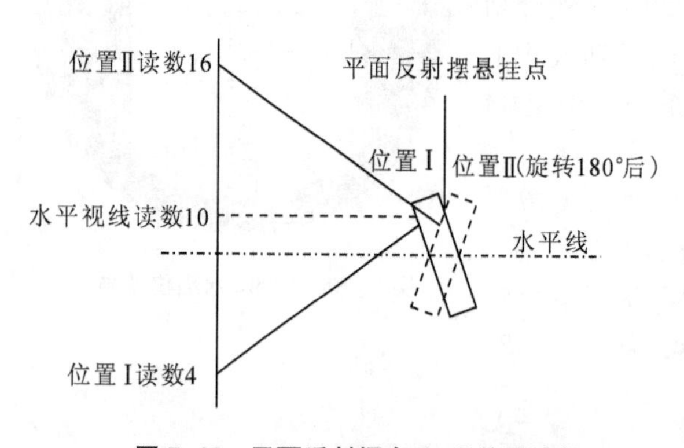

图 7-28 平面反射摆在Ⅰ、Ⅱ位置读数

由于补偿器的构造和装配不够完善,平面反射摆镜最终不能完全精确地静止在真正严格的垂直位置上,因而会引起平面反射摆镜倾斜的误差影响,当反射摆镜转动 180°前后,误差的影响相反。根据这个特点,为了有效地消除这种误差影响,平面反射摆镜可以绕轴旋转 180°,在作业时可以使用平面反射摆镜的两个位置进行观测,在两个摆位观测的平均值中可以消除这种误差影响,如图 7-28 所示。这种方法实际上与经纬仪使用盘左盘右取中数去消除视准误差的影响的原理是一致的。

实际作业时,在一个测站上可采用在平面反射摆镜的两个位置(双摆位)进行观测,其观测的程序为:

后视基本分划——平面反射摆镜第Ⅰ摆位;

前视基本分划——平面反射摆镜第Ⅰ摆位;

转动摆镜旋转钮(图 7-25 中的 5)使平面反射摆镜旋转 180°,由第Ⅰ摆位转为第Ⅱ摆位。

前视辅助分划——平面反射摆镜第Ⅱ摆位;

后视辅助分划——平面反射摆镜第Ⅱ摆位。

也就是说,在每一个测站上只需要将平面反射摆镜旋转一次。

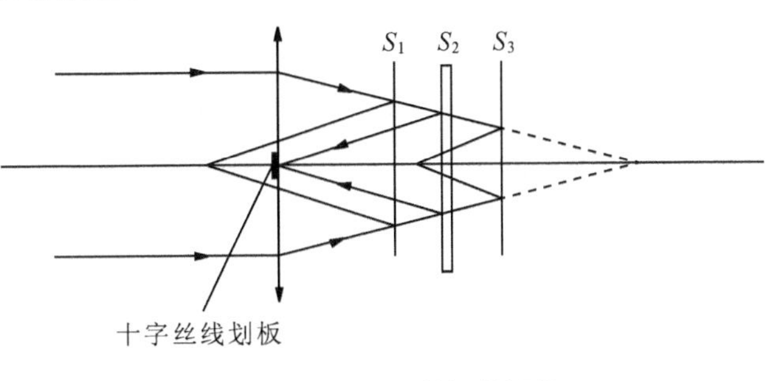

图 7-29　用平面反射摆镜调焦

根据上面的观测程序,在基、辅高差的平均高差中可以抵消由于平面反射摆镜不严格在垂直位置时的误差影响。所以 Ni002 自动安平水准仪又称为双摆位自动安平水准仪。

该仪器不采用透镜调焦,而是将平面反射摆镜作为调焦元件,前后移动平面反射摆镜可以起到望远镜调焦的作用。在图 7-29中,来自水准标尺的光线通过物镜,平面反射摆镜只有移动到位置 S_2 才能将反射光线反射后正确投射到十字丝分划板上,也就是使水准标尺的分划线正确呈象在十字丝分划板上。很明显地可以看出,平面反射摆镜在位置 S_1 和 S_3 都不能将水准标尺上的分划线正确呈象在十字丝分划板上。

对于来自不同距离的水准标尺的光线,只有当平面反射摆镜移动到不同的位置时,才能将来自不同距离的光线经反射后正确投射在十字丝分划板上,也就是将不同远近的水准标尺的分划线正确呈象在十字丝分划板上。因此,平面反射摆镜既是补偿元件又是调焦元件。由于不使用透镜调焦,所以不存在由于调焦透镜运行不正确而引起的误差影响。

7.2.6　数字水准仪

7.2.6.1　数字水准仪 NA 系列产品

1989 年由 Leica 仪器公司 Wild 厂首先推出数字编码自动安平水准仪 NA2000,从而为水准测量的自动化、数字化开辟了新的途径。仪器利用近代电子工程学原理由传感器识别水准标尺上的条形码分划,经影像信息转换处理获取观测值,条形码中心(或条形码边缘)至标尺底部的精确长度,以数字形式存贮在对应的数字水准仪的数据库内,测量时经比对确认后调出采用。仪器 NA2000 内藏摆式自动安平补偿器,其补偿范围为 ±12′。伴随着科学技术的发展,经过多年的不断革新,该系列产品的功能也更加完善。21 世纪初,Leica 仪器公司又研制并推出 NA 系列数字水准仪 DNA03 数字水准仪产品,配用因瓦合金材料制作的条形码精密水准标尺,其 $M_\Delta \leqslant 0.3$ mm,属于精密水准仪,完全满足精密水准测量的要求,如图 7-30。

图 7-30　NA2000 数字水准仪

与仪器 NA 系列产品配套的水准标尺,有普通材料制造的水标准尺以及特殊材料制造的因瓦合金水准标尺两种形式,可根据所测水准的精度选用。

数字水准仪 NA 系列的机械光学基本结构如图 7-31 所示。观测时,经自动调焦和自动置平后,水准标尺条形码分划影像映射到分光镜上,并将其分为两部分:其一是可见光,通过十字丝和目镜,供照准用;其二是红外光射向探测器,它将望远镜接收到的光图像信息转换成电影像信号，并传输给信息处理器，与机内原有的关于水准标尺的条形码本源信息进行相关处理、配合数据库，从而得出水准标尺上水平视线的读数。

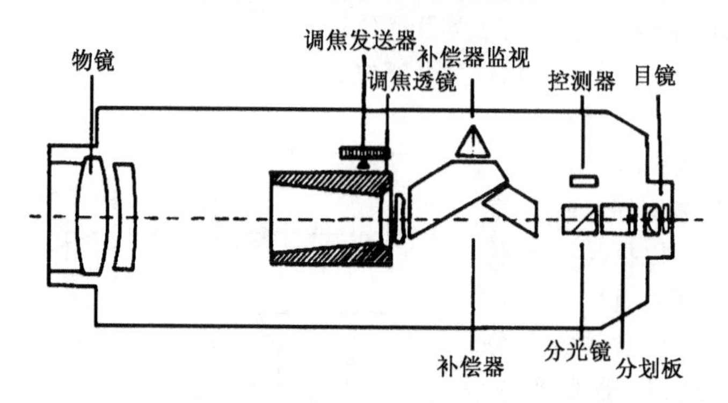

图 7-31　NA 系列数字水准仪机械光学基本结构

7.2.6.2　Trimble DiNi03 数字水准仪

美国 Trimble(天宝)公司生产的 DiNi03 数字水准仪，使用机械补偿器对仪器倾斜自动调平。补偿器补偿范围 15′，补偿精度为 2″。如果超过倾斜范围，则在屏幕上端显示不居中的电子气泡影像，警示测量员需整平仪器。在我国的铁路、交通建设等部门广泛应用。

另外我国的南方测绘仪器公司也研制开发出 NL 系列自动安平水准仪以及 DL 系列数字水准仪产品。其中 NL2 的精度为 $M_{\Delta} \leqslant \pm 1.0$ mm；DL3003 的精度为 $M_{\Delta} \leqslant \pm 0.3$ mm；可满足不同水准测量的需求。

值得说明的是，数字水准仪有效率高、精度好、科技含量多等优点；但从实践来看，该类仪器对观测环境和条件要求很高，比如当测站与竖尺点有零星疏散的遮挡物、两处的明亮程度有差别(一处在阴影、一处在阳光下)、标尺上有灰尘等情况时，仪器就处于屏蔽状态(不工作)并发出警示，排除了这些情况后、测量就继续进行下去。总之要求比较高，在很多情况下也给外业工作带来一些麻烦，这是存在的一些不利的方面。

7.3　精密水准仪和精密水准标尺的检验

为了保证水准测量成果的精度，对所用的水准仪和水准标尺应按水准测量规范中规定的有关项目进行必要的检验。因为水准仪和水准标尺各部件之间的关系不正确，或部件的效用不正确，都会影响水准测量成果的精度。此外，外界条件的影响，也会使水准仪和水准标尺各部件之间的关系发生变化。所以定期对所用的水准仪和水准标尺检验是必要的。

对水准仪和水准标尺进行检验的目的，是为了研究和分析仪器存在误差的性质及对水准测量的影响规律，依据误差的影响程度，从而对水准测量的仪器进行必要的校正，或在水准测量作业时采取相应的措施，以减弱或消除仪器误差对观测成果的影响。

7.3.1　精密水准仪的检验

按水准规范规定，作业前应对水准仪进行检视检验。

对于新购置的仪器还需要进行调焦透镜运行误差的测定；倾斜螺旋隙动差、分划误差和分划值的测定；自动安平仪器补偿误差的测定等。

7.3.1.1　水准仪及其附件的检视

检视就是对仪器及其附件进行仔细地从总体上进行查看和核对。检视的内容有：

(1) 仪器外表是否良好、清洁、有无碰伤、零件密封性是否良好等；

(2) 光学零件表面质量和清洁情况，如有无油污、擦痕、霉点，镀膜是否完整、望远镜成像是否清晰，符合水准器成像和读数设备是否明亮，分划是否清晰、均匀等；

(3) 仪器各转动部分如垂直轴、脚螺旋、调焦螺旋、倾斜螺旋、测微螺旋等是否灵活，制动和微动螺旋是否有效；

(4) 仪器的附件、备用件是否齐全完好，脚架是否牢固，仪器箱、搭扣、背带是否安全可靠，配件是否完备可用等。

7.3.1.2　圆水准器安置正确性的检验和校正

不同仪器的概略整平水准器可能形式上稍有不同(圆水准器或正交的两个水准管)，但都必须满足仪器整平后，水准轴平行或正交于仪器垂直轴的要求。检校方法如下：

概略整平仪器后，使望远镜与两个脚螺旋的连线平行，用两个脚螺旋将管水准器气泡精密整置居中。旋转望远镜180°后，若气泡偏离中央，则用连线与望远镜相平行的两个螺旋和倾斜螺旋各改正其偏差量的一半。再将望远镜旋转180°，按上法再改正气泡的偏差，如此反复检校，直至望远镜旋转180°前后气泡始终居中为止。此后，再旋转望远镜90°，用第三个脚螺旋使管水准器气泡精密居中。这时仪器的垂直轴已经垂直，若圆水准气泡偏离中央位置，则用圆水准器改正螺丝使气泡居中，再固紧改正螺丝即可。

7.3.1.3　光学测微器隙动差和分划值的测定

光学测微器是精确测定小于水准标尺上分划间隔尾数的设备。测微器本身效用是否正确、测微器的分划尺的分划值是否正确都会直接影响到观测值的精度。因此，在作业前应进行此项检验和测定。

测定测微器分划值的基本思想是：利用一根分划值经过精密检定的特制分划尺和测微器分划尺进行比较求得。将特制分划尺竖立在与仪器等高的一定距离处，旋转测微螺旋，使楔形丝先后对准特制分划尺上两根相邻的分划线，这时测微器分划尺移动了L格。现设特制分划尺上分划线间隔值为d，测微器分划尺一个分格的值为g，则：

$$g = \frac{d}{L} \tag{7-4}$$

特制分划尺上的分划线宽度约为1 mm，分划线间隔为约8 mm(用于N3等精密水准仪)或4 mm(用于Ni004等精密水准仪)，分划线要依次编号，采用多个分划检测。

特制分划尺应采用优质的材料制成，其分划间隔用一级线纹米尺精确量取，或者直接采用与特制分划尺同等精度的尺子等。

测定测微器分划值的具体方法是：先在选定的相距5～6 m的两点处，分别安置水准仪和竖立特制分划尺。特制分划尺可固定在水准标尺上，并能使其在水准标尺上作上下移动，以便使仪器能夹准特制分划尺某条分划线。水准标尺应置于稳固的尺桩或尺台上。

此项检验应选择在成像清晰稳定的时间内和良好的环境中进行。测定按往测和返测构成一个测回，为了使测微器上所有使用的分划都能受到检验和保证检测的精度，要求测定8个测回。一测回的具体操作步骤为：

(1) 整置仪器，对准水准标尺，使用倾斜螺旋使水准气泡影像精密符合，在一测回中应严格保持倾斜螺旋的位置不变；

(2) 旋转测微螺旋，使测微器读数在 10 小格附近，指挥扶尺者将特制分划尺作上下移动，直到特制分划尺上某一分划线被楔形丝夹住，然后将特制分划尺固定，并在一测回中保持此位置不变；

(3) 进行往测：旋进测微螺旋，用楔形丝先后夹准特制分划尺上两相邻分划线，读取并记录分划线编号和相应的测微器读数；

(4) 进行返测：返测应在往测后立即进行。按相反的次序旋出测微螺旋使楔形丝夹准往测时所用的相邻分划线，读取并记录分划线编号和相应的测微器读数。

每完成两测回后，应将特制分划尺稍加移动或变更仪器的高度，以使每两测回各观测特制分划尺上不同的分划间隔，从而减弱特制分划尺分划线误差的影响。

由各观测组所测定的格值取平均值作为测微器分划尺的实测格值。按水准规范规定，实测格值与名义格值之差，即测微器分划线偏差应小于 0.001 mm，否则应送厂修理。

光学测微器隙动差的测定，主要是比较当旋进测微螺旋和旋出测微螺旋，照准特制分划尺上同一分划线时，在测微器上的读数，得到差异 Δ。如果读数差 Δ 超过 1 格时，表明测微器效用不正确，其主要原因是测微器制造和安装不完善所致。为了避免这种误差的影响，一般规定在作业时只采用旋进测微螺旋进行读数。Δ 过大时，应送专业修理部门检修。该项测定伴随着分划值的测定而获得结果。

7.3.1.4　视准轴与水准轴相互关系的检验与校正

水准测量的基本原理是根据水平视线在水准标尺上的读数，从而求得各点间的高差，而水平视线的建立又是借助于水准器气泡居中或自动安平装置水平补偿来实现的。因此，水准仪视准轴与水准轴必须满足相互平行这一重要条件。但是，视准轴与水准轴相互平行的关系是难以绝对保持的，而且在仪器的使用过程中，这种相互平行的关系也还会发生变化。显然，视准轴与水准轴如不能保持相互平行的关系，则当水准器气泡居中时，并不能导致视准轴水平，最后将影响观测高差的正确性。所以在每期作业前和作业期间都要进行此项检验校正。

水准仪的水准轴与视准轴一般既不在同一平面内也不互相平行，而是两条空间的直线，它们在垂直面上和水平面上的投影一般都不互相平行，延长后是两条相交的直线。在垂直面上投影的交角，称为 i 角误差。在水平面上投影的交角 φ，称为交叉误差。这两种误差都在一定的条件下对观测值有影响。

1. i 角误差的检验与校正

(1) 准备

在一较为平坦的场地上用钢卷尺量取一直线 I_1ABI_2，如图 7-32 所示。其中 I_1、I_2 为安置仪器处，A、B 为立标尺处。在线段 I_1ABI_2 上使 $I_1A = BI_2$。设 $D_1 = BI_2$，使近标尺的距离 D_1 为 5 ~ 7 m，远标尺距离 $D_2 = I_1B = I_2A$ 为 40 ~ 50 m(D_1 和 D_2 的限制，是为了减少由于调焦透镜运行不正确对 i 角产生的影响以及提高 i 角的检验精度，经研究后提出的要求)，分别在 A、B 处打一尺桩或放置稳定的尺台。

(2) 观测方法

在 I_1、I_2 处先后安置仪器，精确整平仪器后，分别在 A、B 标尺上各照准基本分划读数四次并取其中数后分别为：a_1、b_1、a_2、b_2(取 6 位读数)。

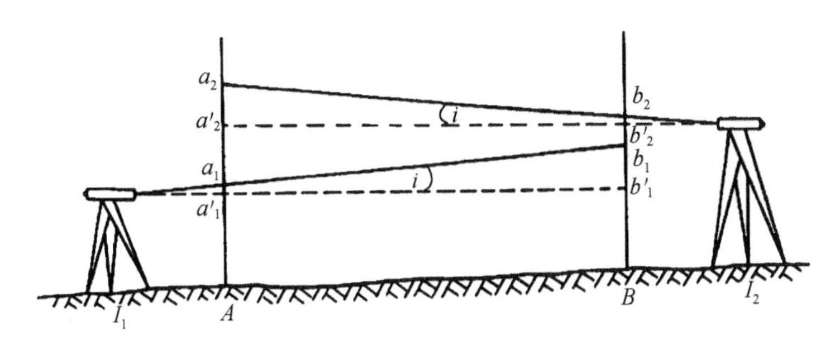

图 7-32　i 角检验与校正

(3) 计算方法

i 角计算按下列公式进行，即：

$$\left.\begin{aligned}\Delta &= [(a_2-b_2)-(a_1-b_1)]/2\\ i &= \Delta\cdot\rho''/(D_2-D_1)-1.61\times10^{-5}\cdot(D_1+D_2)\end{aligned}\right\}\tag{7-5}$$

式中：i 以秒为单位；$\rho''=206\ 265''$；其他长度都以 mm 为单位；最后一项为两差（球差和气差）对 i 角产生的影响的改正数，以秒为单位。

表 7-4　i 角检校

仪器：N3　N053877　　方法：I_1ABI_2　　观测者：丁文

日期：2012—10—5　　标尺：A_1、B_1　　记录者：王亮

时间：9:10　　成像：清晰　　检查者：刘强

仪器距近标尺距离 D_1 =6.1 m　仪器距远标尺距离 D_2 =40.5 m				
仪器站	I_1		I_2	
观测次序	A 尺读数 a_1	B 尺读数 b_1	A 尺读数 a_2	B 尺读数 b_2
1	139 365	145 812	140 152	146 840
2	363	813	153	839
3	364	816	152	838
4	365	815	152	836
中数	139 364	145 814	140 152	146 838
高差 $(a-b)$ mm	−64.50		−66.86	

$\Delta=[(a_2-b_2)-(a_1-b_1)]/2=-1.18$ mm

$i=\Delta\cdot\rho''/(D_2-D_1)-1.61\times10^{-5}\cdot(D_1+D_2)=-7''.83$

$a'_2=a_2-\Delta\cdot D_2/(D_2-D_1)=1\ 402.91$ mm　$b'_2=b_2-\Delta\cdot D_1/(D_2-D_1)=1\ 468.59$ mm

(4) 校正

国家一、二等及三、四等水准测量要求，对 i 角分别大于 15″及 20″的仪器必须进行校正。对于管水准器式水准仪，按下述方法校正。

在 I_2 处，用测微器和倾斜螺旋相配合，对准 A 尺上应有的正确读数 a'_2。

$$\left.\begin{aligned}a'_2 &= a_2-\Delta\cdot D_2/(D_2-D_1)\\ b'_2 &= b_2-\Delta\cdot D_1/(D_2-D_1)\end{aligned}\right\}\tag{7-6}$$

然后校正水准器的改正螺丝使气泡居中。再照准 B 标尺的正确读数 b'_2，以作检核。

对于自动安平水准仪，可通过调整十字丝来校正 i 角。

对于数字水准仪也可以通过调整十字丝来校正 i 角，也可以通过设置采用程序改正的方法解决 i 角校正的问题。

(5) 示例

i 角检校的记录和计算示例，见表 7-4。

2. 符合水准器式水准仪交叉误差的测定

水准仪经过 i 角的检验与校正，视准轴与水准轴在垂直面上的投影已保持平行关系(严格地讲，只能说基本平行，一般还有残存的 i 角)，但还不能严格保持在水平面上的投影平行，也就是说，还存在交叉误差。

如果有交叉误差存在，当仪器垂直轴略有倾斜时(特别相对于视准轴正交方向的左右倾斜)，即使是水准轴水平，而视准轴却不水平，从而使视准轴与水准轴在垂直面上的投影不平行，而产生了 i 角。应该指出，这时由此而产生的 i 角是由于交叉误差的存在、当存在垂直轴倾斜的条件时转化而形成的。

如果仪器不存在交叉误差，则整平仪器后，使仪器绕视准轴左右倾斜时，水准气泡也不会发生移动；如果仪器存在交叉误差，则整平仪器后，使仪器绕视准轴左右倾斜时，水准气泡就会发生移动或偏离，交叉误差就是根据这一特征进行检验的。具体检验步骤如下：

(1) 将水准仪置于距水准标尺约 50 m 处，并使其中两个脚螺旋在望远镜照准标尺的垂直方向上，如图 7-33 中的脚螺旋 1,2。

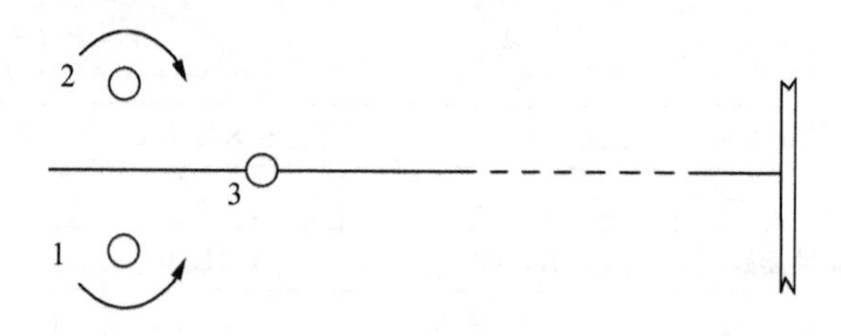

图 7-33　交叉误差测定

(2) 将仪器整平，旋转倾斜螺旋使水准气泡精密符合。用测微螺旋使楔形丝夹准水准标尺上的一条分划线，并记录水准标尺与测微器分划尺上的读数，在整个检验过程中须保持水准标尺和测微器分划尺上的读数不变，也就相当于在检验过程中应保持视准轴方向不变。

(3) 将照准方向一侧的脚螺旋 1 升高两周，为了不改变视准轴的方向，应将另一侧的脚螺旋 2 作等量降低，保持楔形丝仍夹准水准标尺上原来的分划线，相当于仪器在绕着视准轴旋转。此时仪器垂直轴倾斜，注意观察并记录水准气泡的偏移方向和大小。

(4) 按相反的方向旋转脚螺旋 1、2 回到原来位置，使楔形丝在夹准水准标尺上原分划线的条件下，水准气泡两端恢复到符合的位置。

(5) 将脚螺旋 2 升高两周，脚螺旋 1 作等量降低，使楔形丝夹准水准标尺上的原分划线，此时仪器相对于步骤(3)向另一侧倾斜。注意并记录水准气泡偏移方向与大小。

根据仪器先后向两侧倾斜时水准气泡偏移的方向与大小来分析判断视准轴与水准轴的相互关系。可能出现下列不同情况：

当垂直轴向两侧倾斜时，水准气泡的影像仍保持符合，则仪器不存在 i 角误差和交叉误差；若水准气泡同向偏移量相等，则仅有 i 角误差，而没有交叉误差；若同向偏移但偏移量不相等，则 i 角误差大于交叉误差；若异向偏移且偏移量不相等，则交叉误差大于 i 角误差；若异向偏移且偏移量相等，则仅有交叉误差，而没有 i 误差。

根据上面的分析，当仪器垂直轴向两侧倾斜，水准气泡有异向偏移的情况，则有交叉误差存在。水准规范规定偏移量大于 2 mm 时，须进行交叉误差的校正。

校正的工作是通过水准器侧方的改正螺旋来实现和完成的。

必须指出，当同时存在交叉误差和 i 角误差时，为了便于校正交叉误差，应先将 i 角误差校正好。

自动安平水准仪由于结构和整平原理发生了变化，没有交差误差的问题。

7.3.1.5　倾斜螺旋隙动差和分划值的测定

倾斜螺旋的作用是在水准标尺上读数前将水准气泡影像精确符合，以达到视准轴的精确整平。另外，在按倾斜螺旋法进行跨河水准测量时，要用倾斜螺旋测定视线的微小倾角，要用到倾斜螺旋分划值参数。因此，必须测定其分划值。

倾斜螺旋旋进和旋出照准同一个分划时，其读数之差，即为倾斜螺旋的隙动差，用以判断倾斜螺旋效用的正确性。水准测量规范规定，倾斜螺旋隙动差对于一、二等精密水准测量应小于 2.0″，否则认为倾斜螺旋效用不正确，在作业中应严格地只准用旋进倾斜螺旋使水准气泡两端精密符合。

检定在检定室内专用平台上进行。由往测和返测构成一个测回，往测按旋进方向使用倾斜螺旋，返测时倾斜螺旋的旋转方向与往测时相反。水准测量规范规定检验须进行两个测回，这项检验实际上是同时检验了倾斜螺旋隙动差和分划值两个项目。

7.3.1.6　调焦透镜运行误差的测定

对于内对光望远镜来说，就是在调焦时，仪器的等效光心移动的轨迹理论设计应该是一条直线，不管这条直线是与主光轴的方向重合或是与主光轴的方向成一微小的交角，但对于同一直线上不同距离的目标调焦时，其视准轴都应保持同一方向不变，故对水准测量并无不利的影响。如果在调焦时，等效光心移动的轨迹不是一条直线，则说明调焦透镜移动时有晃动现象，说明调焦透镜运行误差使调焦透镜运行不正确。其效果是对同一直线上不同距离的目标调焦时，视准轴的方向将发生变化，这就对观测读数产生误差影响。该误差有一定的限差要求，所以在作业前应进行相应的检验。

下面将讨论调焦透镜运行误差检验的具体操作步骤和计算方法。

如图 7-34 所示。选择一平坦场地，以 A 为圆心作半径为 30 m 圆弧，在圆弧上依次布设 0、1、2、3、4、5 号点，并使各点至 0 点的弦长分别为 10 m、20 m、30 m、40 m、50 m。在各号点处打入尺桩，以便竖立水准标尺。

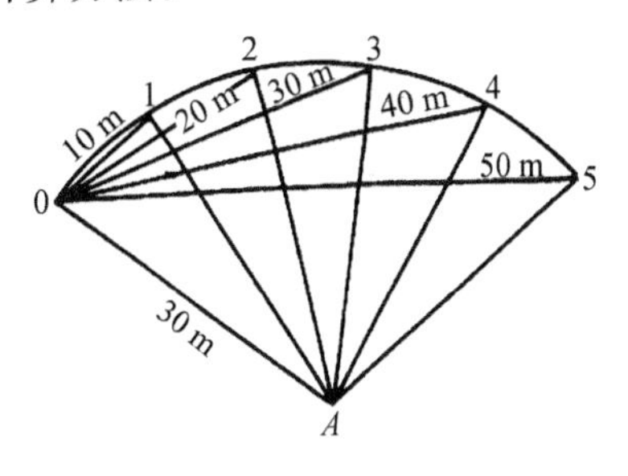

图 7-34　调焦透镜运行误差测定

1. 观测方法

(1) 在 A 点上整置水准仪，观测各点以求取各点对于 0 点的高差。先进行往测，即按 0、1、2、3、4、5 的顺序对各点上的同一水准标尺精密照准并读数（只读基本分划，6 位读数，以下同）；再依相反的顺序照准各点进行返测。往返测构成一个测回。

要求观测 4 个测回，各测回间应用脚螺旋变更仪器高度。观测前仔细调焦，在 4 个测回中不能再变动焦距。

(2) 在 0 点上整置水准仪，先进行往测，即按 1、2、3、4、5 的顺序对各点上的同一水准标尺照准并读数，由于照准各点的视距不等，每次都要仔细调焦；再依相反的顺序照准各点进行返测，往返测构成一个测回。

要求观测 4 个测回，各测回间应用脚螺旋变更仪器高度。

以上的场地布设和观测的要求可以看出，其基本思想是在不调焦和调焦的两种情况下测定两点之间的高差，通过比较两个高差的变化，可反映出调焦透镜运行不正确的误差对观测高差的影响。

2. 计算方法

(1) 计算各点(1,2,3,4,5 点)对于 0 点的高差 $H_i(i=1,2,3,4)$

$$H_i = L_0 - L_i \tag{7-7}$$

式中：L_0 和 L_i 是仪器在 A 点设站时照准 0 点和其余各点 4 个测回读数(共 8 个读数)的中数。

(2) 计算 0 点视线的高度 h_i

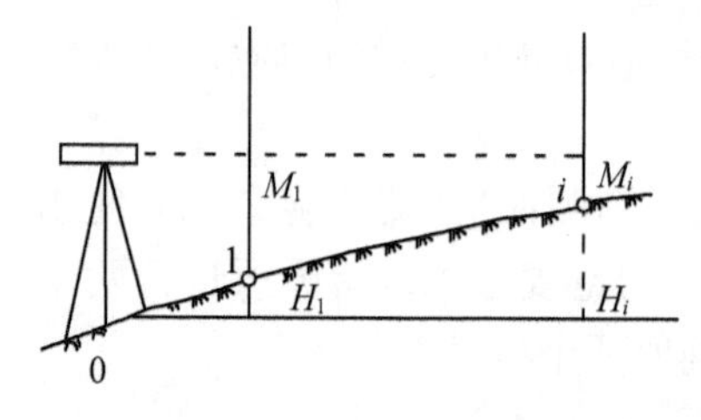

图 7-35 相对高度计算

根据各点(1,2,3,4,5 点)的读数，可以计算视线相对于 0 点的高度，由图 7-35 可得：

$$h_i = H_i + M_i \tag{7-8}$$

式中：M_i 为仪器在 0 点时，照准各点 4 个测回读数的中数。

(3) 计算 0 点仪器视线的平均高度 h_m（视线高度最或是值）

$$h_m = \frac{1}{5}\sum_{i=1}^{5} h_i \tag{7-9}$$

如果调焦时，视准轴方向保持不变且与水准轴平行，则有：

$$h_1 = h_2 = h_3 = h_4 = h_5 = h_m$$

如果视准轴与水准轴不平行，而存在 i 角，则各 h_i 和 h_m 不等，其差值为：

$$\Delta_i = h_i - h_m \tag{7-10}$$

如果调焦透镜运行正确，则差数 Δ_i（$i=1,2,3,4,5$)将由两部分误差影响组成：一是 i 角的影响，当距离为 s_i 时，其误差为 $\tan i \times s_i$ 或 Ks_i，另一部分是观测误差和其他误差的影响，其误差在总体上呈偶然性，在有限的区间内则认为是系统性质的，设为 δ，各观测值按等权处理，于是对各点可列出下列方程式：

$$\left.\begin{aligned}\Delta_1 &= Ks_1 + \delta \\ \Delta_2 &= Ks_2 + \delta \\ \Delta_3 &= Ks_3 + \delta \\ \Delta_4 &= Ks_4 + \delta \\ \Delta_5 &= Ks_5 + \delta\end{aligned}\right\} \tag{7-11}$$

式中：Δ_i 和 s_i 均为已知值。K 和 δ 为未知数。按测量平差基础理论由上式组成法方程式：

$$\left.\begin{aligned}[s^2]K + [s]\delta &= [s\Delta] \\ [s]K + 5\delta &= [\Delta]\end{aligned}\right\}$$

根据 Δ 的定义，可设$[\Delta]=0$。由上式解得：

$$\left.\begin{aligned}K&=\frac{5[s\Delta]}{5[s^2]-[s]^2}\\ \delta&=\frac{[s][s\Delta]}{[s]^2-5[s^2]}\end{aligned}\right\}\tag{7-12}$$

式中：s 分别以 10，20，30，40，50 代入，则得：

$$\left.\begin{aligned}K&=\frac{[s\Delta]}{1000}\\ \delta&=-30K\end{aligned}\right\}\tag{7-13}$$

将求得的 K 和 δ 代入式(7-11)中各式，求出 Δ'_i，再结合式(7-10)得 $v_i=\Delta_i-\Delta'_i$，即调焦透镜运行误差而产生的影响，由此得：

$$v_i=\Delta_i-\Delta'_i=\Delta_i-(Ks_i-30K)=\Delta_i+(30-s_i)K\tag{7-14}$$

水准测量规范规定：用于一、二等水准测量的仪器，任一 v 值都应不超过 0.5 mm；用于三、四等水准测量的仪器应不超过 1 mm。

由几何光学知，因调焦透镜运行误差引起的视线偏差 α 可用下式计算：

$$\alpha''=\frac{d-f_1}{f_1\cdot f_2}x\rho''\tag{7-15}$$

式中：f_1 为物镜焦距；f_2 为调焦透镜焦距；d 为调焦透镜沿光轴的移动量；x 为调焦透镜主点偏离光轴量。由(7-15)式可知，调焦透镜运行误差对视线的影响与 d 和 x 有关。若 x 为一定，则当远距离时，d 值变化大，因而 $(d-f_1)$ 变小，故 α 值变小，反之，近距离则 α 值变大。根据这一影响特点，为了更好地测定出在不同视距上的运行误差，在测定时应改变上述等间隔设立各点的做法，在近距离时设立水准标尺间隔要小一些，远距离时设立标尺间隔要大一些，这样可充分反映出调焦透镜运行误差影响的特点。故规定以 25 m 为半径的弧上，各点至 0 号点的弦线长度分别为 5 m，10 m，20 m，30 m，50 m。距离须用钢尺丈量。

此项检验应在成像清晰稳定的条件下进行。光学水准仪、自动安平水准仪、数字水准仪都存在该项检验的问题。

7.3.1.7　双摆位自动安平水准仪摆差 2C 的测定

在 7.2.6.3 中讨论了双摆位自动安平水准仪 Ni002 的基本构造，可知，观测时如果摆镜不能完全精确地静止在垂直位置，则会引起摆镜倾斜而对观测产生影响。一般按摆镜绕摆轴旋转 180°的两个摆位进行观测，取其观测结果的平均数来削弱这种误差的影响。

水准测量规范规定，用于一、二等水准测量的仪器，如摆差 $2c>40''.0$，则不能用于作业，应送厂检修。为此，在作业前应进行此项测定。

选择一平坦场地安置仪器，在距仪器 20～40 m 的不同距离的 A、B 两处打入尺桩。测定时按如下步骤进行：

(1) 用上、下丝分别照准标尺 A、B 的基本分划进行视距读数；

(2) 将仪器的摆镜置于摆Ⅰ位置分别照准标尺 A、B 的基本分划，读数 5 次；

(3) 将仪器的摆镜置于摆Ⅱ位置分别照准标尺 A、B 的基本分划，读数 5 次。

摆差 $2C$ 按下式计算：

$$2C=\{(R_{\mathrm{II}A}-R_{\mathrm{I}A})/D_A+(R_{\mathrm{II}B}-R_{\mathrm{I}B})/D_B\}\cdot\rho''/2 \tag{7-16}$$

式中：$R_{\mathrm{II}A}$ 为摆 Ⅱ 位置时 A 标尺读数的平均值；$R_{\mathrm{I}A}$ 为摆 Ⅰ 位置时 A 标尺读数的平均值；$R_{\mathrm{II}B}$ 为摆 Ⅱ 位置时 B 标尺读数的平均值；$R_{\mathrm{I}B}$ 为摆 Ⅰ 位置时 B 标尺读数的平均值；D_A 为仪器距 A 标尺的距离；D_B 为仪器距 B 标尺的距离。

7.3.1.8 自动安平水准仪补偿误差的测定

自动安平水准仪的补偿器是否能完全、正确地给出由于仪器垂直轴倾斜而产生的补偿量主要取决于补偿器的性能。往往由于补偿器的装配技术不完善等原因，补偿器对垂直轴倾斜时无法给出正确的补偿量，会出现补偿不足或补偿过量的情况。

在图 7-36 中，α 是仪器及望远镜倾斜角值，α_k 是补偿器给出的补偿倾斜值，$\Delta\alpha$ 是无法补偿的补偿剩余误差部分，在单一方向观测时读数影响为 Δr_α，则对一个测站观测高差的影响显然为 $2\Delta r_\alpha$。

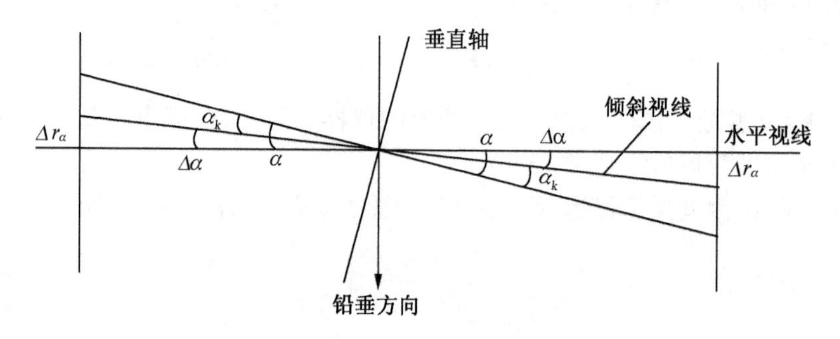

图 7-36 补偿误差示意图

为了消除这种系统误差的影响，在测站上可以采用定人法整平圆水准器，也就是奇数站照准后视方向整平圆水准器，偶数站照准前视方向整平圆水准器，使倾斜视线在相邻测站上作相反方向的倾斜，从而在相邻两测站上观测高差之和中抵消这种误差影响。因此，每一测段的水准测量的测站数应安排成偶数站的规定是必要的。

补偿器误差的检验是通过比较的方法进行的。在精密测定高差的两点上，使仪器在不同方向倾斜时，测定两点的高差，用这些高差与精密测定的高差相比较，来判明其补偿性能，顾及到检验的误差，其差值在规定的范围内，就认为补偿器性能是良好的。

检验前先在平坦的场地上，量取距离 D（一般取 40～50 m），在其两端点 A、B 上打下带有圆帽钉的木桩，作竖立水准标尺之用，在 A、B 两点的中点设置仪器，使仪器的两个脚螺旋的连线与 A、B 连线正交。

检验步骤：

(1) 精细地在 A、B 两点中间整平仪器，测定 A、B 两点间高差的精确值 h，作为比较的依据。

(2) 使用脚螺旋使仪器垂直轴向前、后、左、右倾斜（倾斜度可用圆水准气泡的位移来衡量和估计）时测定 A、B 两点间的高差，分别为 $h_{+\alpha}$，$h_{-\alpha}$，$h_{+\beta}$，$h_{-\beta}$。

由仪器垂直轴向各方向倾斜时所测得的高差与高差精确值相减，得：

$$\left.\begin{aligned}\Delta h_{+\alpha} &= h_{+\alpha} - h \\ \Delta h_{-\alpha} &= h_{-\alpha} - h \\ \Delta h_{+\beta} &= h_{+\beta} - h \\ \Delta h_{-\beta} &= h_{-\beta} - h\end{aligned}\right\} \tag{7-17}$$

Δh 为以长度为单位的补偿误差值，将其化算为倾斜 $1'$ 时，以秒为单位的补偿误差为：

$$\left.\begin{aligned}\Delta\alpha_1 &= \frac{\Delta h_{+\alpha}}{D \cdot \alpha'}\rho'' \\ \Delta\alpha_2 &= \frac{\Delta h_{-\alpha}}{D \cdot \alpha'}\rho'' \\ \Delta\alpha_3 &= \frac{\Delta h_{+\beta}}{D \cdot \beta'}\rho'' \\ \Delta\alpha_4 &= \frac{\Delta h_{-\beta}}{D \cdot \beta'}\rho''\end{aligned}\right\} \tag{7-18}$$

式中：α'，β' 表示以分为单位的 α，β。水准测量规范规定，对于一等水准测量，补偿误差 $\Delta\alpha$ 应不大于 0.10″，对于二等水准测量 $\Delta\alpha$ 应不大于 0.20″。

7.3.2　精密水准标尺的检验

按水准测量规范规定，在作业前对精密水准标尺应检验的项目为：

(1) 标尺的检视；

(2) 标尺上的圆水准器的检校；

(3) 标尺分划面弯曲差的测定；

(4) 标尺名义米长及分划偶然中误差的测定；

(5) 标尺尺带拉力的测定；

(6) 一对水准标尺零点不等差及基辅分划读数差的测定。

对于新购置的水准标尺还须进行标尺中轴线与标尺底面垂直性等项目的检验。

下面仅对步骤(3)、(4)、(6)等较为复杂的检验项目给以讨论。其他的检验可参考相应的规范。

7.3.2.1　水准标尺分划面弯曲差的测定

水准标尺分划尺面如有弯曲，观测时将使读数偏大。水准标尺分划面的弯曲程度用弯曲差来表示。所谓弯曲差即通过分划面两端点的直线中点至分划面的距离，以 f 表示。可知，弯曲差愈大表示弯曲的程度愈大。

设弯曲的分划面长度 l，分划面两端点间的直线长度 L，则尺长变化 $\Delta l = l - L$。若测得分划面的弯曲差为 f，可导得尺长变化 Δl 与弯曲差 f 的关系式：

$$\Delta l = \frac{8f^2}{3l} \tag{7-19}$$

由于分划面的弯曲引起的尺长改正数 Δl 可按(7-19)式计算。设标尺的名义长度 $l = 3$ m；测得 $f = 4$ mm，则 $\Delta l = 0.014$ mm，而对每米分划平均真长的影响为 0.005 mm，该改正数对高差的影响是系统性的。水准测量规范规定，对于线条式因瓦合金水准标尺，弯曲差 f 不得大于 4 mm，超过此限值时，一般对标尺进行弯曲的校正，或对水准标尺施加相应的尺长改正(比较麻烦，一般不采用)。

弯曲差的测定方法是：在水准标尺的两端点引张一条细线，直接量取细线中点至分划面的距离，即为标尺的弯曲差。

7.3.2.2 标尺名义米长及分划偶然中误差的测定

按水准测量规范规定，精密水准标尺在作业开始之前和作业结束后应送专门的检定部门进行每米真长的检验，取一对水准标尺的检定成果的中数作为一对水准标尺平均每米真长。一对水准标尺的平均每米真长与名义长度 1 m 之差称为平均米真长偏差，以 f 表示，则：

$$f = \text{平均米真长} - 1\ \text{m} \tag{7-20}$$

用于精密水准测量的水准标尺，水准测量规范规定，如果一对水准标尺的平均米真长偏差大于 0.1 mm，就不能用于作业。当一对水准标尺平均米真长偏差大于 0.02 mm，则应对相应的观测高差施加每米真长改正 δ，从而得到改正后的高差 h'，即：

$$h' = h + \delta = h + fh \tag{7-21}$$

式中：h 以 m 为单位，f 以 mm/m 为单位。

水准标尺的分米分划误差，由专门的检定单位进行检验，其值应不大于 0.1 mm。

在作业期间可用一级线纹米尺对一对水准标尺的平均米真长作监测，以作为对所使用的标尺质量评定的参考，而不作观测成果的改正用。

用锌白铜制成的一级线纹米尺其长度略长于一米，尺的两边都刻有分划线，一边分划间隔为 1 mm，另一边分划间隔为 0.2 mm。测定水准标尺每米分划间隔时，用 0.2 mm 的分划，可估读到 0.02 mm(每厘米有一数字注记，每厘米间有 10 个分划，两分划间又有 5 小格，则每小格为 0.2 mm，因此毫米以下读数应乘以 2)。尺上附有一对可以移动的放大镜，用以观察尺面的细小分划。尺面中央还装有温度计，以便精确测定出实际的作业温度。一级线纹米尺是作为检定水准标尺每米真长的标准，它本身长度要非常可靠才行，因此要定期送国家计量部门进行检定，检定的长度用尺长方程式表示。例如 NO. 108 一级线纹米尺的尺长方程式为：

$$L = 1\,000\ \text{mm} - 0.01\ \text{mm} + 0.018(t - 20℃)\text{mm}$$

式中：1 000 mm 是标准尺的名义长度，0.01 mm 为尺长改正数，式中等号右端第三项是温度改正数，其中 t 是检定水准尺时的温度，0.018 为温度膨胀系数。

检验前 2 小时取出水准标尺和一级线纹米尺，以便使水准尺和检验尺其自身的温度与周围温度一致。

根据理论研究和试验表明，用一级线纹米尺和人工检定方法测定因瓦水准标尺每米间隔真长，从精度上和使用上都不符合要求。一级线纹米尺的温度膨胀系数为 16.6～18.5 μm/(℃m)，而因瓦带的温度膨胀系数为 1～2 μm/(℃m)，显然其检定精度不能满足精密水准测量的精度要求。再者，按人工检定方法，在检定时是将一级线纹米尺平放在水准标尺的因瓦带上，使因瓦带失去常态而受压弯曲变形，产生系统性误差影响。

我国已引进了美国休利特－帕卡德公司生产的双频激光干涉仪，分别安装在北京、哈尔滨、成都和武汉等地，作为现代因瓦水准标尺尺长检定的设备。我国于 1984 年首先在国家地震局研制了水准标尺双频激光干涉检定器。用以检定精密水准标尺。

7.3.2.3　一对水准标尺零点不等差及基辅分划读数差的测定

水准标尺的注记是从底面算起的，对于分格值为 10 mm 的精密因瓦水准尺，如果从底面至第一分划线的中线的距离不是 1 dm，其差数叫做零点误差。两根水准标尺的零点误差之差，叫做一对水准标尺的零点不等差。当水准标尺存在这种误差时，在水准测量一个测站的观测高差中，就含有这种误差的影响。在后面的章节中还要详细讨论，在相邻两测站所得观测高差之和中，这种误差的影响可以得到抵消。因此，规定在水准路线的每个测段的测站数应为偶数。

在同一视线高度时，水准尺上的基本分划与辅助分划的读数差，称为基辅差，也称为尺常数，对于 1 mm 分格的水准标尺（如 WildN3 精密水准标尺）为 301.550 cm。

7.4　精密水准测量的误差分析

精密水准测量误差按其来源有仪器误差、外界因素引起的误差和观测误差。研究这些误差的目的是发现它们的规律及找出减弱或消除误差影响的方法。

7.4.1　仪器误差

7.4.1.1　视准轴与水准轴不平行的误差

1. i 角误差的影响

在一、二等水准观测中，检验 i 角只要把 i 角校正到 15″之内；三、四等水准观测中，检验 i 角只要把 i 角校正到 20″之内。当管水准轴水平时，残余的 i 角将使视准轴倾斜，从而产生前、后视标尺读数误差 $\frac{i''}{\rho''}S_{前}$ 和 $\frac{i''}{\rho''}S_{后}$，如图 7-37 所示。于是，测站高差误差为：

$$\delta h_i = \frac{i''}{\rho''}(S_{后} - S_{前}) = \frac{i''}{\rho''}d \qquad (7\text{-}22)$$

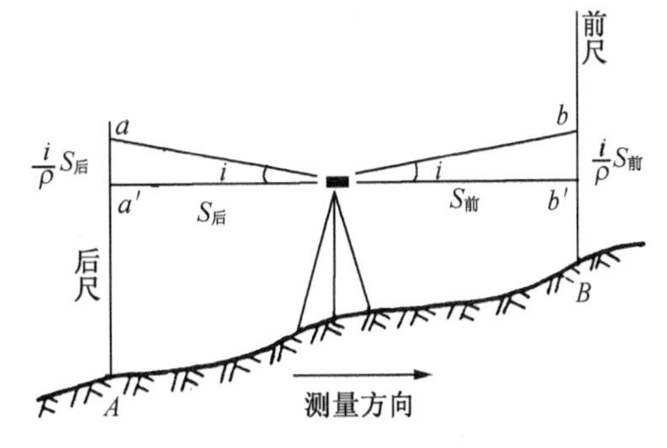

图 7-37　i 角误差对测站高差的影响

式中：$d = S_{后} - S_{前}$，是一个测站上的前、后视距差。

由各测站前后视距差积累值引起的测段高差误差为：

$$\sum_{1}^{n}\delta h_i = \frac{i''}{\rho''}\sum_{1}^{n}d_i \qquad (7\text{-}23)$$

根据式(7-22)式(7-23)不难看出，要减弱 i 角误差影响，应定期检校 i 角，减小 i 角的数值，也就减小了对观测高差的影响；各测站前、后视距要基本相等，各测站的前后视距差和前后视距积累差应限制在一定的范围内（见表 7-5）。

如二等水准测量，设 $i = 15''$，$\sum d = 3$ m，则对测段高差的影响的误差为：

$$\sum_{i=1}^{n}\delta h_i = \frac{15''}{\rho''} \times 3\,000 = \pm 0.22\text{ mm} < \pm 0.5\text{ mm}$$

因为二等水准测量水准高程的计算取至 1 mm，显然当各测段高差误差在 0.5 mm 之内时,不致影响到水准点高程的精度。

表 7-5　水准测量测站限差规定

项目 等级	视线长度(m)		前后视距差 (m)	前后视距积累差* (m)	视线高度 (m)
	仪器类型	视距			
一等	S05	≤30	≤0.5	≤1.5	下丝读数≥0.5
二等	S1,S05	≤50	≤1.0	≤3.0	下丝读数≥0.3
三等	S3 S1,S05	≤75 ≤100	≤2.0	≤5.0	三丝能读数
四等	S3 S1,S05	≤100 ≤150	≤3.0	≤10.0	三丝能读数

* 指由测段开始至每一测站的前后视距积累差。

2. 交叉误差的影响

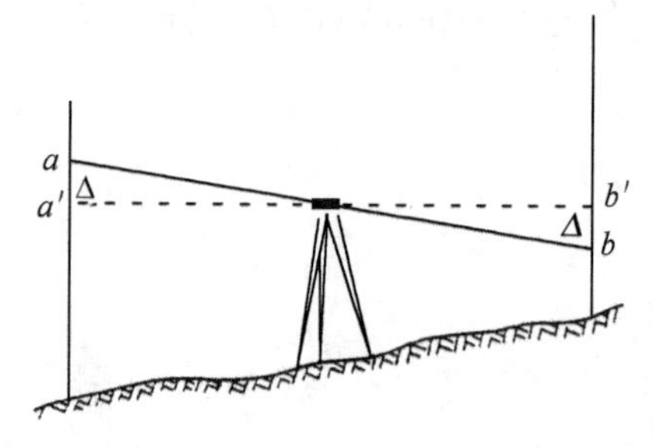

图 7-38　交叉误差对观测读数的影响

当仪器垂直轴处于垂直位置时,即使存在交叉误差,在置平管水准轴后,视准轴也必定水平,不会对标尺读数产生影响。然而观测中用圆水准器概略整平仪器后,垂直轴一般不位于铅垂线上。为便于讨论起见,假定垂直轴在正交于视准轴方向(即在左右两侧方向)上倾斜了 V 角,则交叉误差 φ 将使管水准轴倾斜一个小角 $\beta=\frac{V\cdot\varphi}{\rho''}$。再用倾斜螺旋使管水准气泡居中后,视准轴便要倾斜 β 角,从而影响标尺上的读数。很明显,这时前、后视标尺读数误差的数值为 $\Delta=\frac{\beta''}{\rho''}S$（$S$ 为前和后视距),且符号相反,见图 7-38。

在图 7-38 中,设仪器和前、后视标尺位于同一直线上,前、后视距相等,标尺读数误差为 Δ,前、后视标尺正确读数为 b'、a',观测读数为 b、a,则有:

$$a=a'+\Delta;\quad b=b'-\Delta$$

测站观测高差为:

$$h=a-b=a'-b'+2\Delta \tag{7-24}$$

即测站观测高差中存在 2Δ 的误差。

根据以上的研究可得到减弱交叉误差影响的方法有:

(1) 定期检校交叉误差,以减小其数值。

(2) 定期检校圆水准器,观测时使圆水准气泡严密居中,以减小垂直轴倾斜角。

(3) 一测段的测站数应为偶数。在连续各测站上安置脚架时,应使两脚与路线方向平行,第三脚交替置于路线的左、右两侧(见图 7-39)。圆水准器经过检校后,观测中用圆水准器概略整平仪器时,仪器垂直轴的倾斜方向和倾角大小就可固定下来。若用上述方法安置脚架,在相邻两测站观测中垂直轴就先后向左、右侧倾斜,势必使该两站高差误差的符号相反,从而在相邻两站高差之和中得到抵偿。

(4) 每站的仪器和前、后视标尺位置应力求在一直线上,前、后视距基本相等,相邻两测

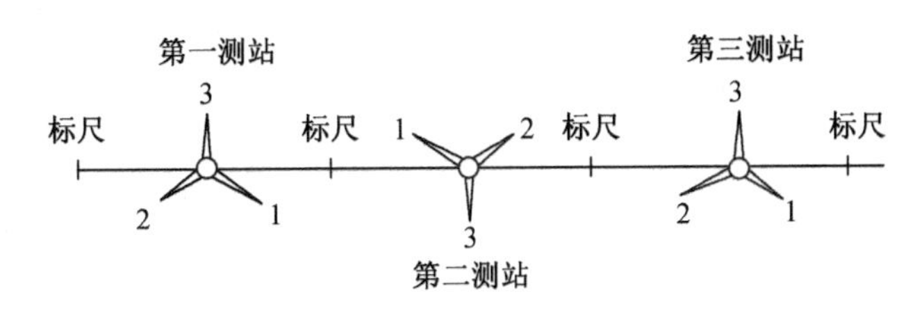

图 7-39　水准测量仪器脚架安置方式

站的前后视距差符号相同且数值大致相等。目的是使相邻两站高差误差的数值接近一致，这样与(3)款结合起来，将更好地抵偿交叉误差的影响。然而，当相邻两站前后视距差符号相同时，前后视距积累差将增大。为了使它不致过大而超限，可以用前两站和后两站前后视距差符号相反的方法来解决。

7.4.1.2　水准标尺每米间隔真长误差 f 的影响

标尺上 1 m 分划间隔的实际长度不等于其名义长度时，用此标尺测出的高差将存在系统性的误差。

设一副水准标尺每米间隔真长的误差为 f，a、b 表示一测站上后视标尺和前视标尺的读数，则 af、bf 分别为后视、前视标尺读数中含有的误差。这时两标尺的正确读数 a'、b' 分别为：

$$a' = a + af; \qquad b' = b + bf$$

于是测站的正确高差为：

$$h' = a' - b' = (a - b) + (a - b)f$$

取 $a - b = h$，则可得到前面的(7-21)式：

$$h' = h + hf$$

式中：hf 为每米间隔平均真长误差 f 对一测站高差的影响，推广到一测段，则有：

$$\sum hf = h_{测段} f \tag{7-25}$$

由式(7-25)看出，由 f 引起的水准路线的测段高差误差与 f 的大小和测段高差成正比，具有系统误差的性质。它在往返测高差闭合差和环线高差闭合差中反映不出来，也不能通过往、返测高差取中数而消除，只有在符合到已知高等点上才能发现。

两根标尺的 f 不等对观测高差并无影响，因为往返测时标尺要互换位置，f 不等的误差可以抵消。所以总是取两根标尺的每米间隔真长误差的中数来计算改正数。

减弱标尺每米间隔真长误差影响的方法是：

(1) 采用合理的方法，定期精确检定标尺的每米间隔真长误差。当 $|f| > 0.02$ mm 时，则应在测段观测高差中加入相应的改正数。

(2) 尽可能布设环线水准网，选择路面坡度平缓的交通线作为水准路线。在高差大的地区，应尽量使用 $|f|$ 较小和尺长较稳定的标尺进行测量。

(3) 作业期间要保护好标尺，防止尺长发生变化。

7.4.1.3　一对水准标尺零点差的影响

两根水准标尺零点不一致，它们之间的差值就称为一对水准标尺零点差。

如图 7-40 所示，设水准测量中相邻两测站为 J_1 和 J_2，立尺点为 A、B、C。以 a_i、b_i（$i=1,2$）分别表示各站后视和前视标尺的读数，Δ_a、Δ_b 表示 A 标尺和 B 标尺的零点差。

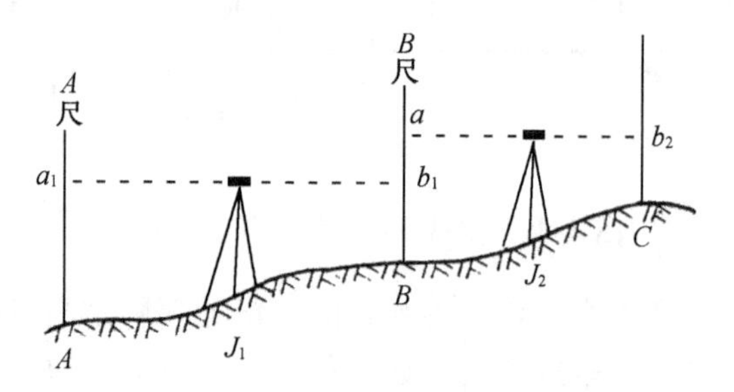

图 7-40　标尺零点差对测站高差的影响

在 J_1 测站上测得 A、B 两点间的正确高差应为：

$$h'_{AB}=(a_1-\Delta_a)-(b_1-\Delta_b)=(a_1-b_1)+(\Delta_b-\Delta_a)$$

在 J_2 测站上测得 B、C 两点间的正确高差应为：

$$\begin{aligned}h'_{BC}&=(a_2-\Delta_b)-(b_2-\Delta_a)\\&=(a_2-b_2)+(\Delta_a-\Delta_b)\end{aligned}$$

于是，由以上两式相加，则得到 AC 间的高差为：

$$h'_{AC}=(a_1-b_1)+(a_2-b_2) \tag{7-26}$$

由上式可以看出一对标尺零点已被消除。推广到一个测段，只要一测段的测站数为偶数，且相邻测站间前、后标尺互换，就可以消除一对标尺零点差的影响。

7.4.2　外界因素引起的误差

一般水准测量是在室外进行的，外界因素中诸如土质、空气、日光、风力、日月位置、地球磁场等，都会对水准测量产生影响而存在误差。

外界因素的影响主要有下面几种：

7.4.2.1　温度变化对 i 角的影响

气温变化使水准仪的 i 角发生变化，这种变化也是呈现一定的规律性的，对观测读数有系统性的影响。

从实验资料得到的结论是，仪器周围温度逐渐升高时，标尺读数趋向逐渐减小；周围温度逐渐降低时，读数逐渐增大。

在正常天气下，上午气温逐渐升高、下午逐渐降低。因此，上午观测，读数有逐渐减小的趋势，而下午则有读数逐渐增大的趋势。

依照这个 i 角变化对读数影响的规律，上午观测时，一测站上的读数情况如图 7-41。若观测顺序为后、前、前、后，那么，后视第一次读数为 a_1，前视第一次正确读数应为 b_1，但由于 i 角的变化，使读数变小，读得 $b_1-\Delta_1$。同理，前视第二次读数为 b_2，后视第二次读数变小，读得 $a_2-\Delta_2$。

用第一、二次前、后视标尺读数分别算得的高差为：

$$h_1=(a_1-b_1)+\Delta_1;\quad h_2=(a_2-b_2)-\Delta_2$$

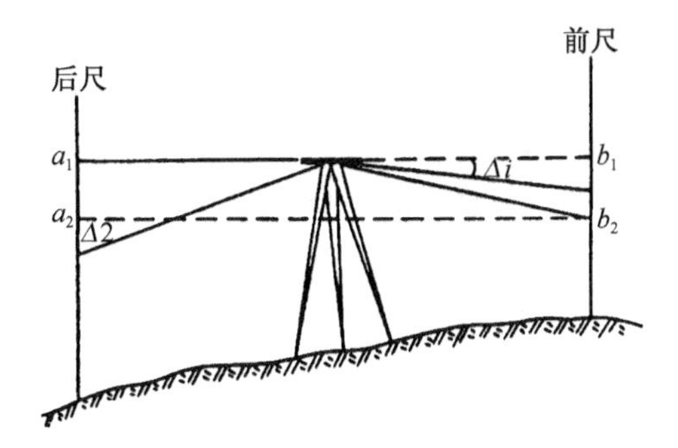

图 7-41　i 角变化对观测读数的影响

高差中数为：

$$h_{中}=\frac{1}{2}[(a_1-b_1)+(a_2-b_2)+\Delta_1-\Delta_2] \tag{7-26}$$

如前、后视距相同，i 角随温度成正比变化，每次读数的间隔时间相等，则 $\Delta_1=\Delta_2$。也就是 i 角变化对读数的影响在高差中数中被消除。

如读数间隔时间不相等，则 $\Delta_1\neq\Delta_2$，在测站高差中仍有 i 角变化引起的残余误差。在一测段中，各测站的观测顺序相同、观测程序一致时，因各站高差的残余误差具有相同符号便会积累起来。假如在下一测站上，采用与上一站相反的前、后、后、前的观测顺序，则这一站与上一站的 $\Delta_1-\Delta_2$ 数值大致相等而符号相反，基本抵偿了它的影响。在设偶数站的一测段中，这种误差影响将会更好地减弱，下午观测情况也一样。

此外，仪器还受局部性的温度作用，使 i 角发生变化，它对东西走向的水准路线高差影响大，南北走向的水准路线高差影响小。当一个测段分别用上、下午不同时间段进行往、返观测时，在往、返测高差中数中可以减弱这种误差影响。

综合上述的分析，减弱仪器 i 角受外界温度影响的措施是：

(1) 防止仪器在作业中被阳光照射和受热。例如：在观测前把仪器整置在露天处阴影下半小时，使仪器温度与外界温度趋于一致；测量时用白色测伞遮阳，迁站时用白色布罩盖住仪器；在气温突变时停止测量等。

(2) 各测段的往、返测分别安排在上午和下午进行。

(3) 每站要快速对称观测，奇数测站和偶数测站的观测顺序应相反。

7.4.2.2　地面大气垂直折光的影响

近地面空气层的温度，随离地面的高度和时间的变化而改变，使空气层密度的垂直分布不均匀，当标尺分划的光线通过时，便在垂直面上发生弯曲，从而产生大气垂直折光差。

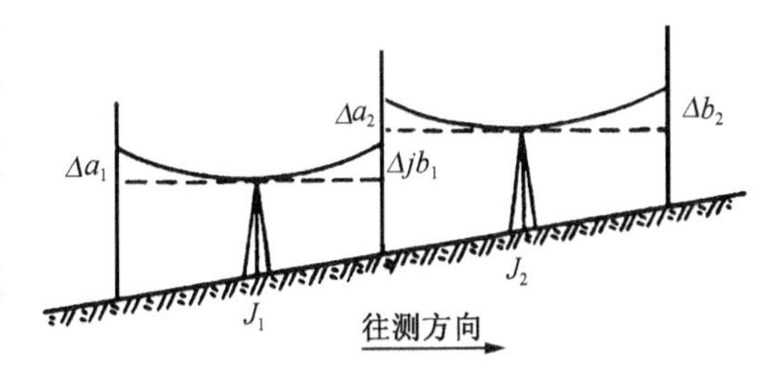

图 7-42　大气垂直折光差对测站高差的影响

在日出后和日落前一段时间，气温变化大，折光误差显著，不宜进行观测。中午前后，空气的湍流过程剧烈，空气层密度的垂直分布较为均匀，但标尺分划像剧烈跳动而难以精确照准，也不宜观测。因此，一般应选择日出后半小时至正午前 2.5 h(小时)和正午后 2.5 h 至日落前半小时内的有利的时间内观测为宜。

折光差数值的大小，与视线长度的平方成正比。当视线长度缩短30%时，折光误差数值约减小一半。因此，精密水准路观测须采用短视距。当观测中遇到大的斜坡和气温变化较大等情况时，也应缩短视线长度为好。

如图7-42所示，设想沿着一条较长的均匀坡度的水准路线观测，往测时是上坡，各测站的后视高度恒大于前视高度。因在离地面一定的空间内，视线离地面越低误差越大，所以当后、前视距基本相同时，各站高差的折光误差 $\Delta a_i - \Delta b_i$ 均为负值而积累。返测时是下坡，各测站的后视高度恒小于前视高度，各站高差的折光误差均为正值而积累。因此，一个测段或一条路线的往、返测高差中数，不能使误差得到抵偿。如果是地势平坦的水准路线，它有起有伏，折光误差将有一定的偶然性，在单程观测高差中，便可得到一定的抵偿。对于水准环线，有上坡便有下坡，同样可以控制折光误差的系统积累。因此，选择坡度平缓的交通路线作为水准路线，并布设成环线网形，有利于减弱大气垂直折光的影响。

地面受太阳辐射后，地表的热能向周围空气移动以湍流过程作用产生的热流为主，即湍流作用产生的热流决定了空气热的垂直交流或空气温度的垂直梯度。接近地面一段厚0.25～0.5m的空气层是上升气流和气团形成的区域，在这个区域内，空气湍流混合强度微弱，空气温度的垂直梯度大而稳定，将有显著的折光误差。高出地面2.5～3.0m的空气层，是上升和气团消失的区域，这个区域同样有大的折光误差。因此，作业中观测视线离地面的高度要适当，不应过低或过高。

7.4.2.3 仪器脚架和尺台(尺桩)垂直位移的影响

1. 仪器脚架升降对观测高差的影响

脚架插入土中后，由于土壤的反作用力，脚架大多上升。在最初的5分钟内，上升较明显且与时间成正比；然后，逐渐减缓。观测者绕脚架走动，在侧面压力的影响下，也会使脚架发生升降，尤以第一次走近时较为明显。

如图7-43所示，在测站 J_1 上观测立于 A、B 点上的标尺，观测顺序为后、前、前、后。

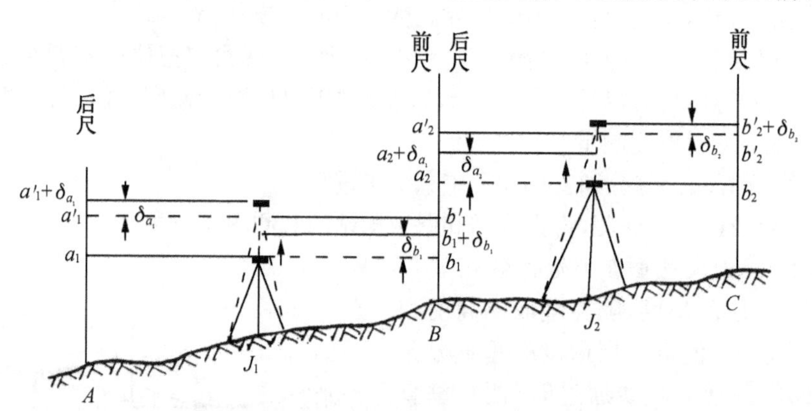

图7-43　仪器脚架升降对观测高差的影响

后视第一次读数为 a_1，这时脚架垂直位移未发生影响，与 a_1 同一水平视线上前视读数相应为 b_1。在仪器转向前视到读数时，脚架上升了 δ_{b_1}，因此读数为 $b_1+\delta_{b_1}$。

前视第二次读数为 b'_1，后视相应读数应为 a'_1，但由于脚架上升，实际读得 $a'_1+\delta_{a_1}$，于是 A、B 点的高差为：

$$
\begin{aligned}
h_{AB} &= \frac{1}{2}[a_1 - (b_1 + \delta_{b_1}) + (a_1' + \delta_{a_1}) - b_1'] \\
&= \frac{1}{2}[(a_1 - b_1) + (a_1' - b_1')] + \frac{1}{2}(\delta_{a_1} - \delta_{b_1})
\end{aligned} \tag{7-27}
$$

式中:第二项 $\frac{1}{2}(\delta_{a_1} - \delta_{b_1})$ 就是脚架上升对测站观测高差的影响。

根据上面所述的规律,有 $\delta_{b_1} > \delta_{a_1}$,残差为负值,即误差影响不能全部抵消。

同理,在测站 J_2 上观测 B、C 点上的标尺,如果采用前、后、后、前的观测顺序,则有:

$$
h_{BC} = \frac{1}{2}[(a_2 - b_2) + (a_2' - b_2')] + \frac{1}{2}(\delta_{a_2} - \delta_{b_2}) \tag{7-28}
$$

这时 $\delta_{a_2} > \delta_{b_2}$,残差为正值。

由此可知,如果相邻两测站上,观测标尺的顺序相反,就能较好地减弱脚架升降对观测高差的影响。

2. 尺台(尺桩)升降对观测高差的影响

承载竖立标尺的尺台(尺桩),由于本身的重量、尺子的重量及扶尺时的压力作用,一般要稍有下沉的趋势。尺台(尺桩)的下沉在立尺后 10～20 s(时秒)内最快,然后逐渐减弱。在一个测站观测中,由尺台(尺桩)产生下沉造成的高差误差称为测站误差。测站误差对观测的影响与脚架升降造成的影响相似。因此,可以用相邻两测站观测顺序相反的方法使大部分这种影响观测值的误差抵消。

但是在从上一站迁移到下一站的时间内,原来的前视标尺的尺台(尺桩)继续下沉。在迁站时间内由尺台(尺桩)下沉所引起的测段高差误差,称为转点误差,如图 7-44 所示。

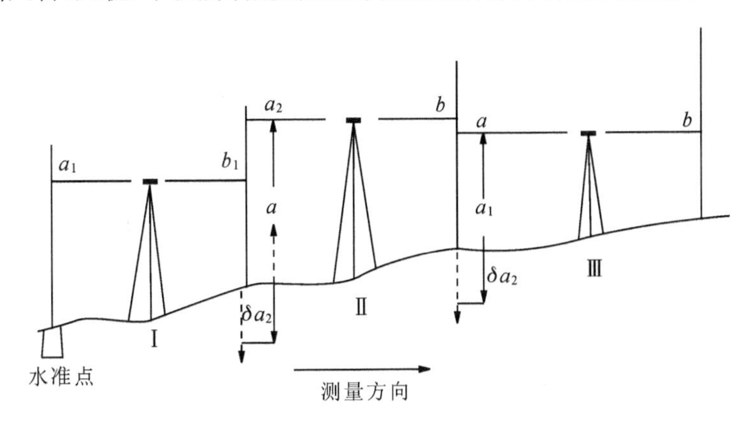

图 7-44　尺台(尺桩)升降对观测高差的影响

转点误差使两水准点间从第二站起,各站后视标尺读数都偏大了一个转点尺台(尺桩)下沉的数值 δ_{a_1}。因此,两水准点间的往测高差为: $\sum h_{往} = \sum h'_{往} + \sum \delta_{a_{往}}$。同理,返测高差为: $\sum h_{返} = \sum h'_{返} + \sum \delta_{a_{返}}$。

测段高差中数则为:

$$
\begin{aligned}
h_{中} &= \frac{1}{2}(\sum h_{往} - \sum h_{返}) \\
&= \frac{1}{2}(\sum h'_{往} - \sum h'_{返}) + \frac{1}{2}(\sum \delta_{a_{往}} - \sum \delta_{a_{返}})
\end{aligned} \tag{7-29}
$$

式中第二项 $\frac{1}{2}(\sum \delta_{a_{往}} - \sum \delta_{a_{返}})$ 为转点误差引起的测段高差中数的误差。$\delta_{a_{往}}$、$\delta_{a_{返}}$ 符号相同，可以互相抵偿。如果往、返测的转点位置相同，误差数值就基本相等，误差影响还可以减弱得更小。

这种误差对往返测闭合差影响是较明显的。因为，在忽略其他误差影响时，有：

$$
\begin{aligned}
\Delta &= \sum h_{往} + \sum h_{返} = \sum h'_{往} + \sum h'_{返} + \sum \delta_{a_{往}} + \sum \delta_{a_{返}} \\
&= \sum \delta_{a_{往}} + \sum \delta_{a_{返}}
\end{aligned} \tag{7-30}
$$

3. 减弱仪器脚架和尺台(尺桩)升降影响的方法

减弱误差影响的方法有：

(1) 水准路线应沿中等密度土壤的道路布设。因为在疏松和十分紧密的土壤上安放脚架和尺台时，垂直位移都较在中等密度土壤上安放脚架和尺台时大。

(2) 往、返测应沿同一路线进行，并使用同一类型仪器及尺承。往、返测的测站数要尽量相同且为偶数。

(3) 相邻两测站的观测顺序相反。

(4) 安置脚架不要有过大的弹性张力。观测员应绕第三脚并离脚架 0.5 m 之外走动。

(5) 精密水准测量时，尽量用尺桩，土质密度大的地区可用不轻于 5 kg 的尺台。

(6) 扶尺员扶持时，用力要均匀，迁站时，原前视标尺要从尺台(尺桩)上取下，观测读数应在立尺 20～30 s 之后进行，扶尺员在离尺台 0.5 m 以外走动。

7.4.3 观测误差

观测误差是由于观测员的视觉器官功能的限制，在观测过程中发生的误差对观测成果的影响。观测误差主要有水准器置中误差和照准标尺分划误差。具有符合水准器(或补偿器)和测微设备的精密水准仪，这两种误差都很小。例如水准管式水准仪，1 km 测线的观测误差影响约为 ±0.23 mm。而 Koni007 补偿式水准仪 1 km 测线的观测误差约为 ±0.13 mm，因为这种仪器不存在观测员置平水准器的误差。数字水准仪不存在这两种误差，与其对应的误差则是补偿误差和分辨误差，一般都是百分之几毫米等较小的数量级。

7.4.4 现代新型仪器的几种误差

补偿式自动安平水准仪有安平误差，数字水准仪除了安平误差外还存在分辨误差。

当使用补偿式自动安平水准仪时，应考虑这种仪器的磁性感应误差。这种误差与补偿器有关，是由于磁场(包括地球磁场)的影响引起的。例如，地球磁场的影响使补偿器不是稳定在测站点的地球重力方向上，而是稳定在该点地球重力与地球磁极的合力方向上。补偿器位置的不正确，可使标尺读数产生误差，这种误差是系统性的，会产生一定的积累。此外，补偿器处于比地球磁场强数倍的磁场内就会被磁化，磁化后的补偿器稳定后方向会发生变化。由于制造上的原因，每台仪器的补偿器的磁性感应误差不同。为减小这种误差的影响，应研制抗磁材料的补偿式水准仪。如果使用可能有磁性感应的仪器，则应测定仪器磁性感应误差的值，以便对所测的结果进行必要的改正。

必须指出：上述两种减弱误差影响的方法，还需进一步地研究。

7.4.5　水准观测的一般规则

(1) 应沿路面坡度平缓的交通线路进行水准观测，作用是减弱水准标尺每米间隔真长误差，大气垂直折光差。

(2) 选择标尺分划像清晰、稳定和气温变化小的时间观测，作用是减弱大气垂直折光差、照准误差和 i 角随气温变化的误差。

(3) 观测前半小时整置仪器，设站时打伞，迁站时罩上仪器罩，以减小外界温度的影响，作用是减弱外界温度变化引起 i 角变动的误差。

(4) 视线不宜过长，视线高出地面高度不应过低或过高，作用是减弱大气垂直折光差和照准误差。

(5) 每站的前、后视距基本相等，作用是减弱 i 角误差、大气垂直折光差和地球弯曲差。

(6) 安置脚架应使两脚与水准路线方向平行，第三脚轮换置于路线的左、右两侧，观测员绕第三脚于 0.5 m 外走动，作用是减弱交叉误差和仪器脚架垂直位移误差。

(7) 每站两次观测前、后视的标尺顺序应对中央时刻成对称，相邻两站观测标尺的顺序相反，作用是减弱与时间成比例变化和单向性逐渐变化的误差，如外界温度总体逐渐变化引起 i 角变动的误差，仪器脚架垂直位移误差和尺承垂直位移的测站误差。

(8) 一测段的测站数应为偶数，作用是消除一对标尺的零点差；抵偿相邻两测站高差误差符号相反的各种误差。

(9) 各测段应沿同一路线和用同类仪器尺承进行往返测，最好是往、返测的测站和尺承位置相同，作用是减弱往测和返测高差中误差符号相同的尺承转点误差，以及仪器脚架垂直位移误差。

(10) 一测段的往测和返测，应分别在上午和下午不同时间段完成，作用是减弱局部性气温变化(单面受热)引起 i 角变动的误差。

一、二等精密水准测量应遵守上述观测规则。对于三、四等水准观测，因精度要求较低，可以酌情放宽观测要求。比如：三等水准测量，往返观测时间段的安排可不受限制；四等水准观测，除支线外，不需要往返观测。

7.5　精密水准测量的实施

国家水准测量按控制次序和施测精度分为一、二、三、四等，精密水准测量一般指国家一、二等水准测量。由于在各项工程的不同建设阶段的高程控制测量中，一般很少需要一等水准测量，故本节主要介绍二、三、四等水准测量，重点介绍二等水准测量(一等水准和二等水准除测站限差等指标有所不同之外，其他的作业方法和作业程序基本一致)。

7.5.1　二等水准测量

一等水准测量使用 S05 型精密水准仪，二等水准测量使用 S05 或 S1 型精密水准仪和配用线条式因瓦合金精密水准标尺，按光学测微法施测；或者采用符合精度要求类型的数字水准仪测量。

7.5.1.1　观测前的准备工作

每天作业前，应检校水准仪的 i 角；检校管水准轴垂直于垂直轴(用倾斜螺旋和脚螺旋校正)，以确定倾斜螺旋的标准位置(零点)；置平管水准轴，校正圆水器轴垂直于管水准轴。水准仪经过后两项检校后，作业中当倾斜螺旋位于零点，而圆水准气泡居中时，管水准轴便基本水平，即符合水准器气泡两端的影像近于符合，从而在一个测站观测前、后视水准标尺的过程中，可以减弱望远镜转动轴不位于垂直位置上而引起的视准轴高度变化的误差。此外，作业前还应检校水准标尺圆水准器安置的正确性。

7.5.1.2　光学测微法—测站的观测操作

二等水准测量采用光学测微法进行观测时，每站的观测顺序为：

往测：奇数站为后—前—前—后，偶数站为前—后—后—前；

返测：奇数站为前—后—后—前，偶数站为后—前—前—后。

采用光学测微法，当观测顺序为后—前—前—后时，具体操作程序如下：

1. 用圆水准器概略整平仪器

仪器整平程度的要求是当望远镜绕垂直轴转至任何方向上，符合水准器气泡两端影像的分离不得超过 1 cm。

2. 将望远镜照准后视标尺基本分划

转动倾斜螺旋，使符合水准器气泡两端的影像近于符合(气泡两端影像分离≤2 mm)。用下丝和上丝精确照准标尺对应的基本分划，读取视距读数，其中第四位数须由测微器直接读得。随后转动倾斜螺旋使符合水准器气泡两端影像准确符合，再转动测微螺旋使楔形平分丝精确照准标尺基本分划，读取标尺基本分划和测微器读数，其中测微器读数读至整格数，即标尺的完整的全部读数为 5 位数。

3. 旋转望远镜照准前视标尺基本分划

使符合水准器气泡两端影像准确符合，用楔形平分丝精确照准标尺基本分划，读取标尺基本分划和测微器读数。然后用下丝和上丝各自照准对应的基本分划读取视距读数，其中第四位数也由测微器直接读得。

4. 用水平微动螺旋转动望远镜照准前视标尺辅助分划

使符合水准器气泡两端影像准确符合，用楔形平分丝精确照准辅助分划，读取标尺辅助分划和测微器读数。

5. 旋转望远镜照准后视标尺辅助分划

使符合水准器气泡两端影像准确符合，用楔形平分丝精确照准辅助分划，读取标尺辅助分划和测微器读数。

一个测站观测结束后，将倾斜螺旋恢复到标准(零)位置。

当使用无辅助分划的水准标尺时，在一个测站的第二次观测前、后视标尺中，应以相同的观测方法读取第二次读数，以代替辅助分划读数。

当使用补偿式自动安平水准仪观测时，应观察仪器的圆水准器概略整平的情况，用脚螺旋调整圆水准器气泡，没有倾斜螺旋。其他的操作与上述相同。

7.5.1.3　手簿的记录和计算

当采用光学水准仪或者具有测微装置的自动安平水准仪光学测微法测量时，外业观测手簿的记录格式见表 7-6，页头上的测段名称、测量方向、观测日期、时间、天气、成像及前后视标尺号等，应在每测段的始末、工作间歇前后和中间变化时及时填好。该表的观测记录数据为采用 Koni007 自动安平水准仪施测的结果。

表 7-6　二等水准测量记录手簿

往测自 Ⅱ红郑$_2$ 至 Ⅱ红郑$_3$　　　　　　　　　　　　　　　　　2012 年 7 月 10 日

时刻：始 6 时 50 分　　　　　　　末 9 时 25 分　　　　　　　成像：清晰

温度：23.5℃　　　　　　　　　　云量：2　　　　　　　　　　风向风速：东风 2 级

天气：晴　　　　　　　　　　　　土质：坚实土　　　　　　　太阳方向：前右

测站编号	后尺 下丝 / 上丝	前尺 下丝 / 上丝	方尺及向号	标尺读数 基本分划（一次）	辅助分划（二次）	基加 K 减辅（一减二）	备考
	后　距	前　距					
	视距差 d	$\sum d$					
	(1)	(5)	后	(3)	(8)	(14)	
	(2)	(6)	前	(4)	(7)	(13)	
	(9)	(10)	后—前	(16)	(17)	(15)	
	(11)	(12)	h	(18)			
1	1 972	2 887	后　5	172.30	172.31	−1	
	1 474	2 387	前　6	263.70	236.69	+1	
	498	500	后—前	−91.40	−91.38	−2	
	−0.2	−0.2	h	−91.390			
2	2 671	3 168	后	232.18	232.20	−2	
	1 971	2 469	前	282.02	282.04	−2	
	700	699	后—前	−49.84	−49.84	0	
	+0.1	−0.1	h	−49.840			
3—73	……	……	后	……	……	……	
	……	……	前	……	……	……	
	……	……	后—前	……	……	……	
	……	……	h				
74	3 972	3 845	后　6	372.25	372.28	−3	
	3 474	3 345	前　5	359.65	359.64	+1	
	498	500	后—前	+12.60	+12.64	−4	
	−0.2	−0.6	h		+12.620		
往测计算	233 228	168 786	后	2 110 186	2 110 204	−18	
	188 806	124 258	前	1 464 422	1 464 432	−10	
	44 422	44 428	后—前	+645 764	+645 772	−8	
	−0.6		h	+64.576 80			
测段小结	$D_{往}$	4.44 km	后	$h_{往}$	+32.288 40 m		
	$D_{返}$	4.42	前	$h_{返}$	−32.287 13		
	$D_{中}$	4.43	后—前	$h_{中}$	+32.287 76		
			h	$\Delta=+1.27\ mm<\pm 8.42\ mm$			

观测读数的记录和计算说明如下：

1. 一个测站的计算和检核

表 7-6 中括号内的数字表示记录和计算的次序。

视距部分：

(9)=(1)−(2)；(10)=(5)−(6)；(11)=(9)−(10)；

(12)=本站(11)+前站(12)。

视距各计算值不能超过表 7-5 规定的限值。

高差部分：

(13) = (4) + K(尺常数) − (7)；(14) = (3) + K − (8)；

(16)=(3)−(4)；(17)=(8)−(7)；(18)=$\frac{1}{2}$｛(16)+(17)｝；

(14) −(13)=(16)−(17)=(15)，作为检核。

(13)、(14)、(15)三项除作为检核计算之外，其值不得超过表 7-7 中的限值。

作业中在测站上只要保证(13)、(14)、(15)三项计算正确，则(16)、(17)、(18)三项不必每站计算，可等一测段观测结束后，直接计算测段的往测和返测高差及检核。

2. 测段观测结束后的计算和检核

视距部分：

$$\sum(9) = \sum(1) - \sum(2); \quad \sum(10) = \sum(5) = \sum(6)$$

末站 (12) = $\sum(9) - \sum(10)$。作为检核。

高差部分：

$$\sum(3) - \sum(4) = \sum(16) = h_{基}; \quad \sum(8) - \sum(7) = \sum(17) = h_{辅}$$

$$h_{中} = \frac{1}{2}(h_{基} + h_{辅}) = \sum(18)$$

检核：

$$\sum(3) + nK - \sum(8) = \sum(14); \quad \sum(4) + nK - \sum(7) = \sum(13)$$

$$h_{基} - h_{辅} = \sum(14) - \sum(13) = \sum(15)$$

一测段的往返测结束后，要作测段小结。测段小结计算的内容有：

测段距离：

$$D_{中} = \frac{1}{2}(D_{往} + D_{返})$$

往返测高差不符值 Δ 及其限值 $\Delta_{限}$：

$$\Delta = h_{往} + h_{返} \quad \Delta_{限} = \pm 4\sqrt{L}\ \text{mm}$$

式中：L 为测段距离(以 km 为单位)。

使用 5 mm 分格值的水准标尺观测时，测段的距离和高差观测值，都应除以 2 换算为真实的距离和高差。如表 7-6 中的成果就是这种情况。

3. 手簿记录和计算的基本要求

观测手簿的记录和计算，须做到记录真实、注记明确、整洁美观、格式统一。具体地说，外业原始观测值和记事项目，须在现场记录完成；记录的文字和数字应清晰端正；原始的文字和数字的记录，不得擦去或涂改。当原始记录的数字（只限于 m、dm 的读数）和文字有误时，应以单线划去，在其上方写出相应正确的数字和文字，并在备考栏内注明原因。但同一测站内两个相关的原始数字，不得同改一个常数（连环更改）。作废的观测记录，应以单线划去，并注明重测原因及重测结果记于何处。重测记录须加注“重测”二字。

4. 电子手簿及操作的基本要求

目前在水准测量中的很多情况下，都采用电子手簿的方法。电子手簿为配有相应程序的、具有一定存储容量的专用电子记录器或小型计算机，一般用键盘输入观测数据。其程序用算法语言按上述的观测、记录、计算检核的顺序设计，具有逻辑判断功能。对水准测量的每一步工作以及是否达到一定的技术要求、是否符合限差等给以提示，并具有保护数据安全的措施，应用起来非常方便，提高了效率。根据需要，可通过电子手簿的通讯接口，传输或打印出全部的测量成果，也可只传输或打印出测段的距离、高差，有关检核实际需要的最后的测量成果和数据。

在使用电子手簿时，应准确地输入有关的测站信息、如实地输入观测员读报的读数，避免误操作。

数字式水准仪则自动存储观测读数，不必另行输入；有关的信息以人机对话形式在屏幕平台上按提示进行，每一阶段的工作结束，即可通过仪器的通讯接口，传输或打印出全部的测量成果；信息也可直接进入计算机的数据处理系统，经平差处理后再输出。

7.5.1.4　Trimble DiNi03 数字水准仪的观测操作

当使用数字水准仪式时，也应观察仪器的圆水准器概略整平的情况，用脚螺旋调整仪器的整平，没有与倾斜螺旋有关部分以及测微方面的操作，注意观察显示屏的各种提示信息。

1. 仪器主要部件的图解说明

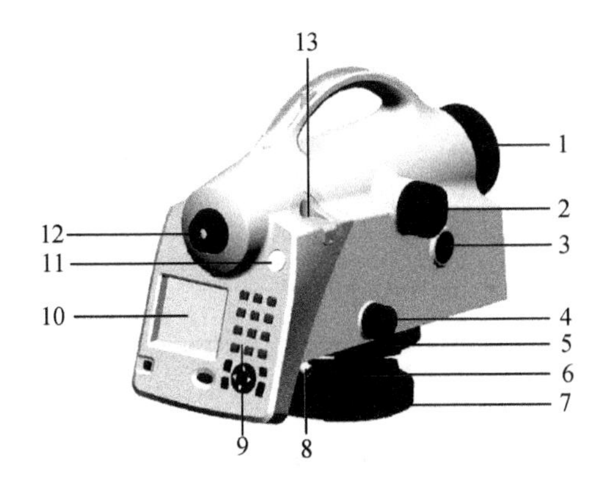

图 7-45　Trimble DiNi 数字水准仪

1. 望远镜遮阳板　2. 望远镜调焦螺旋　3. 触发键　4. 水平微调　5. 刻度盘　6. 脚螺旋　7. 底座　8. 电源/通讯口　9. 键盘　10. 显示器　11. 圆水准气泡　12. 十字丝　13. 可以动圆水准气泡调节器

2. 仪器主菜单说明

表 7-7 DiNi03 主菜单

主菜单	子菜单	子菜单	说明
(1) 文件	工程菜单	选择工程	选择已有工程
		新建工程	新建一个工程
		工程重命名	改变工程名称
		删除工程	删除已有工程
		工程间文件复制	在两个工程间复制信息
	编辑器		编辑已存数据、输入、查看数据、输入改变代码列表
	数据输入/输出	DINI 到 USB	将 DINI 数据传输到数据棒
		USB 到 DINI	将数据棒数据传入 DINI
	存储器	USB 格式化	记忆棒格式化,注意警告信息
			内/外存储器,总存储空间,未占用空间,格式化内/外存储器
(2) 配置	输入		输入大气折射、加常数、日期、时间
	限差/测试		输入水准线路限差(最大视距、最小视距高、最大视距高等信息)
	校正	Forstner 模式	视准轴校正
		Nabauer 模式	视准轴校正
		Kukkamaki 模式	视准轴校正
		日本模式	视准轴校正
	仪器设置		设置单位、显示信息、自动关机、声音、语言、时间
	记录设置		数据记录、记录附加数据、线路测量单点测量、中间点测量
(3) 测量	单点测量		单点测量
	水准线路		水准线路测量
	中间点测量		基准输入
	放样		放样
	断续测量		断续测量
(4) 计算	线路平差		线路平差

3. 键盘

表 7-8 DiNi03 控制和显示单元

按 键	描 述	功 能
	开关键	仪器开关机
	测量键	开始测量

(续表 7-8)

	导航键	通过菜单导航/上下翻页/改变复选框
	回车键	确认输入
Esc	退出键	回到上一页
α	Alpha 键	按键切换、按键情况在显示器上端显示
	Trimble 按键	显示 Trimble 功能菜单
	后退键	输入前面的输入内容
•,	逗号/句号	第一功能　输入逗号句号 第二功能　加减
0	O 或空格	第一功能　0 第二功能　空格
1	1 或 PQRS	第一功能　1 第二功能　PQRS
2	2 或 TUV	第一功能　2 第二功能　TUV
3	3 或 WXYZ	第一功能　3 第二功能　WXYZ
4	4 或 GHI	第一功能　4 第二功能　GHI
5	5 或 JKL	第一功能　5 第二功能　JKL
6	6 或 MNO	第一功能　6 第二功能　MNO
7	7	
8	8 或 ABC	第一功能　8 第二功能　ABC
9	9 或 DEF	第一功能　9 第二功能　DEF

4. 主菜单显示图标

如图 7-46 所示,仪器的 4 个主菜单以数字顺序和形象图案表示,以方便应用,其中测量菜单 3 表示已经激活。

5. 初始测站的工作

(1) 仪器参数设置

长度单位、照明、电量、声音、i 角改正等。

(2) 水准路线参数设置

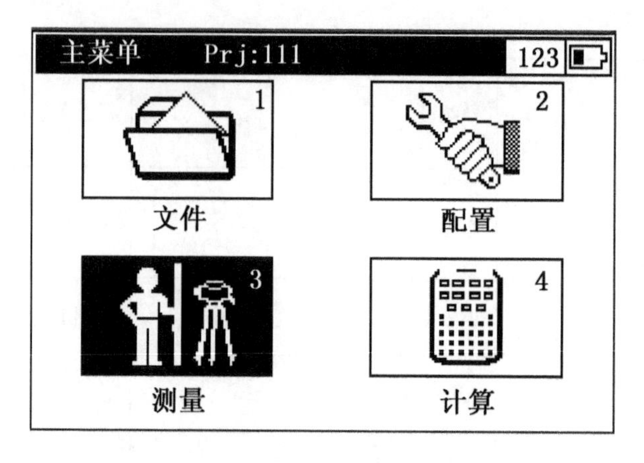

图 7-46

文件名、路线名、起始点名、起算数据、测站自动编号步长、

(3) 测量模式设置

水准测量的等级不同,测量的程序和步骤也不相同。一起有相应的测量方式的设置,仪器中"a"相邻测站或奇、偶测站交换测量顺序,"B"后视测量,"F"前视测量。

如一、二等水准:

往测:设置测量模式"aBFFB"(意为奇数站为后—前—前—后,偶数站为前—后—后—前);

返测:只要设置测量模式"aFBBF"(意为奇数站为前—后—后—前,偶数站为后—前—前—后)。

又如四等水准:

设置测量模式"BBFF"(意为后—后—前—前);四等水准除了支线需要往返测以外,没有返测的问题,所以不论往测还是返测,一律是后—后—前—前的模式即可。

(4) 测站限差设置

相应等级规范要求的测站限差,如视距长度、最小读数、视距差、两次读数差、两次读数计算的高差之差、视距积累差等。

(5) 其他设置

包括测量次数、结果的位数、测站标准差、单位、通讯、照明等。

(6) 其他测站的工作

其他测站工作包括用测绳、测量小车或者手持测距仪确定标尺和测站的位置,如果因地形等原因不能实现确定的话,可利用仪器的" "天宝功能键测量视距确认测站或标尺的位置。

(7) 数据存储与提取

每站工作结束,仪器自动将测量数据存储在设定的文件名下,无需记录,而且测站上的原始的测量状态包括返工等都记录下来,用户可根据需要提取所需要(分析、存档、摘录等)的数据;或者直接与相关的平差程序以一定的格式通讯链接,经平差数据处理后输出所需结果。

(8) 二等水准和四等水准(输出结果)示例

例一:二等闭合环

```
For M5|Adr   1|TO  213091nb.dat             |             |             |             |
For M5|Adr   2|TO  lzxsb                    |             |             |             |
For M5|Adr   3|TO  Start-Line   aBFFB  1|                 |             |             |
For M5|Adr   4|KD1    01  101              1|             |Z     10.00000  m |
For M5|Adr   5|KD1    01  101  07:49:207  1|Rb   1.46591  m |HD   30.652  m |             |
For M5|Adr   6|KD1    02  102  07:52:207  1|Rf   1.38370  m |HD   30.298  m |             |
For M5|Adr   7|KD1    02  102  07:52:387  1|Rf   1.38375  m |HD   30.291  m |             |
For M5|Adr   8|KD1    01  101  07:53:077  1|Rb   1.46606  m |HD   30.644  m |             |
For M5|Adr   9|KD1    02  102  07:53:07   1|              |              |Z     10.08226  m |
For M5|Adr  10|KD1    03  103  07:58:097  1|Rf   1.41304  m |HD   35.330  m |             |
For M5|Adr  11|KD1    02  102  07:58:357  1|Rb   1.28562  m |HD   35.312  m |             |
For M5|Adr  12|KD1    02  102  07:59:107  1|Rb   1.28559  m |HD   35.357  m |             |
For M5|Adr  13|KD1    03  103  07:59:377  1|Rf   1.41280  m |HD   35.322  m |             |
For M5|Adr  14|KD1    03  103  07:59:37   1|              |              |Z     9.95494  m |
......................................................................................
For M5|Adr  50|KD1    01  101             1|Sh   0.00013  m |dz  -0.00013  m |Z   10.00000  m |
For M5|Adr  51|KD2    01  101  8          1|Db   244.59  m |Df   243.44  m |Z   10.00013  m |
For M5|Adr  52|TO  End-Line               1|              |              |             |
For M5|Adr  53|TO  Start-Line   aBFFB  2|                 |              |             |
For M5|Adr  54|KD1     1    1             2|              |              |Z     1.00000  m |
For M5|Adr  55|KD1    01  101  09:16:497   |R    1.38556  m |HD    5.936  m |             |
For M5|Adr  56|KD1    02  101  09:18:257   |R    1.40143  m |HD   44.947  m |             |
For M5|Adr  57|KD1    03  101  09:23:227   |R    1.35540  m |HD    5.903  m |             |
For M5|Adr  58|KD1    04  101  09:30:491   |R    1.33783  m |HD   44.833  m |             |
For M5|Adr  59|KD1    05  101  09:31:011   |R    1.33788  m |HD   44.847  m |             |
For M5|Adr  60|KD1    06  101  09:31:521   |R    1.33716  m |HD   44.824  m |             |
```

例二：四等附合水准

```
For M5|Adr   1|TO  shuizishun.dat           |             |             |             |
For M5|Adr   2|TO  tom                      |             |             |             |
For M5|Adr   3|TO  20120703                 |             |             |             |
For M5|Adr   4|TO  Start-Line   BBFF   1|                 |             |             |
For M5|Adr   5|KD1    01  001              1|             |Z     10.00000  m |
For M5|Adr   6|KD1    01  001  08:27:431  1|Rb   1.40213  m |HD   23.996  m |             |
For M5|Adr   7|KD1    01  001  08:28:291  1|Rb   1.40215  m |HD   23.998  m |             |
For M5|Adr  10|KD1    02  0002  08:31:571  1|Rf   1.19302  m |HD   24.771  m |             |
For M5|Adr  11|KD1    02  0002  08:32:051  1|Rf   1.19312  m |HD   24.777  m |             |
For M5|Adr  12|KD1    02  0002  08:32:05   1|              |              |Z     10.20907  m |

For M5|Adr  13|KD1    02  0002  08:36:171  1|Rb   1.36269  m |HD   20.980  m |             |
For M5|Adr  14|KD1    02  0002  08:36:321  1|Rb   1.36273  m |HD   20.986  m |             |
For M5|Adr  15|KD1    03  0003  08:37:081  1|Rf   1.34009  m |HD   20.666  m |             |
For M5|Adr  16|KD1    03  0003  08:37:131  1|Rf   1.34023  m |HD   20.673  m |             |
For M5|Adr  17|KD1    03  0003  08:37:13   1|              |              |Z     10.23162  m |

......................................................................................
For M5|Adr 249|KD1    33  033  18:29:151  1|Rb   0.59746  m |HD   76.109  m |             |
For M5|Adr 250|KD1    33  033  18:29:201  1|Rb   0.59753  m |HD   76.144  m |             |
For M5|Adr 251|KD1    3400034  18:30:001  1|Rf   1.27289  m |HD   78.419  m |             |
For M5|Adr 252|KD1    3400034  18:30:051  1|Rf   1.27280  m |HD   78.385  m |             |
For M5|Adr 253|KD1    3400034  18:30:05   1|              |              |Z     10.19893  m |

For M5|Adr 254|KD1    3400034  18:41:111  1|Rb   1.32674  m |HD   60.834  m |             |
For M5|Adr 255|KD1    3400034  18:41:181  1|Rb   1.32652  m |HD   60.855  m |             |
```

```
For  M5|Adr  256|KD1    35  0035  18:41:551  1|Rf    1.52394  m  |HD     59.559  m  |                  |
For  M5|Adr  257|KD1    35  0035  18:42:001  1|Rf    1.52404  m  |HD     59.583  m  |                  |
For  M5|Adr  258|KD1    35  0035  18:42:00   1|                  |                   |Z   10.00156  m  |

For  M5|Adr  259|KD1    35  0035             1|Sh    0.00157  m  |dz   -0.00001  m  |Z   10.00156  m  |
For  M5|Adr  260|KD2    35  0035  34         1|Db    1923.49  m  |Df    1922.08  m  |Z   10.00157  m  |
For  M5|Adr  261|TO  End-Line                1|                  |                   |                  |
```

表中的数据除按照观测的程序排列之外，还增加了时间、高程以及及其管理方面的信息，容易看明白。对于单一路线的观测成果，还可以进行平差计算。

另外仪器还具有工程测量中的单独点测量、倒尺法测量、与“旧数据”链接以形成检核条件等特殊测量方式的功能，需要时注意调用和设置。

7.5.1.4 观测工作间歇的处理

外业水准测量经常会遇到天气、工作时间的限制等情况，需要暂时停止工作，待条件合适时，再接着测下去。测量上称这一类的问题为观测工作间歇。为了使间歇前后的观测成果正确衔接，间歇后的水准观测应从稳固可靠的间歇点起测。为此，观测工作间歇时，最好结束在水准点上。否则，应选择两个稳固可靠、光滑突出和便于立尺的固定点作为间歇点，并作出标记。间歇后应检测这两个固定点的高差，若检测高差与原先测定的高差之差符合限差要求，即可由前视固定点起测。倘若只能选出一个固定点作为间歇点，间歇后应对其仔细检视，如无任何位移迹象，才能由此起测。若无稳固的固定点可供选择，则应对间歇前最后两站的前、中、后三个转点尺桩（或三个带圆帽钉的木桩）作妥善设置后，作为间歇停测的固定位置，见图 7-47。当间歇后再继续处理时，应进行检测，并通过比较任意两个尺桩间歇前后所测高差是否合格以确定起测点。即前、中两尺桩检测结果合限时（二等水准测量的检测间歇点的限差为±1.0 mm），从前尺桩起测；超限时，若中、后两尺桩检测结果合限，从中尺桩起测；如仍超限，但前、后两尺桩检测结果合限，说明中尺桩位移而前尺桩稳固，应由前尺桩起测。如果它们全部超限，则应从前一个水准点起测。

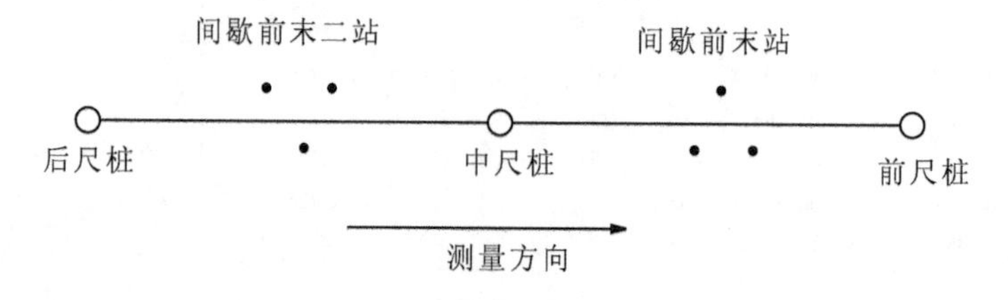

图 7-47 测量中工作间歇的处理

在观测手簿中，检测的记录应用红笔圈起，其高差在正式成果中不予采用。

7.5.1.5 水准点的观测

当观测到水准点上时，应仔细核对点位，以免发生错误。同时须卸下标尺底面的尺环，把标尺置于水准标石的标志上。

当新设的水准路线自成闭合环线或为支线而需要连测线路附近的已测路线上的水准点时，须单程检测一已测测段。如检测结果超限，应继续向前检测，以确定稳固可靠的已测点作为连测点。检测时，对于高等水准路线，按新设水准测量的等级要求施测；对于低等水准路线的检测，按已测路线水准测量的等级要求施测。

7.5.1.6 观测注意事项

(1) 每个测站上的仪器和前后视标尺位置，应力求接近一条直线。

(2) 在同一测站上观测时，不得两次调节望远镜焦距。倾斜螺旋和测微螺旋，其最后旋转方向应为旋进。

(3) 每一测段由往测转向返测时，两根水准标尺互换位置，并重新整置仪器。

(4) 因瓦合金标尺底部有尺环是为了保护标尺底部不致磨损以及与尺台(尺桩)标志的正确接触，在标尺放置水准点或其他固定点上时必须卸下来(尺环直径小于水准标志的尺寸)，否则就要出错。

(5) 使用有光学测微器的水准仪配合区格式水准标尺按中丝读数法观测时，须使平行玻璃板(或五角棱镜)固定于垂直位置，即测微器读数应保持为 50 格。例如用 S05 型 Koni007水准仪观测时，可使测微鼓读数为 50 格，然后拧紧测微螺旋的制动螺旋，将测微鼓固定后，就可以当普通仪器用了。

7.5.1.7　观测限差和超限成果的处理

1. 水准观测的限差

除表 7-5 所列观测视线的有关规定外，尚有二、三、四等水准测量测站观测限差(见表 7-9)；以及往返测高差不符值、路线和环线闭合差、检测已测测段高差限差及左右路线高差不符值的限差等(见表 7-10)。

表 7-9　水准测量测站限差

项目 / 等级	基、辅分划读数的差 (mm)	基、辅分划所测高差的差 (mm)	上下丝读数平均值与中丝读数之差 (mm)	左右路线转点差 (mm)	检测间歇点高差的差 (mm)
二等	0.4	0.6	3.0		0.7
三等	1.0	1.5		3.0	3.0
四等	3.0	5.0		5.0	5.0

表 7-10　水准测量检核限差表

项目 / 等级	路线测段、往返测高差不符值 (mm)	左右路线高差不符值 (mm)	附和路线闭合差 (mm)	环闭合差 (mm)	检测已测测段高差的差 (mm)
二等	$\pm 4\sqrt{K}$		$\pm 4\sqrt{L}$	$\pm 4\sqrt{F}$	$\pm 6\sqrt{R}$
三等	$\pm 12\sqrt{K}$	$\pm 8\sqrt{K}$	$\pm 12\sqrt{L}$	$\pm 12\sqrt{F}$	$\pm 20\sqrt{R}$
四等	$\pm 20\sqrt{K}$	$\pm 14\sqrt{K}$	$\pm 20\sqrt{L}$	$\pm 20\sqrt{F}$	$\pm 30\sqrt{R}$

注：表中 K、L、F、R 分别为测段、路线、环线、检测测段的长度，以 km 为单位。

2. 超限成果的处理

(1) 凡超限的观测结果均应重测。

(2) 测站观测限差超限时，若在本站发现，而前尺承(尺台、尺桩、尺垫)未动，可立即重测。若迁站后才发现，则应从水准点或间歇点(须经检测合格)起重新观测。

(3) 测段往返测不符值超值时，应先对可靠程度较小的往测或返测进行整测段重测。若重测高差与同方向原测高差的不符值不超过往返测高差不符值的限值，且其中数与另一单程原测高差的不符值亦不超限，则取其中数作为该单程的高差结果(若同向超限则取重测结果)。若该单程重测后仍超限，则重测另一单程。如果出现同向不超限，但异向间超限的分群现象时，要进行具体分析，找出产生系统误差的原因，然后采取有效措施(如缩短视距、选择最有利的观测时间，加强脚架与尺承的稳固性、检校水准仪和标尺等)再进行重测。

(4) 路线和环线闭合差超限时，应先对路线上可靠程度较小的(往返测高差不符值较大或观测条件不佳的)某些测段时行重测，如重测后仍不符合限差要求，则应重测该路线上其余有关测段。

(5) 由往返测高差不符值计算的每公里高差中数的偶然中误差 M_{Δ} 超限时，要分析原因，重测有关测段。

(6) 单程双转点观测左右路线高差不符值超限时(普通水准可采用该类方法)，可只重测一个单程单线，并与原测结果中符合限差的一个取中数采用；若重测结果与原测结果均符合限差，则取三次结果的中数。当重测结果与原测两个单线结果均超限时，应分析原因，再重测一个单程。

7.5.2 三、四等水准测量

三等水准测量可以使用 S05、S1 型水准仪和配用线条式因瓦合金水准标尺，采用光学测微法进行往返观测或单程双转点观测。测站上的观测操作、手簿记录计算和超限成果的处理与二等水准测量相同。在高差甚大的地区，为了减弱水准标尺每米间隔真长误差的影响，应尽可能使用因瓦水准标尺，按光学测微法施测。

采用单程双转点法观测时，在每一个转点处，各有左右相距 0.5 m 以上的两个尺台作为转点，相应于左右两条水准路线。在每一个测站上，可先完成右路线的观测，再进行左路线观测。

由于上一个测站前视的左右两个转点，是作为下一个测站后视的左右两个转点，它们的高差理应相等。因此，进行单程双转点法观测，需要比较左右路线两个转点高差，以检核观测成果的质量。

三等水准测量也可以使用 S3 型水准仪和区格式木质水准标尺，采用中丝读数法进行往返观测。

四等水准测量一般用 S3 型水准仪配用区格式双面木质水准标尺按中丝读数法进行观测。当四等水准路线为两端有高等点的符合路线或自成闭合环时，可只进行单程测量；由已知点起测的四等水准支线，必须进行往返观测或单程双转点法观测。

四等水准测量每站的观测顺序，可采用后—后—前—前。视距可以不读出上下丝的读数，而直接心算读定视距；观测操作，手簿记录和计算，与三等水准测量基本相同。

7.6 高程系统和水准原点

建立国家统一的高程控制网，必须首先解决两个基本问题，即选择高程系统和建立水准原点。高程系统是确定表示地面点高程的统一基准面，这个基准面就作为计算地面点高程的起算面。而水准原点的作用则是通过国家高程控制网传算高程的统一起始点。

7.6.1 水准面、大地水准面、铅垂线和高程系统、高程框架的基本概念

水准面：水在静止时的表面，有无穷多个，亦即在地球重力场中处处与重力方向正交的面、同一水准面上各点的重力位相等，故水准面又称“重力等位面”。水准面是测量的工作面。

大地水准面：一个与处于流体静平衡状态的海洋面(无波浪、潮汐、水流和大气压变化引起的扰动)重合并延伸到大陆内部的水准面。在海洋上通常以平均海水面表述。为一个没

有皱纹和棱角的、连续的封闭曲面。大地水准面上的重力位处处相等，并与其上的铅垂线处处保持着正交。由于地球表面起伏不平和地球内部物质分布不均匀，大地水准面的形状(几何性质)和重力场(物理性质)都是不规则的，它不能用一个简单的几何形体和数学公式来表达。由大地水准面所包围的形状叫"大地体"，是大地测量中主要的研究对象之一。但这样定义的一个特殊的面是非常抽象和难以得到的，一般采用在海边适当的位置进行验潮的方法得到一个平均的海水面位置，以代替理论上的平均海水面位置，即大地水准面。从理论上来讲，大地水准面只有一个，但因各国各地区验潮资料的多寡不同、精度不同，故实际上也出现了多个不同的大地水准面。

铅垂线：一般指重力的方向线，即悬挂重物时自由下垂的直线；任一点的重力矢量与该点的铅垂线相切；因此，垂线、铅垂线的方向和重力矢量的方向，三者是同义的。

高程系统：选择和确定表示地面点高程的统一基准面，以这个基准面就作为计算地面点高程的起算面，而通过相应的水准原点来传递高程。我国采用正常高系统，高程起算面为似大地水准面。

高程框架：是高程系统的实现。我国的水准高程框架由国家二期一等水准网以及复测的高精度水准控制网实现，以青岛水准原点为起算基准，以正常高系统为水准高差传递方式。

7.6.2　水准面的不平行性

水准测量实质上是假定不同高度的水准面互相平行并依据水准面测定高差的，这个假定在较短距离或较小的范围内与实际情况相差微小，但对于较长的距离和较大的范围来说，这个假定并不是正确的。由地球重力场和地球形状的基本理论知，空间重力场中的任何物质都受到重力作用而使其具有位能。对于单位质量的质点，其位能大小与质点所处的高度及该处的重力加速度有关。我们把这种随位置和重力加速度而变化的位能，称为重力位能，以 W 表示，相对于一定的基准面，则有：

$$W = g \cdot h \tag{7-31}$$

式中：g 为重力加速度；h 为单位质量的质点所处的高度。

水准面是一个重力等位面，或称重力位水准面。同一水准面上各点的重力位能处处相等。如将单位质量的质点从一个水准面移至另一个水准面过程重力所做的功，在数值上就是两水准面之间的重力位能之差 ΔW，即是位能的变化。可见 ΔW 也是一个常数。图 7-48 表示两个非常接近的水准面，它们在 A、B 两处的垂直距离各为 Δh_A、Δh_B，重力加速度各为 g_A、g_B，此时两个水准面之间的重力位能之差为：

$$\Delta W = g_A \cdot \Delta h_A = g_B \cdot \Delta h_B \tag{7-32}$$

A、B 作为地球上不同位置的两点，它们的重力加速度 g 值是不相等的。所以 Δh_A 与 Δh_B 也就不相等。这就是说，任意两个相邻的水准面都是不相平行的，并且与作用在这些点上的重力成反比。这个特性称为水准面的不平行性。

地面上不同点重力加速度的变化可分为两部分：一是随纬度不同的正常变化部分；另一则是随地壳内部物质密度不同的异常变化部分。

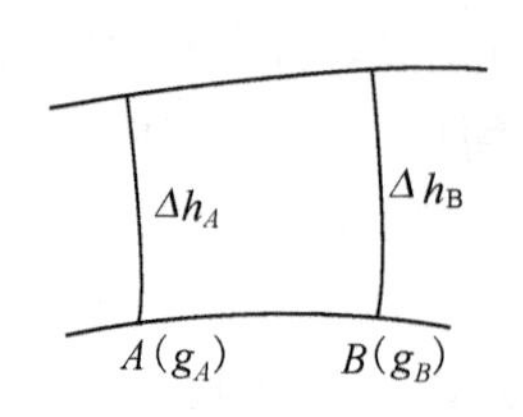

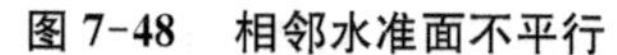
图 7-48　相邻水准面不平行

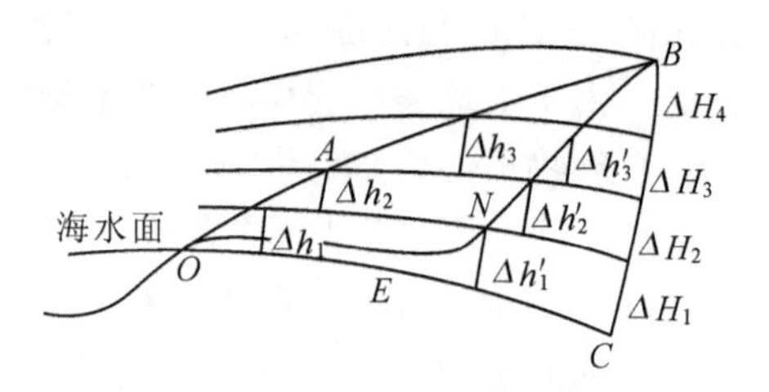

图 7-49　经不同的路线测量 *B* 点高程

与地球质量相等且质量分布均匀的正常椭球(亦称水准椭球)对其表面与外部的点所产生的重力加速度称为正常重力加速度。相应的正常重力加速度等位面,称为“正常位水准面”,它的形状相当于一族向两极收敛的旋转椭球面,其不平行性是规则的,仅随纬度而变,即正常重力加速度只与点位纬度有关,且可以按下列公式表达,即:

$$\gamma=\gamma_{45^{\circ}}(1-\alpha\cdot\cos 2\varphi) \tag{7-33}$$

式中:$\gamma_{45^{\circ}}$ 为纬度 45°处的正常重力加速度,单位是 m/s^2;α 为常数,约等于 0.002 644;φ 为某点所处的纬度。

地球一定空间点的位置相对于高程基准面每升高 1 m,重力加速度要减小 $0.308\ 6\times 10^{-5}\,m/s^2$。所以,当点位高出正常椭球面 H (m)时,正常重力加速度应为:

$$\gamma_H=\gamma-0.308\ 6\times10^{-5}H\ (m/s^2)$$

地壳内部物质质量的分布实际上是不均匀的,它也将引起重力加速度的变化,使得地面点的实测重力加速度 g 与相应点的正常重力加速度 γ 不相等,其差值 $\Delta g=g-\gamma$,称为“重力异常”。

与实测重力加速度相应的重力等位面,其不平行性是复杂而不规则的,必须通过实测重力加速度才能反映出来。

由于上述原因所产生的水准面不平行性,无疑将对水准测量成果产生影响。这对于国家高等级的精密水准测量来说,是不能忽视的。

如图 7-49,*OEC* 表示大地水准面,由 *O* 点开始沿 *OAB* 路线测得 *B* 点的高程是一系列测站高差之和,即:

$$H^{B}_{测}=\Delta h_1+\Delta h_2+\cdots=\sum_{OAB}\Delta h$$

同样,由 *O* 点开始沿路线 *ONB* 测得 *B* 点的高程又是另一系列测站高差之和,即:

$$H'^{B}_{测}=\Delta h'_1+\Delta h'_2+\cdots=\sum_{ONB}\Delta h'$$

由于水准面的不平行性,相应的高差 Δh_i 与 $\Delta h'_i$ 就不会相等。因此,对同一点 *B*,沿不同路线进行水准测量,所测得的高程并不相同。如果将图(7-49)中 *OAB* 和 *ONB* 水准路线合并成一个水准闭合环 *OABNO*,即使是水准测量没有误差,也还会出现环线闭合差。显然,这是由于水准面的不平行造成的。故由水准面不平行所产生的环线闭合差,称为理论闭合差。

为了解决理论闭合差所产生的这一矛盾,使某点高程具有唯一的数值,必须合理地选择高程系统。下面我们来研究合理地选择、确定适合我国实际情况的高程系统等方面的内容。

7.6.3　正高系统

所谓正高系统，就是以大地水准面为高程基准面的高程系统。地面一点的正高，就是该点沿铅垂线至大地水准面的距离。图 7-49 所示的 B 点的正高为：

$$H_{正}^{B} = \sum_{CB} \Delta H_i = \int_{CB} \mathrm{d}H \tag{7-34}$$

在铅垂线 BC 的不同点上，重力加速度有不同的数值。如果相应于 $\mathrm{d}H$ 处的重力加速度为 g^B，由式(7-32)可以写出：

$$g^B \cdot \mathrm{d}H = g \cdot \mathrm{d}h$$

或者：

$$\mathrm{d}H = \frac{g}{g^B}\mathrm{d}h$$

式中：g 为水准路线上相应于 $\mathrm{d}h$ 处的重力加速度。

将上式代入式(7-34)，可得：

$$H_{正}^{B} = \int_{CB} \mathrm{d}H = \int_{OAB} \frac{g}{g^B}\mathrm{d}h$$

因为沿垂线 BC 方向上的重力加速度 g^B 在不同深度处有不同的数值，若取其平均值为 g_m^B，则可得：

$$H_{正}^{B} = \frac{1}{g_m^B}\int_{OAB} g \cdot \mathrm{d}h \tag{7-35}$$

这就是求定 B 点正高的理论表达的基本公式。

式中：g_m^B 为一常数，$\int g \cdot \mathrm{d}h$ 为过 B 点的水准面与大地水准面之间的重力位能差，其值不随路线而异。也就是说，正高是唯一确定的数值，具有明显的物理意义和严格的概念，可以用来表示地面点的高程。但是，g_m^B 是地壳内部 BC 线上的重力加速度平均值，它无法由实测得到；同时 g_m^B 与地壳质量分布及密度密切相关，也无法将它精确计算出来。因此，正高虽然是比较理想的高程，但是它不可能精确地求定。

基于这些原因，促使人们寻求建立一种与正高系统非常接近，而在实际工作中又能严格和精确求定高程的系统，这就是下面要讨论的正常高系统。

7.6.4　正常高系统

如前所述，正常椭球表面与外部点的正常重力加速度可以准确计算，它和地球相应点的重力加速度 g 不但数值接近，而且具有相同的性质。所以我们可以用正常重力加速度 γ_m^B 代替公式(7-35)中的 g_m^B，于是就得到 B 点的正常高的理论表达的基本公式：

$$H_{常}^{B} = \frac{1}{\gamma_m^B}\int_{OAB} g \cdot \mathrm{d}h \tag{7-36}$$

式中：g 可在水准路线上由重力测量测定；$\mathrm{d}h$ 由水准测量测得；γ_m^B 可由正常重力加速度公式算出。

所以，正常高可以精确求得，其数值也不随水准路线而异，是唯一确定的。因此，我国统一采用正常高系统计算和表示地面点高程。

按地面各点的正常高沿正常重力线向下截取一系列的相应点，将这些点连成的一个连续曲面，就称为“似大地水准面”。可见，正常高系统是以似大地水准面为基准面的高程系统。尽管似大地水准面并不具备水准面的性质，正常高也无严格的物理意义，但是似大地水准面却极接近于大地水准面，它们之间相差甚微，在高山地区最多只有 2 m 的差值，平原地区不过几厘米。所以，正常高的数值与正高很接近，又能严格求得，故在实际工作中具有重要的实用价值和科学意义。

在平均海水面上，由于观测高差 $\mathrm{d}h=0$，故 $H_{常}=H_{正}=0$，此时似大地水准面与大地水准面重合。这说明，大地水准面的高程零点，对于似大地水准面也是适用的。

此外，应用天文重力水准测量方法或 GPS 加重力数据处理的精化方法，可以精确测定似大地水准面与椭球面之间的距离，即所谓的高程异常 ζ。所以利用正常高系统的高程，可以足够准确地求出地面点到椭球面的距离。这样就可以将地面观测数据(距离、角度等)精确地归算到椭球面上。

7.6.5 水准观测高差归化为正常高高差的计算

直接的水准观测高差不属于任何系统，需经改正才能归化为正常高高差。用正常重力加速度 γ 代替式(7-36)中的实测重力加速度 g，可以得到正常高的近似值的理论表达的基本公式为：

$$H_{近}^{B}=\frac{1}{\gamma_{m}^{B}}\int_{OAB}\gamma\cdot\mathrm{d}h \tag{7-37}$$

近似正常高相当于将地球视为理想的正常椭球，而没有顾及地壳内部质量分布不均匀所产生的重力异常影响。

式(7-37)中的正常重力加速度值 γ 可根据公式(7-33)求得。因此，不需要经过重力测量就能算出一个改正数 ε，并将这个改正数与观测高差相加，便可求得近似正常高高差。

这个改正数称为“正常位水准面不平行的改正”，下面来推导它的计算公式。

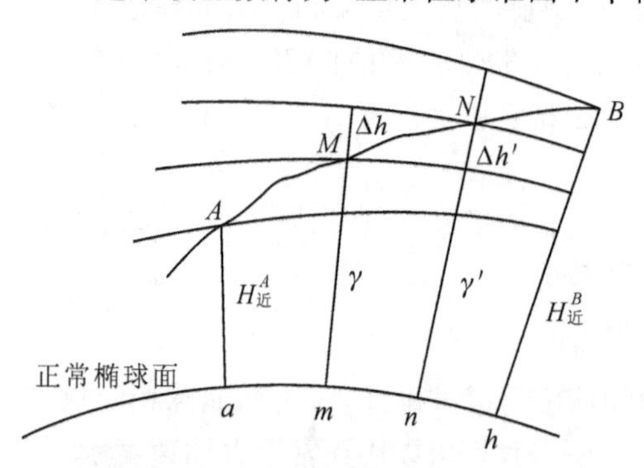

图 7-50 观测高差、近似高差和 ε 的关系

在图 7-50 中，设通过水准路线 $AMNB$ 测得 A、B 两点间的高差为 $(H_{测}^{B}-H_{测}^{A})$，A、B 两点间的近似正常高高差为 $(H_{近}^{B}-H_{近}^{A})$，现用 ε 表示这条水准路线的正常位水准面不平行改正数，于是有：

$$(H_{近}^{B}-H_{近}^{A})=(H_{测}^{B}-H_{测}^{A})+\varepsilon \tag{7-38}$$

首先，来看邻近两点 M 和 N 之间的改正数。由图可见，两点水准面间的高差有下列关系：

$$\Delta h'=\Delta h\cdot\frac{\gamma}{\gamma'}=\Delta h-\frac{\gamma'-\gamma}{\gamma}\cdot\Delta h$$

式中：γ 和 γ' 分别为 M 和 N 两点处的正常重力加速度。

对于微小的高差 Δh 和 $\Delta h'$，正常位水准面不平行的改正数 $\mathrm{d}\Delta h$ 可以写为：

$$\mathrm{d}\Delta h=\Delta h'-\Delta h=-\frac{\gamma'-\gamma}{\gamma'}\cdot\Delta h=-\frac{\Delta\gamma}{\gamma'}\cdot\Delta h \tag{7-39}$$

式中：$\Delta\gamma=\gamma'-\gamma$ 是两点间正常重力加速度的变化值，可由式(7-33)对纬度 φ 求微分，并取有限值代替微分值后得：

$$\Delta\gamma = 2\alpha \cdot \gamma_{45°} \cdot \sin 2\varphi \cdot \Delta\varphi \text{（}\Delta\varphi\text{ 为两点间的纬度变化值）}$$

将上式和式(7-33)同时代入式(7-39)，且顾及式(7-33)中 α 数值较小可略去其第二项，于是便得：

$$\mathrm{d}\Delta h = -2\alpha \cdot \sin 2\varphi_M \cdot \Delta\varphi \cdot \Delta h$$

点 M 和 N 之间的改正数 ε_M^N 是沿着垂线 mM 的所有 $\mathrm{d}\Delta h$ 之和，这时 φ_M 和 $\Delta\varphi$ 都是不变值，所以有：

$$\varepsilon_M^N = -2\alpha \cdot \sin 2\varphi_M \cdot \Delta\varphi \cdot \sum_m^M \Delta h = -2\alpha \cdot H_M \cdot \sin 2\varphi_M \cdot \Delta\varphi$$

式中 $H_M=\sum\limits_m^M \Delta h$ 是点 M 的高程。

ε_M^N 是 AB 水准路线上一个线段元素 MN 的正常位水准面不平行改正数。若求整条路线上的改正数，还要求各线段元素的改正数之和。这时 H_M 和 φ_M 都将是变数，所以就有：

$$\varepsilon_A^B = -2\alpha \cdot \sum_A^B H \cdot \sin 2\varphi \cdot \Delta\varphi$$

事实上，一条水准路线上纬度 φ 的变化是不大的，例如，南北走向的水准路线长达 100 km时，在中纬度地区 φ 的变化不到 1°，且由此对于计算得正常水准面不平行的改正数时的影响甚微。所以，上式中的 φ 认为是整条水准路线的平均纬度 φ_m，实际应用时，可取测区中的最高纬度和最低纬度两点的纬度值的平均值代替更为合理。这时 $\sin 2\varphi_m$ 就成为一个具体测区的计算正常水准面改正数的一个常量，可将其提到求和符号 $\sum$ 之外。其次，如果 $\Delta\varphi$ 以角分为单位，记作 $\Delta\varphi'$，则上式可以写成：

$$\varepsilon_A^B = -\frac{2\alpha}{\rho'} \cdot \sin 2\varphi_m \cdot \sum_A^B H(\Delta\varphi)'$$

对于一条水准路线来说，则有：

$$A = \frac{2\alpha}{\rho'} \times \sin 2\varphi_m = 0.000\ 001\ 538\ 1 \times \sin 2\varphi_m \tag{7-40}$$

对一个具体的测区来说，它是一个常数，这时式(7-40)可写成最后形式：

$$\varepsilon_A^B = -A \cdot \sum_A^B H(\Delta\varphi)' \tag{7-41}$$

对于水准路线上的某一测段 i，正常位水准面不平行的改正数可以写成：

$$\varepsilon_i = -A \times H_i \cdot \Delta\varphi_i' \tag{7-42}$$

式中：H_i 是第 i 测段始、末点的近似高程平均值；而 $\Delta\varphi_i'=\varphi_2-\varphi_1$，其中 φ_1 与 φ_2 为第 i 测段始、末点的纬度(以角分为单位)。

在水准环线各测段的观测高差中，加入了正常位水准面不平行改正数之后，其近似正常高高差的闭合差应为零。所以,由于水准面不平行性所产生的理论闭合差,就等于构成该水准环线的各测段的正常位水准面不平行改正数之和的反号。

比较正常高公式(7-36)和近似正常高公式(7-37)不难看出,两者之差是由水准路线 OAB (图 7-49)的重力异常所引起,即:

$$\left.\begin{aligned} H_{常}^{B}-H_{近}^{B} &= \frac{1}{\gamma_{m}^{B}}\int_{OAB}(g-\gamma)\mathrm{d}h \\ H_{常}^{A}-H_{近}^{A} &= \frac{1}{\gamma_{m}^{A}}\int_{OA}(g-\gamma)\mathrm{d}h \end{aligned}\right\}$$

式中:$(g-\gamma)$ 为沿着 OAB 水准路线或 OA 水准路线的重力异常值。

根据上式,又可以写出水准路线 AB 之间的正常高高差公式:

$$H_{常}^{B}-H_{常}^{A}=(H_{近}^{B}-H_{近}^{A})+\frac{1}{\gamma_{m}}\int_{AB}(g-\gamma)\mathrm{d}h \tag{7-43}$$

式中:$(g-\gamma)$ 为水准路线 AB (图 7-50)的重力异常值。且忽略了 γ_{m}^{B} 与 γ_{m}^{A} 的差异,而代之它们的是平均值 γ_{m}。

若引用符号 λ 代表式(7-43)的后项,则有:

$$\lambda=\frac{1}{\gamma_{m}}\int_{AB}(g-\gamma)\mathrm{d}h=\frac{1}{\gamma_{m}}(g-\gamma)_{m}\sum_{A}^{B}\Delta h \tag{7-44}$$

由式(7-43)、式(7-44)顾及式(7-38),则可得

$$H_{常}^{B}-H_{常}^{A}=(H_{测}^{B}-H_{测}^{A})+\varepsilon+\lambda \tag{7-45}$$

上式就是根据观测高差计算正常高高差的公式。式中等号右边第一项为水准观测高差;第二项为水准路线的正常位水准面不平行改正;第三项为水准路线上的重力位与正常位的水准面不一致所引起的改正(称为重力异常改正)。其中前两项在水准测量外业概算中计算,其和即为概略高差。因重力资料保密,故在内业水准网平差时,才加入重力异常改正。

7.6.6 水准原点

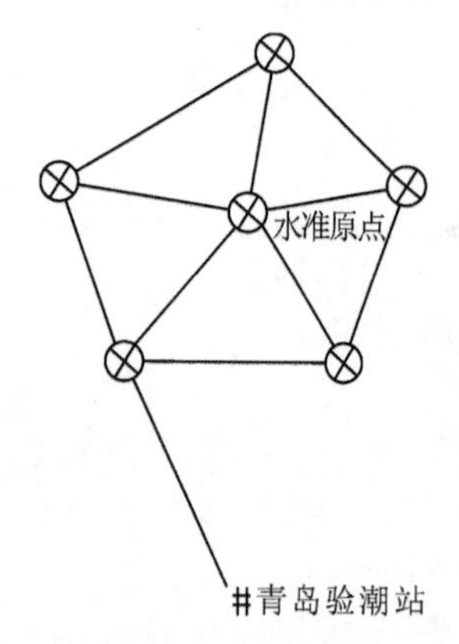

图 7-51 青岛水准原点

水准原点:国家高程网的起算点。我国的水准原点设在青岛附近,由一个原点和五个附点构成一个水准原点网,如图 7-51 所示。水准原点用玛瑙材料制作,花岗岩柱石牢固地埋设在地质情况良好的基岩上,原点所处的位置方便使用和宜于保管、并用精密水准测量把它们与青岛验潮站的水位标尺进行联测,供测绘和科研等提供起始数据。1956 年求得水准原点(即水准零点)高出黄海平均海水面的正常高为 72.289 m。这就是 1956 年黄海高程系的国家高程基准数据。

现在,我国"1985 国家高程基准"业经国务院批准,并公布使用。"1985 国家高程基准"是采用青岛验潮站 1952～1979 年验潮资料和重新联测资料计算确定的,依此推算的青岛水准原点的正常高为 72.260 m。国务院 1959 年 9 月 4 日批准试行的《中华人民共和国大地测量法式(草案)》中规定的国家高程基准和青岛水准原点高程值(72.289 m)即相应废止。

全国二期一等复测和二等水准网复测结果的整体平差的成果，都是以“1985 国家高程基准”进行推算的。因此，凡使用国家水准点高程数据的各类成果，均应注明所采用的高程基准。以其它高程基准推算的水准点高程成果，也应逐步归算至“1985 国家高程基准”上来。由于新、旧国家高程基准相差 29 mm，对于根据 1956 年黄海高程系测绘的一般地形图来说，影响并不大，以后有机会时再进行修测改正。

7.7　水准测量概算

水准测量概算是一项对采集的数据进行必要的外业计算工作，其目的是：检查外业成果的质量；计算出水准点的概略高程，可供无需高程精度很高的地形测量或工程测量等应用；为水准网平差准备好必要的数据。

二、三、四等水准测量外业计算的单位及数字的取位见表 7-11 所列。

水准测量概算的项目有：外业手簿的计算；高差和概略高程表的编算；往返测高差不符值及每公里高差中数偶然中误差的计算；环线闭合差及每公里高差中数全中误差的计算。

表 7-11　二、三、四等水准测量外业计算的单位及数字的取位规定

等　级	往（返）测距离总和(km)	往（返）测距离中数(km)	各测站高差(mm)	往(返)测高差总和(mm)	往(返)测高差中数(mm)	高程(mm)
二	0.01	0.1	0.01	0.01	0.1	1
三	0.01	0.1	0.1	1.0	1.0	1
四	0.01	0.1	0.1	1.0	1.0	1

7.7.1　外业手簿的计算

应对外业手簿进行全面认真的检查计算，既要保证正确无误，又要符合限差要求。

7.7.2　高差和概略高程表的编算

高差和概略高程表的编算格式见表 7-12。这项计算应由两人对算。

计算概略高程时，各测段观测高差应加入以下的三项改正。

7.7.2.1　水准标尺一米间隔真长误差的改正

当一对水准标尺一米间隔平均真长的误差 $|f| > 0.02$ mm 时，须在测段观测高差中加入一米间隔平均真长误差的改正。

在水准测量作业前和作业之后都要测定标尺的每米间隔真长，以观察标尺是否变化。若精密水准测量在作业前后，检测得标尺每米间隔真长的变化不大于 0.03 mm 时，以各次检测结果的中数来计算 f，并进行这项改正；若三、四等水准在作业期间，标尺每米间隔真长的变化不大于 0.08 mm 时，以各次检测结果的中数来计算 f，并进行这项改正。若标尺每米间隔真长的变化超过 0.03 mm 或 0.08 mm 时，应按观测时间以不同的测定值分别计算不同时期的改正数。应先分析尺长变化的原因，妥善、合理地处理检测成果和对观测高差的相应的改正。

测段的这项改正数用下式计算：

$$\delta_i = f h_i \tag{7-46}$$

式中：δ_i 为第 i 测段的往测或返测高差的一米间隔真长误差改正数；f 为一对水准标尺一米间隔平均真长与名义长度(即1米)之差，以毫米为单位；h_i 为第 i 测段的往测或返测高差，以米为单位。

例如：标尺№25 和№26 在测前和测后测得的一米间隔真长平均值见表 7-12。这对标尺总平均一米间隔真长为 999.96 mm，其误差为 $f = 999.96 - 10\,000 = -0.04$ mm，填写在高差和概略高程表(见表 7-13)的第 23 栏内。

由表 7-13 可知，Ⅰ柳宝$_{35}$基—Ⅱ宜柳$_1$ 测段的往返测高差为±20.345 m，其相应的标尺改正数为：

$$\delta_1 = (-0.04) \times (\pm 20.345) = \mp 0.81 \text{ mm}$$

计算结果填写在高差和概略高程表(见表 7-13)的第 17、18 栏内。余类推。

表 7-12　一对标尺一米间隔真长检测成果表

标尺号数	标尺分划面一米间隔的平均真长		
	基本分划(mm)	辅助分划(mm)	中数(mm)
25	999.96	999.95	999.955
26	999.97	999.98	999.975
中数	999.965	999.965	999.965

7.7.2.2　正常水准面不平行改正

在地形图上量取各测段始、末水准点的 φ 后，求各测段纬差 $(\Delta\varphi)'$。以水准路线的起始点的近似高程和各测段经标尺一米间隔真长误差改正后的往返测高差中数，推算各测段两端水准点的近似高程平均值 H_m（以米为单位）。根据路线的平均纬度 φ_m（路线中水准点 φ_{max} 和 φ_{min} 取中数）和公式(7-40)算得 A 值后，按式(7-42)计算 ε_i。如例中Ⅰ柳宝$_{35基}$—Ⅱ宜柳$_1$ 测段有：

$$A = 1153 \times 10^{-9}, H_m = 435 \text{ m}, (\Delta\varphi_1)' = -3'$$
$$\varepsilon_1 = -1153 \times 10^{-9} \times 435 \times (-3) = +1.5 \text{ mm}$$

ε_1 计算在专用的表 7-14 表中进行，计算结果要转抄到表 7-13 的第 21 栏内。其余各测段 ε_i 的计算可依此类推。

7.7.2.3　水准路线(或环线)闭合差的改正

附合路线或环线闭合差 W 的计算式是：

$$W = (H_0 - H_n) + \sum_1^n h_i' + \sum_1^n \varepsilon_i \tag{7-47}$$

各测段改正数依测段的长度按比例计算，即：

$$v_i = -\frac{R_i}{\sum_1^n R_i} \cdot W \tag{7-48}$$

式中：v_i 为第 i 测段高差相应的路线闭合差改正数；H_0、H_n 为附合水准路线起点和终点的已知高程；$\sum h_i'$ 为各测段经 δ 改正后的往返测高差中数的和；$\sum \varepsilon_i$ 为各测段正常水准面不平行改正数的和。

例中Ⅱ宜柳线的路线闭合差及第一测段路线闭合差改正数分别为：

$$W = 424.876\ \text{m} - 573.128\ \text{m} + 148.256\ \text{m} + 5.0\ \text{mm} = +9.5\ \text{mm}$$

$$v_i = -\frac{5.8}{80.9} \times 9.5 = -0.7\ \text{mm}$$

v_i 的计算结果填写在表 7-13 的第 21 栏内，其余各测段的计算可类推。

7.7.2.4　各水准点概略高程的计算

概略高程的计算公式为：

$$H_1 = H_0 + \sum_1^i h' + \sum_1^i \varepsilon + \sum_1^i v$$

示例中Ⅱ宜柳$_1$ 水准点概略高程凑整到毫米为：

$$H_1 = 424\ 876 + 20\ 344.5 + 1.5 - 0.7 = 445\ 221\ \text{mm}$$

Ⅱ宜柳$_2$ 水准点的概略高程为：

$$\begin{aligned} H_2 &= 424\ 876 + (20\ 344.5 + 77\ 300.4) + (1.5 + 1.7) + (-0.7 - 0.7) \\ &= 522\ 523\ \text{mm} \end{aligned}$$

计算结果填写在表 7-11 的第 22 栏内，余类推。

7.7.3　往返测高差不符值及每公里往返测高差中数的偶然中误差的计算

每条水准路线观测结束后，应计算往返测高差不符值及每公里往返测高差中数的偶然中误差 M_Δ，以评定和检核测量成果的质量。这两项的限差值见表 7-10 和表 7-1。

M_Δ 的计算公式为：

$$M_\Delta = \pm\sqrt{\frac{1}{4n}\left[\frac{\Delta\Delta}{R}\right]} \tag{7-49}$$

式中：Δ 为各测段的往返高差不符值，以毫米为单位；R 为各测段长度，以千米为单位；n 为测段数。

表 7-15 为Ⅱ宜柳线的 M_Δ 的算列，M_Δ 的计算结果为：

$$M_\Delta = \pm\sqrt{\frac{1}{4 \times 15} \times 6.2500} = \pm 0.32\ \text{mm} < 1\ \text{mm}$$

符合该线相应等级(二等)的限差值。

表 7-13　二等水准测量外业高差与概略高程表

观测者：丁一　校算者：张磊
编算者：王强　检查者：刘水

路线名称：Ⅰ宜柳线　自　宜　河　至　柳　城　仪器：S1　71002　施测年份：2010 年

标石类型 水准点编号	水准点位置（至重要地物的方向与距离）	纬度 φ	测段编号	测段距离 R，km	距起算点距离 km	往测方向	土质（土、砂、石松紧与植被等）	天气（阴晴和风）往测	天气（阴晴和风）返测	往测 施测月日	往测 测站数 上午	往测 测站数 下午	返测 施测月日	返测 测站数 上午	返测 测站数 下午	观测高差 标尺长度改正 δ 往测	观测高差 标尺长度改正 δ 返测	往返测高差不符值 Δ	不符值累积	加 δ 后往返测高差中数 h' 正常水准面不平行改正 ε 闭合差改正 v	概略高程 $H=H_0+\sum h'+\sum\varepsilon+\sum v$	备注
1	2	3	4	5	6	7	8	9	10	11	12	13	14	15	16	17	18	19	20	21	22	23
基本 Ⅰ柳宝$_{35基}$	宜州县第二中学院内	24°28′	1	5.8	0.0	东南	坚实粘土	阴 无风	阴晴不定 2 级风	7.2 3	60	38	7.28 29	38	58	m +20.344 42 −81	m −20.346 28 +81	mm −1.86	mm 0.00	mm +20 344.5 +1.5 −0.7	mm 424 8 76	
普通 Ⅱ宜柳$_1$	宜州县太平公社良川村 2 号电线杆北 20 m 处	25			5.8														−1.86		445 221	
普通 Ⅱ宜柳$_2$	宜州县太平公社春秀村 13 号公里碑西 50 m	22	2	5.6	11.4	东南	坚实土	阴 1−2 级风	晴 无风	3 4	40	60	26 27	60	38	+77.304 18 −309	−77.302 85 +309	+1.33	−0.53	+77 300.4 +1.7 −0.7	522 523	
普通 Ⅱ宜柳$_3$	宜州县太平公社东河村东北约 200 m 处	19	3	5.0	16.4	东南	坚实土	晴 2−3 级风	阴 无风	5	34	40	24	40	32	+55.576 08 −222	−55.577 65 +222	−1.57	−2.10	+55 574.6 +1.9 −0.6	578 099	
岩普 Ⅱ宜柳$_4$	沂城县欧同公社新象村小学北 100 m 处	16	4	6.0	22.4	东南	带沙实土	阴晴不定 无风	阴 1−2 级风	6 7	58	40	22 23	38	58	+73.450 18 −294	−73.451 80 +294	−1.62	−3.72	+73 448.0 +2.1 −0.7	651 548	
普通 Ⅱ宜柳$_5$	沂城县欧同公社龙门村西南 55 m 处	14	5	5.4	27.8	南	坚实土	阴晴不定 1−2 级风	晴 2−3 级风	7 8	38	56	20 21	54	40	+17.094 70 −68	−17.094 10 +68	+0.60	−3.12	+17 093.7 +1.5 −0.6	668 643	
岩普 Ⅱ宜柳$_6$	沂城县欧同公社中学北 58 m 处	11	6	5.7	33.5	南	坚实土	阴 无风	晴 2 级风	10	40	42	19	40	40	+32.770 58 −131	−32.772 95 +131	−2.37	−5.49	+32 770.5 +2.4 −0.7	701 415	
普通 Ⅱ宜柳$_7$	沂城县小坊公社明江村 33 号公里碑西 50 m 处	9	7	5.9	39.4	东南	坚实土	阴 3 级风	阴晴不定 1−2 级风	11 12	56	38	17 18	38	54	+80.548 52 −322	−80.547 05 +322	+1.47	−4.02	+80 544.6 +1.7 −0.7	781 960	
普通 Ⅱ宜柳$_8$	沂城县小塘公社青龙观村南 60 m 处	8	8	4.9	44.3	东南	坚实粘土	晴 1−2 级风	阴 2 级风	12 13	34	60	16 17	62	32	+11.745 28 −47	−11.745 02 +47	+0.26	−3.76	+11 744.7 +0.9 −0.6	793 705	mm $f=-0.04$
普通 Ⅱ宜柳$_9$	沂城县里高公社双桥村东南 50 m 处	9	9	5.3	49.6	东	实土	阴晴不定 无风	阴 1−2 级风	8.3	38	40	8.22	38	38	−18.074 48 +72	+18.071 82 −72	−2.66	−6.42	−18 072.4 −0.9 −0.6	775 632	
普通 Ⅱ宜柳$_{10}$	沂城县里高公社光明村南 40 m 处	10	10	4.8	54.4	东	带沙实土	阴 1−2 级风	晴 无风	4	40	40	21	36	38	−10.145 55 +41	+10.146 12 −41	+0.57	−5.85	−10 145.4 −0.9 −0.6	765 485	
岩普 Ⅱ宜柳$_{11}$	沂城县里高公社双桥村东南 50 m 处	11	11	5.6	60.0	东	带沙实土	阴 无风	阴 3 级风	5 6	60	42	19 20	40	58	−101.097 35 +404	+101.099 32 −404	+1.97	−3.88	−101 094.3 −0.8 −0.7	664 389	
普通 Ⅱ宜柳$_{12}$	柳河县三都公社平阳村小学西北 140 m处	13	12	5.2	65.2	东北	坚实土	阴晴不定 2−3 级风	阴 3 级风	6 7	38	58	18 19	58	38	−61.959 32 +2.48	+61.959 85 −2 48	+0.53	−3.35	−61 957.1 −1.5 −0.6	602 430	
普通 Ⅱ宜柳$_{13}$	柳河县汽车站东南 400 m 处	15	13	4.7	69.9	东北	坚实土	阴 无风	晴 1 级风	8	36	38	17	36	36	−54.996 60 +220	+54.996 18 −220	−0.42	−3.77	−54 994.2 −1.3 −0.6	547 434	
普通 Ⅱ宜柳$_{14}$	柳河县北关公社小学南 40 m 处	17	14	5.9	75.8	东北	实土	阴 1−2 级风	阴 无风	10 11	62	40	14 15	38	60	+10.050 25 −40	−10.051 68 +40	−1.43	−5.20	+10 050.6 −1.3 −0.7	557 482	
基本 Ⅰ柳南$_{1基}$	柳城公安局院内	20	15	5.1	80.9	东北	坚实土	晴 2 级风	阴 1−2 级风	11 12	32	54	13 14	52	30	+15.648 22 −63	−15.649 72 +63	−1.50	−6.70	+15 648.3 +2.0 −0.6	573 128	

表 7-14　正常水准面不平行改正与路线闭合差的计算

二等水准路线：自宜河至柳城　　　　　　　　　　　　　　　　计算者：王　强

水准点编号	纬度 φ	观测高差 h'	近似高程	平均高程 H	纬差 $\Delta\varphi$	$H\cdot\Delta\varphi$	正常水准面不平行改正 $\varepsilon=-AH\Delta\varphi$	附记
	°′	m	m	m	′		mm	
Ⅰ柳宝$_{35基}$	24　28	+20.345	425	435	−3	−1 305	+1.5	
Ⅱ宜柳$_1$	25		445					已知：Ⅰ柳宝$_{35基}$高程为：424.876 m　Ⅰ柳南$_{1基}$高程为：573.128 m　本例的 A 按平均纬度 24°18′ 计算得 $1\,153\times10^{-9}$
Ⅱ宜柳$_2$	22	+77.304	523	484	−3	−1 452	+1.7	
Ⅱ宜柳$_3$	19	+55.577	578	550	−3	−1 650	+1.9	
Ⅱ宜柳$_4$	16	+73.451	652	615	−3	−1 845	+2.1	
Ⅱ宜柳$_5$	14	+17.094	669	660	−2	−1 320	+1.5	
Ⅱ宜柳$_6$	11	+32.772	702	686	−3	−2 058	+2.4	
Ⅱ宜柳$_7$	9	+80.548	782	742	−2	−1 484	+1.7	
Ⅱ宜柳$_8$	8	+11.745	794	788	−1	−788	+0.9	
Ⅱ宜柳$_9$	9	−18.073	776	785	+1	785	−0.9	
Ⅱ宜柳$_{10}$	10	−10.146	766	771	+1	771	−0.9	
Ⅱ宜柳$_{11}$	11	−101.098	665	716	+1	716	−0.8	
Ⅱ宜柳$_{12}$	13	−61.960	603	634	+2	1268	−1.5	
Ⅱ宜柳$_{13}$	15	−54.996	548	576	+2	1152	−1.3	
Ⅱ宜柳$_{14}$	17	+10.051	558	558	+2	1106	−1.3	
Ⅱ宜柳$_{1基}$	20	+15.649	573	566	+3	1698	−2.0	
	$\sum\varepsilon$						+5.0	

表 7-15　往返测高差不符值表

路线名称：Ⅱ宜河—柳城　　仪器：S1　71002　　日期：2010.10　　　　　计算者：王　强

测段编号	R km	$\sum R$ km	Δ mm	$\sum\Delta$ mm	Δ^2	$\frac{\Delta^2}{R}$	备　注
1	5.8	5.8	−1.86	−1.86	3.4596	0.5965	
2	5.6	11.4	+1.33	−0.53	1.7689	0.3159	
3	5.0	16.4	−1.57	−2.10	2.4649	0.4930	
4	6.0	22.4	−1.62	−3.72	2.6244	0.4374	
5	5.4	27.8	+0.60	−3.12	0.3600	0.0667	
6	5.7	33.5	−2.37	−5.49	5.6169	0.9854	
7	5.9	39.4	+1.47	−4.02	2.1609	0.3663	
8	4.9	44.3	+0.26	−3.76	0.0676	0.0138	$M_\Delta=\pm\sqrt{\frac{1}{4n}\left[\frac{\Delta^2}{R}\right]}=\pm\sqrt{\frac{1}{4\times15}\times6.2500}=\pm0.32\text{ mm}$
9	5.3	49.6	−2.66	−6.42	7.0756	1.3350	
10	4.8	54.4	+0.57	−5.85	0.3249	0.0677	
11	5.6	60.0	+1.97	−3.88	3.8809	0.6930	
12	5.2	65.2	+0.53	−3.35	0.2809	0.0540	
13	4.7	69.9	−0.42	−3.77	0.1764	0.0375	
14	5.9	75.8	−1.43	−5.20	2.0449	0.3466	
15	5.1	80.9	−1.50	−6.70	2.2500	0.4412	
$\sum$						6.2500	

如该项指标超限，则应在分析判断的基础上，返工有关的测段。

当路线长度小于 100 km 时，可以不单独计算 M_Δ，但此路线应纳入相邻路线中一并参与计算。又当测段长度小于 0.5 km 时，R 应按 0.5 km 计算。

从表 7-13 中看出，路线的往返测不符值 $\sum\Delta=-6.70$ mm，优于该路线的等级的限值 ($\pm 4\times\sqrt{80.9}=\pm 35.98$ mm)。该项指标通常作为衡量水准测量质量的一个参考值。

7.7.4　每公里往、返高差中数的全中误差的计算

所谓全中误差就是偶然误差和系统误差的综合影响。当构成水准网的水准环线个数超过 20 个时，要计算每公里往、返测高差中数的全中误差 M_W。M_W 的计算公式为：

$$M_W=\pm\sqrt{\frac{1}{N}\left[\frac{WW}{F}\right]} \tag{7-50}$$

式中：W 为各水准环线闭合差，以毫米为单位；F 为各水准环线长度，以千米为单位；N 为环线数。

该项指标的限差值见表 7-1。如超限，则应在分析判断的基础上，返工有关的测段。

7.8　光电测距高程导线测量

7.8.1　三角高程测量概述

传统的三角高程测量是利用经纬仪观测两点之间的垂直角和由平面控制网所提供的两点间水平距离，根据平面三角公式来计算两点之间的高差。与水准测量相比较，该法具有灵活简便的特点，很适合山区和高层建筑物上点的高程的测量作业。通常在水准网的控制下，用四等水准支线直接测定三角网中一定数量的三角点高程，作为高程起算点，然后用三角高程测量方法测定其余的各三角点之间的高差，然后通过数据处理，即可得到三角高程网中各点的三角高程。长期以来三角高程测量就成为测定三角点高程的基本方法。

在《测量学》中已经推导了三角高程测量的高差计算公式，它的基本形式是：

$$h=S\cdot\tan\alpha+\frac{1-K}{2R}\cdot S^2+i-t \tag{7-51}$$

式中：S 为两点之间的实地水平距离，α 为两点间的垂直角观测值，K 为大气垂直折光系数，i 为测站点仪器高，t 为照准点觇标高。

三角高程测量方法具有传递高程简便灵活、受地形条件限制较少等优点；但由于有诸多因素的影响，使三角高程测量的精度很难有显著的提高，这也就限制了三角高程测量的应用范围。在诸多因素中尤以边长误差、垂直角误差以及折光影响最为突出。人们根据这些误差的性质及其对三角高程测量的影响规律作了不少的探讨与分析，旨在提高三角高程测量的精度，以便在实际工作中能较为广泛地应用。

7.8.2　光电测距三角高程测量计算公式及精度分析

直接利用两点之间的实测的倾斜距离和垂直角两个直接观测量来计算高差的方法，称之为光电测距三角高程法。用这种方法连续建立的高程控制又称为光电测距高程导线。目前所颁布的有关测量规范中，已经将光电测距高程导线列为建立高程控制网的方法之一。

7.8.2.1　高差计算公式

如果在 A 点上设站观测 B 点，测得倾斜距离为 d(经过各项改正后的倾斜距离)，垂直角为 α。若考虑到 A 点的仪器高为 i，B 点的觇牌高为 t，则 A 点至 B 点的高差为：

$$h = d \cdot \sin\alpha + \frac{1-K}{2R} \cdot d^2 \cdot \cos^2\alpha + i - t \tag{7-52}$$

式中：R 为测区的参考椭球平均曲率半径，K 为大气垂直折光系数。

如果依上式计算的相邻测站间的对向往、返高差分别为 h_1 和 h_2，则高差中数为：

$$h_{中} = \frac{h_1 - h_2}{2} \tag{7-53}$$

由于采用了实测的距离计算高差，加之仪器高和觇牌高能易高精度地量取，则使得光电测距三角高程的精度有了很大的提高，尤其是短边光电测距三角高程的精度提高得更为显著。

7.8.2.2　精度分析

下面对光电测距三角高程测量的精度作一基本的分析。

光电测距三角高程测量均需进行对向观测，按式(7-52)可以列出 2 个对向高差计算公式：

$$\left.\begin{aligned} h_1 &= d_1\sin\alpha_1 + \frac{1-K_1}{2R}d_1^2\cos^2\alpha_1 + i_1 - t_2 \\ h_2 &= d_2\sin\alpha_2 + \frac{1-K_2}{2R}d_2^2\cos^2\alpha_2 + i_2 - t_1 \end{aligned}\right\} \tag{7-54}$$

式中：d_1 和 d_2、α_1 和 α_2 分别为对向观测的斜距和垂直角，代入式(7-53)又得：

$$\begin{aligned} h_{中} = \frac{1}{2}\Big[&(d_1\sin\alpha_1 - d_2\sin\alpha_2) + \frac{1-K_1}{2R}d_1^2\cos^2\alpha_1 - \frac{1-K_2}{2R}d_2^2\cos^2\alpha_2 \\ &+ (i_1 - i_2) + (t_1 - t_2)\Big] \end{aligned} \tag{7-55}$$

按照协方差传播律，上式全微分可得高差中数的方差，再考虑到同类观测量观测精度相同，即 $m_{\alpha_1} = m_{\alpha_2} = m_\alpha$，$m_{d_1} = m_{d_2} = m_D$，$m_{K_1} = m_{K_2} = m_K$，$m_{i_1} = m_{i_2} = m_i$，$m_{t_1} = m_{t_2} = m_t$，则高差中数的方差式可写为：

$$m_{h_{中}}^2 = \frac{1}{2}\left[(\sin\alpha \cdot m_D)^2 + \left(d\cos\alpha\frac{m_\alpha}{\rho}\right)^2 + \left(\frac{1}{2R}d^2\cos^2\alpha m_K\right)^2 + m_i^2 + m_t^2\right] \tag{7-56}$$

对上式右端逐项误差分析如下：

1. 测距误差 m_D，它对高差的影响与垂直角 α 的大小也有一定的关系。一般中短程光电测距仪的测距精度 $m_D = \pm(5 + 5\text{ppm}D)$ mm，它与 α 共同对高差精度的影响并不显著，如表 7-16 所列。

2. 测角误差 m_α，垂直角观测误差对高差的影响随着水平距离的增加正比例增大，其影响远远超过测距误差，是制约高差精度的最主要误差来源。为了削弱其影响，一是控制距离的长度，二是增加垂直角测回数，改进照准标志，提高垂直角测角的精度。

3. 大气垂直折光误差 m_K，由公式(7-55)可以看出，如果在相同的时间对向观测垂直角，可以认为 $K_1 = K_2$，这就抵偿了大气垂直折光对高差中数的影响。但是事实上，对向观测难以同时进行，对向大气垂直折光的影响也不会完全一样，往测和返测时 K 值总会存在差异，所以对向观测时 m_k 应是往返测大气垂直折光系数 K 值变化的影响。

其次由公式(7-56)还可看出，大气折光差对所测高差的影响随着距离的增加而急剧增大，在 1 km 范围以内，它的影响不大。据有关文献记载，在山区不同时间进行对向观测，在高差中数的误差中，大气垂直折光误差与前面的系数综合为 $m_K/(2R)=\pm 0.042(\text{cm/km})=m'_K$，当 $d=1$ km 时，对高差的影响为 ±0.4 mm，影响最小。

4. 量高误差 m_i 和 m_t，作业时用量测杆或钢卷尺等量取仪器高和觇牌高各两次，取中数后使 $m_i=m_t=2$ mm，从目前设备和方法上是可以做得到的。

为了将上述分析进行量化比较，我们取 $m_D=\pm(5+5\times 10^{-6}D)$ mm、$m_\alpha=\pm 2.0''$、$m'_k=\pm 0.042$ cm/km、$m_i=\pm 2$ mm，取垂直角 α 分别为 3°、16°，取有代表性的不同边长，分别代入式(7-56)，求出测距误差、测角误差、大气折光差、量高误差及其对高差中数的联合影响，列入表(7-16)。

通过对表 7-16 中的数值比较，可以得出如下结论：

(1) 欲提高测距三角高程测量的精度，最主要的是提高垂直角观测精度，其次是要控制测距长度；

(2) 当垂直角观测精度 $m_\alpha\leqslant\pm 2.0''$ 时，在 1 km 距离内，$m_h=\pm 7.16$ mm。理论和实践都已证明，在一定的条件下，光电测距高程导线完全可以达到国家四等水准测量的精度要求。

表 7-16　测距三角高程的误差来源及其大小(单位:mm)

垂直角	误差源	0.2 km	0.4 km	0.6 km	0.8 km	1.0 km
3°	测距	0.222	0.259	0.297	0.333	0.370
	测角	1.369	2.739	4.108	5.477	6.847
	折光差	0	0.063	0.152	0.268	0.420
	量高	2	2	2	2	2
	m_h	2.43	3.40	4.58	5.85	7.15
14°	测距	1.026	1.197	1.369	1.539	1.711
	测角	1.330	2.661	3.992	5.322	6.653
	折光差	0	0.063	0.152	0.268	0.508
	量高	2	2	2	2	2
	m_h	2.61	3.54	4.67	5.89	7.17

7.8.3　四等光电测距高程导线测量的实施

下面以《城市测量规范》的要求为例，说明四等光电测距高程导线测量的实施。

7.8.3.1　布设方案

四等光电测距高程导线应尽可能在平面控制网的基础上布设，以便于平面控制与高程控制共同施测。须起闭于不低于三等的水准点上，还要进行对向观测。

7.8.3.2　主要技术要求

四等光电测距高程导线每公里高差中数全中误差 M_W、路线长度、附合路线闭合差、环闭合差的限差与四等水准测量相同。

边长不得大于 1 km，对向观测高差较差不应大于 $\pm 40\sqrt{D}$ (mm)(D 为测距边水平距离以 km 为单位)。

7.8.3.3　野外数据采集

1. 距离测量

应采用不低于Ⅱ级精度的测距仪往返观测各一测回,测距的各项限差和要求与平面控制测量相同。每站应读取气温气压值。

2. 垂直角观测

应采用觇牌为照准目标,用 J2 型经纬仪按中丝法观测三测回。光学测微器两次读数的差不应大于 3″,垂直角测回互差和指标差较差均不应大于 7″。

同一边对向观测垂直角应在短时间内进行,以使往返测的大气垂直折光系数相近,这样取往返测高差的中数,就可以大大减弱大气垂直折光系数对高差中数的影响。

3. 仪器高和觇牌高的量取

应在观测前后用经过检验的测量杆或钢卷尺各量测一次,精确至 1 mm,当较差不大于 2 mm 时取中数采用。最好用专用垂直杆安装觇牌或棱镜并设置固定高度。

4. 大气垂直折光系数 K 的确定

当用单向观测高差计算实用公式计算每一条三角边的往测和返测高差时,必须知道 c 值,即球气差改正系数或称两差改正系数 $c=\dfrac{1-K}{2R}$。对一个测区来说,地球平均曲率半径 R 是个常数,因此确定 c 值实质上就是确定 K 值。作业中为了计算方便,通常不直接确定 K 值而确定 c 值。

确定的 c 值必须符合测区观测垂直角时的大气垂直折光的实际情况。当 c 值正确时,往返测高差闭合差便较小;反之 c 值不正确时,往返测高差闭合差便较大、甚至造成超限。因此,c 值确定的正确程度,对检核观测成果质量有重要的意义。确定 c 值的主要方法有下面两种:

(1) 在已测几何水准的两点间进行三角高程测量来确定 c 值

当用三角高程测量方法测定三角边两端点 A、B 之间的高差时,如果 c 值确定,观测垂直角和量高没有误差,则由三角高程测量测定的 A、B 两点间的高差,应与几何水准测量测得的该两点高差相等。

设用几何水准测量直接测得的 A、B 两点高程分别为 H_A、H_B,在 A 点上设站观测 B 点的垂直角为 α_{AB},A 点的仪器高为 i_A,B 点的觇标高为 t_B,A、B 两点的椭球面上的距离为 S,考虑到因应用椭球面上的边长与实际地面边长的差异而引起的高差改正数 Δh_{AB} 和 Δh_{BA},则有:

$$H_B-H_A=h_{AB}=S\tan\alpha_{AB}+cS^2+i_A-t_B+\Delta h_{AB}$$

若令 $(h_{AB})_0=S\tan\alpha_{AB}+i_A-t_B+\Delta h_{AB}$,于是有:$H_B-H_A=(h_{AB})_0+cS^2$,即:

$$c=\frac{H_B-H_A-(h_{AB})_0}{S^2} \tag{7-57}$$

作业中用这种方法确定 c 值时,应在测区内选择 4～5 条两端已用几何水准测量测定了高差的三角边,于有利的观测时间进行垂直角观测,然后依式(7-57)对每条边计算 c_i 值,并取它们的中数 $c_中=\dfrac{[c_i]}{n}$ 作为该测区所采用的 c 值,去计算各边的球气差改正数。

(2) 用两点间对向观测垂直角来确定 c 值

若三角边两端点同时或大约同时在有利的观测时间对向观测垂直角,则在计算往测和返测高差时,可以认为它们的球气差改正系数 c 相同。于是:

往测高差为:

$$h_{AB} = S\tan\alpha_{AB} + cS^2 + i_A - t_B + \Delta h_{AB}$$

返测高差为:

$$h_{BA} = S\tan\alpha_{BA} + cS^2 + i_B - t_A + \Delta h_{BA}$$

令: $(h_{AB})_0 = S\tan\alpha_{AB} + i_A - t_B + \Delta h_{AB}$; $(h_{BA})_0 = S\tan\alpha_{BA} + i_B - t_A + \Delta h_{BA}$

则

$$h_{AB} = (h_{AB})_0 + cS^2; h_{BA} = (h_{BA})_0 + cS^2$$

因 $h_{AB} = -h_{BA}$, 故得: $(h_{AB})_0 + cS^2 = -(h_{BA})_0 - cS^2$, 即:

$$c = -\frac{(h_{AB})_0 + (h_{BA})_0}{2S^2} \tag{7-58}$$

用这种方法确定 c 值时,应在测区内选择具有代表性的 20～25 条边的对向观测垂直角成果,依式(7-58)对每条边计算 c_i 值,然后取它们的中数 $c_中 = \frac{[c_i]}{n}$,作为该测区计算各边球气差改正数所采用的 c 值。

大家知道,在不同地区、不同地形条件、不同季节、不同天气、不同时刻和不同的视线高度情况下,大气密度的垂直分布各不相同。因而对于不同的观测条件,大气垂直折光系数 K 值可能有很大的差异。

根据我国中部、西北部和西南部 13 个测区 707 条边实测资料的统计,不同地区的 K 值见表 7-17。

表 7-17　大气折光系数 K 统计表

地区种类	平原与山地	水网与湖泊	森　林	沼　泽	沙　漠
统计边数	405	132	30	49	91
K 的平均值	+0.115	+0.157	+0.143	+0.148	+0.195

不难理解,当测区面积很大并有各种不同的地形时,大气的密度是不同的,所以在不同的区域进行垂直角观测时的 K 值是不一样的、不能只采用一个 c 值去计算各边的球气差改正数,而应将测区依地形条件(如山地、平原、湖泊、沼泽、森林、沙漠等)划分为若干个 c 值计算区域,然后就每个区域分别确定 c 值,并用以计算相应区域内各边的球气差改正数。当 c 值计算区域内的三角边数目少于 20 时,则每一三角边均应计算 c 值并取中数采用。

7.8.3.4　高差计算和验算

为了检核往返测高差闭合差,保证观测成果的质量,应先采用式(7-52)计算单向观测高差。

高差计算时,垂直角应精确到 0.1″,距离、高程应精确到1 mm。

高差验算的项目有:往、返测高差闭合差;环线闭合差;附合路线闭合差等。

思考题与习题

7S・1. 布设国家水准网的基本原则是什么?

7S・2. 水准标石有哪些类型?

7S・3. 5 mm 分划和 10 mm 分划因瓦合金标尺的主要特点各是什么?

7S・4. 国家各等水准测量,使用什么系列标准的水准仪和水准标尺?

7S・5. 为了减弱用倾斜螺旋精密整平仪器所引起的视线高度变化误差,圆水准器、管水准器和倾斜螺旋应如何配合使用?

7S・6. 试述精密水准仪光学测微器的测微原理和光学测微法的读数步骤。

7S・7. 每期作业前,精密水准仪要进行哪几项检验?

7S・8. 概述水准仪自动安平原理。

7S・9. 了解 Trimble DiNi03 操作菜单,能解读输出的数据。

7S・10. 试述 I_1ABI_2 测定精密水准仪 i 角的步骤。

7S・11. 水准观测的一般规则有哪些,各个规则的作用是什么?

7S・12. 在一、二等水准观测中,光学测微法一测站的操作步骤是什么?

7S・13. 在精密水准观测中为什么相邻测站要变换观测顺序?

7S・14. 精密水准测量的测站限差?

7S・15. 测段计算和测段小结的内容?

7S・16. 如何处理超限成果和决定重测?

7S・17. 什么叫地面点的正高、正常高、近似高,它们之间有何关系和区别?

7S・18. 我国采用何高程系统? 正常高系统所依据的基准面是什么?

7S・19. 如何将水准测量测得的测段观测高差化算为相应的正常高高差?

7S・20. 水准测量概算的目的是什么? 水准测量概算有哪些项目?

7S・21. 光电测距高程导线的基本原理是什么? 写出其单向观测高差的计算公式。

7S・22. 如何确定两差改正系数 c?

7S・23. 提高光电测距高程导线精度的措施有哪些?

7X・1. 现用 I_1ABI_2 方法对某台 koni007 精密水准仪进行 i 角检验,有关结果为:$D_1 = 5.8$ m,$D_2 = 45.4$ m,$a_1 = 2\ 968.42$ m,$b_1 = 2\ 975.63$ m,$a_2 = 3\ 021.64$ m,$b_2 = 3\ 033.69$ m(提示:a_i、b_i 均为名义值)。试计算 i 角及 a'_2、b'_2。如该仪器用于二等水准测量,i 角是否合格?

7X・2. 表 7-18 中的数据为自北州至天镇的二等水准测量的观测成果及有关的参数,试完成水准测量概算、M_Δ 的估算,并进行质量检核。

表 7-18　二等水准测量外业高差与概略高程表

观测者：　　　　校算者：

路线名称：Ⅱ北天线（自　北州至天镇）　　仪器：$N_3$58014　　施测年份：2012 年

编算者：　　　　检查者：

标石类型	水准点位置（至重要地物之方向与距离）	纬度 φ	测段编号	测段距离 R km	距起算点距离	观测高差 标尺长度改正 δ		往返测高差不符值 Δ	不符值累积 mm	加 δ 后往返测高差中数 h' 正高改正 ε 闭合差改正 v mm	概略高程 $H = H_0 + \sum h' + \sum \varepsilon + \sum v$ mm	备注 mm
水准点编号						往测 m	返测 m					
1	2	3	4	5	6	17	18	19	20	21	22	23
Ⅱ北天$_{1基}$		39°51′	1	5.6		+47.121 48	−47.120 13				692 433*	
Ⅱ北天$_2$		46										
Ⅱ北天$_3$		42	2	6.4		−41.048 30	+41.049 35					
Ⅱ北天$_4$		37	3	7.3		−16.347 12	+16.345 08					
Ⅱ北天$_5$		31	4	6.2		+11.400 96	−11.398 01					
Ⅱ北天$_6$		28	5	5.2		+28.894 10	−28.896 06					$f=-0.06$
Ⅱ北天$_7$		25	6	4.8		−20.743 68	+20.744 19					
Ⅱ北天$_8$		20	7	7.4		+25.617 47	−25.619 21					
Ⅱ北天$_9$		17	8	5.6		+20.107 41	−20.108 92					
Ⅱ北天$_{10}$		18	9	6.3		+36.472 34	−36.473 08					
Ⅱ北天$_{11基}$		14	10	5.2		+27.886 02	−27.884 18				811 843*	

第 8 章　GPS 卫星定位技术基础

利用人造卫星实现空间定位是近代大地测量技术的重要成就，目前正在运行、试运行或建设中的星座有 GPS、GLONASS、伽利略、北斗导航等，以 GPS 的应用较为普遍。应用 GPS 卫星定位技术建立控制网，具有精度高、速度快、费用低等优点，目前 GPS 卫星定位已经取代传统三角测量，在一定的范围内成为建立平面控制网的首选方法；其次，随着 GPS 定位技术和数据处理软件的不断完善，结合水准测量部分成果，GPS 定位也有望成为建立高程控制网的方法之一。

本章将扼要介绍 GPS 系统的组成和 GPS 信号，GPS 卫星定位原理，GPS 定位方案设计、作业方法以及定位数据处理等。GPS 定位所涉及的基础理论较多，本章将简化公式论证，侧重于介绍基本概念和基本知识，力图通过本章的学习，掌握 GPS 定位的基本原理和方法，为今后进一步学习奠定基础。

8.1　GPS 系统和卫星信号

8.1.1　引言

GPS 是美国国防部为其军事需要而研制的全球卫星导航与定位系统，迄今经历了预研、总体设计研究、系统试验和卫星研制、生产应用等 4 个阶段，耗资 150 多亿美元。整个系统包括空间(卫星)、地面控制、用户接收 3 个部分。每颗 GPS 卫星均可连续地发送 2 个 L 频带的载波，载波上调制了多种信号，用于计算卫星位置、识别卫星和计时等目的。地面接收机可以在任何地点、任何时间、任何气象条件下进行连续观测，并且在时钟控制下，测定出卫星信号到达接收机的时间 Δt，进而确定卫星与接收机之间距离为：

$$\rho = c \cdot \Delta t + \sum \delta_i$$

式中：c 为信号传播速度，$\sum \delta_i$ 为有关的改正数之和。

GPS 定位就是把卫星看成“飞行”的控制点(利用卫星轨道参数可确知其瞬时位置)，根据测量的星站距离 ρ，进行空间距离后方交会，确定地面接收机的位置。

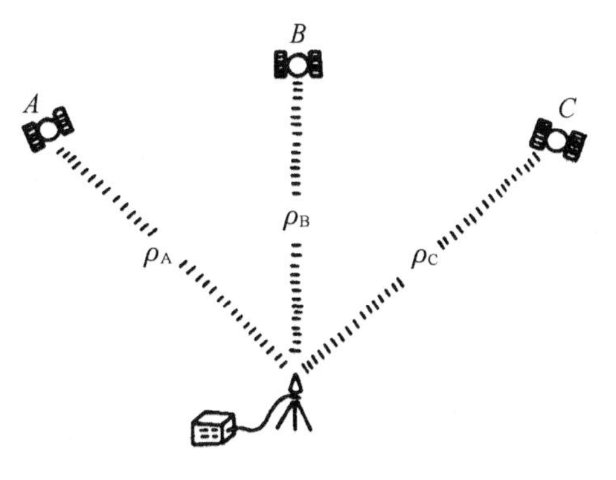

图 8-1　地面接收机接收 GPS 卫星信号

如图 8-1 所示，如果卫星 A、B、C 的已知瞬时位置用空间直角坐标 x_A、y_A、z_A，x_B、y_B、z_B，x_C、y_C、z_C 表示，距离观测值分别为 ρ_A、ρ_B、ρ_C，则由下列方程可以确定接收机的位置(x,y,z)为：

$$\rho_A = [(x - x_A)^2 + (y - y_A)^2 + (z - z_A)^2]^{\frac{1}{2}}$$
$$\rho_B = [(x - x_B)^2 + (y - y_B)^2 + (z - z_B)^2]^{\frac{1}{2}}$$
$$\rho_C = [(x - x_C)^2 + (y - y_C)^2 + (z - z_C)^2]^{\frac{1}{2}}$$

由此可见,GPS定位的实质就是利用已知的卫星瞬时位置作为起算数据,采取空间距离后方交会的方法,确定地面点的空间位置。

GPS定位技术用于测量工程,以其灵活性、全天候、高精度、自动化的显著优势令经典大地测量刮目相看,具体表现为:① 点位选设灵活,点间无需通视;② 全天适时定位,免受气候限制;③ 精度大为提高,耗费大为降低;④ 简捷轻便迅速,自动化程度高。

8.1.2 GPS系统的组成

GPS卫星全球定位系统由3大部分组成(图8-2):① 空间部分:GPS卫星及其星座;② 地面控制部分:包括1个主控站、3个注入站、5个监测站;③ 用户设备部分:GPS信号接收机。

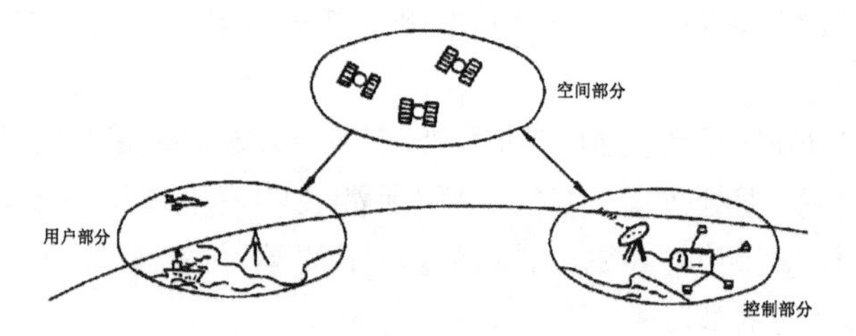

图8-2 GPS卫星全球定位系统的3大组成部分

8.1.2.1 GPS卫星及其星座

GPS卫星主体呈圆柱形,直径约为1.5 m,重约845 kg,两侧设有2块双叶太阳能板,能自动对日定向,以保证卫星正常工作用电。如图8-3所示。

每颗卫星装有4台高精度原子钟(2台铷钟和2台铯钟),发射标准频率,为GPS定位和导航提供精确的时间标准。此外,卫星上还有发动机和动力推进系统,用于保持卫星轨道的正确位置并控制卫星姿态。

GPS卫星的主要功能是:① 接受和储存由地面控制站发送来的信息,执行监控站的控制指令;② 微处理机进行必要的数据处理工作;③ 通过星载原子钟提供精密的时间标准;④ 向用户发送导航和定位信息。

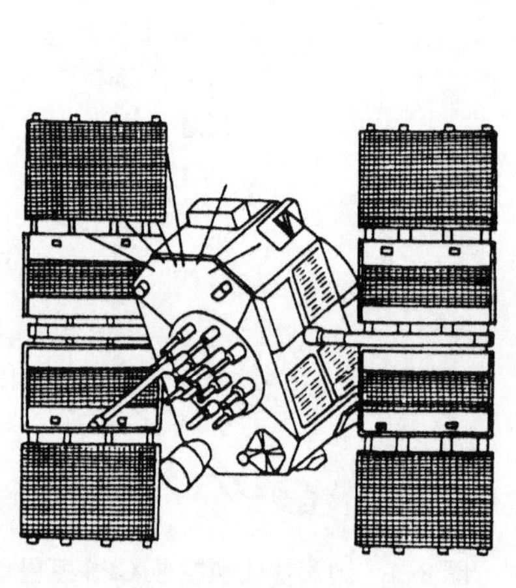

图8-3 GPS卫星

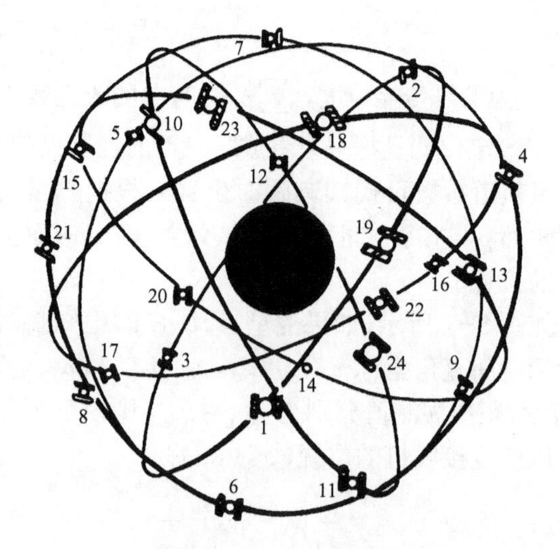

图8-4 GPS卫星星座

由21颗工作卫星和3个在轨备用卫星所组成的GPS卫星星座如图8-4所示。24颗卫星均匀分布在 6 个轨道平面内，每个轨道平面内有 4 颗卫星运行，距地面的平均高度为 20 200 km。6 个轨道平面相对于地球赤道面的倾角为 55°，各轨道面之间交角为 60°。当地球自转 360°时，卫星绕地球运行 2 圈，每 11 h 58 min 环球运行 1 周。地面观测者相对于昨天观测的时间每天提前 4 min 就可见到同一颗卫星，可见时间约 5 h。随着截止高度角的不同，观测者至少也能观测到 4 颗卫星，最多可以观测到 11 颗卫星。

8.1.2.2　地面控制部分

地面控制部分由 1 个设立在美国本土的主控站、3 个分设在大西洋和印度洋及太平洋美国空军基地上的注入站、5 个分设在夏威夷和主控站与注入站的监测站共同组成。

监测站在主控站的直接控制下，对 GPS 卫星进行连续跟踪观测，确定卫星运行瞬时距离、监测卫星工作状态，并将算得的站星距离、卫星状态数据、导航所需数据、气象数据传送到主控站。

主控站根据收集到的数据计算各个卫星的轨道参数、卫星的状态参数、时钟改正、大气传播改正等，并将这些数据按一定格式编制成电文，传输给注入站。

注入站的主要作用是将主控站需传输给卫星的资料以既定方式注入到卫星存储器中，供卫星向用户发送。

8.1.2.3　用户接收设备

用户设备部分按其功能又分为硬件和软件两个部分。其中硬件部分主要包括 GPS 接收机及其天线、微处理机及其终端设备、电源等。软件部分则是支持接收机硬件实现其功能、完成导航和定位的重要组成部分和条件。

接收设备的主要功能就是接收、跟踪、变换和测量 GPS 信号，获取必要的信息和需要的观测量，经过数据处理完成导航和定位任务。

8.1.3　GPS 卫星信号

卫星所发送的 GPS 信号，是一种可供无数用户共享的信息资源。它包括载波信号、测距码、数据码等多种信号分量，能满足多用户系统的导航、高精度定位及军事保密的需要。这里简要介绍 GPS 信号的内容、特点及作用。

8.1.3.1　GPS 卫星的载波信号

GPS 卫星信号所包含的载波、测距码（包括 C/A 码、P 码）、数据码（导航电文，或称 D 码）都是在同一个基本频率 $f_0 = 10.23$ MHz 的控制下产生的，如图 8-5 所示。

GPS 卫星信号使用了 L 波段的 2 种不同频率的电磁波（L_1，L_2）作为载波，载波 L_1 和 L_2 的频率 f 和波长 λ 分别为：

$$f_1 = 154 \times f_0 = 1\,575.42\ \text{MHz} \qquad \lambda_1 = 19.03\ \text{cm}$$

$$f_2 = 120 \times f_0 = 1\,227.60\ \text{MHz} \qquad \lambda_2 = 24.42\ \text{cm}$$

在无线电通讯技术中，总是将频率较低的信号加载到频率较高的载波上，以利于传播和接收。频率较低的信号就称为调制信号。在载波 L_1 上调制有 C/A 码、P 码（或 Y 码）和数据码，而在载波 L_2 上只调制有 P 码（或 Y 码）和数据码。

GPS 卫星的测距和数据码是采用调相技术调制到载波上的，且调制码的幅值只取 0 或 1。码值取 0 时，对应的码状态为 +1；码值取 1 时，对应的码状态为 −1。载波和相应的码状态相乘后便实现了载波的调制，此时码信号就被加载到载波上去了。

GPS 载波的作用还不仅仅是加载和传送码信号，同时载波本身就是一个重要的测量对

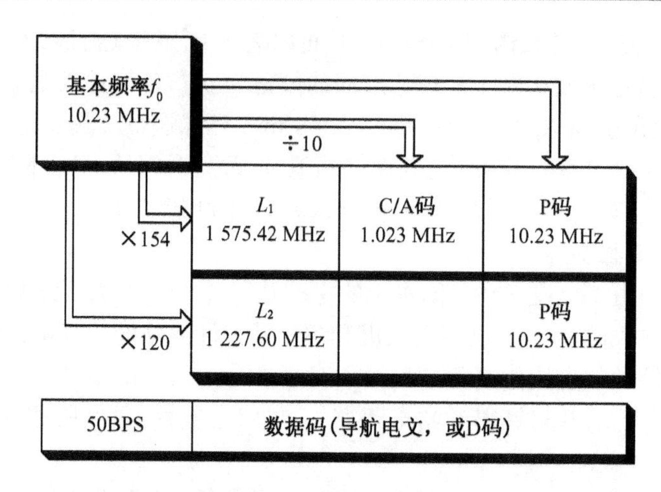

图 8-5　GPS 信号结构

象(见章节 8.2 载波相位测量部分内容)。

8.1.3.2　GPS 卫星的测距码

现代数字通讯中,普遍使用二进制数("0"和"1")及其组合来表示各种信息,称其为码。在二进制中,一位二进制数叫做 1 个码元或 1 比特(bit),每秒钟传输的比特数称为数码率。

GPS 卫星所采用的 2 种测距码,即 C/A 码和 P 码(或 Y 码)均属于伪随机码,它们是一种可以按设计确定、可以重复地产生和复制、具有随机统计特性的二进制序列。

(1) C/A 码　C/A 码的码长较短,码元宽度较大。不同的 GPS 卫星,采用的 C/A 码结构不同,但码长、周期、数码率均相同,它们为:

码长　$N_u = 2^{10} - 1 = 1\,023$ bit

码元宽度　$t_u = \dfrac{1}{f_1} \approx 0.977\,52\ \mu\text{s}$ (相应距离 293.1 m)

周期　$T_u = N_u t_u = 1$ ms

数码率　$P_u = 1.023$ Mbit/s

在 GPS 导航和定位中,为了捕获 C/A 码以测定卫星信号传播时间,通常需要对 C/A 码逐个进行搜索。由于 C/A 码总共只有 1 023 个码元,若以每秒 50 个码元的速度搜索,只需约 20.5 s 便可达到目的。而且通过捕获的 C/A 码所提供的信息,又可方便地捕获 P 码。

C/A 码的码元宽度较大,假设两个序列的码元对齐误差为码元宽度的 1/10～1/100,相应的测距误差为 29.3～2.9 m。

可见,C/A 码易于捕获,但其确定距离精度较低,所以又称其为粗码。

(2) P 码　P 码是精密测距码,称为精码。它的特征值是:

码长　$N_u \approx 2.35 \times 10^{14}$ bit

码元宽度　$t_u \approx 0.097\,752\ \mu\text{s}$ (相应距离 29.3 m)

周期　$T_u = N_u t_u \approx 267$ d

数码率　$P_u = 10.23$ Mbit/s

P 码周期很长,267 天才重复一次。为此 P 码周期分成了 38 部分,每一部分周期 7 天(码长 6.19×10^{12} bit)。其中 1 部分闲置,5 部分给地面监控站,32 部分给不同的卫星使用。所以不同卫星使用了 P 码的不同部分,使得结构互不相同,但码长和周期依然相同。

由于卫星信号中P码的码长为6.19×10[12] bit,此时仍采用搜索C/A码的办法搜索P码,则需14×10[5] d才可实现,这是不现实的。因此,一般都是先捕获C/A码,再根据导航电文中给出的有关信息,迅速地捕获P码。

P码的码元宽度为C/A码的1/10,如果2个序列的码元对齐误差仍为码元宽度的1/10～1/100,相应的测距误差为2.93～0.29 m,仅为C/A码的1/10。

C/A码的精度虽低,但码的结构是公开的,可供广大用户使用。而P码结构不公开,专供美国军方及特许用户使用。目前P码的结构逐渐为大家所知难以继续保密,为此GPS卫星将发射一种与P码相似的保密码,即Y码,并且有意将码的结构复杂化,使一般用户难以复制和利用。

8.1.3.3　GPS卫星的导航电文

所谓导航电文,就是包含了有关卫星星历、卫星工作状态、时间系统、卫星钟运行状态、轨道摄动改正、大气折射改正和由C/A码捕获P码等导航信息的数据码(或D码)。

导航电文也是二进制码,依规定格式组成,按帧向外播送。每帧电文长度1 500 bit,播送速率50 bit/s,所以播送一帧电文需要30 s。

如图8-6所示,每帧导航电文含有5个子帧,其中第1、2、3子帧各有10个字码,每个字码30 bit,而4、5子帧为了记载多达25颗卫星的星历,各有25个页面。子帧1、2、3与子帧4、5的每一页均构成一帧导航电文,每25帧导航电文组成一个主帧。在一个主帧内,1、2、3子帧的内容每小时更新一次,子帧4、5的内容仅在给卫星注入新的导航数据后才得以更新。

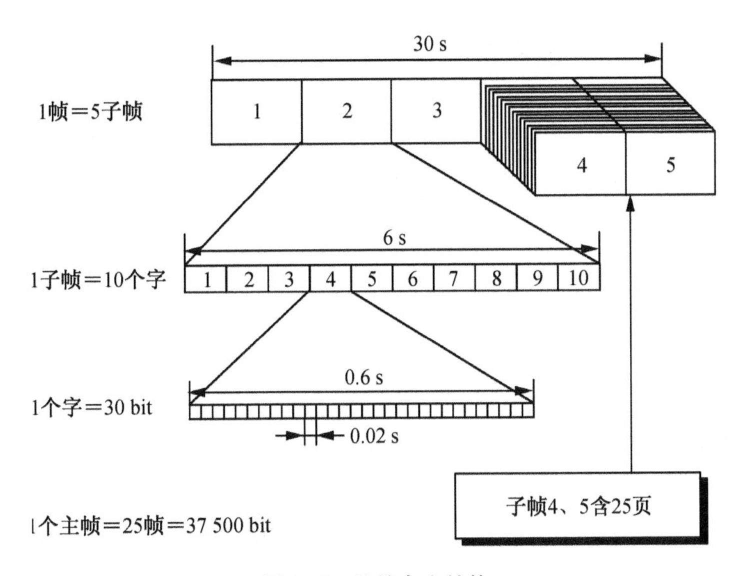

图8-6　导航电文结构

图8-7表示了一帧导航电文的主要内容。

(1) 遥测码(TLM)　位于各子帧开始,作为捕获导航电文的前导。其中所含的同步信号为各子帧提供了一个同步的起点,使用户便于识别导航电文内容。

(2) 转换码(HOW)　位于各子帧遥测码之后,用于完成由C/A码至P码的转换,帮助用户由捕获的C/A码转换到对P码的捕获。

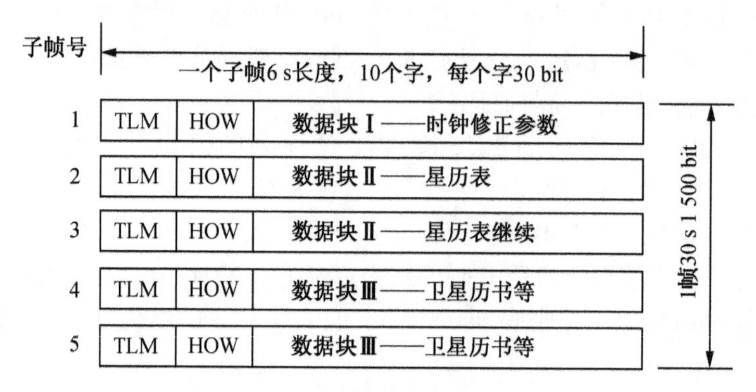

图 8-7 导航电文的主要内容

(3) 数据块Ⅰ 含有卫星钟的校正信息和电离层的校正信息。其中包含指明载波 L_2 的调制波类型、卫星序号、卫星健康状况等的标识码、数据龄期、卫星时钟改正系数、电离层时延改正参数等。

(4) 数据块Ⅱ 它是由导航电文的第 2、3 两个子帧构成，提供计算卫星运行的实时位置的有关信息，是导航电文的主要部分。它利用 3 种共 17 个参数描述卫星的运行及其轨道，一般称之为卫星星历。

(5) 数据块Ⅲ 它是第 4、5 两个子帧构成的，主要向用户提供 GPS 卫星的概略星历及卫星工作状态的信息，常称为卫星的历书。

当接收机捕获到某颗 GPS 卫星后，利用第三数据块提供的其他卫星的概略星历、时钟改正、码分地址和卫星工作状态等数据，便于用户选择工作正常和位置适当的卫星，并且根据已知的码分地址较快地捕获到所选择的待测卫星。

8.2 GPS 卫星定位的基本原理

目前在测量工程中普遍应用的卫星定位方法是伪距法和载波相位测量法。在讲述它们的基本原理之前，先介绍有关定位方式的几个概念。

8.2.1 基本概念

8.2.1.1 静态定位与动态定位

如果在定位时，接收机的天线在跟踪 GPS 卫星过程中，位置处于固定不动的静止状态，这种定位方式称为静态定位。当然，所谓的静止状态只是相对的，是指测站点的位置相对其周围点位没有发生变化。由于接收机位置固定，就有可能进行大量重复观测，高精度地测定 GPS 信号传播时间，根据已知的 GPS 卫星瞬间位置，准确确定接收机处的三维坐标。所以静态定位可靠性强、定位精度高，是测量工程中精密定位的基本方式。

在车辆、舰船、飞机和航天器的运行中，往往需要确知它们的实时位置。如果接收机位于运动着的载体，实时地测定 GPS 信号接收机的瞬间位置，这种定位方式叫做动态定位。在动态定位中，接收机以每秒 1～2 m 至数公里的速度相对于地球而运动，所以它具有速度多变、定位实时、用户多样、精度多异等特点。

如果不仅仅测得运动载体的实时位置，而且测得运动载体的速度、时间和方位等状态参数，进而引导运动载体驶向预定的后续位置，我们称之为导航。可见，导航是一种广义的动态定位。

8.2.1.2　绝对定位和相对定位

所谓绝对定位，就是独立地确定一个点在坐标系统中的绝对位置，所以绝对定位也称为单点定位。由于只需 1 台接收机即可独立定位，外业观测实施和数据处理都比较简单。其缺点是定位精度较低，不能满足控制测量精密定位的要求，但它在资源调查和野外勘查等低精度测量领域，有着广泛的应用。

所谓相对定位，是指位于不同地点的接收机，通过同步跟踪相同的一组 GPS 卫星，由此确定若干台接收机之间的相对位置。由 2 台或 2 台以上接收机同时对同一组卫星所进行的观测，称为同步观测。由于同步观测值之间存在着许多数值相同或相近的误差影响，它们在求相对位置(坐标差)过程中得到消除或削弱，使相对定位可以达到很高的精度。因此，静态相对定位在大地测量、精密工程测量等领域有着广泛的应用，它也是本章主要的讨论对象。

8.2.2　伪距法定位原理

8.2.2.1　伪距的测定

卫星依据自己的星载时钟所发出含有测距码的调制信号，经过 Δt 时间的传播后到达接收机，此时接收机的伪随机噪声码发生器，在本机时钟的控制下，又产生一个与卫星发射的测距码结构完全相同的“复制码”。通过机内的可调延时器将复制码延迟时间 τ，使得复制码与接收到的测距码“对齐”[此时复制码与测距码自相关系数 $R(t)$ 达到最大值，趋近于 1]。在理想的情况下，时延 τ 就等于卫星信号的传播时间 Δt，将传播速度 c 乘以时延 τ，就可以求得卫星至接收机的距离 $\tilde{\rho}$，即

$$\tilde{\rho} = c \cdot \tau \tag{8-1}$$

事实上，上述时延 τ 不会严格等于卫星信号传播时间 Δt，因为其中包含着卫星钟和接收机钟不同步的影响、电离层和对流层对传播速度的影响，所以 $\tilde{\rho}$ 称作伪距，以伪距作基本观测量来求定点位的方法称为伪距法定位。

8.2.2.2　伪距法的基本观测方程

为实现定位，必须将观测的伪距 $\tilde{\rho}$ 改化为真正距离 ρ。

设在某一标准时刻 τ_a（该瞬间卫星钟时刻为 t_a）卫星发出信号，在标准时刻 τ_b（该瞬间接收机钟时刻为 t_b）信号到达接收机，上述伪距测量测得的时延 τ 应为 t_b 与 t_a 之差，代入式(8-1)即

$$\tilde{\rho} = c(t_b - t_a) \tag{8-2}$$

若卫星钟的钟差为 v_{t_a}，接收机钟的钟差为 v_{t_b}，又有：

$$\left.\begin{aligned} t_a + v_{t_a} &= \tau_a \\ t_b + v_{t_b} &= \tau_b \end{aligned}\right\} \tag{8-3}$$

代入式(8-2)得：

$$\frac{1}{c}\tilde{\rho} = (\tau_b - \tau_a) + v_{t_a} - v_{t_b} \tag{8-4}$$

式中：$\tau_b - \tau_a$ 是测距码自卫星到接收机的真正传播时间。事实上信号并非在真空中传播，必须考虑电离层(高度处于 50～1 000 km 的大气层)折射改正 $\delta\rho_{ion}$ 和对流层(高度处于 40 km

以下的大气层)折射改正 $\delta\rho_{trop}$，所以卫星至接收机的真正距离为：

$$\rho = c(\tau_b - \tau_a) + \delta\rho_{ion} + \delta\rho_{trop} \tag{8-5}$$

将式(8-4)代入上式，即得真正距离 ρ 和伪距 $\widetilde{\rho}$ 之间的关系式：

$$\rho = \widetilde{\rho} + \delta\rho_{ion} + \delta\rho_{trop} - cv_{t_a} + cv_{t_b} \tag{8-6}$$

这就是伪距定位法的方程。

8.2.2.3 点位坐标计算

如果接收机的位置用三维坐标 x、y、z 表示，它们与距离 ρ 的关系为：

$$\rho = [(x_i - x)^2 + (y_i - y)^2 + (z_i - z)^2]^{\frac{1}{2}}$$

式中：x_i、y_i、z_i 为第 i 颗卫星的三维坐标，可以由接收到的导航电文(来源于卫星广播星历)求得。实用中接收机钟采用了轻便价廉的石英钟，计时精度受到限制，所以将其钟差 v_{t_b} 也视为未知数。于是，将式(8-6)代入上式后可以写为：

$$[(x_i - x)^2 + (y_i - y)^2 + (z_i - z)^2]^{\frac{1}{2}} - cv_{t_b} = \widetilde{\rho}_i + (\delta\rho_i)_{ion} + (\delta\rho_i)_{trop} - c(v_i)_{t_a} \tag{8-7}$$

式中：下标符号 i 表示观测的第 i 颗卫星的有关数据，$\widetilde{\rho}_i$ 为观测所得，其余均可以根据导航电文给出的参数计算出来。

如果同步观测了 4 颗卫星($i = 1,2,3,4$)，则可列出 4 个方程，联立解得 4 个未知数。当方程个数大于 4 时，可用间接平差法求解未知数的平差值。

在单点定位中，如果卫星的三维坐标及钟差不是来自于广播星历，而是利用 IGS(或其他机构)提供的 GPS 精密轨道和精密钟差信息，同时应用比较完整的大气改正模型改正定位过程中的各种误差，此时的单点定位精度可明显提高到 dm 级甚至达到 cm 级，又称为精密单点定位(Precise Point Positioning，简称 PPP)。

8.2.2.4 伪距法定位的应用

伪距法定位速度快、无多值性、计算简捷，它是单点定位的基本方法，也是载波相位测量中极其有用的辅助资料。

由于它是以卫星发播的测距码作为测量信号，它的测量精度就和测距码与复制码的相关(对齐)精度、测距码的码元宽度有关。当利用 P 码定位时有望达到较高的精度，但 P 码受美国军方控制，一般用户无法得到，只能利用 C/A 码定位，使测距精度低于 3 m。再加之美国对利用 GPS 有限制政策，人为地将卫星星历和卫星钟的精度降低，使得利用 C/A 码进行伪距定位的精度降至约 100 m，远远不能满足高精度定位的要求。

采用精密单点定位方式，具有单站即可作业，不受基线长度限制、可以单历元解算、直接获得点位三维坐标(WGS-84 或 ITRF 框架下的坐标)等优点。因此，精密单点定位在各种领域得到广泛的应用，并成为当前研究的主要热点之一。

8.2.3 载波相位测量法定位原理

8.2.3.1 载波相位的测定

载波相位测量法是以 GPS 信号的载波(L_1,L_2)相位作为量测对象。载波波长($\lambda_1 = 19$ cm，$\lambda_2 = 24$ cm)比测距码的码元宽度短得多，对载波的相位进行测定就可以获得高精度的星站距离，也免除了码控制的影响。

如果接收机在某一时刻跟踪卫星信号对载波进行相位测量，与此同时，接收机本机振荡器能够产生一个频率和初相与卫星载波信号完全相同的基准信号。假如在 t_0 时刻接收机产生的基准信号的相位为 $\Phi^{\circ}(\mathrm{R})$，接收机收到的卫星载波信号的相位为 $\Phi^{\circ}(\mathrm{S})$，则由载波波长 λ 可求得 t_0 时刻接收机到卫星的距离为：

$$\rho = \lambda[\Phi^{\circ}(\mathrm{R}) - \Phi^{\circ}(\mathrm{S})] = \lambda[N_0 + F_r^{\circ}(\varphi)] \tag{8-8}$$

式中：N_0 为基准信号与接收信号相位之差的整周数，$F_r^{\circ}(\varphi)$ 为不足一周的小数。

实际上，接收机是将接收到的调制有测距码和导航电文的卫星载波信号先进行解调，恢复成连续的单纯余弦波，再与基准信号进行混频，得到一个中频的差频信号，差频信号的相位也就是基准信号与接收信号的相位差值。若用 $\cos(\omega_1 t + \varphi_1)$ 表示基准信号，用 $\cos(\omega_2 t + \varphi_2)$ 表示接收信号，混频以后可产生两个新信号，即

$$\cos(\omega_1 t + \varphi_1)\cdot\cos(\omega_2 t + \varphi_2) = \frac{1}{2}\{\cos[(\omega_1 + \omega_2)t + (\varphi_1 + \varphi_2)] + \cos[(\omega_1 - \omega_2)t + (\varphi_1 - \varphi_2)]\}$$

上式右端第二项就是混频后产生的差频信号，它的相位 $\varphi_1 - \varphi_2$ 就等于接收机产生的基准信号与接收到的载波信号相位之差。因此，所谓的载波相位测量值实际就是混频后的差频信号相位值。

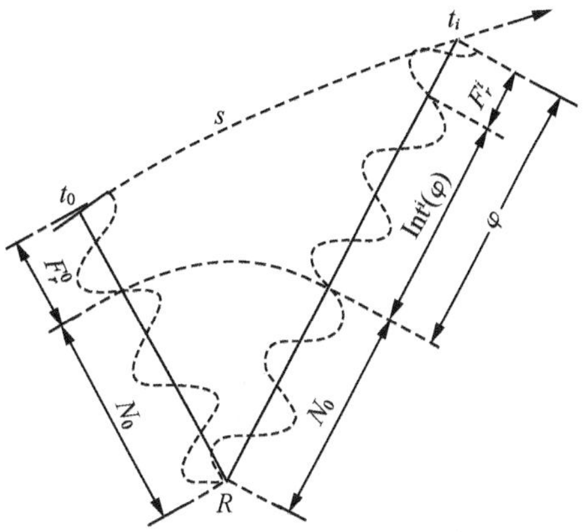

如图 8-8 所示，在某一时刻 t_0 开始跟踪卫星信号并进行首次载波相位观测，其观测值为式(8-8)中的 $F_r^{\circ}(\varphi)$。其后连续跟踪对载波相位多次取值时，由于卫星相对于接收机运动而产生的多普勒效应使卫星信号频率发生变化，差频信号的相位值也随时间而变化。当卫星至 t_i 时刻，载波相位的测量值成为：

图 8-8　载波相位测量

$$\tilde{\varphi} = Int^i(\varphi) + F_r^i(\varphi) \tag{8-9}$$

式中：$Int^i(\varphi)$ 是自 t_0 至 t_i 时刻差频信号的整周数变化；$F_r^i(\varphi)$ 是 t_i 时刻差频信号不足一整周的小数。

综合式(8-8)和式(8-9)可知，只要接收机对卫星信号连续跟踪而不中断，那么每个完整的载波相位观测值均由下面几部分组成，即

$$\varphi = N_0 + \tilde{\varphi} = N_0 + Int^i(\varphi) + F_r^i(\varphi) \tag{8-10}$$

式中：N_0 称为整周未知数，只要观测是连续的，各次载波相位观测值中都含有相同的 N_0；$Int^i(\varphi)$ 为 t_0 至 t_i 时间内逐个累计的差频信号的整周数，在初始观测时其值为零，而后由接收机的计数器连续计数累积得出；$F_r^i(\varphi)$ 是差频信号不足一整周部分，它是 t_i 时刻的瞬时量测值。

8.2.3.2　载波相位测量的观测方程

设在标准时刻 τ_a（卫星钟读数为 t_a）的瞬间，卫星发射的载波信号相位为 $\varphi(t_a)$，于标准时刻 τ_b（接收机钟读数为 t_b）到达接收机。根据波动方程，接收机在 τ_b 时刻接收到的载波信

号相位，应该和卫星在 τ_a 时刻发射的载波信号相位相同，即 $\Phi(\mathrm{S})=\varphi(t_a)$；而同一时刻 τ_b 由接收机产生的基准信号相位为 $\Phi(\mathrm{R})=\varphi(t_b)$。于是载波相位量测值应为：

$$\varphi=\varphi(t_b)-\varphi(t_a) \tag{8-11}$$

由式(8-3)得：

$$\left.\begin{aligned} t_b &= \tau_b - v_{t_b} = \tau_a + (\tau_b - \tau_a) - v_{t_b} \\ t_a &= \tau_a - v_{t_a} \end{aligned}\right\} \tag{8-12}$$

对于稳定性较好的振荡器，相位与频率之间的关系可表示为：

$$\varphi(t+\Delta t)=\varphi(t)+f\cdot\Delta t \tag{8-13}$$

式中：f 为信号频率，Δt 为微小时间间隔。

将式(8-12)代入式(8-11)，并考虑式(8-13)，可得：

$$\varphi=\varphi(\tau_a)+f(\tau_b-\tau_a)-fv_{t_b}-\varphi(\tau_a)+fv_{t_a}$$

由式(8-5)得：

$$\tau_b-\tau_a=\frac{1}{c}(\rho-\delta\rho_{ion}-\delta\rho_{trop})$$

于是得：

$$\varphi=\frac{f}{c}(\rho-\delta\rho_{ion}-\delta\rho_{trop})+fv_{t_a}-fv_{t_b}$$

上式代入式(8-10)，得载波相位测量的基本观测方程：

$$\tilde{\varphi}=\frac{f}{c}(\rho-\delta\rho_{ion}-\delta\rho_{trop})+fv_{t_a}-fv_{t_b}-N_0 \tag{8-14}$$

8.2.3.3 载波相位测量的误差方程

将几何距离 ρ 写成卫星坐标 (x_s, y_s, z_s) 和测站坐标 (x, y, z) 的关系式：

$$\rho=\left[(x_s-x)^2+(y_s-y)^2+(z_s-z)^2\right]^{\frac{1}{2}}$$

上式中引入测站坐标近似值 (x_0, y_0, z_0) 为：

$$x=x_0+\mathrm{d}x,\qquad y=y_0+\mathrm{d}y,\qquad z=z_0+\mathrm{d}z$$

$$\rho_0=\left[(x_s-x_0)^2+(y_s-y_0)^2+(z_s-z_0)^2\right]^{\frac{1}{2}}$$

并且将 ρ 在近似值 (x_0, y_0, z_0) 处用台劳级数展开，只取一次项得：

$$\rho=\rho_0+\frac{x_0-x_s}{\rho_0}\mathrm{d}x+\frac{y_0-y_s}{\rho_0}\mathrm{d}y+\frac{z_0-z_s}{\rho_0}\mathrm{d}z \tag{8-15}$$

将式(8-15)代入式(8-14)，即可得到线性化的载波相位测量误差方程式：

$$\begin{aligned} &\frac{f}{c}\frac{x_s-x_0}{\rho_0}\mathrm{d}x+\frac{f}{c}\frac{y_s-y_0}{\rho_0}\mathrm{d}y+\frac{f}{c}\frac{z_s-z_0}{\rho_0}\mathrm{d}z-fv_{t_a}+fv_{t_b}+N_0 \\ &\quad=\frac{f}{c}(\rho_0-\delta\rho_{ion}-\delta\rho_{trop})-\tilde{\varphi} \end{aligned} \tag{8-16}$$

上式等号左端为未知参数项，其中(x_s, y_s, z_s)是τ_a时刻的卫星坐标；上式等号右端各项可根据导航电文和观测资料算得，而$\tilde{\varphi}$为载波相位的直接观测值，其总和即为误差方程式的常数项。

方程(8-16)可以用来进行单点定位，但更多地是用来进行相对定位。为此需用 2 台或 2 台以上接收机在不同测站同时对相同的卫星进行载波相位测量，这时卫星钟的误差、卫星星历误差、电离层和对流层折射误差对同步观测站的影响基本相同，通过求坐标差就可以消除或减弱它们的影响，使测站点之间的相对位置精度大为提高。

8.2.4　载波相位观测值的周跳和整周未知数

周跳和整周未知数问题是载波相位测量中的两个特有问题。

如式(8-10)所示，在连续进行载波相位观测过程中，如果卫星信号暂时受阻挡或计数器暂时故障，计数器无法连续计数而暂时中断，使得$Int^i(\varphi)$将丢失某一量而变得不正确[此时瞬时量测值$F_r^i(\varphi)$仍是正确的]。这种现象叫做整周跳变，简称周跳。

由于卫星和接收机间的距离在不断变化，所以载波相位观测值$Int(\varphi)+Fr(\varphi)$也随时间在不断变化。这种变化应该是有规律的、平滑的，周跳将破坏这种规律性。根据这一特性就可以发现周跳并用多项式拟合来修正周跳。但这毕竟是麻烦的。最根本的办法还是从选择机型、选点、组织观测等各个环节加以注意，避免周跳的发生，因为周跳的出现与接收机质量及观测条件密切相关。

在公式(8-10)中尚存在着整周未知数N_0的确定问题。由于在连续跟踪的载波相位观测值中，均含有相同的N_0，所以正确确定N_0是提高载波相位观测值精度的重要条件。另外，快速而正确地确定N_0，又是提高 GPS 定位作业效率的重要环节。

解算整周未知数N_0的方法有许多种。例如在进行载波相位测量的同时又进行了伪距测量，那么将伪距$\tilde{\rho}$减去载波相位测量的实际观测值与波长的乘积$(\lambda\cdot\tilde{\varphi})$，即可求得$(\lambda\cdot N_0)$(见图 8-8)。不过伪距测量精度较低，必须有较多的$\lambda\cdot N_0$取平均值才有可能获得正确的N_0值。

近 10 年来采用了快速解算N_0的方法，需用时间较短，仅数分钟。它是根据数理统计中的参数估计和假设检验的原理，利用测站初次平差所提供的信息，即坐标向量和整周未知数向量以及相应的协因数阵和单位权方差，对空间信息的每一点进行比较判别，逐步排查搜索。对经过统计检验剩下的整数组合再重新进行平差计算，进行验前、验后检验，方差和比检验，最后确定出最佳的整周未知数。目前在接收机及其定位软件中广泛使用了这一方法。

8.2.5　载波相位测量的差分法

在载波相位测量的误差方程(8-16)中，包含着两类未知参数：一类是必要参数，如测站点坐标；另一类是多余参数，如卫星钟和接收机钟的钟差、电离层和对流层的折射改正等。并且多余参数在观测期间随时间变化，数目十分繁多，给平差计算带来麻烦。解决这个问题的最有效办法是：按一定规律对载波相位测量的观测方程进行线性组合，通过求差达到消除多余参数的目的。

考虑到 GPS 定位时的误差源，常用的差分法有如下三种：在接收机间求一次差；在接收机和卫星间求二次差；在接收机、卫星和观测历元间求三次差。

8.2.5.1　在接收机间求一次差

如图 8-9(a)所示，在t_1时刻接收机i和j同时对卫星p进行载波相位测量，由式(8-14)

可以列出 2 个观测方程为：

$$\widetilde{\varphi}_i^p = \frac{f}{c}[\rho_i^p - (\delta\rho_{ion})_i^p - (\delta\rho_{trop})_i^p] + fv_{t_a}^p - f(v_{t_b})_i - (N_0)_i^p$$

$$\widetilde{\varphi}_j^p = \frac{f}{c}[\rho_j^p - (\delta\rho_{ion})_j^p - (\delta\rho_{trop})_j^p] + fv_{t_a}^p - f(v_{t_b})_j - (N_0)_j^p$$

后式减前式即得一次差分后的观测方程：

$$\Delta\widetilde{\varphi}_{ij}^p = \frac{f}{c}\rho_j^p - \frac{f}{c}\rho_i^p - \frac{f}{c}(\delta\rho_{ion})_{ij}^p - \frac{f}{c}(\delta\rho_{trop})_{ij}^p - f(v_{t_b})_{ij} - (N_0)_{ij}^p \tag{8-17}$$

式中：$(\delta\rho_{ion})_{ij}^p = (\delta\rho_{ion})_j^p - (\delta\rho_{ion})_i^p$

$(\delta\rho_{trop})_{ij}^p = (\delta\rho_{trop})_j^p - (\delta\rho_{trop})_i^p$

$(v_{t_b})_{ij} = (v_{t_b})_j - (v_{t_b})_i$

$(N_0)_{ij}^p = (N_0)_j^p = (N_0)_i^p$

将式(8-17)中的 $\frac{f}{c}\rho_j^p - \frac{f}{c}\rho_i^p$ 按式(8-15)展开成线性形式，即可组成法方程式解出 dx、dy、dz。

由式(8-17)可见，在接收机间求一次差可以消除卫星钟误差影响。同时也减弱了电离层折射、对流层折射、卫星星历等误差影响。

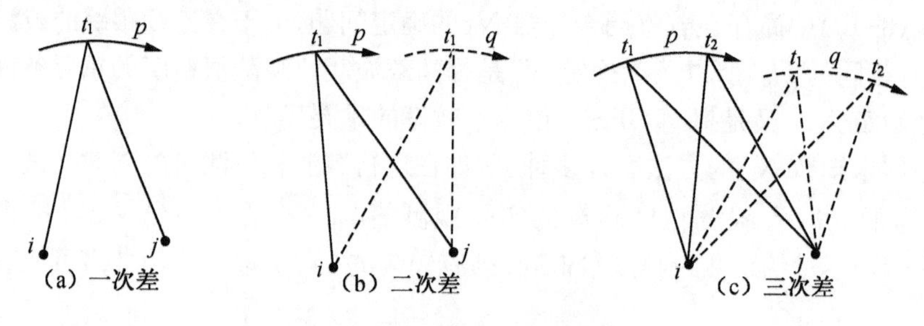

图 8-9　差分法载波相位测量

8.2.5.2　*在接收机和卫星间求二次差*

如图 8-9(b)所示，在 t_1 时刻接收机 i 和 j 同步观测卫星 p 和 q，根据上述在接收机间求一次差的方法，可以写出卫星 q 的一次差观测方程(将上式中的脚注 p 换成 q 即得)，将该方程减去式(8-17)则得在接收机和卫星间求二次差后的观测方程：

$$\Delta\widetilde{\varphi}_{ij}^{pq} = \frac{f}{c}\Delta\rho_j^{pq} - \frac{f}{c}\Delta\rho_i^{pq} - \frac{f}{c}(\delta\rho_{ion})_{ij}^{pq} - \frac{f}{c}(\delta\rho_{trop})_{ij}^{pq} - (N_0)_{ij}^{pq} \tag{8-18}$$

式中：$\Delta\rho_j^{pq} = \rho_j^q - \rho_j^p$

$\Delta\rho_i^{pq} = \rho_i^q - \rho_i^p$

$(\delta\rho_{ion})_{ij}^{pq} = (\delta\rho_{ion})_{ij}^q - (\delta\rho_{ion})_{ij}^p$

$(\delta\rho_{trop})_{ij}^{pq} = (\delta\rho_{trop})_{ij}^q - (\delta\rho_{trop})_{ij}^p$

$(N_0)_{ij}^{pq} = (N_0)_{ij}^q - (N_0)_{ij}^p$

由式(8-18)可见，求二次差后消除 i、j 接收机的相对钟差影响 $(v_{t_b})_{ij}$，也使未知数个数大为减少。

二次差又称为双差，在接收机软件中应用甚广。

8.2.5.3　*在接收机、卫星和观测历元间求三次差*

如图 8-9(c)所示，接收机 i 和 j 对卫星 p 和 q 进行同步观测，其中对于观测历元 t_1 和 t_2 可以分别写出它们的二次差观测方程，形式如式(8-18)所示。将 t_2 和 t_1 的二次差方程相减即得接收机、卫星和观测历元间三次差观测方程。

由于，$[(N_0)_{ij}^{pq}]=[(N_0)_{ij}^{pq}]_{t_1}$

结果在接收机、卫星和观测历元间求三次差，就可以消除整周未知数项，免除了整周不确定性的影响。

8.3　GPS 定位误差分析

GPS 卫星定位误差按其性质可分为系统误差和偶然误差。偶然误差是不可避免的，因此我们主要研究系统误差。从误差来源来讲，这部分误差可分为 3 种：一是与卫星有关的误差，主要包括卫星星历误差、卫星钟误差及相对论效应的影响等；二是与信号传播有关的误差，主要包括电离层折射、对流层折射以及多路径误差等；三是与接收机相关的误差，主要包括接收机钟误差、天线相位中心变化等。在这里，我们主要研究这些误差的性质、对定位的影响以及为削弱或消除应采取的措施。

8.3.1　卫星轨道误差及卫星钟误差

上已谈到，卫星轨道(位置)是根据广播星历中提供的开普勒 6 参数$[a,e,\Omega,i,\omega,M(t_p)]$、摄动变量 9 参数($\Delta n,\dot{\Omega},\dot{i},C_{us},C_{uc},C_{is},C_{ic},C_{rs},C_{rc}$)及参考时刻平近点角 M_0 按卡尔曼滤波的方法计算得到。由于这些参数及计算模型含有误差，致使卫星实际轨道不可避免地同设计轨道发生偏差。对单点定位而言，其径向分量直接影响测距精度，因此，对单点定位影响很大。对相对定位来说，由于采用差分技术，这种误差会得到一定的减弱。据论证，轨道径向分量 r 误差 $\mathrm{d}r$ 对所测基线向量 b 的影响 $\mathrm{d}b$ 有如下关系式：

$$\frac{\mathrm{d}b}{b}=\frac{\mathrm{d}r}{r}$$

若设卫星至用户最大距离为 25 000 km，基线测量允许误差为 10 mm，则不同基线长对轨道容许误差的要求见表 8-1。

表 8-1　基线与卫星轨道误差的关系表

基线(km)	基线相对精度(ppm)	容许轨道误差(m)
0.1	100	2 500.0
1.0	10	250.0
5.0	5	125.0
10.0	1	25.0
50.0	0.5	12.5
100.0	0.1	2.5
1 000.0	0.01	0.25

由表 8-1 可知，对短基线(<10 km)相对定位而言，对轨道精度要求并不是很高，一般情况下可以得到满足；对长基线(>100 km)则要求轨道精度达分米级。某些精密工程测量，对

基线精度要求往往要高于 1/1 000 000，这对轨道精度要求将会更高。另外，随着美国 GPS 政策，全球定位系统完全投入使用后，广播星历的精度从现在大约 80 m 还会大大降低。综合以上情况，对于卫星轨道误差的影响，应采取以下措施有效地加以解决：

(1) 建立我国自己的卫星跟踪网以便精密定轨。这对保证定位的可靠性和精度都是至关重要的措施。目前，我国已开始了这项工作，一旦这项工程完工，国家便可向用户提供有价值的预报星历(广播星历)和事后星历(精密星历)，从而保证对轨道精度的要求，以满足精密定位的需要。

(2) 采用轨道松弛法。这就是说在平差模型中引入表达卫星位置的附加参数，通过平差求得测站位置和轨道改正数，从而改善轨道精度。但这种方法计算过程比较复杂。

(3) 采用相对定位差分技术。这是因为星历误差对相对不太远的两个测站的影响基本相同，采用接收机间的一次差分观测值，可消除卫星星历误差的影响，这种方法被广泛应用着。

GPS 标准时间由主控站监测和控制，并以卫星钟发射的信号作为时间基准和频率基准。尽管卫星装有稳定性很好的铷钟或铯钟，但它们还会偏离 GPS 标准时间，偏离的改正数可用卫星星历中第一子帖的时间参数，用多项式拟合法予以改正。但经过改正后的时钟误差还会有大约 30 ns，这使距离含有大约 10 m 的误差。在相对定位时，采取接收机间求一次差的办法可以较好地消除卫星钟误差的影响。

由于卫星钟和主控站钟所处地点不同，运动速度不同，并且它们分别处在不同的引力场中，这样由相对论效应也会引起卫星钟的频移。为了改正这种误差，应在卫星钟基准频率(10.23 MHz)上加以相对论效应改正。办法是将卫星钟频率事先降低一个经精密计算得到的常数(4.449×10^{-10})以顾及主项，用对卫星钟读数加改正数以顾及小的常数项及周期误差影响部分。因此，相对论效应可得到很好的控制。

8.3.2 大气折射的影响

在卫星至接收机天线的信号传播路径上，信号受电离层折射、对流层折射及多路径效应的影响。

8.3.2.1 电离层折射效应

电离层一般指在地球 50～1 000 km 范围内的大气层。在电离层中，气体受太阳辐射作用而被电离，卫星信号传播速度发生变化，从而引起时延。电离层对 L 波段的无线电波信号具有色散作用，从而使我们有可能采用双频测量办法予以有效地消除。对载波相位测量来说，电离层引起的时延与沿信号传播路径上的电子含量 N_e(又称电子密度)及使用的频率 f^s 有关。电子密度 N_e 有周日变化、周年变化的特征，一般白天比夜间高 4～5 倍，并以 11 年为周期变化。还与太阳黑子活动及地磁场变化有关。总之，电离层折射与频率、时间及地点等因素密切相关。对 GPS 卫星频率而言，对测距的影响一般在 50～100 m 内变化。电离层时延改正对双频接收机和单频接收机采用不同办法来解决。

(1) 对双频接收机码相位测量，码传播的群折射率：

$$n_g = 1 + 40.3\frac{n_e}{f^2} \tag{8-19}$$

电离层折射对码相位伪距测量 $\tilde{\rho}$ 的影响，可由信号沿整个传播路径 s 的积分得出：

$$d_I = \int_s (n_g - 1)\mathrm{d}s \approx \frac{40.3}{f^2}\int_s n_e \mathrm{d}s \tag{8-20}$$

由于载波 L_1(频率 f_1)、L_2(频率 f_2) 同时经同一路径传播,因此上积分式中的分子部分相同,即有式

$$d_{I\cdot f_1} = \frac{40.3}{f_1^2}\int_s n_e \mathrm{d}s \tag{8-21}$$

$$d_{I\cdot f_2} = \frac{40.3}{f_2^2}\int_s n_e \mathrm{d}s \tag{8-22}$$

于是经电离层折射改正后的几何距离 ρ:

$$\left.\begin{aligned} \rho &= \tilde{\rho}_1 - d_{I\cdot f_1} \\ \rho &= \tilde{\rho}_2 - d_{I\cdot f_2} \end{aligned}\right\} \tag{8-23}$$

由以上公式,便可得到不受电离层折射影响的几何距离:

$$\rho = \frac{f_1^2}{f_1^2 - f_2^2}\tilde{\rho}_1 - \frac{f_2^2}{f_1^2 - f_2^2}\tilde{\rho}_2 \tag{8-24}$$

将 $f_1 = 154F_0$,$f_2 = 120F_0$ ($F_0 = 10.23$ MHz)代入上式,最后得:

$$\rho = 2.546\tilde{\rho}_1 - 1.546\tilde{\rho}_2 \tag{8-25}$$

另外,还可求出电子密度:

$$N_e = \frac{f_1^2 \cdot f_2^2}{f_2^2 - f_1^2} \cdot \frac{\tilde{\rho}_1 - \tilde{\rho}_2}{40.3} \tag{8-26}$$

对双频接收机载波相位测量,由于载波传播的相折射率

$$n_i = 1 - 40.3\frac{n_e}{f_i^2} \tag{8-27}$$

类似地,可得载波相位测量:

$$\varphi_i = \frac{f_i}{c}\int_s n_i \mathrm{d}s = \varphi_{0i} - \frac{40.3}{cf_i}N_e \tag{8-28}$$

式中:$\varphi_{0i} = \frac{f_i \cdot \rho_i}{c}$ 为真空相位,c 为真空光速,第二项即为电离层折射影响为

$$\Delta\varphi_{I\cdot f_i} = \frac{40.3}{cf_i}N_e \tag{8-29}$$

如果用 φ_1 和 φ_2 分别表示 L_1 和 L_2 频率的相位测量,φ_{01} 和 φ_{02} 分别为相应的真空相位,又由于 L_1 和 L_2 两频率相干,故有式:

$$\varphi_{02} = \varphi_{01} \cdot \frac{f_2}{f_1} \tag{8-30}$$

则由式(8-28)(i=1,2)及上式,不难得到:

$$\left.\begin{aligned}\varphi_{01} &= \varphi_1 - \frac{f_1 \cdot f_2}{f_1^2 - f_2^2}\left(\varphi_2 - \frac{f_2}{f_1}\varphi_1\right) \\ \varphi_{02} &= \varphi_2 - \frac{f_1 \cdot f_2}{f_2^2 - f_1^2}\left(\varphi_1 - \frac{f_1}{f_2}\varphi_2\right)\end{aligned}\right\} \tag{8-31}$$

将 $f_1 = 154F_0, f_2 = 120F_0$ 代入上式,经整理后得到:

$$\left.\begin{aligned}\varphi_{01} &= 2.546\varphi_1 - 1.984\varphi_2 \\ \varphi_{02} &= 1.984\varphi_1 - 1.546\varphi_2\end{aligned}\right\} \tag{8-32}$$

如果再顾及整周数 N_1 和 N_2,则上式可写为:

$$\left.\begin{aligned}\varphi_{01} &= 2.546\varphi_1 + 2.546N_1 - 1.984\varphi_2 - 1.984N_2 \\ \varphi_{02} &= 1.984\varphi_1 + 1.984N_1 - 1.546\varphi_2 - 1.546N_2\end{aligned}\right\} \tag{8-33}$$

这就是消去电离层折射一阶影响的载波相位观测量。

从上可见,对双频接收机码相位测量或载波相位测量,由于电离层对 L_1 和 L_2 两个频率有色散作用,故可利用两个频率的相位观测值求出免受电离层折射影响的相位观测值。

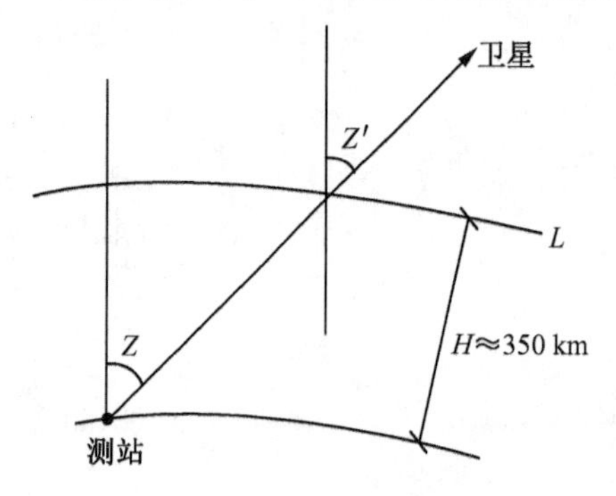

图 8-10　电离层折射影响

(2) 对单频接收机,常常采用模拟电离层折射改正模型用计算改正数的办法来补偿它的影响。其中电离层改正的"单层模型"得到应用。基本思想是把整个电离层压缩到高度为 H 的一个单层 L 上(见图 8-10),将电离层的自由电子都集中到这个层上,用该层代表整个电离层。最简单的单层改正模型的计算公式为:

$$d_I = -\frac{41}{f^2} \cdot \frac{1}{\cos z} \cdot N_e \tag{8-34}$$

式中:$N_e = \begin{cases} N_0 + N_1\cos\left(\dfrac{t-14}{12}\pi\right), & 8\text{h} \leqslant t \leqslant 20\text{h} \\ N_0 & \text{其他} \end{cases}$

而 N_0 和 N_1 分别取 10^{17} 和 3×10^{17}。

此外,对距离较短的两测站,当两接收机同时跟踪同一颗卫星时,可采用接收机间求一次差的办法来很好地削弱电离层的影响。

由于电子密度与高度、地方时、太阳活动程度、季节变化以及测站位置等多种因素有关,而且目前尚未搞清楚这些因素是通过怎样一种方式影响电子密度,所以严格说来目前还不能用一个理想的数学模型来描述电子密度的大小及其变化规律,故上述改正模型还仅仅是一个经验估算公式,与实际情况之间将存在差异。对于这一问题人们正在探讨之中。

8.3.2.2　*对流层折射效应*

靠近地面 50 km 范围内的对流层折射影响比电离层折射影响更为严重。这是因为对 L 波段的无线电波信号不存在色散现象,因此也不能试图用双频的办法来解决它的影响。另外,如果两测站间距离较远,由于 GPS 信号传播路径上的对流层折射彼此不相关,故企图用求差办法来减弱它们影响的效果也不显著。目前,对对流层折射影响的较好的办法就是建立近地的大气模型,通过测量信号传播路径上的气温、气压及水汽分压等气象数据,用计算的办法加以改正。因此,模拟模型及测量气象元素的误差限制了对流层折射改正的精度,从而也限制了 GPS 定位的精度。

最常用的对流层折射改正模型有 Hopfield 模型和 Saastamoinen 模型。

Hopfield 模型公式是：

$$d_T = \frac{k_d}{\sin(E^2 + 6.24)^{\frac{1}{2}}} + \frac{k_w}{\sin(E^2 + 2.25)^{\frac{1}{2}}} \tag{8-35}$$

式中：E 为卫星高度角，以度为单位；而干分量

$$k_d = 155.2 \times 10^{-7}\left(\frac{P_0}{T_0}\right)(h_d - h_0)_m \tag{8-36}$$

湿分量

$$k_w = 155.2 \times 10^{-7} \cdot \frac{4\,810}{T^2} \cdot e\,(11\,000 - h_0)_m \tag{8-37}$$

而

$$h_d = 40.136_m + 148.72(T - 273.16) \tag{8-38}$$

式中：T_0(K°)，P_0 (mbar)，e(mbar)和 h_0 (m)分别为测站点气象元素和高程。

Saastamoinen 模型公式是：

$$d_T = \frac{0.002\,277}{\sin E}\left[P_0 + \left(\frac{1\,255}{T_0} + 0.05\right)e - \frac{B}{\tan^2 E}\right] + \delta_{R(\mathrm{m})} \tag{8-39}$$

式中的符号同前，B 是 h_0 的表列函数，δ_R 是 E 和 h_0 的表列函数，它们可由专用表查取。该公式运用范围 $10° \leqslant E \leqslant 90°$。

此外，还有 Black 模型，计算公式是：

$$d_T = k_d\left\{\left[1 - \left(\frac{\cos E}{1 + L_c\left(\frac{h_d}{r}\right)}\right)^2\right]^{-\frac{1}{2}} - b(E)\right\} + k_w\left\{\left[1 - \left(\frac{\cos E}{1 + L_c\left(\frac{h_w}{r}\right)}\right)^2\right]^{-\frac{1}{2}} - b(E)\right\} \tag{8-40}$$

式中：

$$\left.\begin{aligned}
&L_c = 0.167 - (0.076 + 0.000\,15(T - 273)e^{-0.3E} \\
&r \text{ 为测站点至地心距离} \\
&b(E) = \frac{1.92}{(E^2 + 0.6)} \\
&h_d = 148.98(T_0 - 3.96)\ \mathrm{m} \\
&h_w = 13\,000\ \mathrm{m} \\
&k_d = 0.002\,312P_0(T_0 - 3.96)/T(\mathrm{m}) \\
&k_w = 0.02\ \mathrm{m}(\text{对中纬度地区春季})
\end{aligned}\right\} \tag{8-41}$$

无论哪种对流层改正模型，其中干分量与测站气温、气压有关，可模拟到±3～±4 cm；但对湿分量模型是很难搞准的，因为它同大气水分含量(即湿度)密切相关，不过它只占整个改正量的 10%左右，其数值大小范围约 2.3 m(天顶方向)～20 m(地平方向)。

目前较有效的办法是应用水汽辐射计来实测卫星信号传播路径上水汽对信号的直接影

响，并用公式计算湿分量数值。不过该仪器十分昂贵，也笨重，外业不便应用。

当两测站距离较近（<10 km）时，对流层残余影响可通过接收机间一次差分的办法大部分予以消除。当测站点间距离较长时，地方大气状态不再相关，一次差分效果不大。当高精度定位时，对流层折射效应是限制 GPS 定位精度的主要原因。

8.3.2.3 多路径效应

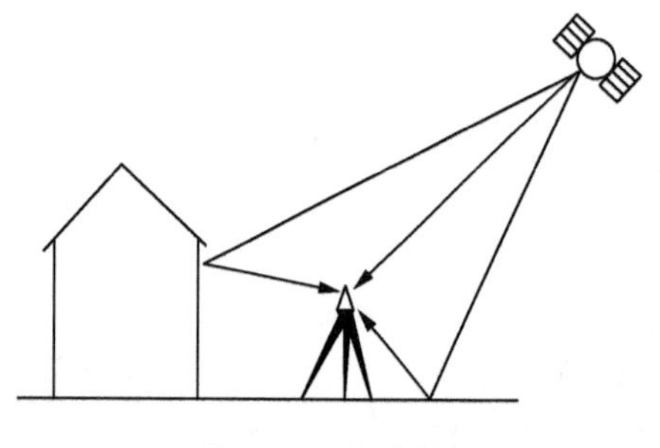

图 8-11 多路径效应

多路径效应是指除卫星的直接信号外，还有反射的绕道信号到达接收机。水平面、垂直面或斜面都有可能造成多路径效应，如图 8-11。多路径信号和直接信号可以互相混合叠加，从而产生相位误差，这种影响具有周期性，量值可达几厘米。

为减弱或消除多路径效应的影响，应使用屏蔽天线；选择好测站周围的环境，避免可能发生多路径效应的反射面；在天线底面及周围采用吸收电波的材料以抑制多路径反射信号等。

8.3.3 接收系统的误差

接收系统可能产生下列误差：接收机钟误差，接收机噪声，接收机多通道内记录信号的时间差异，被记录时段内的信号相位时延变化，振荡器不稳定性以及天线相位中心变化等。

现在接收机都安有比较稳定的石英钟，但它远没有卫星钟的可靠性好，也没有卫星钟的精度高。在单点定位时，钟差可作为未知数求出；在相对定位中，通过载波相位观测值的二次差分可以大部分地消除。

接收机噪声取决于 GPS 信号的信噪比。从电路设计角度来说，可把它减少到对测距仅有 1～3 mm 噪声影响。

在多通道接收机中，由于卫星信号通过不同的通道，故各个硬件通道所显示的相位延迟不尽相同。仪器厂家试图将这个行程时间差予以校正和补偿，一般情况下，残留的相位差异可达 5°，即相应的距离偏差约为 2.5 mm。在多路单通道和序贯式单通道接收机中，不会出现这种误差。

在测量中，天线相位中心以视电子相位中心为准，它随输入信号的强度和方向而变化。在精心设计的电路中，此项变化可为很小。当使用同类天线时，在相距不远的两点观测相同卫星图形时，可通过差分组合予以消除，为此需要按规定方式整置天线方向，相位中心若有变化应采用新值。此外，采用交换接收机进行所谓“对向观测”的相对定位方法也可以削弱相位中心的系统偏差。在外业工作中，务必量准天线高，注意天线的定向、置平和对中。

8.3.4 观测误差

观测误差主要指量测相位值的分辨率，现代相位测量技术可达波长的 1%的分辨率。因此，对 C/A 码、P 码以及载波相位测量，量测相位的分辨率分别为 3 m，30 m 及 2 mm。

另外，为提高定位精度，应使几何强度因子 GDOP 值尽可能地小，这就是说，应选择由用户位置和卫星位置构成的四面体的体积为最大的一组星进行观测。这种最佳星座是随时间变化的，因此对要求有较长观测时段的情况来说，应使 GDOP 值为最小值所对应的时刻安排在观测时段的中央。每种接收机的随机软件中，都有相应程序输出和打印出 GDOP 值及图形供选择。如果接收机有同时观测多余 4 颗星的能力，那么应对尽可能多的卫星都进行跟踪和观测，以提供多种选择和比较的机会。

除上述介绍的误差外，在高精度定位中，还应顾及地球潮汐的影响。因为在日、月引力作用下，固体地球要产生周期性弹性形变——即固体潮；同时作用在地球上的负荷也发生周期性变化，从而产生负荷潮。固体潮和负荷潮可引起测站位移达 80 cm，从而不同时间的观测结果互不一致，因此在精密定位中有必要考虑地球潮汐改正。

综上所述，卫星星历误差、卫星信号传播中的大气延迟误差——电离层折射和对流层折射的影响，已成为限制 GPS 定位精度的主要因素。随着我国 GPS 卫星跟踪网的建成，定轨精度的提高，卫星星历误差将得到解决。在这种条件下，没有足够精确的大气延迟误差改正模型的问题将变得更加突出，因此，我们的主要工作应放在对电离层、对流层延迟的更准确的改正模型的建立和有关参数的精确测定等方面。

8.4　卫星定位网的布测

我国《全球定位系统（GPS）测量规范》（GB/T 18314-2009）（简称《规范》）将 GPS 卫星定位网依其精度划分为 A、B、C、D、E 等五个级别，其中 A 级 GPS 网由卫星连续运行基准站构成，其精度应不低于表 8-2 的要求；B、C、D 和 E 级的精度应不低于表 8-3 的要求。

表 8-2　A 级 GPS 网精度要求

级别	坐标年变化率中误差		相对精度	地心坐标各分量年平均中误差（mm）
	水平分量（mm）	垂直分量（mm）		
A	2	3	1×10^{-8}	0.5

表 8-3　B、C、D 和 E 级 GPS 网精度要求

级别	相邻点基线中误差		相邻点间平均距离（km）	相对精度
	水平分量（mm）	垂直分量（mm）		
B	5	10	50	1×10^{-8}
C	10	20	20	1×10^{-7}
D	20	40	5	1×10^{-6}
E	20	40	3	1×10^{-5}

本节讨论其中的 C、D 和 E 级网的布测问题。

8.4.1　卫星定位网的布设

8.4.1.1　布设特点

采用 GPS 卫星定位技术布设控制网，和采用常规的控制测量方法布设控制网，两者观念区别很大。GPS 卫星定位网的布设具有如下主要特点：

(1) 卫星定位网大大淡化了“分级布网”、“逐级控制”的布设原则。在城镇地区布设卫星定位网，分为 C 级、D 级、E 级，不同等级网亦有不同的精度要求。但是不同等级之间的依存关系并不明显，高级网对低级网只起定位和定向的作用，不再发挥整体控制作用。GPS 网的分级更侧重于针对地域范围和规模不大的情况，在同一个地区内，分级布网就无必要了。

(2) 在 GPS 卫星定位网中，控制点位置是彼此独立直接测定的。因此，传统控制网中各元素（起算元素、观测元素、推算元素）之间依赖关系和推算公式不再适用，有关误差的传播和积累关系发生了变化，最弱边、最弱点的概念已不重要。

(3) GPS 卫星定位网对点的位置和图形结构没有过苛要求。正因为 GPS 网中点的位置直接测定，而不依图形逐点推算，所以任意的点位结构、任意的图形形状均与点的位置精度关系不大。

(4) GPS 接收机采集的是接收机天线至卫星的距离和卫星星历等数据，而不是常规测量技术所观测的地面点间相对观测量(如角度、距离、高差等)。因此，GPS 定位网不强求点间通视。

总之，GPS 卫星定位网不仅对点位图形结构没有过苛限制，对点位之间的通视条件也没有严格要求。点位无需选设在制高点，也无需建造觇标。这为 GPS 网的布设带来了极大便利。

8.4.1.2　布网原则

(1) 新布设的 GPS 网应尽量与原有平面控制网相连接。GPS 卫星定位所测得的三维坐标，属于 WGS-84 世界大地坐标系，为了将它们转换成国家或地方坐标系，至少应该联测 2 个已有控制点。其中 1 个作为 GPS 网在原有坐标系内的定位起算点，2 个点之间的方位和距离作为 GPS 网在原坐标系内定向和长度的起算数据。为了更加可靠地确定 GPS 网与原有网之间的转换参数，联测点数应不少于 3 个，且要求联测点分布均匀、具有较高的点位精度。

(2) 应利用已有水准点联测 GPS 点的高程。GPS 网所确定的三维坐标中，高程属于大地高，应转化为实际应用的正常高系统。为此，应在 GPS 网中施测或重合少量几何水准点，应用数值拟合法(多项式曲面拟合或多面函数拟合)拟合出测区的似大地水准面，内插出其他 GPS 点的高程异常并确定其正常高高程。

(3) GPS 网应通过一个或若干个同步观测环构成闭合图形，以增加检核条件，提高网的可靠性。

(4) GPS 网内各点虽不要求通视，但应有利于后续各项测量工作时应用。

8.4.1.3　野外选点

选点工作开始之前应搜集测区有关资料，如地形图、行政区划图和已有的测绘成果；了解和研究测区情况，如交通、通讯、供电、气象以及原有控制点情况。野外选设的点位应符合下述要求：

(1) 周围应便于安置接收设备和操作，视野开阔，视场内障碍物的高度角应小于 10°～15°，以减弱对流层折射影响。

(2) 远离大功率无线电发射源(如电视台、微波站等)，其距离不小于 400 m；远离高压输电线，其距离不得小于 200 m，以避免周围磁场对 GPS 卫星信号的干扰。

(3) 附近不应有强烈干扰卫星信号接收的物体，尽量避开大面积水域，以减弱多路径误差的影响。

(4) 点位应选在地基稳固、交通方便的地方，以利于点位保存、利于用其他测量手段联测或扩展。

定位选定后，应按《规范》规定的规格埋设中心标石。

8.4.2　卫星定位网测量方案

卫星定位测量全部采用相对定位方法，所以 GPS 网的测量必须使用 2 台或 2 台以上接收机进行同步观测。同步观测的两点间构成同步观测边，也称基线。GPS 定位网的几何图形就是由基线相连接构成的整体网形。

8.4.2.1 同步网(环)测量方案

同步网(环)就是由同步观测边所构成的几何图形,它决定于同步观测的接收机数量以及设站的相互位置,如下图所示。

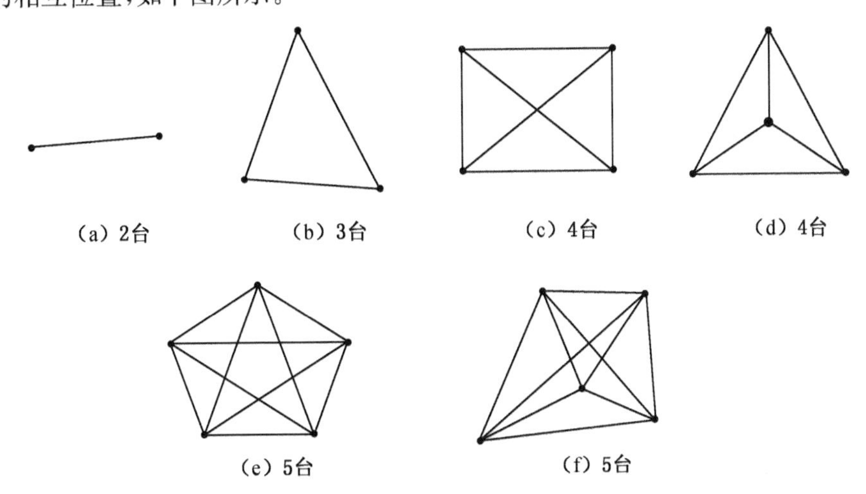

图 8-12 不同数量接收机构成的同步网(环)图形

在8-12中,图(a)、图(b)、图(c)和图(d)、图(e)和图(f)分别是由2台、3台、4台、5台接收机进行同步观测时的几何图形,均称作同步网。

图中若同步观测点的数目为 m,则网中同步边(基线)的总数为:

$$s=\frac{1}{2}m(m-1) \tag{8-42}$$

不过在 s 条基线中,只有 $m-1$ 条独立基线,其余基线均可由独立基线推算而得,属于非独立基线。当 $m\geqslant 3$ 时,多条基线可以围成多边形闭合环,称为同步环,其独立的个数为:

$$n=s-(m-1)=\frac{1}{2}(m-1)(m-2) \tag{8-43}$$

利用同步环所产生的坐标闭合差大小,可以评判同步网的观测质量。

8.4.2.2 异步网(环)的测量方案

当GPS定位点的数目多于同步观测的接收机台数时,就必须在不同的观测时段观测2个甚至更多的同步网。由多个同步网相互连接的GPS定位网,就称作异步网。

在测站上自开始接收卫星信号进行观测,至停止接收卫星信号结束观测,连续工作所持续的时间称为观测时段。如果同步网在一个观测时段完成观测工作,那么异步网则需要多个观测时段,所以异步网的网形结构和观测时段设计密切相关。

异步网的测量方案决定于投入作业的接收机数量和同步网之间的连接方式。不同的接收机数量决定了同步网不同的网形结构(见图8-12),而同步网之间不同的连接方式决定了异步网不同的网形结构。由于GPS网的平差及精度评定,主要是由不同观测时段的基线所组成异步闭合环的多少所决定的,与基线长度和其间夹角无关,所以异步网的必要基线和多余基线数量又和图形结构密切相关。

同步网之间的连接有4种方式。

(1) 点连式

同步网之间仅有一个点相连接的异步网称为点连式异步网,如图8-13所示。

在图 8-13(a)中共有 14 个点,用 2 台接收机依次作同步观测,除 1、7 各设站 3 次外,其余点各设站 2 次,由 15 条同步边构成 2 个异步环,基线总数为 15,其中独立基线数为 15,必要基线数为 13,多余基线数为 2。

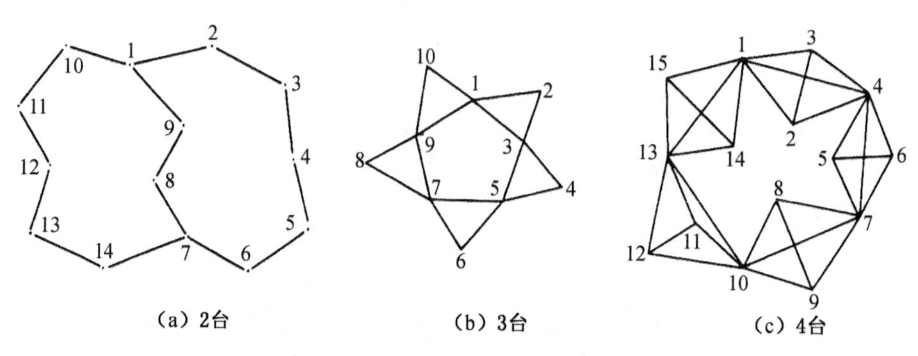

图 8-13　点连式 GPS 定位网(异步网)

在图 8-13(b)中共有 10 个点,用 3 台接收机分别在 5 个观测时段作同步观测。同步网间用 1、3、5、7、9 各点相连接,连接点上设站 2 次,其余点只设站 1 次。该图形中有 5 个同步环和 1 个异步环,基线总数为 15,其中独立基线数为 10,必要基线数为 9,多余基线数为 1。

在图 8-13(c)中共有 15 个点,用 4 台接收机分别在 5 个观测时段作同步观测。该图形中有 5 个同步环和 1 个异步环。在 30 条基线总数中有 15 条独立基线,必要基线数为 14 条,多余基线数为 1。

(2) 边连式

同步网之间由 1 条基线边相连接的异步网称为边连式异步网,如图 8-14 所示。

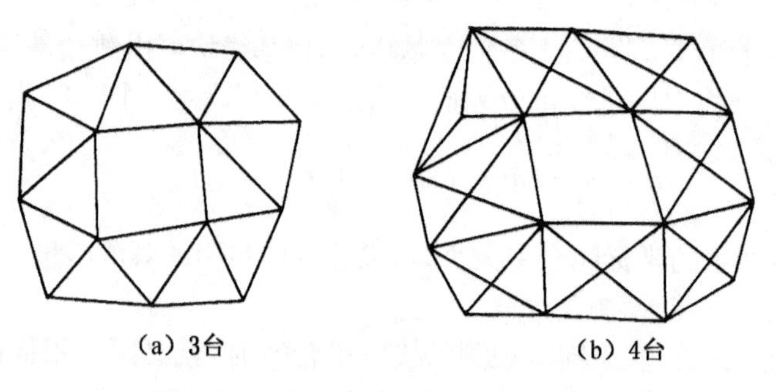

图 8-14　边连式 GPS 定位网(异步网)

图 8-14(a)表示用 3 台接收机分别在 13 个观测时段先后作同步观测,同步网间有 1 条公共基线连接。该网中有 13 个同步环检核、1 个异步环检核、13 个重复基线检核。

图 8-14(b)为 4 台接收机先后在 8 个观测时段进行同步观测形成的边连式异步网。其中存在 8 个同步环、1 个异步环、8 个重复基线检核。

(3) 混连式

混连式是点连式与边连式相混合的一种连接方式,如图 8-15 所示。

(4) 网连式

在图 8-14(a)的中部空白区仍用 3 台接收机增加 2 个观测时段,在图 8-14(b)的中部空白处仍用 4 台接收机增加 1 个观测时段,就形成 2 个网连式异步网。

总之,同步网之间的连接方式很多。不同的连接方式,工作量大小不同,检核条件多少

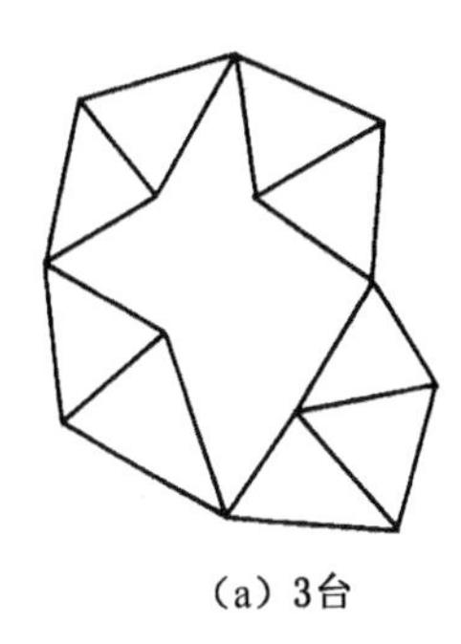

(a) 3台

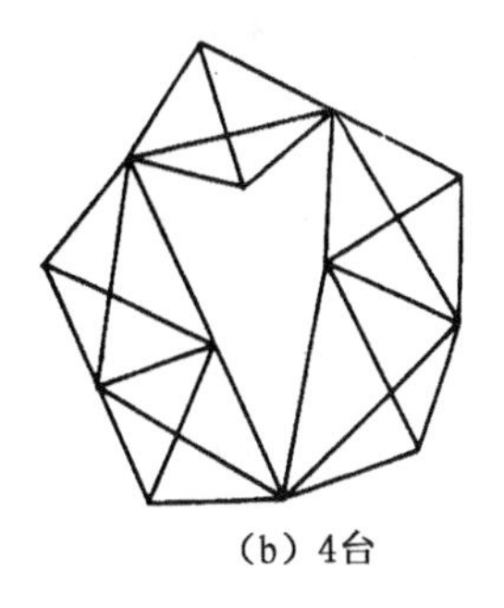

(b) 4台

图 8-15　混连式 GPS 定位网(异步网)

亦不同。在设计测量方案(观测时段)时,应考虑接收机的数量和精度、工作量大小、卫星运行状态、测区需求等多方面因素进行权衡,作出最佳选择。

8.4.3　GPS 卫星定位的数据采集

8.4.3.1　静态数据采集的基本要求

GPS 定位的精度取决于 2 个因素:距离测量误差和几何图形强度。其中距离测量误差是多种误差的共同影响,这些误差投影到测站至卫星连线方向上的综合数值,又称为等效距离误差。如果认为各项误差之间相互独立,根据误差传播定律就可以求出等效距离误差,用它可以表示 GPS 观测时的实际精度。

在 GPS 定位中常用三维精度因子 PDOP 来表示几何图形强度。如果在绝对定位中未知数 x、y、z、v_{t_b} 的协因数矩阵为:

$$Q=\begin{bmatrix} Q_{11} & Q_{12} & Q_{13} & Q_{14} \\ Q_{21} & Q_{22} & Q_{23} & Q_{24} \\ Q_{31} & Q_{32} & Q_{33} & Q_{34} \\ Q_{41} & Q_{42} & Q_{43} & Q_{44} \end{bmatrix}$$

则精度因子定义为:

$$\mathrm{PDOP}=\sqrt{Q_{11}+Q_{22}+Q_{33}}$$

GPS 卫星与测站构成的几何图形不同(图 8-16),协因数矩阵中的主对角线元素(自乘权系数)亦不同,所以精度因子是一个直接影响定位精度但又独立于观测值和其他误差之外的一个量,其值恒大于 1,最大可达 10。如果用 σ_0 表示等效距离误差,则三维定位误差可表示为:

$$m_p=\sigma_0\cdot\mathrm{PDOP} \tag{8-44}$$

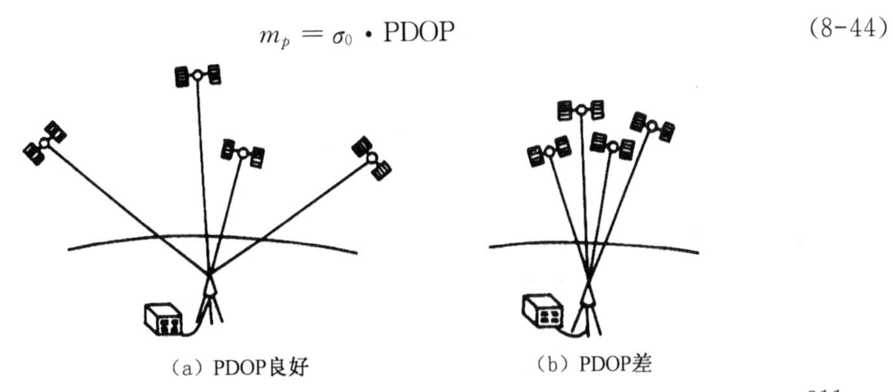

(a) PDOP良好　　(b) PDOP差

图 8-16　几何图形强度三维精度因子 PDOP 与卫星分布的关系

表 8-4　GPS 网静态观测技术规定

项目＼级别	B	C	D	E
卫星截止高度角/(°)	≥10	≥15	≥15	≥15
同时观测有效卫星数	≥4	≥4	≥4	≥4
有效观测卫星总数	≥20	≥6	≥4	≥4
观测时段数	≥3	≥2	≥1.6	≥1.6
时段长度	≥23 h	≥4 h	≥60 min	≥40 min
采样间隔(s)	30	0～30	5～15	5～15

注:1. 计算有效观测卫星总数时,应将各时段的有效观测卫星数扣除期间的重复卫星数。

2. 观测时段长度,应为开始记录数据到结束记录的时间段。

3. 观测时段数≥1.6,指每站至少观测一时段,其中二次设站点数应不少于 GPS 网总点数的 60%。

上式表明,提高定位精度的途径,一是尽量减小 σ_0;二是增强几何图形强度,减小 PDOP。为此就要选择合适的观测卫星和观测时段,以获得较好的几何图形。同时,为减小等效距离误差的影响,应保证必要的有效卫星数以及观测时段数和观测时段长,如表 8-4 所规定。

8.4.3.2　静态数据采集基本步骤

(1) 准备工作

对于新选设的 GPS 点,一般不建觇标,作业人员到达地点后,即可安置天线,并按照接收机操作手册对接收机进行预热和静置。

在建造有觇标的原国家大地控制点,原则上应拆除觇标(或卸掉觇标顶部),或者是偏心观测。如果设计的观测时段较长,基线较短(<10 km),使用双频接收机,可在寻常标下设置天线,基线精度基本不受影响。

(2) 安置天线

天线安置过程实际上是一个对中整平的过程。应注意使天线的定向标志线指向正北(考虑磁偏角影响),定向误差不大于±5°。

天线安置后,应在每观测时段前后量取天线高各 1 次。

(3) 进行数据采集

在离天线不远的地面上安放接收机,接通接收机至电源、天线、控制器的连接电缆,并经预热和静置,即可启动接收机进行数据采集。用遥控器操作时,要注意观察相关信号。

开机后,作业人员要输入测站初始信息,如测站名、点号、时段号、天线高等。接收机则自动捕获 GPS 卫星信号,对其接收、跟踪和处理,存储采集的信息和数据。数据采集过程中,作业员可随时使用专用功能键和选择菜单,查看测站信息、接收卫星数量、卫星号、各通道信噪比、相位测量残差、实时定位结果及其变化和存储介质记录情况等。

一个观测时段的数据采集由接收机自动完成,并记录在存储介质上,内容包括:载波相位观测值、伪距观测值、相应的 GPS 时间、GPS 卫星星历、卫星钟差参数、测站初始信息等。但是,每一测站点仍需按规定格式(表 8-5)记录有关信息和数据。

数据采集工作中应注意以下事项:

表 8-5　D、E 级 GPS 测量记录手簿格式

点　号		点　名		图幅编号	
观测员		记录员		观测日期	
接收机名称及编号		天线类型及其编号		存储介质编号数据文件名	
近似纬度	(°　′　″)	近似经度	(°　′　″)	近似高程	m
采样间隔	s	开始记录时　间	h　min	结束记录时　间	h　min
站时段号		日时段号		点 位 略 图	
天线高测定		测定方法及略图			
测前	测后				
测定值……	……m				
修正值……	……m				
天线高……	……m				
平均值……	……m				
时　间 UTC	跟踪卫星号 PRN	天线状况	纬　度	经　度	高　差(m)

① 由于是数台接收机同步作业，所以各台站必须协同工作，遵守调度命令，按规定时间进行作业；

② 经检查测站上电源电缆和天线等连接无误，且接收机预置状态正确，方能启动接收机。开机后接收机的仪表数据显示正常时，才能进行自测试和输入有关测站的初始信息；

③ 在一个观测时段中，接收机不得关闭和重新启动；不准改变卫星高度角的限值和天线高；不得碰动天线和阻挡信号；

④ 经过认真检查，全面完成了规定的作业项目并符合要求，记录与资料完整无误，将点位和觇标恢复原状后，方可迁站。

8.4.3.3　实时动态测量原理及要求

GPS 实时动态测量技术(Real Time Kinematics，简称 RTK)，是以载波相位观测量为基础的实时差分 GPS 测量技术，它是当代 GPS 测量技术发展中的一个新突破。正是由于 RTK 技术在精度、速度和经济效益等方面在一定的应用范围都大大地优于目前的常规测量技术与方法，目前已发展成为实时动态数据采集的主要方法。

根据 GPS 动态差分定位技术的发展现状，GPS　RTK 测量系统可以分为常规 RTK 测量系统(也即单基站 RTK 测量)和网络 RTK 测量系统。

(1) 常规 RTK 测量系统

① 常规 RTK 系统构成

常规 RTK 测量系统是实现实时动态定位技术的硬软件环境，主要由卫星信号接收系统、数据传输系统和软件解算系统 3 部分构成。

在卫星信号接收系统中，应至少包含两台 GPS 接收机，分别安置在基准站和流动站上，当基准站同时为多用户服务时，应采用双频 GPS 接收机；数据传输系统（数据链）是由基准站的数据发射装置与流动站数据接收装置组成，它是实现实时动态测量的关键性设备，其稳定性依赖于高频数据传输设备的可靠性与抗干扰性；软件解算系统对于保障实时动态测量结果的精确性与可靠性，具有决定性的作用。以载波相位为观测量的实时动态测量，其主要问题在于，载波相位初始整周未知数的精密确定，流动观测中对卫星的连续跟踪，以及失锁后的重新初始化问题。目前，由于快速解算和动态解算整周未知数技术的发展，为实时动态测量的实施奠定了基础。

② 常规 RTK 工作原理

常规 RTK 的工作原理是在基准站上安置一台 GPS 接收机，对所有可见 GPS 卫星进行连续地观测，并将其观测数据，通过无线电传输设备，实时地发送给用户观测站。在流动站上，GPS 接收机在接收 GPS 卫星信号的同时，通过无线电接收设备，接收基准站传输的观测数据，然后根据相对定位的原理，实时地计算并显示用户站的三维坐标及其精度。如图8-17所示。

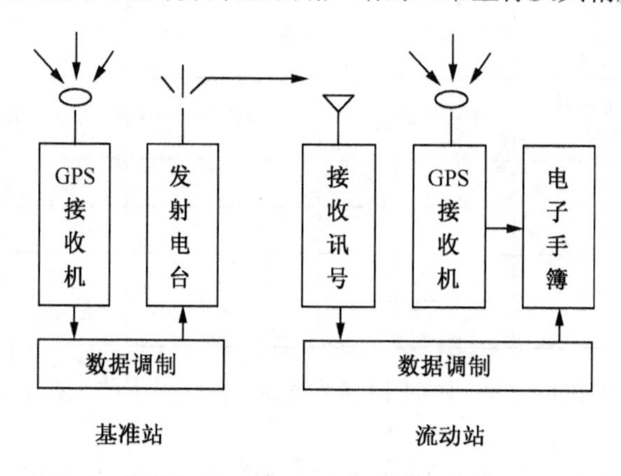

图 8-17　常规 RTK 工作原理图

常规 RTK 技术同传统测量方法以及 GPS 静态和快速静态测量等模式相比，具有明显的优势。主要表现在布点方式灵活，节省费用，观测效率高，能实时获取高精度地籍测量成果。

在具体作业中应注意以下事项：

a. 基准站至流动站的距离应小于 20 km；

b. 求取地方坐标转换参数的重合点应当分布较均匀，并且整个测区应当位于重合点连线所封闭的几何图形之内；

c. 基准站应尽量选择在地势较高，对天通视良好的地点，以免有障碍物遮挡卫星信号。

(2) 网络 RTK 测量系统

① 网络 RTK 系统的由来

常规 RTK 技术虽然具有明显的优点，但它也存在着一些无法克服的缺点，如流动站与参考站之间的作业距离受到限制，RTK 定位误差随着距离增加而变大，初始化时间会成倍增加，用户不得不频繁地建立参考站导致生产效率低下，而且没有完整的数据监控功能，无法消除 GPS 测量过程中系统误差和粗差。因此，多基站、网络式 RTK 技术应运而生。

在某一区域内建立多个(一般为 3 个或 3 个以上)GPS 基准站和若干数据中心站,对该地区构成网状覆盖,通过数据处理中心来计算和发播 GPS 改正信息,对该地区内的 GPS 用户进行实时改正,这种定位方式称为 GPS 网络 RTK,也即多基准站 RTK,现在又称为连续运行参考站系统(Continuously Operating Reference System,简称 CORS)。

② 网络 RTK 测量系统的构成。

网络 RTK 测量系统包括 4 个主要部分:数据采集子系统、数据传输子系统、数据处理与控制中心、移动站用户子系统。如图 8-18 所示。

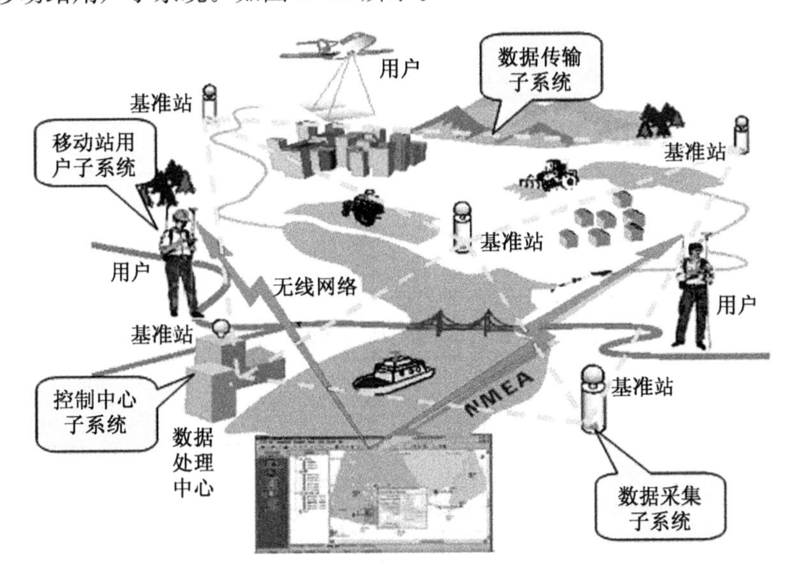

图 8-18　网络 PTK 测量系统的构成

数据采集子系统就是基准站子系统,主要由 GPS 基准点、GPS 接收机、GPS 天线、数据处理服务器几个部分组成,它是网络化 GPS 系统的主要组成部分,必须保证其功能的实现,并达到规定的技术指标。基准站之间的距离一般为 40～50 km。各基准站通过不间断地接收 GPS 卫星信号,产生高质量、连续的 GPS 载波相位、伪距和广播星历等数据,在系统覆盖区域内实现高精度差分定位等功能。

数据传输子系统负责整个系统之间的数据通信,由于网络化 GPS 系统数据流量较大,实时性要求较高,且要求 24 小时全天候运行。不间断的数据传输以系统控制与数据处理中心为中枢,以基准站和移动站用户为终端。

系统控制与数据处理中心子系统是整个数据传输与处理分析系统的技术主体,将担负网络日常运行监控和常规数据处理与分析的任务,并直接为网络完好性监测的需要提供服务;同时,将为社会各界提供各类的卫星定位相关数据。

移动站用户子系统为用户提供最终的定位信息,根据不同的定位需求可以选择不同的设计方案,如高精度定位需求要求具有 RTK 功能的双频接收机,而普通的导航用户仅需一般的导航型 GPS 接收机配合无线数据传输手段即可。

③ 网络 RTK 测量方法

利用 CORS 系统的 RTK 功能可以获得平面小于 5 cm,垂直小于 10 cm 的点位精度。测定方法如下:

——采用 GSM Modem 拨号,拨叫 CORS 接入号码或采用 GPRS/CDMA 通信方式连接服务器。

——流动站 GPS 天线保持稳定，进行初始化工作，获得固定解后在待测点上稳定观测 2～5 s，并记录观测数据。也可多次观测取平均值，以提高点位精度。

——如果不能顺利初始化，可将流动站天线移到观测条件好的地点进行初始化，然后移动到待测点进行观测；如果初始化失败，则需重新初始化直至获得固定解为止。

(3) RTK 测量主要技术规定

国家测绘地理信息局 2010 年 3 月发布的《全球定位系统实时动态测量(RTK)技术规范》，对 RTK 在测量方面的应用，分别给出了表 8-6、8-7、8-8 技术规定。

表 8-6 RTK 平面控制点测量技术规定

等级	相邻点间平均边长/m	点位中误差/cm	边长相对中误差	与基准站的距离/km	观测次数	起算点等级
一级	500	≤±5	≤1/20 000	≤5	≥4	四等及以上
二级	300	≤±5	≤1/10 000	≤5	≥3	一级及以上
三级	200	≤±5	≤1/6 000	≤5	≥2	二级及以上

表 8-7 RTK 高程控制点测量技术规定

大地高中误差/cm	与基准站的距离/km	观测次数	起算点等级
≤±3	≤5	≥3	四等及以上水准

表 8-8 RTK 地形测量技术规定

等级	图上点位中误差/mm	高程中误差	与基准站的距离/km	观测次数	起算点等级
图根点	≤±0.1	≤1/10 基本等高距	≤7	≥2	平面三级以上、高程等外以上
碎部点	≤±0.5	符合相应比例尺成图要求	≤10	≥1	平面图根以上、高程图根以上

8.4.4 外业数据检核

在 GPS 定位数据采集过程中，每天静态采集的数据应及时输入计算机，并进行基线解算，根据基线解算结果进行各项检核。

8.4.4.1 观测时段内的检核

(1) 计算同一观测时段内各同步边的平差值中误差和相对中误差，计算结果应符合规定。

(2) 计算同步环闭合差，且符合下式要求：

$$\left.\begin{aligned} w_x &= \sum_1^n \Delta x_i \leqslant \frac{\sqrt{n}}{5}\sigma \\ w_y &= \sum_1^n \Delta y_i \leqslant \frac{\sqrt{n}}{5}\sigma \\ w_z &= \sum_1^n \Delta z_i \leqslant \frac{\sqrt{n}}{5}\sigma \\ w &= \sqrt{w_x^2 + w_y^2 + w_z^2} \leqslant \frac{\sqrt{3n}}{5}\sigma \end{aligned}\right\} \tag{8-45}$$

式中：n 为同步闭合环的边数；σ 为相应级别的 GPS 网规定的中误差(见表 8-2、表 8-3)。

8.4.4.2　重复观测边的检核

如果对同一边进行了多个时段观测，该边即为重复观测边(亦称重复基线)。重复观测边的多个观测结果之间差值应小于接收机标称精度的 $2\sqrt{n}$ 倍，n 为基线的复测时段数。

8.4.4.3　异步环闭合差的检核

由独立观测边构成的异步环，其闭合差大小应符合：

$$\left.\begin{aligned} w_x &= \sum_{i=1}^{n} \Delta x_i \leqslant 3\sqrt{n}\sigma \\ w_y &= \sum_{i=1}^{n} \Delta y_i \leqslant 3\sqrt{n}\sigma \\ w_z &= \sum_{i=1}^{n} \Delta z_i \leqslant 3\sqrt{n}\sigma \end{aligned}\right\} \tag{8-46}$$

式中符号意义同前。

异步环闭合差反映了多种误差影响，能够较全面地反映观测质量，是评价观测成果优劣的重要指标。有关附合路线闭合差的检核可参照异步环进行。

8.5　卫星定位数据处理过程

卫星定位的数据处理，一般均可借助相应的数据处理软件自动完成。随着定位技术的不断发展，数据处理软件的功能和自动化程度不断增强和提高。本节着重介绍数据处理的过程和内容，不研究具体的数学模型。

数据处理的基本流程如图 8-19 所示，包括数据的粗加工和预处理、基线向量计算和基线网平差计算、坐标系统转换或与地面网的联合平差。

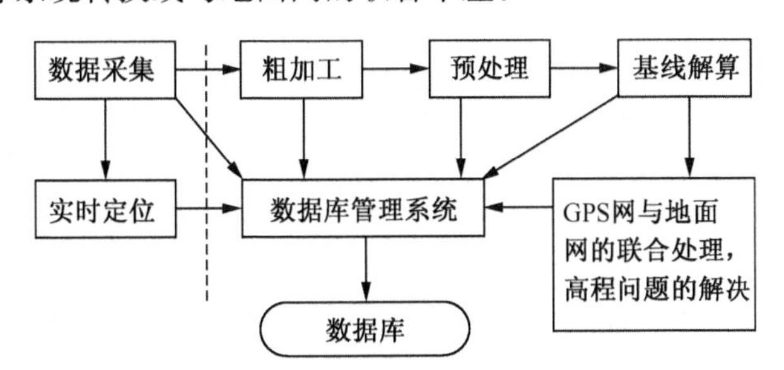

图 8-19　GPS 定位数据处理过程

GPS 定位数据处理与常规测量数据处理相比较，有两个显著特点：

(1) 数据量大。若按每 15 s 采集一组数据，一台接收机连续观测 1 h 将有 240 组数据。每组数据都含有对若干个卫星(≥4)的伪距、载波相位观测值、卫星星历和气象数据等。GPS 定位时使用几台接收机同步观测，将会有上万个甚至更多的数据。

(2) 处理过程复杂。从采集到的原始数据到 GPS 定位成果，整个处理过程十分复杂，每一过程的数学模型和计算方法各不相同，每一过程都需要对不同的数据进行有序的组织、检验和分析，处理过程非常复杂。

8.5.1 粗加工和预处理

8.5.1.1 粗加工

GPS接收机采集的数据记载在接收机的内存模块上。粗加工的第一项工作就是数据传输，即将数据从记录载体传输至计算机。数据传输的同时进行数据分流，将各类数据归放入不同的文件。为此传输至计算机的数据需要解译，提取出有用的信息，分别建立4个不同的数据文件：

(1) 观测值文件。内含观测历元、C/A码伪距、载波（L_1、L_2）相位、积分多普勒计数、信噪比等。这是容量最大的文件。

(2) 星历参数文件。包括所有被测卫星的轨道位置信息，据此可以算出任一瞬间的卫星在轨位置。

(3) 电离层参数和UTC参数文件。用于改正观测值的电离层影响和将GPS时间修正为协调世界时(UTC)时间。

(4) 测站信息文件。包括测站名、测站号、概略坐标、接收机号、天线号、天线高、观测的起止时间、记录的数据量、初步定位结果等。

8.5.1.2 预处理

定位数据预处理在定位数据处理中占有较大比重，预处理所采用的模型、方法的优劣将直接影响定位成果的质量。预处理的主要目的在于净化观测值，提高其“精度”，将各类数据文件标准化，形成平差计算所需要的文件。预处理的主要内容是：

(1) 对观测数据进行平滑滤波检验，剔除粗差，删除无效数据。

(2) 统一数据文件格式。将各类接收机的数据记录格式、项目和采样间隔等，加工成彼此兼容的标准化文件，以便统一处理。

(3) GPS卫星轨道方程的标准化，由于不同的星历有不同的数据格式和卫星位置计算公式，且星历参数又依不同时间(每小时更新一次)各具独立性。这就为卫星位置计算、周跳的检测修正、观测值残差分析等带来许多不便或不确定性因素；为此，就需要建立一组标准化的轨道工程，用一个连续的、平滑的轨道来覆盖整个观测时段，以便用统一的格式提供观测时段内任一时刻任一卫星的空间位置；一般采用时间为变元的多项式作为GPS卫星位置标准化表达式。多项式的阶数取8～10就足以保证米级甚至厘米级轨道拟合的数字精度。

(4) 诊断整周跳变点，发现并修复整周跳变；确定整周未知数的初值，诊断整周跳变常采用曲线拟合的方法，即根据几个相位观测值拟合一个n阶多项式，用此多项式预估下一个观测值并与实测值比较，从而发现并修正整周计数。整周未知数可以采用伪距观测值$\tilde{\rho}_i$与载波相位测量值$\tilde{\varphi}_1$乘以波长λ相比较的方法确定出$\lambda \cdot N_0$。整周未知数的初值用来作为平差时整周未知数近似值。

(5) 对观测值进行各项改正，并使观测值文件标准化，对观测值主要进行电离层折射改正和对流层折射改正。改正后的观测值文件必须标准化，包括记录格式标准化、记录类型标准化、记录项目标准化、采样密度标准化、数据单位标准化等，观测值文件标准化以后，就可输入主处理程序进行平差计算。

8.5.2 基线向量解算

GPS卫星定位在控制测量中均采用了相对定位技术，所确定的是控制点间相对位置关系。这种相对位置关系是用WGS-84世界大地坐标系的三维直角坐标（Δx_{ij}，Δy_{ij}，Δz_{ij}）来表示的，我们称这种点间的相对位置量为基线向量。

求解基线向量一般均采用差分模型。其中在接收机和卫星间求二次差的模型是多数 GPS 基线向量处理软件中的必选模型，如式(8-18)所示。以站、星二次差分观测值作为解算时的观测量，以测站间的基线向量为主要未知量建立误差方程，组成并求解法方程，这就是双差法的基线向量解算。

为了列立误差方程式，必须将式(8-18)线性化，并且引入 Δx_{ij}，Δy_{ij}，Δz_{ij} 这 3 个量作为未知数，才能得到任一观测历元 t_1 测站 i、j 和卫星 p、q 的双差观测值的线性误差方程。

当 t_1 历元在测站 i、j 同步观测了 sv 个卫星则可列出 $sv-1$ 个误差方程，相应要引入 $sv-1$ 个初始整周未知数，即 t_1 历元共有 $(sv-1)+3$ 个未知数。若测站 i、j 对所有 sv 个卫星进行了 n 次连续观测，则总共有 $m=n(sv-1)$ 个误差方程。

将所有误差方程写成矩阵形式：

$$V = AX + L \tag{8-47}$$

式中：$V=(v_1 v_2 \cdots v_m)^T$

$$X=(\delta_x \delta_y \delta_z \delta_{N_1} \delta_{N_2} \cdots \delta_{N_{sv-1}})^T$$
$$L=(\omega_1 \omega_2 \cdots \omega_m)^T$$

A 为 $m\times[(sv-1)+3]$ 阶的误差方程系数阵。

设各类双差观测值等权彼此独立，即权阵 P 为一单位阵，于是可组成法方程：

$$NX + B = O \tag{8-48}$$

式中：$N=A^TA$；$B=A^TL$

即可解得：

$$X=-N^{-1}B=-(A^TA)^{-1}(A^TL) \tag{8-49}$$

基线向量平差值为：

$$\left.\begin{aligned}\Delta x_{ij} &= \Delta x_{ij}^0 + \delta_{x_{ij}}\\ \Delta y_{ij} &= \Delta y_{ij}^0 + \delta_{y_{ij}}\\ \Delta z_{ij} &= \Delta z_{ij}^0 + \delta_{z_{ij}}\end{aligned}\right\} \tag{8-50}$$

同时亦得基线长度平差值和整周未知数平差值。

为了评定基线向量的精度，可用常规方法计算单位权中误差 m_0。并取协因数矩阵 N^{-1} 的相应对角元素 $Q_{x_ix_i}$，按下式计算任一分量中误差：

$$m_{x_i} = m_0\sqrt{Q_{x_ix_i}} \tag{8-51}$$

8.5.3　基线向量网平差

通过前述的基线向量解算，已经得到了同步观测的基线向量。通常 GPS 定位网是由多个异步网构成的，它们之间往往形成多个异步环闭合条件。所以基线网平差的目的，其一是将各观测时段所确定的基线向量视作观测值，以其方差阵之逆阵为权，进行平差计算，消除环闭合差；其二是建立网的基准(位置基准、方向和尺度基准)，求出各 GPS 点在规定坐标系中的坐标值，并评定定位精度。

基线向量网平差可以分为以下 3 种类型。

8.5.3.1 无约束平差

无约束平差属于经典自由网平差，是仅具有必要的起始数据的平差方法，它可以按间接平差的一般程序进行计算。

GPS 基线向量本身已经提供了方向基准信息和尺度基准信息(由向量坐标可以算出基线方位和基线长度)，它们都属于 WGS-84 坐标系。因而无约束平差时只需引入位置基准信息，它不会引起观测值的变形和改正。引入位置基准信息的方法一般是取网中任一点的伪距定位坐标，作为所有 GPS 点坐标的起算数据。整个平差计算是在 WGS-84 坐标系中进行的。

无约束平差的重点在于考察 GPS 网本身的内部符合精度，考察基线向量之间有无明显的系统误差和粗差，同时也为 GPS 点提供大地高程数据，以便联合有关的正常高数据求出 GPS 点的正常高。

8.5.3.2 约束平差

约束平差是以国家大地坐标系中某些点的坐标、边长和方位角为约束条件所进行的平差，其平差成果属于国家统一坐标系统。

为了将 GPS 基线向量网观测值与约束条件联系起来，应考虑 WGS-84 坐标系与国家大地坐标系之间的系统差，即平差时应设立 GPS 网与地面网之间的转换参数(尺度参数、旋转参数)，通过这些参数将两个具有不同基准的坐标系统化为一致。

约束平差实际就是附有条件式的相关间接平差。它可以在空间直角坐标系中进行，也可以在大地坐标系统中进行。

8.5.3.3 联合平差

联合平差就是将 GPS 基线向量观测值、约束数据、地面常规观测值(距离、方向、高差)等一并进行平差计算。自然，这种以两网原始观测量为根据的联合平差，数据量比较大，处理较为复杂。如果考虑到现有地面网均已完成了平差计算工作，为了简化计算和充分利用已有成果，联合平差可以在地面网与卫星网分别平差的基础上进行。这时可将两网分别平差的结果作为联合平差的相关观测量。

应该指出，基线向量网平差既可以在三维空间直角坐标系(或三维大地坐标系)中进行三维平差，也可以在高斯投影平面(或椭球面上)进行二维平差。

由于地面网的点位都是以平面坐标 (x,y) 或椭球面上大地坐标(B,L) 来表示的。在进行三维平差时，必须以相应的精度确定出高程异常，才能计算出点的大地高。就目前情况来说，若以平面位置的相应精度确定高程异常还是比较困难的。所以，当大地高的精度较差，又无法可靠地确定其方差与协方差时，通常应考虑选择二维平差方案。

8.5.4 GPS 高程及其应用

GPS 基线向量网经过三维无约束平差，确定了 GPS 点间的大地高高差。综合利用 GPS 定位资料和水准测量资料可以确定高程异常和正常高高程。

8.5.4.1 由 GPS 定位和水准测量共同确定高程异常

如图 8-20 所示，GPS 定位测得的 P 点大地高 H 是以 WGS-84 坐标系的椭球面为基准面。而我国现在采用的正常高系统，是以似大地水准面为基准面。两个基准面之间的差异就是高程异常 ζ，其间关系为：

$$H = H_{常} + \zeta \tag{8-52}$$

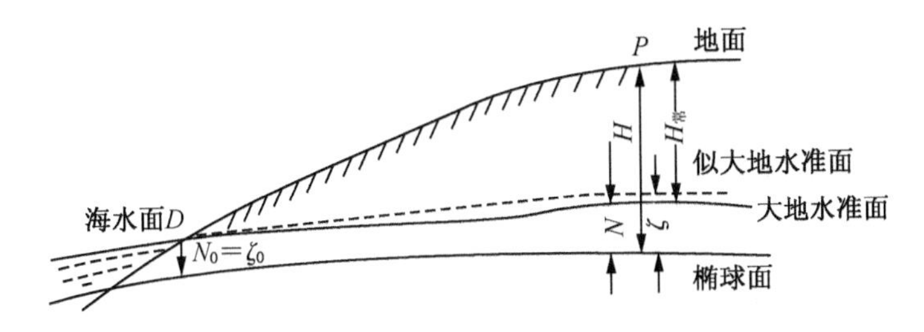

图 8-20　地面点的高程及高程异常

由 GPS 相对定位所确定的三维基线向量中可获得大地高高差 ΔH，如果两点间又通过水准测量测得正常高高差 $\Delta H_{常}$，则可确定两点 i,j 间高程异常之差：

$$\Delta\zeta_{ij} = \Delta H_{ij} - \Delta H_{常_{ij}} \tag{8-53}$$

如果以 ζ_0 表示参考点的高程异常，根据上述高程异常之差可以确定任一点 k 的高程异常，其一般形式为：

$$\zeta_k = \zeta_0 + \sum_{i=0}^{k-1} \Delta\zeta_{i(i+1)} \tag{8-54}$$

于是按式(8-52)即可确定任一点的正常高高程。

不过，为描述似大地水准面的细微变化，少量的 GPS 点是不够的。它需要相当密度且布设均匀的 GPS 观测点，同时具有精密水准测量资料相配合。目前来看尚有一定困难。但是可以预料，随着 GPS 定位技术和设备的发展与普及，布设足够密度和精度的 GPS 点不难实现。所以通过 GPS 定位来确定似大地水准面的准确位置，是一种较好的方法。

8.5.4.2　用曲面法拟合似大地水准面

当测区内已有部分点按公式(8-52)或公式(8-54)计算了高程异常。为叙述方便，以下将这些已知高程异常的点暂称为已知点。若测区内已知点的数量足够且分布均匀，则可拟合测区内的似大地水准面形状，进而推算测区内其余未进行水准联测的 GPS 点的高程异常和正常高高程。下面介绍利用多项式曲面拟合法确定测区内高程异常的方法。

设 GPS 基线向量网经三维无约束平差后，求得的已知点大地高程为 H_i，同时由水准测量测得的已知点正常高为 $H_{常_i}$，则这些点的高程异常为：

$$\zeta_i = H_i - H_{常i} \quad (i = 1,2,\cdots,m) \tag{8-55}$$

取参考点为“重心点” $P_0(x_0, y_0)$，则二次曲面函数高程异常曲面拟合的模型可以写为：

$$\zeta_i = \alpha_0 + \alpha_1\Delta x_i + \alpha_2\Delta y_i + \alpha_3\Delta x_i^2 + \alpha_4\Delta y_i^2 + \alpha_5\Delta x_i\Delta y_i - \varepsilon_i \tag{8-56}$$

式中：$\Delta x_i = x_i - x_0 = x_i - \sum_1^n x_i/n$

$$\Delta y_i = y_i - y_0 = y_i - \sum_1^n y_i/n$$

式中：n 为测区内 GPS 点总数，m 为已知点数，一般 $n > m$。这样，根据 m 个已知点的 ζ_i 就可以拟合确定式(8-53)中的系数 α。由于 m 的数量不等，可区分为 3 种情况：

(1) 当 $m = 6$ 时，取 $\varepsilon_i = 0$，通过解方程组直接确定 6 个 α 系数。

(2) 当 $m > 6$ 时，可用最小二乘原理求解拟合系数：

$$\alpha = (A^T A)^{-1} A^T \zeta \tag{8-57}$$

式中：$\alpha = (\alpha_0 \alpha_1 \alpha_2 \cdots \alpha_5)^T$

$\zeta = (\zeta_1\ \zeta_2\ \cdots\ \zeta_m)^T$

$$A = \begin{bmatrix} 1 & \Delta x_1 & \Delta y_1 & \Delta x_1^2 & \Delta y_1^2 & \Delta x_1 y_1 \\ 1 & \Delta x_2 & \Delta y_2 & \Delta x_2^2 & \Delta y_2^2 & \Delta x_2 y_2 \\ \vdots & \vdots & \vdots & \vdots & \vdots & \vdots \\ 1 & \Delta x_m & \Delta y_m & \Delta x_m^2 & \Delta y_m^2 & \Delta x_m y_m \end{bmatrix}$$

(3) 当 $m < 6$ 时，应去掉二次项拟合参数 α_3、α_4、α_5，采用平面函数拟合：

$$\zeta_i = \alpha_0 + \alpha_1 \Delta x_i + \alpha_2 \Delta y_i - \varepsilon_i \tag{8-58}$$

按照式(8-56)求得拟合参数后，即可确定任一点 k 的高程异常为：

$$\zeta_k = \alpha_0 + \alpha_1 \Delta x_k + \alpha_2 \Delta y_k + \alpha_3 \Delta x_k^2 + \alpha_4 \Delta y_k^2 + \alpha_5 \Delta x_k \Delta y_k$$

图 8-21 为某市采用上述方法所确定的高程异常等值线图，由此图内插高程异常的精度可达厘米级。

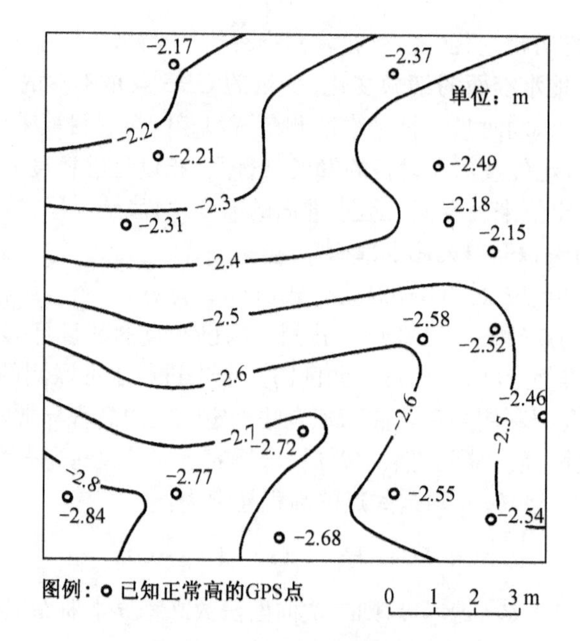

图 8-21 高程异常等值线图

8.5.4.3 GPS 高程的应用

随着 GPS 相对定位技术的广泛应用，其精度不断提高，GPS 高程测定给常规的高程测量注入了新的内容，开辟了新的途径。

(1) GPS 高程测定代替困难地区三、四等水准测量。

GPS 测高与水准测量相比较，最大优势表现在一个测站所跨越的距离和跨越的条件不受限制。目前 GPS 高程的精度在 5～10 km 的距离以上，已经达到三等水准测量的精度，在更大范围内可以接近二等水准测量精度。传统水准测量方法不仅作业效率低，而且受着地形地物条件的制约。在山区或丘陵地区进行高程控制测量，GPS 高程有望成为首选方案。

(2) GPS 高程测定将取代常规的跨越障碍的高程测量。

早年人们专门研究了跨越宽水域的水准测量，近几年又采用了光电测距三角高程测量方法。其实，三角高程测量受着大气折光、垂线偏差或大地水准面不规则变化的潜在影响，其精度和效率均不及 GPS 高程测量。

(3) GPS 高程适用于建立高精度的三维变形监测网。

传统的变形监测网，总是将水平变形和高程变化分别测定，因测定方法区别太大，难以建立高精度的三维监测网。GPS 定位技术应用于地壳变形、海洋面变化监测，不仅可以直接测定三维变形，而且范围可以扩大，有利于建立变形分析的稳定基准。对于分析、解释、判断监测对象的属性，提供了更加可靠、准确的信息源。

思考题与习题

8S・1. GPS 系统由哪些部分组成？各自的主要作用是什么？

8S・2. 为什么 GPS 单点定位必须至少要观测 4 颗卫星？卫星在空中的分布对 GPS 定位精度有何影响？

8S・3. 分析 GPS 测量的主要误差来源，在作业中应该采取哪些措施来减弱其影响？

8S・4. GPS 选点应遵循哪些基本原则？

8S・5. GPS 静态数据采集一般应进行哪些主要工作？

8S・6. GPS 外业观测成果应进行哪些项目的检核？

8S・7. GPS 测量的数据处理一般包括哪些主要工作？

8S・8. 网络 RTK 测量相对常规 RTK 测量有哪些技术优势？

8X・1. 某工程共有 8 个 GPS 控制点组成 GPS 定位网，计划投入 3 台 GPS 接收机，按混合连接方式进行外业静态观测，观测图如图 8-22 所示，试完成表 8-9 中的主要特征值统计。

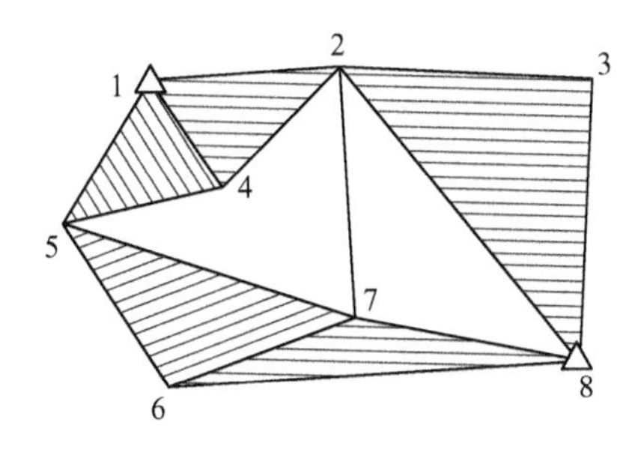

图 8-22　某工程 GPS 定位网

表 8-9　GPS 定位网主要特征值统计

特征值	统计	特征值	统计
同步环个数		必要基线数	
独立环个数		多余基线数	
总基线数		重复基线数	
独立基线数		平均重复设站数	

习题参考答案

第 1 章

1X・1. 答:平面控制网和高程控制网。

1X・2. 答:GPS 定位方法。

1X・3. 答:几何水准测量方法。

第 2 章

2X・1. 证:∵由式(2-3)、(2-4)、(2-5)得:

$$b \cdot c = a^2,\ \therefore a \cdot b \cdot c = a^3;$$

又由式(2-22)、(2-23)、(2-24)、(2-35)得:

$$W = \left(\frac{b}{a}\right)V, R = \frac{c}{V^2}, \text{则}\ W \cdot V \cdot R = \left(\frac{b}{a}\right)V \cdot V\frac{c}{V^2} = \frac{bc}{a} = \frac{a^2}{a} = a$$

$\therefore (W \cdot V \cdot R)^3 = a^3$　证毕

2X・2. $B_2 = 32°15'17''$, $L_2 = 118°28'22''$, $A_2 = 225°09'35''$

2X・3. $x = -2\ 748\ 937.837$ m, $y = 4\ 783\ 800.000$ m, $z = 316\ 778.695$ m

第 3 章

3X・1. 11.53 cm/km;−735 m

3X・2. 1980 西安坐标系(参考椭球体参数:长轴半径:a =6 378 140,扁率分母:$1/f$ =298.257)

大地坐标:L =119°19′52.86″, B =31°31′39.21″;

1980 西安坐标系内的 3°带坐标:$x_2 = 3\ 489\ 662.152$, $y_2 = 40\ 436\ 494.630$;

中央子午线为 120°30′的任意带坐标:$x_3 = 3\ 490\ 120.708$, $y_3 = 389\ 002.716$

3X・3. L =114°, B =45°

第 4 章

4X・1. 第 1 测回 0°00′33″;第 2 测回 20°11′40″;第 3 测回 40°22′47″;第 4 测回 60°33′53″;第 5 测回 80°45′00″;第 6 测回 100°56′07″;第 7 测回 120°07′13″;第 8 测回 140°18′20″;第 9 测回 160°29′27″。

4X・2. (第 1 测回)

照准点名:朝阳坡	盘左	盘右	指标差	垂直角
照准部位	° ′ ″	° ′ ″	′ ″	° ′ ″
(上丝)棱镜中心	88 39 33	271 54 38	+17 06	+0 37 32
(中丝)棱镜中心	88 22 16	271 37 30	−00 07	+0 37 37
(下丝)棱镜中心	88 05 20	271 20 16	−17 12	+0 37 28
	中 数			+0 37 32

(第 2 测回)

照准点名:朝阳坡	盘左	盘右	指标差	垂直角
照准部位	° ′ ″	° ′ ″	′ ″	° ′ ″
(上丝)棱镜中心	88 39 25	271 54 37	+17 01	+0 37 38
(中丝)棱镜中心	88 22 14	271 37 23	−00 12	+0 37 35
(下丝)棱镜中心	88 05 15	271 20 18	−17 14	+0 37 32
	中 数			+0 37 35

指标差比较:(1、2 测回)上丝较差+5″<15″;

(1、2 测回)中丝较差+5″<15″;

(1、2 测回)下丝较差+2″<15″。

符合限差要求。

垂直角比较:较差最大 10″<15″;符合限差要求。

第 5 章

5X·1. 证明:将 $t_{2D}=\frac{\varphi}{\omega}=\frac{N\cdot 2\pi+\Delta\varphi}{2\pi\cdot f}$,$u=\frac{C}{2f}=\frac{\lambda}{2}$,$\Delta N=\frac{\Delta\varphi}{2\pi}$

$f_{1i}=f_1-f_i$,$N_{1i}=N_1-N_i$,$\Delta N_{1i}=\Delta N_1-\Delta N_i$

$u_{1i}=u_1-u_i$

代入原式,即可得证。

5X·2. 解:$D_{GAB}=2\ 677.624$ m;边长相对中误差为:$\frac{1}{380\ 000}<\frac{1}{60\ 000}$

第 6 章

6X·1. 答:1/25 000 万和 1/10 000 要求每 50 km² 一个点,1/2 000 需要每 6 km² 一个点。

6X·2. $m_{T_{n/4}}=\pm 2''.4$;$m_0=\pm 0.013$ m;$m_t=\pm 0.008$ m;$m_u=\pm 0.093$ m;$M=\pm 0.093$ m。

6X·3. $m_0=\pm 0.015$ m;最弱点 N_3 的点位中误差 $M_{N_3}=\pm 0.026$ m。

6X·4. $c_{北岗-南岗}=-4''.8$;$c_{北岗-松山}=+0''.1$;$c_{北岗-树山}=-9''.2$;

6X·5. $W_{方}=-2''.1<\pm 8''.8$;$W_{图}=+2''.8<\pm 8''.8$;

按 $W_{方}$、$W_{图}$ 联合计算得 $m_\beta=\pm 1''.1<\pm 1''.8$;

按测站圆周角闭合差计算得 $m_\beta=\pm 0''.7<\pm 1''.8$;

$W_x=+0.187$ m $<\pm 2.080$ m;$W_y=+0.001$ m $<\pm 1.570$ m;

$f_D=\pm 0.187\ \text{m}$；$\dfrac{f_D}{\sum D}=\dfrac{1}{237\ 000}<\dfrac{1}{150\ 000}$。

第7章

7X·1. $\Delta=-1.21\ \text{mm}$；$i=|-6''.3|<15''$可用于二等水准测量；$a_2'=3\ 024.41\ \text{mm}$；

$b_2'=3\ 034.04\ \text{mm}$。

7X·2. Ⅱ北天$_2$～Ⅱ北天$_{10}$的概略高程(以 mm 为单位)分别为：739 558、698 518、682 180、693 586、722 484、701 746、727 370、747 482、783 953；

$M_\Delta=0.35\ \text{mm}<1\ \text{mm}$，该成果符合限差要求。

第8章

8X·1.

特征值	统计	特征值	统计
同步环个数	5	必要基线数	7
独立环个数	2	多余基线数	4
总基线数	16	重复基线数	2
独立基线数	11	平均重复设站数	2.125

参考文献

[1] 国家测绘局,国家质量技术监督局. 国家三角测量规范. 北京:中国标准出版社,2000

[2] 中华人民共和国国家质量监督检验检疫总局,中国国家标准化管理委员会. 国家一、二等水准测量规范. 北京:中国标准出版社,2006

[3] 中华人民共和国国家质量监督检验检疫总局,中国国家标准化管理委员会. 国家三、四等水准测量规范. 北京:中国标准出版社,2009

[4] 中华人民共和国国家质量监督检验检疫总局,中国国家标准化管理委员会. 中、短程光电测距规范. 北京:中国标准出版社,2008

[5] 中华人民共和国国家质量监督检验检疫总局,中国国家标准化管理委员会. 光电测距仪. 北京:中国标准出版社,2009

[6] 北京市测绘设计研究院. 城市测量规范. 北京:中国建筑工业出版社,1999

[7] 交通部第一公路勘察设计院. 公路勘测规范. 北京:人民交通出版社,1999

[8] 中华人民共和国国家质量监督检验检疫总局,中国国家标准化管理委员会. 全球定位系统(GPS)测量规范. 北京:中国标准出版社,2009

[9] 测绘词典编委会. 测绘词典. 上海:上海辞书出版社,1981

[10] 宁津生,陈俊勇,李德仁,等. 测绘学概论. 武汉:武汉大学出版社,2004

[11] 孔祥元,郭际明. 控制测量学(上册). 武汉:武汉大学出版社,2006

[12] 孔祥元,郭际明. 控制测量学(下册). 武汉:武汉大学出版社,2006

[13] 孔祥元,郭际明,刘宗泉. 大地测量学基础. 武汉:武汉大学出版社,2005

[14] 张凤举,邢永昌. 矿区控制测量. 北京:煤炭工业出版社,1987

[15] 胡明城. 现代大地测量学的理论及其应用. 北京:测绘出版社,2003

[16] 顾孝烈,等. 城市导线测量. 北京:测绘出版社,1990

[17] 杨德麟. 红外测距仪原理及检测. 北京:测绘出版社,1989

[18] 庄宝杰. 测量平差. 北京:地质出版社,1995

[19] 周泽远,薛令瑜. 电磁波测距. 北京:测绘出版社,1991

[20] 刘大杰,施一民,过静珺,等. 全球定位系统(GPS)的原理与数据处理. 上海:同济大学出版社,1996

[21] 胡伍生,高成发. GPS 测量原理及其应用. 北京:人民交通出版社,2002

[22] 沈学标,吴向阳. GPS 定位技术. 北京:建筑工业出版社,2003

[23] 李玉宝. 控制测量. 北京:建筑工业出版社,2003

[24] 张正禄,等. 工程测量学. 武汉:武汉大学出版社,2005

[25] 管泽霖,宁津生. 地球重力场在工程测量中的应用. 北京:测绘出版社,1990

[26] 国家测绘地理信息局职业技能鉴定指导中心. 测绘综合能力. 北京:测绘出版社,2009

[27] Guo Jiming. Foundation of Geodesy. Wuhan: Wuhan University,2005

[28] Wolfgang Torge. Geodesy. New York: Water de Gruyter Berlin, 2001

[29] Hofmann-Wellenhoff B, Lichtenegger H, Collins J. GPS: Theory and Practice. 5th edn. New York: Springer, 2001